westermann

Gerold Kober, Paul Schug

Farbtechnik

Band 2

6. Auflage

Bestellnummer 36622

Zusatzmaterialien zu Farbtechnik, Band 2

Für Lehrerinnen und Lehrer

Lösungen zum Schulbuch: 978-3-427-36648-5
Lösungen zum Schulbuch Download: 978-3-427-36646-1
Lösungen zum Arbeitsheft: 978-3-427-36628-7
Lösungen zum Arbeitsheft Download: 978-3-427-36626-3

BiBox Einzellizenz für Lehrer/-innen (Dauerlizenz)
BiBox Klassenlizenz Premium für Lehrer/-innen und bis zu 35 Schüler/-innen (1 Schuljahr)
BiBox Kollegiumslizenz für Lehrer/-innen (Dauerlizenz)
BiBox Kollegiumslizenz für Lehrer/-innen (1 Schuljahr)

Für Schülerinnen und Schüler

Arbeitsheft: 978-3-427-36624-9

BiBox Einzellizenz für Schüler/-innen (1 Schuljahr)
BiBox Einzellizenz für Schüler/-innen (4 Schuljahre)
BiBox Klassensatz PrintPlus (1 Schuljahr)

Druck und Bindung: Westermann Druck GmbH, Georg-Westermann-Allee 66, 38104 Braunschweig

ISBN 978-3-427-**36622**-5

Vorwort

Unterricht nach Lernfeldern

Farbtechnik 2 ist ein fachsystematisch gegliedertes Fachbuch, das die Inhalte der Aufbaustufe enthält. Für den Lernfeldunterricht wurden die fachlichen Inhalte mit einem Kundenauftrag und davon abgeleiteten Lernsituationen verknüpft. Dadurch werden die theoretischen und praktischen Inhalte mit der Arbeitswirklichkeit verbunden und für die Schüler/-innen konkret fassbar.

Nach dem Rahmenlehrplan für Maler/-innen und Lackierer/-innen gelten ab der Fachstufe folgende Lernfelder:

Lernfelder im 2. Ausbildungsjahr	
Überholungs- und Erneuerungsbeschichtungen ausführen	80 Std. Unterrichtszeit
Trockenbauelemente verarbeiten	60 Std. Unterrichtszeit
Putzoberflächen erstellen und instand setzen	60 Std. Unterrichtszeit
Oberflächen bekleiden und gestalten	80 Std. Unterrichtszeit

Lernfelder im 3. Ausbildungsjahr	
Schutz- und Spezialbeschichtungen ausführen	80 Std. Unterrichtszeit
Wärmedämmmaßnahmen ausführen	60 Std. Unterrichtszeit
Innenräume bekleiden und gestalten	80 Std. Unterrichtszeit
Fassaden beschichten und gestalten	60 Std. Unterrichtszeit
Ausbau- und Montagearbeiten ausführen	80 Std. Unterrichtszeit

Die Reihenfolge der Lernfelder innerhalb eines Ausbildungsjahres ist unverbindlich. Auch in Bezug auf Inhalte und Zeitwerte ergeben sich Spielräume. Für den Lernfeldunterricht liegt der Schwerpunkt in der Handlungsorientierung. Dabei soll sich das Lernen auf konkretes Handeln beziehen. Hier lernen die Schülerinnen und Schüler, sich auf das in der Ausbildung geforderte selbstständige Planen, Durchführen, Präsentieren und Kontrollieren vorzubereiten.
Der **Kundenauftrag** stellt den Anlass für die Auseinandersetzung mit den Lerninhalten und den Erwerb der entsprechenden Kenntnisse und Fertigkeiten dar. Er enthält Lernsituationen, die berufliche Arbeitssituationen simulieren und theoretische Inhalte in einen problemorientierten Zusammenhang stellen. Zusammen mit Arbeitsplanung, Ergebnispräsentation und Bewertung sollen sie zum Erwerb von Handlungskompetenz führen.
Die exemplarisch ausgewählten Fachaufgaben zu den Lernfeldern enthalten Problemstellungen, die sich auf konkrete Kundenaufträge, auf ein ganz bestimmtes berufliches Objekt und eine gegebene berufliche Situation beziehen. Sie sollen eine exemplarische Orientierungshilfe für die Umsetzung der Lernfeld-Unterrichtseinheiten sein und richten sich an Lehrkräfte und Schüler/-innen. Nach diesem Schema können alle anderen Lernsituationen ebenfalls organisiert werden.
In Verbindung mit dem Fachbuch **Farbtechnik 1** sowie anderen Unterrichtsmitteln wie Malerlexikon, Technischen Merkblättern und Fachprospekten lassen sich alle Arbeitsaufträge lösen.

Konzept

Der Kundenauftrag „Gesamtrenovierung und Gestaltung eines Kindergartengebäudes" bietet ein vielfältiges Betätigungsfeld für Mal- und Lackierarbeiten. Für die einzelnen Kapitel des Fachbuchs wurden daraus Lernsituationen abgeleitet, die Anlass für die Auseinandersetzung mit den jeweiligen Lerninhalten geben.

Diese Lernsituationen sind jeweils exemplarisch und können beliebig erweitert werden oder als Vorlage für neue Lernsituationen dienen.

Zur Arbeit mit den Lernsituationen

Nach der Vorstellung der Lernsituation sollte die selbstständige Analyse durch die Schüler/-innen stehen. Die Situationsdarstellung stellt eine mögliche Konkretisierung der Lernsituation dar, die je nach Zielsetzung auch beliebig veränderbar ist. Aus der konkreten Festlegung der Lernsituation wurden die Arbeitsaufträge abgeleitet.

Ausbildungsrahmenplan

Nach der neuen **Ausbildungsverordnung** vom Juli 2021 gibt es im Mal- und Lackierhandwerk ein immer **größeres Aufgabengebiet** und auch steigende Anforderungen an Qualität, Kundenbetreuung (Service), sowie eine zunehmende Spezialisierung. Wichtige Neuerungen wurden deshalb im Bereich **Putz, Stuck und Trockenbau** mit in die Ausbildung aufgenommen. Auch fordert die Energiewende von Maler/-innen und Lackierer/-innen besondere Qualifikationen im Bereich **Energieeffizienz und Gestaltungstechnik**. So hat die Fassade immer mehr auch eine energetische Funktion und dient nicht nur der Farbgestaltung, sondern soll auch in der kalten Jahreszeit die Wärme im Haus halten und im Sommer gegen die Hitze schützen.
Ebenso ist die **Nachhaltigkeit** ein wichtiges Thema und damit auch für ein **Umweltbewusstsein im Beruf**. Deshalb sind die Auszubildenden zudem in der Berufsschule in ihrem Wissen über nachhaltige Entwicklung zu fördern. Sie sollen auch im Beruf sachgerechte und nachhaltige Entscheidungen für eine lebenswerte Zukunft treffen können.
Als **Beispiel für Nachhaltigkeit** gibt es inzwischen Dispersionsfarben, die als Bindemittel keinen synthetischen Kunststoff (Acrylat) haben, sondern sogenannte Bio-Dispersionsfarben in gleich guter Qualität. Auch bei den Lacken kommen immer mehr wasserverdünnbare Produkte als Bautenlacke zum Einsatz, die bei gleicher Güte stark lösemittelreduziert sind.
Die **Gesundheit** der Mitarbeitenden und der Kundschaft steht zunehmend im Vordergrund. Das lässt sich mit **umweltfreundlichen Produkten**, mit einer effizienten Arbeitsweise und einer ordnungsgemäßen Entsorgung erreichen.

Technische Informationen

Für einige Lernsituationen sind Informationen zu Werkstoffen erforderlich. Hierzu sind ausgewählte Beispiele von Technischen Merkblättern im Anhang ab Seite 219 bereitgestellt.

Stichwortverzeichnis

Das Stichwortverzeichnis erleichtert den Umgang mit dem Fachbuch und die Suche nach Inhalten zu den Fachbegriffen.

Weitere Bestandteile des Unterrichtswerkes

- **Arbeitsheft:**

  Das Arbeitsheft bietet die Möglichkeit, die Lerninhalte selbstständig zu bearbeiten und zu sichern.
- **Lösungen:**

  In der jetzigen Auflage sind die Lösungen der Fragen des Schülerbuches in einem Lösungsheft ausführlich beantwortet.

  Ein weiteres Lösungsheft beinhaltet die Lösungen der Arbeitsblätter und Testfaufgaben aus dem Arbeitsheft.

Inhaltsverzeichnis

Kundenauftrag

Gesamtrenovierung und Gestaltung eines Kindergartengebäudes
Dazu sollen Fassade, Kunststoffrollläden, Betonfenserstürze, Treppengeländer, Holzvordach, Innenräume, Heizkörper und Treppenhäuser neu beschichtet und gestaltet werden.

Objektbeschreibung

Gebäudezustand vor der Renovierung:

Fassade		Putz der Mörtelklasse P II mit altem Mineralfarbenanstrich, Putzabplatzungen, Putz- und Mauerwerksrissen, Betonschäden und teilweise neu eingeputzten Fenstern	
Sockel		Mit Putzabplatzungen, Putzrissen, Feuchteschäden und Salzausblühungen	
Holzvordach		Holzbalken und Verbretterungen aus Fichtenholz, Holzbalken stark verwittert, Unterdach-Profilbretter mit Holzschutzlasur behandelt und im guten Zustand	
Fenster		Deckend beschichtete Holzfenster mit verwitterten Wetterschenkeln	
Rollläden		Kunststoffrollläden sind voll funktionsfähig, jedoch farblich ausgeblichen und abgewittert.	

Treppengeländer		Vierkantstahl mit Alkydharz-Altlackierung, abgewittert, mit einzelnen Abplatz-, Abstoß- und Roststellen	
Innenräume		Wände und Decken mit Gipsputz, teilweise mit Raufasertapeten tapeziert und mit Innendispersion überstrichen; in den Gängen wurde Latexfarbe auf Glasgewebe aufgebracht.	
Heizkörper		Plattenheizkörper besitzen eine unansehliche Alkydharz-Altlackierung mit Stoßstellen und Abplatzungen.	
Treppenhaus		Wände sind mit Latexfarbe beschichtet, die direkt auf Gipsputz aufgebracht wurde.	

Das Objekt

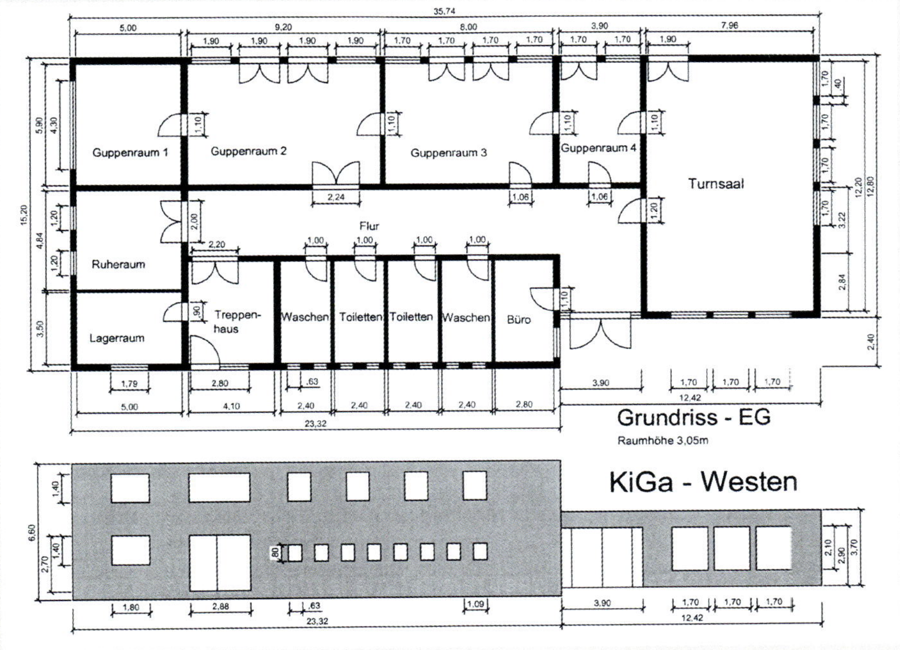

Kindergartengebäude – Grundriss und Vorderansicht

Leistungsbeschreibung

Folgende Malarbeiten sind auszuführen:

Pos. 1	Untergründe vorbereiten, durch Reinigen, Entschichten, Abdecken und Abkleben, Ausbessern, Entrosten, Schleifen und Entstauben.
Pos. 2	Risse armieren, Feuchteschäden am Sockel sanieren und neu beschichten.
Pos. 3	Gebäude durch Vollwärmeschutz mit organischem WDV-System dämmen, die Fassade neu mit Fassadenfarbe beschichten und farbig gestalten.
Pos. 4	Beton-Fensterstürze überprüfen, Betonschäden instand setzen und neu beschichten.
Pos. 5	Überholungsbeschichtungen der Holzbalken mit Holzschutzfarbe farbig deckend und der Profi lbretter mit off enporiger Holzschutzlasur.
Pos. 6	Altlackierung am Treppengeländer prüfen, entrosten, anschleifen und neu lackieren.
Pos. 7	Zwischenwände werden als Metallständerwände im Trockenbau errichtet und mit Gipsplatten verkleidet.
Pos. 8	Die ausgeblichenen Kunststoff rollläden werden neu beschichtet.
Pos. 9	Der Jugendraum ist neu mit Strukturvlies zu tapezieren, mit Latexfarbe zu beschichten und zu gestalten.
Pos. 10	Die Heizkörper bekommen eine Überholungsbeschichtung mit Heizkörperlack.

Lernsituationen

Lerninhalte, die von der Leistungsbeschreibung abgeleitet wurden:

	Lernsituation	Lernfelder
Ls 1	Gesundheitlich unbedenkliche und umweltschonende Werkstoffe	LF 1, 2, 5, 6
Ls 2	Beschichtungsstoffe und ihre Bestandteile kennen lernen	LF 1, 2, 5,
Ls 3	Aufgaben, Eigenschaften und Einteilung der Bindemittel	LF 1, 2, 5, 6
Ls 4	Aufgaben, Eigenschaften, Einteilung und Verwendung von Lösemitteln	LF 1, 2, 5
Ls 5	Unterscheidung der Farbmittel, Aufgaben, Eigenschaften und Einteilung der Pigmente	LF 1, 2, 5, 6
Ls 6	Arten und Aufgaben von Zusatzstoffen (Additiven)	LF 1, 2, 5
Ls 7	Arten und Einsatzmöglichkeiten von mineralischen Anstrichstoffen	LF 2, 6
Ls 8	Arten und Verwendung von Dispersionsfarben und Dispersionsbeschichtungsstoffen	LF 2, 6, 7, 8, 9, 10, 11, 12
Ls 9	Herstellung, Arten und Einsatzgebiete von Lacken	LF 1, 5, 6, 11
Ls 10	Arten und Einsatzgebiete von Grundanstrichstoffen	LF 1, 2, 5, 6, 11
Ls 11	Arten und Einsatzgebiete von Spezialwerkstoffen	LF 1, 2, 5, 6, 11
Ls 12	Arten und Einsatzgebiete von Hilfsstoffen und -mitteln	LF 1, 2, 3, 4, 5, 6, 11
Ls 13	Arten von Wandbekleidungen, Tapezierwerkzeuge und -technik	LF 8, 9, 12
Ls 14a	Einteilung und Eigenschaften von Untergründen, Prüfung und Vorbereitung	LF 1, 2, 5, 6, 7, 8, 11
Ls 14b	Arten, Eigenschaften und Beschichtung von mineralischen Untergründen	LF 2, 7, 8, 10, 11,

	Lernsituation	Lernfelder
Ls 14c	Zusammensetzung, Eigenschaften und Instandsetzung von Betonuntergründen	LF 6, 11
Ls 14d	Trockenbau mit Gipsplatten (Gipskartonplatten)	LF 7,
Ls 14e	Wärmeschutzverordnung, Dämmstoffe und Wärmedämmsysteme	LF 7
Ls 14f	Einteilung, Eigenschaften und Beschichtung von Metallen	LF 1, 5, 6, 11
Ls 14g	Arten, Eigenschaften, Einteilung und Beschichtung von Holz	LF 2, 5, 6, 11
Ls 14h	Arten, Eigenschaften, Einteilung und Beschichtung von Kunststoffen	LF 2, 5, 6, 11

1 Beschichtungsstoffe

Lernsituation 1

Gesundheitlich unbedenkliche und umweltschonende Werkstoffe zum Thema: „Werk- und Hilfsstoffe“

Situationsdarstellung:

Für die Renovierung von Kindergarten und Jugendhaus werden verschiedene Werk- und Hilfsstoffe benötigt. Die Gemeinde wünscht einen für die Gebäudefunktion angemessenen Materialeinsatz gesundheitlich unbedenklicher und umweltschonender Produkte. Die angebotenen Werkstoffe müssen trotz der Forderung nach Gesundheits- und Umweltverträglichkeit den Qualitätsansprüchen unserer Zeit genügen.

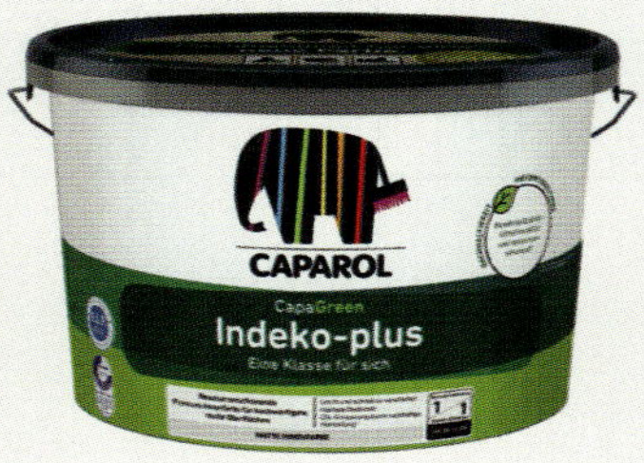

Um einen Überblick sowie Kenntnisse über geeignete Werk- und Hilfsstoffe zu erhalten, sollten Sie Begriffe klären und Produktinformationen einholen.

Arbeitsaufträge

1. *a) Nennen Sie übliche **Werkstoffe** im Malhandwerk.*
   b) Wie werden Werkstoffe überwiegend hergestellt?
2. *Beschreiben Sie den Begriff „**Mineralien**“.*
3. *Was ist unter dem Begriff „**Naturwerkstoffe**“ zu verstehen?*
4. *Was sind sogenannte „**Biofarben**“?*
5. *Beschreiben Sie, was **umweltschonende Werkstoffe** sind.*
6. *a) Nennen Sie Beispiele für **lösemittelfreie Werkstoffe**.*
   *b) Nennen Sie Beispiele für **lösemittelarme Werkstoffe**.*
7. *Welche Produkte bekommen den „**Blauen Engel**“?*

1.1 Werk- und Hilfsstoffe kennenlernen

Maler/-innen und Lackierer/-innen verarbeiten eine große Anzahl verschiedener Werkstoffe. Deshalb sollten sie die Werkstoffe genau kennen und über ihre Aufgaben und Eigenschaften Bescheid wissen.

Werkstoffe im Malhandwerk sind z. B.:

- Beschichtungsstoffe
- Hilfsstoffe (Hilfsmittel)
- Wand- und Bodenbeläge

Werkstoffe:
im Mal- und Lackierhandwerk spricht man meist von **Materialien.**

Werkstoffe sind verarbeitungsfertige Produkte für den Baustelleneinsatz. Sie werden überwiegend fabrikmäßig aus Rohstoffen, wie Erdöl, Kohle und Mineralien hergestellt. Dazu sind meistens aufwendige chemische Verfahren erforderlich. Auch werden wieder verstärkt Naturwerkstoffe angeboten, die aus natürlichen Rohstoffen, chemisch unverändert, zu Farben und Lacken verarbeitet werden.

Mineralien =
anorganische Stoffe (aus der Erde) wie:
- Edelmetalle
- Metalloxide
- Salze u. a.

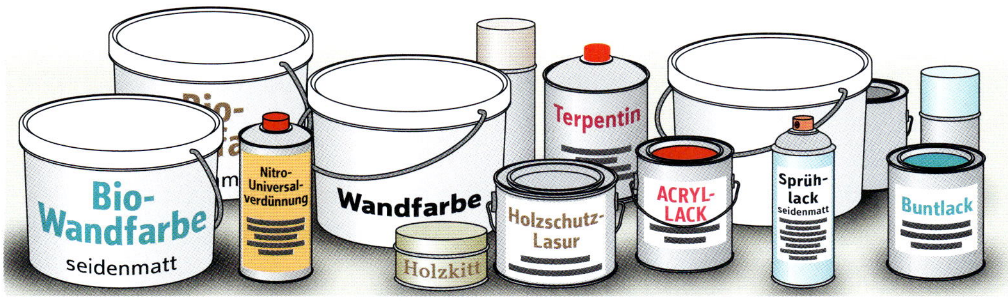

Biofarben sind Anstrichstoffe mit natürlichen Bindemitteln, z. B. Naturharzen, Dispersionen aus Naturstoffen, Zelluloseleim und ungiftigen Farbmitteln (Pigmente). Bioanstriche sind nachhaltig und haben durch ihre biologisch unbedenkliche Zusammensetzung, Geruchsfreiheit und biologische Abbaubarkeit viele Vorteile. Biofarben schützen die Verarbeitenden, sorgen für gesundes Wohnen und verbessern den Umweltschutz.

Biofarben erhalten keinen Blauen Engel und es gibt auch keine DIN-Normen.

BLAUER ENGEL
DAS UMWELTZEICHEN

Heute bietet die Farben- und Lackindustrie nahezu in allen Bereichen **umweltschonende Werkstoffe** als Alternative an. Diese Produkte sind verarbeitungsfreundlich und von guter Qualität.

Bei der Verarbeitung von wasserverdünnbaren und lösemittelarmen Werkstoffen können Maler/-innen ihre Gesundheit und die Umwelt schützen!

Beispiele für umweltschonende Werkstoffe

lösemittelfrei	– Kalk-, Zement- und Silikatfarben – Dispersionsfarben für innen – Zelluloseleim (-farben) und -kleister – Fluate (Neutralisierungsmittel)
lösemittelarm (unter 10 %)	– Dispersionsfarben für innen und außen – Dispersionsacryllacke – Siliconharzfarbe – Wasserlacke auf Alkydharzbasis – Dispersionstiefgrund – Kunstharzgrundiermittel

Den **„Blauen Engel“** bekommen nicht die lösemittelfreien Anstrichstoffe, sondern diejenigen, die stark lösemittelreduziert sind.

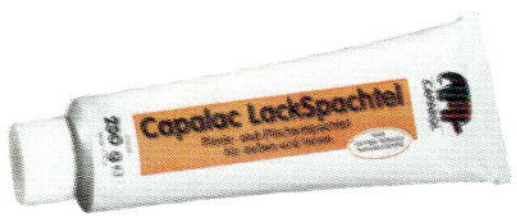

Beschichtungsstoffe **nach DIN EN ISO 4618**

1.2 Überblick über die Beschichtungsstoffe

Beschichtungsstoffe ist der Oberbegriff für flüssige bis pastenförmige (zähflüssige) oder auch pulverförmige Stoffe. Sie bestehen aus Bindemitteln sowie gegebenenfalls zusätzlich aus Pigmenten, Füllstoffen, Lösemitteln und sonstigen Zusätzen (Additiven).

Beschichtungsstoffe ist der Oberbegriff für alle Stoffe, die eine Beschichtung ergeben. Es sind flüssige bis pastenförmige Stoffgemische, die aus Bindemitteln, Lösemitteln, Feststoffen und Zusätzen bestehen.

Übersicht über die Beschichtungsstoffe:

Beschichtungsstoffe
- Anstrichstoff/Lack
- Spachtelmasse
- Kunstharzputz

Die Begriffe **Beschichtungsstoff, Anstrichstoff und Lack** werden zum Teil wahlweise verwendet.

Anstrichstoff ist ein flüssiger bis pastenförmiger Beschichtungsstoff, der vorwiegend durch Streichen, Rollen oder Spritzen aufgetragen wird. Lack ist demnach ebenfalls ein Anstrichstoff.

Anstrichstoffe werden überwiegend nach ihrer Bindemittelart benannt.

Die Einteilung nach **„wasser- und lösemittelverdünnbaren Anstrichstoffen"** ist praxisnah und fördert den Umweltschutz durch Maler/-innen und Lackierer/-innen.

Einteilung der Anstrichstoffe auch nach dem:
- **Bindemittel**, z. B. Alkydharzlack, PUR-Lack, Dispersionsacryllack, Kalkfarben
- **Lösmittelgehalt**, z. B. High-Solid-Lack, Wasserlack, Pulverlack
- **Wand- und Fassadenfarben** z. B. Dispersionsfarben, Silikatfarben, Siliconharzfarben

Anstrichstoff/Lack	Beispiele
wasserverdünnbar	Dispersionsfarbe, Dispersionslacke, Kunstharzlacke, Kalkfarbe, Silikatfarbe, Siliconharzfarbe, Lasurfarben
lösemittelverdünnbar	Öllack, Alkydharzlack, Lacklasur, Arcylharzlack, Chlorkautschuklack, Epoxidharzlack, Nitrolack, Polyurethanharzlack, Polyesterharzlack
Lage im Beschichtungssystem	Grundanstrichstoff, Füller, Zwischenanstrichstoff, Vorlack und Decklack
Anwendungsbereich oder Bauteil	Autolack, Bautenlack, Fensterlack, Flutlack, Heizkörperlack, Parkettversiegelung, Holzlasur
Eigenschaften	Speziallacke, Effektlack, Holzlasur, Klarlack, Brandschutzanstrichstoff, hitzebeständiger Lack

Früher gab es eine begrenzte, übersichtliche Menge von Anstrichstoffen. Heute ist auf den ersten Blick die Vielfalt der Lacke und Farben verwirrend. Doch bei sinnvoller Einteilung sind Maler/-innen in der Lage, für die verschiedenen Untergründe und unterschiedliche Beanspruchung die richtigen Beschichtungsstoffe auszuwählen.

Maler/-innen und Lackierer/-innen sollten aus Umweltschutzgründen wenn möglich bevorzugt wasserverdünnbare Beschichtungsstoffe einsetzen.

2 Bestandteile eines Anstrichstoffes

Lernsituation 2

Beschichtungsstoffe und ihre Bestandteile kennenlernen zum Thema: „Zusammensetzung von Beschichtungsstoffen“

Situationsdarstellung:
Mithilfe von Technischen Merkblättern können sich Maler/-innen über Anwendungsbereiche, Eigenschaften und Zusammensetzung von Beschichtungsstoffen informieren. Die Meisterin erteilt dem Auszubildenden den Auftrag, sich Informationen über Beschichtungsstoffe, ihre Hauptbestandteile und deren Aufgaben zu verschaffen.

Um einen Überblick zu erhalten, erarbeiten Sie die Arbeitsaufträge über die Zusammensetzung der Beschichtungsstoffe, die Hauptbestandteile und deren Aufgaben.

Arbeitsaufträge

1. *Nennen Sie die **Hauptbestandteile** eines Anstrichstoffes.*
2. *a) Welcher **Hauptbestandteil** wird immer benötigt?*
   b) Auf welchen Hauptbestandteil kann auch verzichtet werden?
3. *Nennen Sie mögliche **Eigenschaften** von Anstrichstoff en allgemein.*
4. *Beschreiben Sie, welche Art von Anstrichstoff **Dispersionslacke** sind.*
5. *Vergleichen Sie die **Zusammensetzung** von Alkydharz- und Dispersionslack.*
6. *Beschreiben Sie die **Vorteile** von High-Solid-Lacken.*
7. *Was bedeutet der Begriff „**Festkörper**“?*
8. *Beschreiben Sie in Stichpunkten die **Aufgaben** der folgenden Hauptbestandteile:*
   *a) **Bindemittel***
   *b) **Lösemittel***
   *c) **Farbmittel** (Pigmente)*
   *d) **Füllstoffe***
   *e) **Zusatzstoffe** (Additive)*
9. *Nennen Sie auch die **Eigenschaften** der Hauptbestandteile aus 8.*
10. *Welche **gemeinsamen Eigenschaften** haben Pigmente und Füllstoffe?*

Anstrichstoff =
Bindemittel
+ Farbmittel
+ Lösemittel
+ Zusatzstoffe

Jeder Anstrichstoff braucht ein Bindemittel!

Organische Lösemittel sind flüssige Kohlenstoff-Verbindungen:
Z. B. Kohlenwasserstoffe, Alkohole, Ester, Ether, Glykolether, Ketone und Terpenkohlenwasserstoffe. Früher war Kohle der Ausgangsstoff und heute ist es Erdöl.
Terpenkohlenwasserstoffe sind überwiegend nachwachsende Naturstoffe (Pflanzenstoffe).

2.1 Zusammensetzung von Anstrichstoffen

Ein **Anstrichstoff** (Anstrichmittel) besteht aus den folgenden **vier Hauptbestandteilen**:

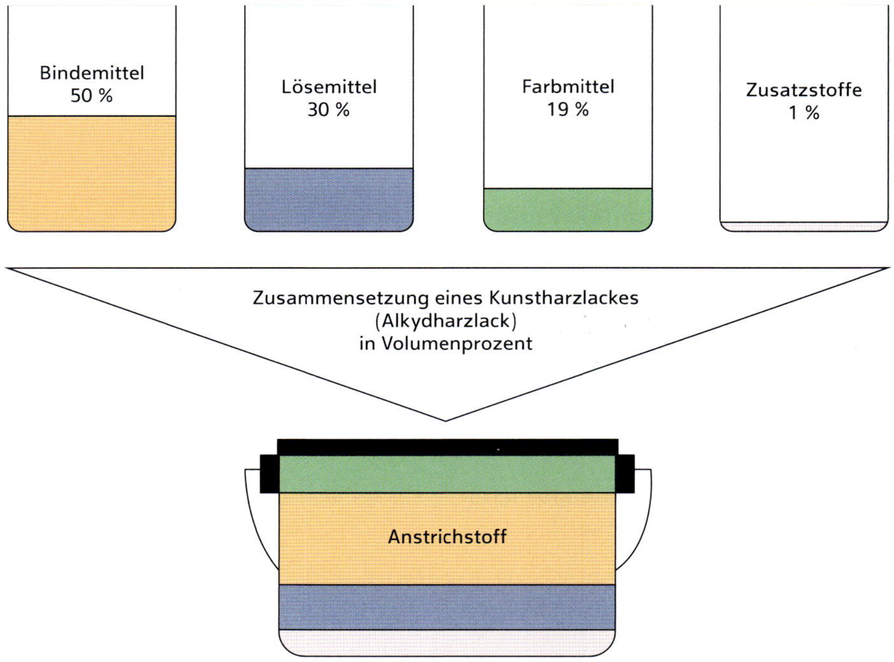

Je nach Zusammensetzung und Menge der einzelnen Bestandteile entstehen die unterschiedlichsten Anstrichstoffe:

Anstrichstoffe	Beispiele	Eigenschaften
ohne Pigmente	Klarlack, Holzschutzmittel, Tiefgrund	farblos
wenig Pigmente	Lasurfarben	lasierend
viele Pigmente	Lack-, Wand- und Fassadenfarben	deckend
wenig Bindemittel	Vorlacke, Innendispersionsfarben	Innenqualität
viel Bindemittel	Decklacke, Außendispersionsfarben	wetterbeständig
ohne Lösemittel	Silikat-, Kalk- und Dispersionsfarben	umweltfreundlich
wenig Lösemittel	Dispersionsfarben und -lacke	umweltschonend

Die Lösemittel sind meist organische Lösemittel und somit gesundheits- und umweltschädlich. Dagegen ist Wasser ein anorganisches Lösemittel und umweltfreundlich.

Dispersionslacke sind lösemittelarme, wasserverdünnbare Acryllacke mit einem Lösemittelanteil von 35–50 %. Davon sind nur 5–10 % organische Lösemittel (deshalb lösemittelarm), die restlichen 30–40 % sind Wasser.

Das folgende Schema zeigt Beispiele für die Zusammensetzung von Anstrichstoffen:

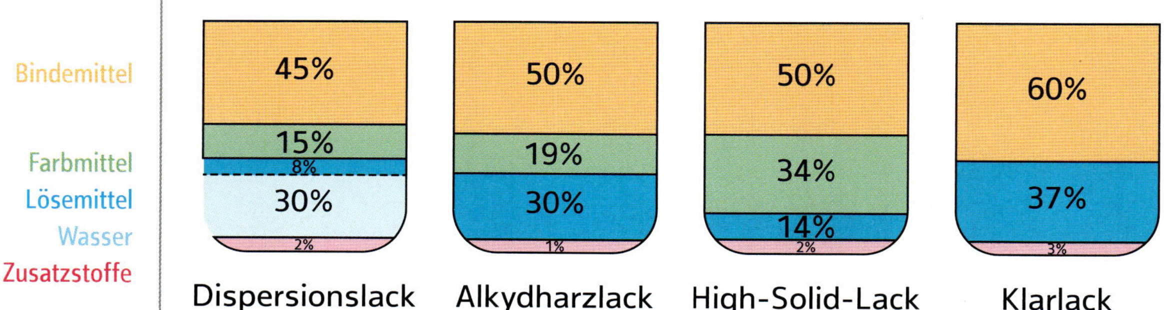

Die verschiedenen Hersteller haben unterschiedliche Rezepturen, und je nach Anwendungsbereich sind die Anstrichstoffe anders zusammengesetzt.

High-Solid-Lacke haben einen hohen **Festkörpergehalt** von über 60 %. Das ist der Anteil eines Lackes, der nach der Verdunstung aller flüchtigen Bestandteile zurückbleibt. Er setzt sich allgemein zusammen aus den filmbildenden Bestandteilen (Bindemittel) und den farbgebenden Bestandteilen (Pigmenten). Der flüchtige Bestandteil ist das Lösemittel, weil es beim Trocknen aus dem Anstrichstoff verdunstet (verfliegt).

Festkörper (Anstrichfilm) = Bindemittel (Filmbildner) und Pigmente

Das **Bindemittel** ist der wichtigste Bestandteil eines Anstrichstoffes, denn es bildet den Anstrichfilm. Man bezeichnet das Bindemittel deshalb auch als **Filmbildner**.

Jeder Anstrichstoff muss ein Bindemittel enthalten, weil das Bindemittel die Eigenschaften des Anstrichfilmes weitgehend bestimmt!

Eigenschaften:
- Haftung
- Härte
- Elastizität
- Haltbarkeit
- Überstreichbarkeit

Farblose Anstrichstoffe enthalten keine Pigmente, deswegen ist ihre Schutzwirkung besonders im Außenbereich gering. Bei farblosen Anstrichen können die UV-Strahlen ungehindert auf die Anstrichuntergründe gelangen und diese zerstören.

Die Bestandteile der Anstrichstoffe haben unterschiedliche Aufgaben und Eigenschaften.

Bestandteile	Aufgaben	Eigenschaften
Bindemittel (Filmbildner)	– **verankern** den Anstrichstoff auf dem Untergrund (Adhäsion) – **verkleben** die Pigmente miteinander (Kohäsion)	Haftfestigkeit Beständigkeit (Qualität), z. B. wischfest, Härte und Elastizität
Lösemittel (Wasser und organische LM)	– **lösen** das feste Bindemittel – **verdünnen** den Anstrichstoff	Lösbarkeit Verarbeitbarkeit
Farbmittel (farbgebende Stoffe)	– **Pigmente geben** dem Anstrichstoff **die Farbe**, Deckkraft und Fülle. – **erhöhen die Haltbarkeit** der Anstriche	Farbigkeit, Deckfähigkeit UV-strahlenbeständig, korrosionshemmend
Füllstoffe (minderwertige Pigmente)	– **erhöhen Festigkeit und Volumen** (Fülle) des Anstriches – **bestimmen Schichtdicke und Struktur** des Anstriches	Anstrichhärte, Deckfähigkeit gering farbgebend, billige Stoffe
Zusatzstoffe (Additive)	sollen bestimmte **Eigenschaften** der Anstrichstoffe **verbessern oder verhindern**	Trocknungsfähigkeit, Verlaufvermögen, Hautbildung, Absetzen, Haltbarkeit

BM = Bindemittel
LM = Lösemittel

BM = bis auf Dispersionen meist **flüssige Stoffe**

Korrosion = Rostbildung

Pigmente und **Füllstoffe** sind feste unlösliche Stoffe.

Additive verbessern die Qualität eines Anstriches.

Aufgaben

1. Was sind Biofarben?

2. Wie heißen die vier Hauptbestandteile eines Anstrichstoffes?

3. Wie nennt man Anstrichstoffe
a) mit vielen Pigmenten?
b) mit wenig Pigmenten?
c) ohne Pigmente?

4. Welche Anstrichstoffe haben viel Bindemittel und wenig Pigmente?

5. Wie viel organische Lösemittel beinhalten Dispersionslacke?

6. Beschreiben Sie organische Lösemittel.

7. Wie hoch ist der Lösemittel-Bestandteil bei einem Alkydharzlack?

8. Aus welchen Bestandteilen setzt sich der „Festkörper“ eines Lackes zusammen?

9. Welchen Bestandteil muss ein Anstrichstoff unbedingt enthalten?

10. Welcher Bestandteil fehlt bei einem Klarlack?

3 Bindemittel

Lernsituation 3

Aufgaben, Eigenschaften und Einteilung der Bindemittel zum Thema: „Bindemittel"

Situationsdarstellung:
Bei der Renovierung von Kindergarten und Jugendhaus wird vom Auftraggeber für die Wandbeschichtung eine scheuerbeständige Innenfarbe gewünscht. Der Malerbetrieb bietet dafür eine Dispersionsfarbe und alternativ eine Silikatfarbe an. Der Meister erteilt der Auszubildenden den Auftrag, sich anhand von Technischen Merkblättern (1 und 3, Seiten 219 und 221) über diese beiden Anstrichstoffe zu informieren. Der Kunde möchte als Entscheidungshilfe eine genaue Information erhalten.

Dazu ist es wichtig die Eigenschaften der Beschichtungsstoffe zu kennen. Diese werden überwiegend durch das Bindemittel bestimmt. Durch die folgenden Arbeitsaufträge erhalten Sie wichtige Einblicke.

Arbeitsaufträge

1. *Beschreiben Sie den Begriff „**Bindemittel**".*
2. *Beschreiben Sie in Stichpunkten die **Aufgaben** der Bindemittel.*
3. *Welche **Merkmale** haben*
   a) bindemittelreiche und
   b) bindemittelarme Anstrichstoffe?
4. *Nennen Sie die wichtigsten **Eigenschaften** von Bindemitteln.*
5. *Teilen Sie die Bindemittel nach ihrer **Verdünnbarkeit** ein.*
6. *Nennen Sie die **mineralischen Bindemittel** und gemeinsame Eigenschaften.*
7. *Nennen Sie **tierische** und **pflanzliche Bindemittel** und typische Eigenschaften.*
8. *Beschreiben Sie die **Kunststoffdispersionen**.*
9. *Nennen Sie **Arten** von Kunststoffdispersionen und wichtige **Eigenschaften**.*
10. *Beschreiben Sie die **Trocknung** von Kunststoffdispersionen.*
11. *Nennen Sie **lösemittelverdünnbare Bindemittel** mit Beispielen.*
12. *Nennen Sie **ölige Bindemittel** und ihre Verwendung.*
13. *Nennen Sie **harzhaltige Bindemittel**.*
14. *Welche **Bindemittelbasis** haben*
    a) Dispersionsfarben und
    b) Silikatfarben?
    *c) Vergleichen Sie die **Eigenschaften** der beiden Wandfarben und nennen Sie ihre jeweiligen **Vorteile**.*

3.1 Aufgaben der Bindemittel

Das Bindemittel ist der nichtflüchtige (nichtverdunstende) Bestandteil eines Anstrichstoffes, ohne Pigmente und Füllstoffe. Durch die Trocknung entsteht ein zusammenhängender Anstrichfilm, der pigmentiert (farbig) oder ohne Pigmente (farblos) sein kann.

pigmentiert (mit Pigmenten) ergibt farbigen Anstrich

unpigmentiert (ohne Pigmente) ergibt farblosen Anstrich

Das Bindemittel, der wichtigste Bestandteil eines Anstrichstoffes, bestimmt hauptsächlich die Eigenschaften der Anstrichstoffe und der Anstriche!

Untergrundverankerung (Adhäsionskraft = Anhangskraft = Haftung)	Das Bindemittel muss den erhärteten Anstrichstoff (Anstrichfilm) fest und dauerhaft mit dem Untergrund verbinden.
Pigmentverklebung (Kohäsionskraft = Zusammenhangskraft = Bindung)	In einem farbigen Anstrichstoff muss das Bindemittel die Pigmentteilchen umhüllen und miteinander verbinden.
Untergrundschutz durch Härte, Elastizität und Beständigkeit	Das Bindemittel muss den Untergrund vor mechanischen Einwirkungen (z. B. Stöße, Schläge), Witterung und Chemikalien dauerhaft schützen.

Aufgaben der Bindemittel:
1. **Haftung**
2. **Bindung**
3. **Schutz**

Da **kein Bindemittel für alle Aufgaben** geeignet ist, muss immer das passende Bindemittel ausgewählt werden. Heute werden oft **Kombinationen** von Bindemitteln verwendet, weil so die Vorteile der unterschiedlichen Bindemittel ausgenutzt werden können.

Kombination: Mischung von verschiedenen Bindemitteln

Pigmentierter Anstrich auf dem Untergrund

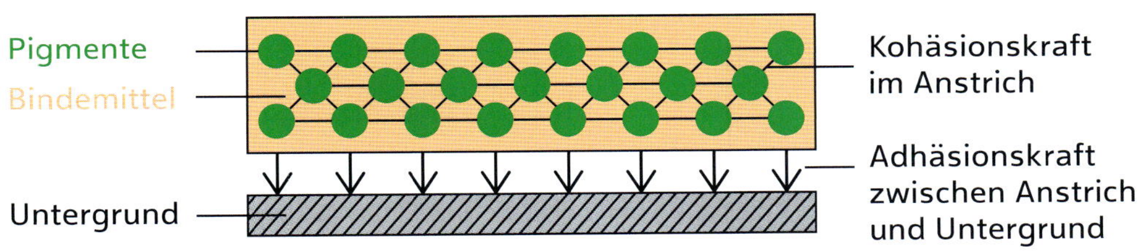

Das Bindemittel kann nur dann seine Aufgaben vollständig erfüllen, wenn es in ausreichender Menge im Anstrichstoff vorhanden ist. Ohne Bindemittel würden die Pigmente abfärben (kreiden). Der Anstrich hätte dann keinen Zusammenhalt, also keine Kohäsionskraft.

Der Bindemittelanteil beeinflusst die Qualität eines Anstrichstoffes!

Bindemittelanteil	Merkmale
hoch = **bindemittelreich**	– gute Einbettung der Pigmente – dichter, elastischer Anstrichfilm
gering = **bindemittelarm**	– schlechte Pigmentverbindung(-umhüllung) – Anstrich neigt zum Kreiden – poröser Anstrichfilm

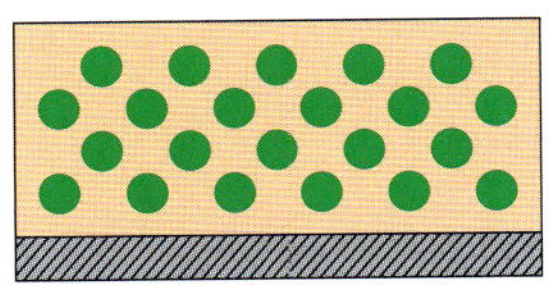
ausreichende Einbettung

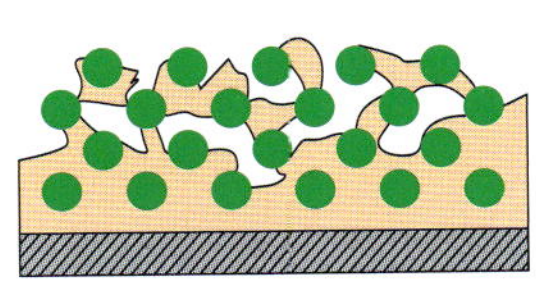
mangelhafte Einbettung

Weitere Eigenschaften:
- Verlauf
- Pigmentverträglichkeit
- Haftfestigkeit

3.2 Eigenschaften der Bindemittel

Lösbarkeit 	Bei der Anstrichstoffherstellung wird das feste Bindemittel durch ein Lösemittel gelöst und so erst verarbeitbar.
Verdünnbarkeit 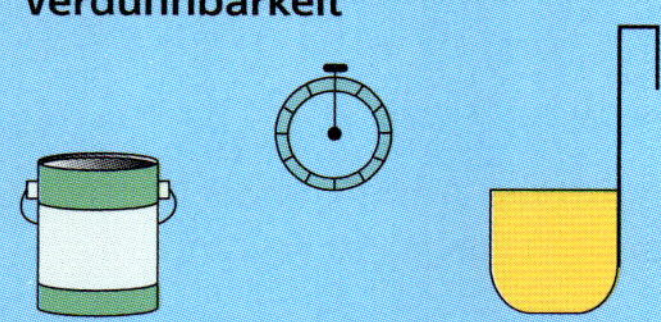	Durch geeignete Lösemittel muss sich das Bindemittel auf die Verarbeitungsviskosität verdünnen lassen.
Trockenfähigkeit 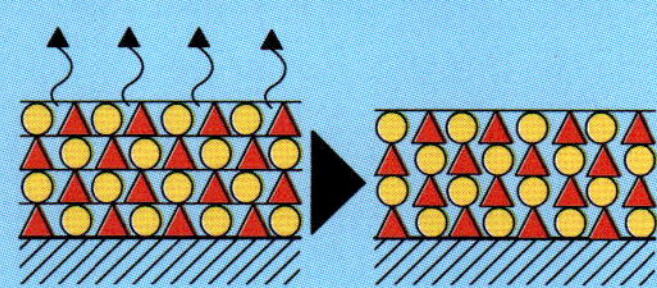	Das Bindemittel muss vom flüssigen in den festen Zustand übergehen und dabei einen klebefreien Anstrichfilm bilden.
Überstreichbarkeit 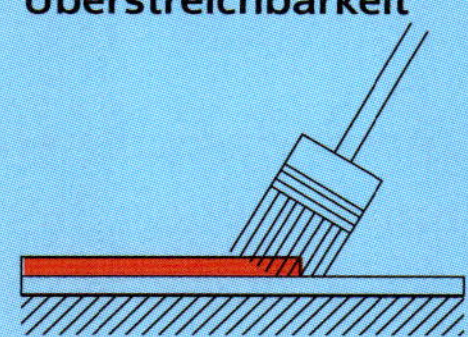	Das Bindemittel darf sich nach dem Trocknen beim Überstreichen mit dem gleichen Bindemittel nicht wieder anlösen lassen.
Lichtbeständigkeit 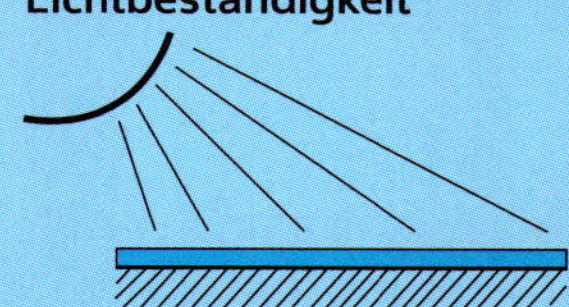	Das Bindemittel muss besonders gegen UV-Strahlen beständig sein, damit sich der Anstrich nicht farblich verändert.
Wetterbeständigkeit 	Das Bindemittel muss gegen Witterungseinflüsse wie Feuchtigkeit, Hitze und Kälte beständig sein.

irreversibel = nicht wieder auflösbar

reversibel = wieder auflösbar

Trocknung

Trocknungsarten: physikalisch, chemisch und gemischt

Aus flüssig aufgetragenen Anstrichstoffen entstehen durch den Trocknungsvorgang (Erhärtung) feste Anstrichfilme. Wir unterscheiden dabei drei Trocknungsarten:

z. B. Leimfarben und Spirituslacke

Bei der **physikalischen Trocknung** verdunstet das Lösemittel. Aus den zurückbleibenden Bindemitteln und Pigmenten bildet sich der Anstrichfilm.

z. B. Öllacke und Alkydharzlacke

Bei der **chemischen Trocknung** reagieren zwei oder mehr Stoffe miteinander und dabei entsteht ein fester Anstrichfilm. So trocknet z. B. Leinölfirnis durch Sauerstoffaufnahme (oxidativ).

z. B. Alkydharzlacke und Silikatfarben

Bei der **gemischten Trocknung** erhärten chemisch trocknende Anstrichstoffe zusätzlich noch physikalisch, weil sie meistens auch Lösemittel enthalten.

3.3 Einteilung der Bindemittel

Bindemittel können nach verschiedenen Gesichtspunkten eingeteilt werden, z. B. nach:

- **Art der Trocknung** (chemisch, physikalisch)
- **chemischen Eigenschaften** (alkalische Bindemittel)
- **Verwendungszweck** (Heizkörperlack, Fassadenfarbe)
- **Löslichkeit und Verdünnbarkeit** (wasserverdünnbar)

Aus Gründen des Umweltschutzes ist eine **Einteilung nach der Verdünnbarkeit** sinnvoll. Auch ist es praxisnah, zwischen wasserverdünnbaren und lösemittelverdünnbaren Bindemitteln zu unterscheiden.

Bindemittel

- **mit Wasser verdünnbar** – wässrige Bindemittel
  - anorganisch – mineralische Bindemittel (Kalk, Zement, Wasserglas)
  - organisch – Leime und Kleister, Kunststoffdispersionen, Siliconharzemulsion, modifizierte Harze
- **mit organischen Lösemitteln verdünnbar** – öl- und harzhaltige Bindemittel
  - organisch – Öle, Natur- und Kunstharze, abgewandelte Naturprodukte, Kunststoffe, bituminöse Stoffe

„Modifiziert" (= verändert) bedeutet, die Harze wurden wasserverdünnbar gemacht.

3.3.1 Wasserverdünnbare Bindemittel

Heute werden immer mehr wasserverdünnbare Anstrichstoffe (Bindemittel) angeboten, weil sie weniger umwelt- und gesundheitsschädigende organische Lösemittel enthalten. Durch Umweltschutzauflagen an die Farben- und Lackindustrie versucht der Staat den Lösemittelverbrauch einzuschränken.

Anorganische (mineralische) Bindemittel werden durch Brennen oder Schmelzen von anorganischen Stoffen wie Kalkstein, Ton und Quarzsand hergestellt. Sie sind wasserverdünnbar, trocknen chemisch, reagieren stark alkalisch und ergeben wasserunlösliche Anstriche.

Mineralische Bindemittel: Kalk, Zement und Wasserglas

Mineralische Bindemittel werden gewöhnlich für waschfeste Innen- und wetterbeständige Außenanstriche auf mineralischen Untergründen verwendet.

Mineralische Untergründe: z. B. Kalk- und Zementputze, Beton und Steine

Kalk und Zement sind in erster Linie Mörtelbindemittel (z. B. für Putze). Als Bindemittel für Anstrichstoffe spielt Zement nur eine geringe Rolle, während Kalk stark an Bedeutung verloren hat. Dagegen ist Wasserglas, als Bindemittel für Silikatfarben und Silikatputze, sehr bedeutend. Silikatfarben sind heute neben den Dispersionsfarben die am meisten verwendeten Fassadenfarben.

Name und Sorten	Eigenschaften	Verwendung
Kalk Luftkalke (lufttrocknend) hydraulische Kalke (unter Wasser trocknend)	– trocknen chemisch (Aufnahme von Kohlendioxid) – stark alkalisch, pilztötend – abtönbar nur mit kalkbeständigen Pigmenten – nicht beständig gegen sauren Regen	Bindemittel und Pigment für atmungsaktive, wasser- und wetterbeständige Anstriche in Kellern, Waschküchen, Lagerhallen, Vorratsräumen und Viehställen sowie als Putzbindemittel
Zement graue und weiße Portlandzemente	– trocknen hydraulisch (durch Verbindung mit Wasser) – stark alkalisch, daher als Rostschutz bei Eisen und Stahl – verträglich nur mit zementbeständigen Pigmenten	als Mörtelbindemittel für Zementputze, als Bindemittel für Beton, als Bindemittel und Pigmente (weißer Zement) für weiße und helle Innen- und Außenanstriche
Wasserglas Kaliwasserglas = Kaliumsilikat	– physikalisch und chemisch trocknend – stark alkalisch, keimtötend – abtönbar mit alkalibeständigen Pigmenten – ätzt Glas und Keramikfliesen – hohe Diffusionsfähigkeit	Bindemittel für wasser- und wetterbeständige Anstrichstoffe (Silikat- und Dispersionssilikatfarben) auf mineralischen Untergründen, auch als Bindemittel für Silikatputze

Kaliwasserglas = Kaliumsilikat

Organische Bindemittel (Leime) werden aus pflanzlichen und tierischen Rohstoffen hergestellt, die Eiweiß, Stärke und Zellulose enthalten. Sie kommmen meist als wasserlösliche Pulver in den Handel. Verwendet werden Leime vor allem als Bindemittel in Leimfarben und für Tapetenkleister.

Eigenschaften von Leimen und Kleister

Leime und Kleister trocknen physikalisch durch Wasserverdunstung. Sie sind auch nach der Trocknung wasserlöslich (reversibel) – mit Ausnahme von Kaseinleim – und deshalb nur für Innenräume einsetzbar.

Tierische Leime werden heute nur noch in der Denkmalpflege eingesetzt, z. B. als Klebemittel für Vergoldungen.
Haut-, Knochen- und Lederleime sind lösliche Eiweißverbindungen.
Kaseinleim ist ein durch Kalk oder Lauge löslich gemachter Käsestoff (aus Milch).

Pflanzliche Leime

Stärkeleime werden aus der Stärke von Kartoffeln, Weizen und Roggen hergestellt.
Zelluloseleime bestehen aus Zellstoff (wasserunlösliche Zellulose), der durch chemische Behandlung wasserlöslich gemacht wird. Zellulose ist der Hauptbestandteil der Zellwände von Pflanzen. Als Rohstoff für die Zellulosegewinnung dient meist Buchen- oder Fichtenholz.

Maler/-innen und Lackierer/-innen verwenden heute Zelluloseleime und Zellulosekleister.

Name und Sorten	Eigenschaften	Verwendung
Stärkeleim Stärkekleister Dextrinleim	– trocknen physikalisch – meist etwas alkalisch – verträglich mit allen Pigmenten	für Leimfarben (Innenanstriche), Kleister für Tapeten, heute praktisch ohne Bedeutung
Zelluloseleim Zellulosekleister	– trocknen physikalisch – chemisch neutral – verträglich mit allen Pigmenten und anderen Leimen (auch Dispersionen) – gute Emulsion mit Ölen	hauptsächlich als Bindemittel für Leimfarben (wischbeständige Innenanstriche), plastische Anstrichstoffe, Spachtel und Tapetenkleister, einfach zu verarbeiten

Dispersionen

dispergieren:
lat. dispergere = zerteilen

Kunststoffdispersionen sind wasserverdünnbare, **organische Bindemittel** für umweltfreundliche Klebe- und Beschichtungsstoffe, wie z. B. Dispersionsfarben und -lacke, Kunstharzputze und Holzlasuren. Sie enthalten nur sehr wenige oder keine organischen Lösemittel.

Dispersion ist ein stabiles Gemisch, bei dem ein Stoff in einem anderen fein verteilt (dispergiert) ist.

Dispersionen lassen sich in zwei Gruppen unterteilen:

Dispersionen		
Emulsionen	Arten	**Suspensionen**
Mischung von zwei Flüssigkeiten		Fester Stoff in einer Flüssigkeit
zwei an sich unverträgliche Flüssigkeiten wie z. B. Öl in Wasser	Erklärung	Kunststoffteilchen (Pulver) in einer wässrigen Lösung fein verteilt
natürlich: Milch, Latex künstlich: Kasein, Zellulose, Leinöl, Öllack	Beispiele	Polymerisationsharze als Bindemittel für Dispersionsbeschichtungsstoffe

Kasein ist ein natürliches Bindemittel und ein Eiweißbestandteil der Milch. Für die Herstellung wird Milch mit Zitronensaft vermischt. Dadurch gerinnt die Milch und wird zu Magerquark. Getrocknet und in Pulverform ist Kasein wasserunlöslich. Erst mit Laugen, z. B. Soda oder Kalkhydrat, wird es wasserlöslich und kann als Bindemittel für Wandfarben verwendet werden.

Um eine Entmischung der Dispersion zu verhindern, werden Hilfsmittel (Emulgatoren) zugesetzt. Durch Verdünnen mit Wasser wird die Dispersion dünnflüssiger, ohne dass dabei das nicht wässrige Bindemittel gelöst wird.

Bereits zwischen den beiden Weltkriegen wurden die ersten Dispersionen (Emulsionen) hergestellt, die man als **Binder** bezeichnete. So wurden z. B. flüssige Öllacke in Kaseinlösung fein verteilt (emulgiert). Aus dieser Emulsion entstanden durch Zumischen von wässrigen Pigmentpasten die **Binderfarben**. Heute haben die Kunststoffdispersionen die Binderfarben ersetzt.

Eine Kunststoffdispersion ist eine feine Verteilung von Polymeren oder Kunstharzen (Kunststoffteilchen) in einer Flüssigkeit (meist Wasser).

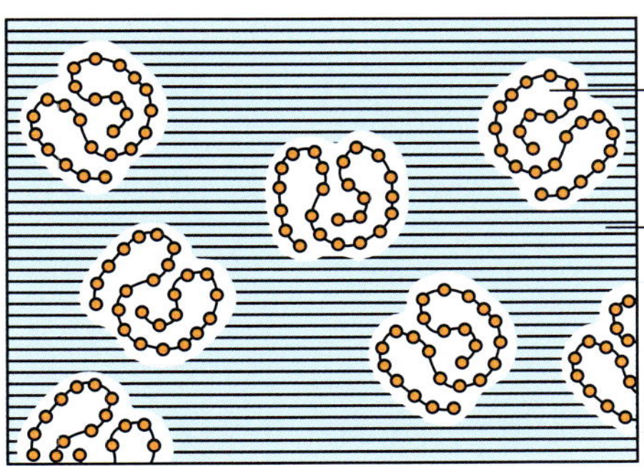

Arten von Kunststoffdispersionen

Kunststoffdispersionen sind Suspensionen. Die feinen Kunststoffteilchen (Großmoleküle) werden durch Polymerisation hergestellt. Dazu werden verschiedene Kunststoffe verwendet, nach denen die Dispersionsbindemittel benannt sind.

Arten	Eigenschaften	Verwendung
Polyvinylacetat (PVAC), **Polyvinylpropionat** (PVP), **Polyacrylat** (PA), **Styrolbutadien** (SB), **Polystyrol** (PS), **Kunststofflatex**	Verarbeitbar bis +5 °C, weil tiefe Temperaturen die Filmbildung verhindern, trockene KD-Beschichtungen sind wasserunlöslich (irreversibel).	wasch-, scheuer- und wetterbeständige Beschichtungen auf allen tragfähigen Untergründen (außer auf Luftkalkputzen)

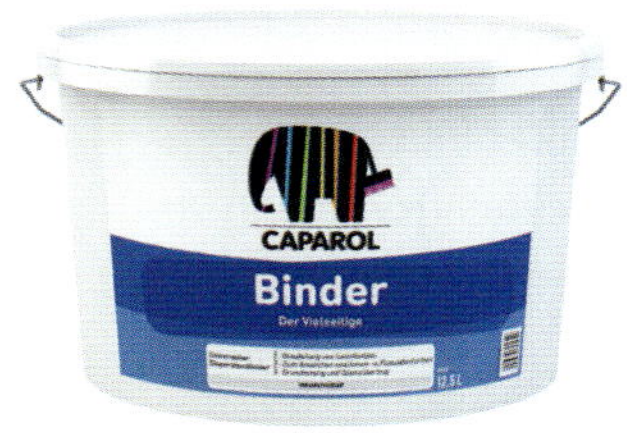

Kunststoff-Dispersionsbinder

Naturstoffdispersionen werden schon bald die Kunststoffdispersionen als Bindemittel ersetzen.
Das synthetische Acrylat ist ein Kunststoff und somit nicht biologisch abbaubar. Anstatt aus Erdöl werden die **festen Bindemittelteilchen** in **Naturstoffdispersionen** aus **Mais-** und **Weizenresten** hergestellt.

Emulgatoren = Hilfsmittel bei der Herstellung einer Emulsion, z. B. Seifen und Methylzellulose

Polymere = Großmoleküle (Makromoleküle)

Herstellung:

Wasser- und Kunststofflösung
↓ Emulgatoren
Emulsion (Kleinmolekül)
↓ Beschleuniger
Polymerisation
↓ Stabilisatoren
Kunststoffdispersion (Großmolekül)

KD = Kunststoffdispersion

Kunststofflatex = Mischpolymerisat aus zwei verschiedenen Stoffen

Trocknung

„Kalter Fluss“ = Trocknungsvorgang von Kunststoffdispersionen

Kunststoffdispersionen trocknen physikalisch durch „kalten Fluss“. Dabei verdunstet das Wasser, die Kunststoffteilchen fließen zusammen und verkleben zu einem unlöslichen Film.

modifizieren = abwandeln

Modifizierte Harze

Als Bindemittel werden für Dispersionslacke meist Acrylharze (Reinacrylate) verwendet, die in Wasser dispergiert sind. Es handelt sich also auch um Kunststoffdispersionen, aber mit viel kleineren Teilchen (feindispers) als bei Dispersionsfarben.

Für **Wasserlacke** werden die bekannten Lackrohstoffe, wie z. B. Leinöl, Acryl- und Alkydharze, mit speziellen Zusätzen zu wasserlöslichen Seifen umgewandelt. Diese abgewandelten Harze ergeben qualitativ hochwertige, wasserverdünnbare Lacke.

Siliconharzemulsion = flüssiges Bindemittel

Siliconharz ist das Bindemittel der Siliconharzemulsionsfarben. Da das Siliconharz nur in organischen Lösemitteln gelöst werden kann, muss es in einer wässrigen Lösung fein verteilt werden. So entsteht eine Siliconharzemulsion. Siliconharzfarben sind hochwertige, wasserverdünnbare, lösemittelarme Fassadenfarben.

3.3.2 Lösemittelverdünnbare Bindemittel

Beispiele für organische Verdünnungsmittel: Nitro-, Universal-, Kunstharzverdünnung, Terpentinöl, Terpentinersatz, Testbenzin, Spiritus

Lösemittelverdünnbare Bindemittel sind organische Stoffe, die mit organischen Lösemitteln gelöst bzw. verdünnt werden.

Bindemittel	Beispiele
Öle	Leinöl, Holzöl, Sojaöl, Sonnenblumenöl, Mohnöl
Naturharze	Kolophonium, Dammar, Kopale, Bernstein, Schellack
Kunstharze	Acrylharz, Alkydharz, Epoxidharz, Polyurethanharz, Polyester, Harnstoff- und Melaminharz, Phenolharz, Siliconharz
abgewandelte Naturprodukte	Chlorkautschuk, Cyclokautschuk, Nitrozellulose
Kunststoffe	Polyvinylchlorid (PVC), Polyvinylacetat (PVAC), Polyäthylen (PE)
Bitumen	Asphalt, Teer, Pech

Naturharze = Ausscheidungsprodukte von Tieren und Pflanzen

Öle und Naturharze

Öle und Naturharze waren früher wichtige Bindemittel, wurden dann aber weitgehend von künstlichen Bindemitteln verdrängt. Heute werden auch wieder Naturfarben (Naturharzlacke) als sogenannte **Biofarben** angeboten. Allerdings ist der Begriff **Biofarben** nicht genormt.

Kopale sind Naturharze von Nadelbäumen

Naturfarben bestehen aus natürlichen Stoffen ohne chemische Zusätze. Naturharze sind z. B. Ausscheidungsprodukte von Tieren und Pflanzen.

Ölige Bindemittel

Öle werden durch Auspressen von Pflanzensamen gewonnen. Sie wurden als Bindemittel für Ölfarben verwendet. Heute werden Öle als Hilfs- und Rohstoffe bei der Lackherstellung verarbeitet. Ölige Bindemittel verdünnt man mit Terpentinöl, Terpentinersatz oder Testbenzin. Öle gehen mit dem Sauerstoff der Luft eine chemische Verbindung ein (oxidative Trocknung).

Öle sind flüssige Bindemittel, die oxidativ trocknen. So wird zum Beispiel aus dem Leinsamen Leinöl gepresst und dann entsteht durch Erhitzen und Zusetzen von Trockenstoffen Leinölfirnis als öliges Bindemittel.

Öl	Herstellung	Eigenschaften	Verwendung
Leinöl	aus Flachssamen gepresst	elastisch, vergilbt leicht, nicht laugenbeständig	als Bindemittel in Ölfarben und Naturharzlacken, zur Herstellung von Alkydharzlacken
Leinölfirnis	Leinöl mit Zusatz von Trockenstoffen	schnellere Trocknung	
Leinölstandöl	unter Luftabschluss und Hitzeeinwirkung eingedicktes Leinöl	verbessert Glanz, Verlauf und Wetterbeständigkeit	

Sonstige Naturöle: Holzöl, Sojaöl, Sonnenblumenöl, Mohnöl, Nussöl

Standöl gibt es auch aus anderen Ölen.

Harzartige Bindemittel (Lackbindemittel)

Als Lackbindemittel werden heute meist Kunstharze (vollsynthetische Stoffe) und auch abgewandelte, veredelte Naturprodukte verwendet. Nach der chemischen Herstellung unterteilt man Kunstharze in Polymerisations-, Polykondensations- und Polyadditionsharze.

Harzbindemittel: Schellack, Alkydharz, Naturharz

Kunstharze	Beispiele
Polymerisationsharze	Polyvinylchlorid (PVC), Polyvinylacetat (PVAC)
Polykondensationsharze	Alkydharz, Phenolharz, Harnstoff- und Melaminharz, Polyester
Polyadditionsharze	Polyurethanharz, Epoxidharz

Abgewandelte Naturprodukte werden durch Veredelung von Zellulose (Hauptbestandteil von Holz), Bitumen (Aufbereitung von Erdöl) und Kautschuk (Saft von Gummibäumen) gewonnen. Abgewandelte Naturprodukte trocknen physikalisch und werden zu Bindemitteln für Spezialbeschichtungsstoffe verarbeitet.

Alkydharz ist das wichtigste Lackbindemittel.

abgewandelte Naturprodukte	Eigenschaften	Verwendung
Zellulose Nitrozellulose	trocknet schnell, feuergefährlich, reversibel	Bindemittel für Nitrolacke und -lackfarben, mit Nitroverdünnung verdünnbar
Bitumen Asphalt, Teer, Pech	sehr wasser-, säuren- und laugenbeständig, „bluten“ beim Überstreichen durch	Bindemittel für Bitumen-, Teer- und Pechanstrichstoffe (Schwarzlacke); Testbenzin ist Löse- und Verdünnungsmittel
Kautschuk Chlorkautschuk (Natur- oder Kunstprodukt)	gut chemikalien- und wasserbeständig, elastisch und sehr wetterbeständig	Bindemittel für Chlorkautschuklacke und -lackfarben, mit Spezialverdünner verdünnbar

Teer und Pech

Teer und Pech werden durch Destillation von Kohle und Torf hergestellt. **Chlorkautschuk** entsteht, wenn Natur- oder Kunstkautschuk mit Chlorgas behandelt wird.

Abgewandelte Naturstoffe sind die ältesten Kunststoffe mit dem Ausgangsstoff Zellulose. Die in Holz oder Stroh enthaltene Zellulose bildet den Grundstoff z. B. für das Celluloid. Diese Kunststoffverbindung wird als erster Thermoplast (1869) angesehen.

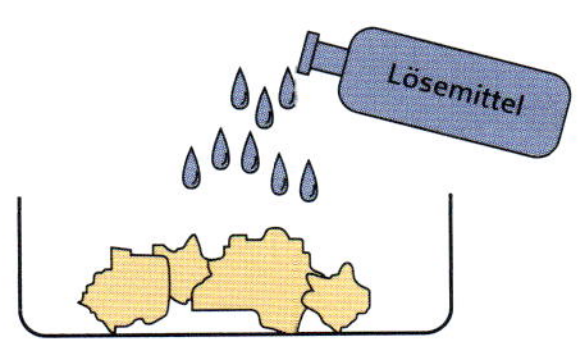

Lösen des festen Bindemittels

Bindemittel und die daraus hergestellten Lacke

Die harzartigen Bindemittel sind meist fest. Sie müssen für die Lackherstellung durch Lösemittel zu Bindemittellösungen verarbeitet werden. Für die Verarbeitung sind die Eigenschaften und die Verwendung der Anstrichstoffe wichtig.

3.4 Merkmale und Auswirkungen

Die Eigenschaften des Bindemittels bestimmen im Wesentlichen die Eigenschaften des Anstrichstoffes

- vor und während der Verarbeitung sowie
- während und nach der Trocknung

Haftungsschaden auf Zinkuntergrund

Bindemittel	Eigenschaften und Merkmale	Auswirkungen auf
Flüssige Bindemittel vor der Verarbeitung	Viskosität	Fließverhalten
	Thixotropie	Tropfverhalten
	Eindicken	Verarbeitungsfähigkeit
	Hautbildung	Lagerfähigkeit
	Geruchsbildung	Verwendung
während der Verarbeitung	Verlauf	Oberflächenbeschaffenheit
	Ablaufneigung	Läuferbildung
	Trocknungsart	Trocknungsverlauf
	Schichtdicke	Haltbarkeit
	Ergiebigkeit	Verbrauch
	Applikation	Auftrageverfahren
	Haftfestigkeit	Anhaftung am Untergrund
	Bindekraft	Zusammenhalt des Anstrichstoffs
Feste Bindemittelfilme nach der Trocknung	Beständigkeit gegen mechanische Beanspruchung	Stoß-, Schlag-, Wasch-, Wetter- und Scheuerbeanspruchung
	Glanzgrad	Aussehen, Haltbarkeit
	Beständigkeit gegen UV-Strahlen	Aussehen (Vergilbung)
		Abkreidung (Versprödung)
	Elastizität	Anhaftung (Haftfvermögen)
	Festigkeit	Stoß-und Schlagfestigkeit
	Sprödigkeit	Haltbarkeit (Schutzfunktion)
	Hitzebeständigkeit	Anhaftung (Versprödung)
	Lichtechtheit	Farbtonveränderungen
	Überstreichbarkeit	Anlösen der Anstrichschicht
	Beständigkeit gegen chemische Beanspruchung	Anlösen bzw. Auflösen und Zerstörung der Anstrichschicht
	Korrosionsschutz	Rostbildung
	Holzschutz	Holzzerstörung
	Wasserdampfdiffusion	Blasenbildung, Abplatzen
	Oberflächenunempfindlichkeit	Reinigungsfähigkeit, Beständigkeit
	Verschmutzungsanfälligkeit	Verschmutzung

Spröder, abgewitterter **Fensteranstrich**

Die Bindemittelqualität eines Anstrichstoffes hat direkten Einfluss auf die Güte und die Eigenschaften der Beschichtung, also auf die Anstrichschicht.

Aufgaben

1. *Erklären Sie den Begriff „Bindemittel".*
2. *Nennen Sie die Aufgaben der Bindemittel.*
3. *Welche Vorteile haben bindemittelreiche Anstrichstoffe?*
4. *Welche Nachteile haben bindemittelarme Anstrichstoffe?*
5. *Nennen Sie die sechs wichtigsten Eigenschaften der Bindemittel.*
6. *Erklären Sie den Begriff „irreversibel". Mit welcher Bindemitteleigenschaft hängt er zusammen?*
7. *Welche drei Trocknungsarten unterscheidet man?*
8. *Erklären Sie die „physikalische Trocknung".*
9. *In welche zwei Gruppen werden die Bindemittel sinnvollerweise eingeteilt?*
10. *Nennen Sie anorganische mineralische Bindemittel.*
11. *Welche Eigenschaften haben anorganische mineralische Bindemittel?*
12. *Welche Leime und Kleister werden heute eingesetzt?*
13. *Erklären Sie den Begriff „Dispersion".*
14. *Erklären Sie den Unterschied zwischen Emulsion und Suspension.*
15. *Was sind Kunststoffdispersionen?*
16. *Was sind Naturstoffdispersionen?*
17. *Nennen Sie vier verschiedene Dispersionsbindemittel.*
18. *a) Beschreiben Sie den Trocknungsvorgang von Kunststoffdispersionen.*
    b) Wie heißt dieser Trocknungsvorgang?
19. *Beschreiben Sie die Verwendung von Siliconharz.*
20. *Was sind „lösemittelverdünnbare Bindemittel"?*
21. *Benennen Sie drei wichtige „ölige Bindemittel".*
22. *In welche Arten unterteilt man Kunstharze nach ihrer chemischen Herstellung?*
23. *Welches ist das wichtigste Lackbindemittel?*
24. *Woraus werden „abgewandelte Naturprodukte" gewonnen?*
25. *Beschreiben Sie die Verwendung von Bitumen.*

4 Löse- und Verdünnungsmittel

Lernsituation 4

Aufgaben, Eigenschaften, Einteilung und Verwendung von Lösemitteln zum Thema: „Löse- und Verdünnungsmittel“

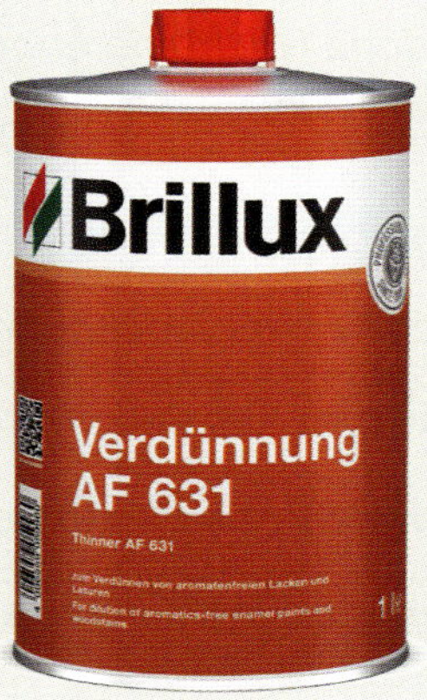

Situationsdarstellung:
Die Gemeinde wünscht für die Kindergarten- und Jugendhaus-Renovierung gesundheitlich unbedenkliche und umweltschonende Produkte. Deshalb hat der Malerbetrieb in seinem Kostenangebot überwiegend wasserverdünnbare Beschichtungsstoffe angeboten. Diese besitzen keine bzw. nur wenig organische Lösemittel. Der Meister erteilt dem Auszubildenden den Auftrag, sich anhand von Technischen Merkblättern (5 und 7, Seiten 223 und 226) über den Lösemittelgehalt von Beschichtungsstoffen zu informieren.

Dazu ist es sinnvoll, sich Informationen über Löse- und Verdünnungsmittel allgemein und speziell über Arten und Einsatz zu beschaffen. Durch die Erarbeitung der folgenden Arbeitsaufträge erhalten Sie wichtige Einblicke in dieses Thema.

Arbeitsaufträge

1. *Beschreiben Sie **Lösemittel** nach **DIN EN 971-1**.*
2. *Nennen Sie die **Aufgaben** von*
   *a) **Lösemitteln** und*
   *b) **Verdünnungsmitteln**.*
3. *Welchen Zweck hat die **Verdünnung** von Anstrichstoffen?*
4. *Wie lassen sich Anstrichstoffe ohne Lösemittelzusatz verdünnen?*
5. *Wie wirken sich **Verdünnungsfehler** auf eine Beschichtung aus?*
6. *Warum ist die Nassschichtdicke stärker als die **Trockenschichtdicke**?*
7. *Nennen Sie die wichtigsten **Lösemittelarten** (Gruppen) mit Beispielen.*
8. *Nennen Sie die **Eigenschaften** des anorganischen Lösemittels Wasser.*
9. *a) Benennen und beschreiben Sie die **Lösemittelgemische**!*
   b) Welche Anstrichstoffe lassen sich mit diesen Gemischen verdünnen?
10. *Nennen Sie in einer Kurzbeschreibung die **Eigenschaften** der organischen Lösemittel.*
11. *Beschreiben Sie den Begriff „**Verdunstungsgeschwindigkeit**“.*
12. *Welche **Lösemittelbereiche** werden nach der Verdunstungszahl unterschieden?*
13. *Beschreiben Sie die **Gefahrenklassen** der Lösemittel.*
14. *Welche **Gesundheitsschäden** können beim unvorsichtigen Umgang mit Lösemitteln auftreten?*
15. *Beschreiben Sie den „**MAK-Wert**“.*
16. *Nennen Sie je zwei **Gefahrenhinweise** und **Sicherheitsratschläge** im Umgang mit Lösemitteln.*
17. *Welche Bedeutung hat die „**VOC**“ nach der Lösemittelverordnung?*

4.1 Aufgaben von Löse- und Verdünnungsmitteln

Nach DIN EN ISO 4618 ist ein Lösemittel eine ein- oder mehrkomponentige Flüssigkeit, die Bindemittel ohne chemische Veränderung lösen kann.

Bei den Anstrichstoffen sind Lösemittel Flüssigkeiten, die das feste Bindemittel auflösen (Bindemittellösung) und zum Verdünnen solcher Lösungen geeignet sind.

Lösemittel löst

Lösemittel ist ein genormter Begriff (DIN 55945), der sowohl Löse- als auch Verdünnungsmittel beinhaltet.

Lösemittel lösen das feste Bindemittel bei der Anstrichstoffherstellung, Verdünnungsmittel machen den Anstrichstoff verarbeitbar, z. B. streich-, spritz- oder tauchfähig.

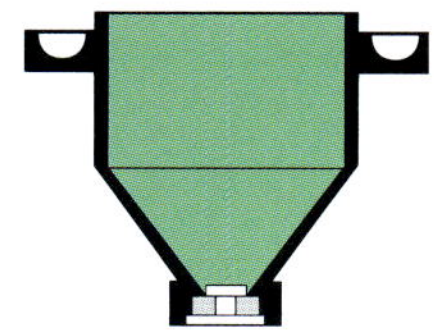
Lösemittel verdünnt

Lösen der Bindemittel

Zum Lösen der festen Bindemittel, z. B. Kunstharze, werden geeignete Lösemittel benötigt. Manche Bindemittel werden von bestimmten Lösemitteln sehr gut gelöst, von anderen weniger gut oder überhaupt nicht. Das geeignete Lösemittel wird von der Art des Bindemittels bestimmt.

Das Bindemittel bestimmt das geeignete Lösemittel.

Verdünnen von Anstrichstoffen

Je nach dem Auftragsverfahren (Applikation) und dem Untergrund müssen Anstrichstoffe vor Gebrauch verdünnt werden. Beispielsweise muss der Maler vor dem Spritzen den Lack auf die richtige Verarbeitungsviskosität einstellen. Dabei darf nicht zu viel Verdünner zugesetzt werden, weil dadurch der Anstrichstoff in seiner Qualität nachteilig verändert werden kann, z. B. in seiner Schichtdicke, Haltbarkeit und Deckfähigkeit.

Erwärmen der Anstrichstoffe: umweltfreundliches Verdünnen ohne Lösemittel

Durch Verdünnen ist es möglich, die Streich-, Roll- oder Spritzviskosität von Anstrichstoffen, z. B. von Farben und Lacken, einzustellen.

Beim Verdünnen der Anstrichstoffe sollten Maler/-innen folgende Fehler vermeiden:

Fehler	Auswirkungen
zu starke Verdünnung	– geringere Schichtdicken (Haltbarkeit) – geringere Wetterbeständigkeit – geringeres Deckvermögen – geringere Elastizität (Versprödung) – Läuferbildung
ungenügende Verdünnung	– schlecht verarbeitbar (Verlauf) – Orangenschaleneffekt beim Spritzen – schlechtes Eindringen (Grundanstrichstoffe)
ungeeignete Verdünnungsmittel	– Zersetzung des Anstrichstoffes – Oberflächenstörungen, z. B. schlechter Verlauf, Kocherbildung und Orangenschaleneffekt

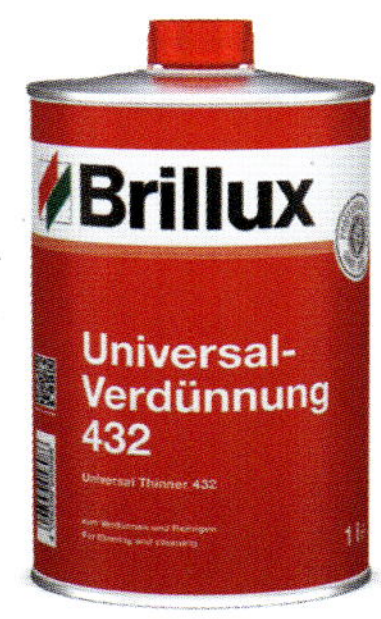

Kocher: kleine Krater (Vertiefungen) in der Lackoberfläche

Lösemittel sind Hilfsstoffe mit der Aufgabe, die Bindemittel vorübergehend in eine für die Verarbeitung geeignete flüssige Form (guter Verlauf) zu bringen. Anschließend müssen Lösemittel rückstandslos verdunsten, wobei der flüssige Anstrichstoff zum festen Anstrichfilm wird.

Die **Trockenschichtdicke** ist immer schwächer als die **Nassschichtdicke**, weil das Lösemittel verdunstet und dabei aus dem Anstrich entweicht.

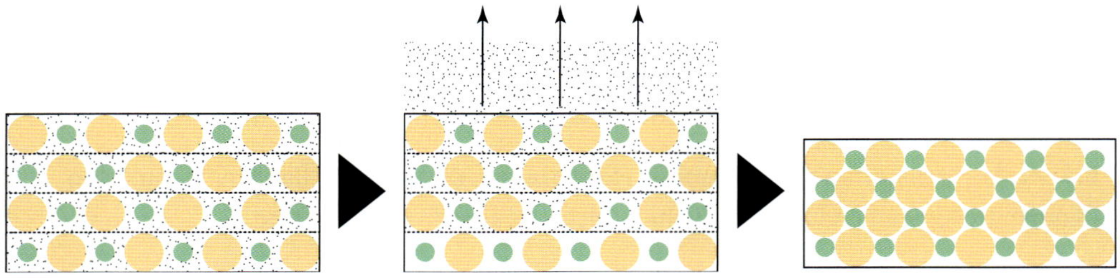

Anstrich vor, während und nach der Trocknung

Löse- und Verdünnungsmittel verdunsten bei der Trocknung aus dem Anstrichstoff, sie sind ein flüchtiger Bestandteil.

Mit der Verdunstung während der Trocknung des Anstriches haben die Lösemittel ihre Aufgabe erfüllt. Dabei wird die Anstrichschicht um den Lösemittelanteil dünner. Man unterscheidet deshalb zwischen der **Nassschichtdicke** und der **Trockenschichtdicke**.

4.2 Einteilung und Verwendung der Lösemittel

Organische **Lösemittel** sind **Gefahrstoffe** und nach der **GefStoffV** kennzeichnungspflichtig.

Löse- und Verdünnungsmittel können nach ihrer chemischen Zusammensetzung eingeteilt werden.

Übersicht über wichtige organische Lösemittel:

Lösemittelgruppen mit Beispielen	**Eigenschaften**	**Verwendung**
Terpenkohlenwasserstoffe Terpentinöl	gutes Lösevermögen, reizend, kann Allergien verursachen	Öl- und Alkydharzlacke, Naturharzfarben
aliphatische Kohlenwasserstoffe Testbenzin Terpentinersatz	gutes Lösevermögen, reizend, kann Allergien verursachen	Öl- und Alkydharzlacke, Bitumen und Asphaltlacke
aromatische Kohlenwasserstoffe Xylol, Toluol, Styrol, z. B. in Universal- und Nitroverdünnung	gesundheitsschädlich	Alkydharzlacke, Acryllacke, Epoxidharzlacke, Chlorkautschuklacke, Nitrolacke u. a.
Chlorkohlenwasserstoffe Methylenchlorid Perchlorethylen	unbrennbar, sehr gutes Lösevermögen, sehr gesundheitsschädlich	Chlorkautschuklacke, lösende Abbeizmittel, Entfettungsmittel
Alkohole Äthanol (Spiritus) Butanol Methanol	zum Teil wasserlöslich, begrenztes Lösevermögen, Methanol ist giftig	Schellack, Spirituslack, Nitrozelluloselack, Epoxidharzlack
Ester Methylacetat Äthylacetat Butylacetat	sehr gutes Lösevermögen	Nitrozelluloselacke, Polyurethanharzlacke, Polymerisat-, Melamin-, Phenol- und Harnstoffharzlacke
Ketone Aceton Methyläthylketon Cylohexanon	sehr gutes Lösevermögen	Nitrozelluloselacke, Polyurethanharzlacke, Epoxidharzlacke, Chlorkautschuklacke
Glykole Glykolether Buthylglykol	mit Wasser und organischen Lösemitteln mischbar	Wasserlacke, Einbrennlacke, Abbeizmittel

Ester und Ketone sind nur in geringen Mengen in einem Lösemittelgemisch, z. B. in Nitro- und Spezialverdünnung.

Anorganische Lösemittel:

Lösemittelgruppe	Eigenschaften	Verwendung
Wasser	ungiftig, umweltfreundlich, unbrennbar, billig	Kalk-, Zement- und Silikatfarben, Leimfarben und Kleister, Alkydharzlacke, Dispersionsfarben und -lacke

Lösemittelgemische

Verdünnungsmittel sind häufig Lösemittelgemische, d. h., sie bestehen aus verschiedenen Lösemittelarten. Durch Kombination geeigneter Lösemittel in den Gemischen lassen sich wichtige Eigenschaften der Beschichtungsstoffe, wie Verlauf, Schichtdicke und Trocknung, beeinflussen.

Testbenzine, die als Ersatz für Terpentinöl in den Handel kamen

Lösemittelgemische	Verdünnen von
Kunstharzverdünnung Testbenzin, Aromate wie Xylol und Toluol u. a.	Alkydharz- und Öllacken
Nitroverdünnung Ester, Aromate, Ketone und Alkohole	Nitrolacken und Nitrokombinationslacken
Universalverdünnung besteht aus sehr vielen unterschiedlichen Lösemitteln	Alkydharzlacken, Nitrolacken, Chlorkautschuklacken, Polyurethanlacken (2K-Lacke)
Spezialverdünnungen sind Lösemittelgemische, die für ganz spezielle Anstrichstoffe verwendet werden	Zweikomponentenlacken wie Polyurethan-, Epoxidharz-, Polyesterharz- und Polymerisatharzlacken, Chlorkautschuklacken

Waschverdünnung ist ein Reinigungs- und Entfettungsmittel, das Testbenzin, Benzin, Petroleum und andere Lösemittel enthält. Waschverdünnung ist weder zum Verdünnen von Anstrichstoffen noch zum Händewaschen geeignet.

4.3 Eigenschaften der organischen Lösemittel

Farbe:
Lösemittel sollen farblos sein, damit sie den Farbton des Anstriches nicht verändern. Manche Lösemittel haben von Natur aus oder durch Verunreinigungen eine gelbliche bis bräunliche Farbe.

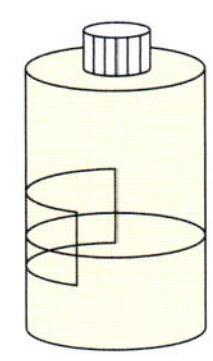

Geruch:
Am Geruch kann man bestimmte Lösemittel erkennen. Sie können z. B. süßlich, mild oder stechend riechen. Es gibt auch geruchlose Lösemittel.

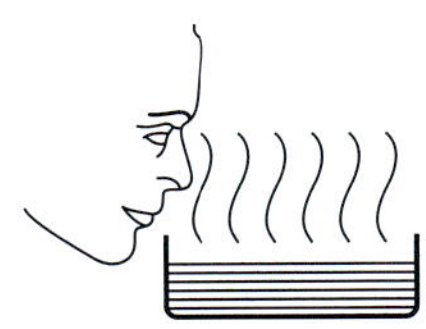

Dichte:
Die meisten Lösemittel haben eine geringere Dichte als 1 und sind daher leichter als Wasser. Sie schwimmen deshalb auf dem Wasser. Da viele Lösemittel nicht mit Wasser mischbar sind, können Lösemittelbrände nur mit Schaum gelöscht werden.

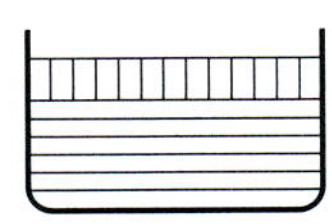

Lösemitteldämpfe sinken auf den Boden.

Lösemitteldämpfe haben aber eine größere Dichte als Luft. Deshalb sinken die Dämpfe zu Boden und können, z. B. in einer Grube, für Maler/-innen lebensgefährlich werden. Lösemitteldämpfe müssen am Boden abgesaugt werden. In einer bestimmten Verbindung mit Luft (**Lösemittelluftgemisch**) sind sie explosionsgefährlich.

Für die **Verarbeitung der Lösemittel** sind folgende Eigenschaften wichtig:
- Flüchtigkeit und Siedetemperatur
- Flammpunkt und Brennbarkeit
- Gesundheitsgefährdung

Pipette mit Lösemittel:

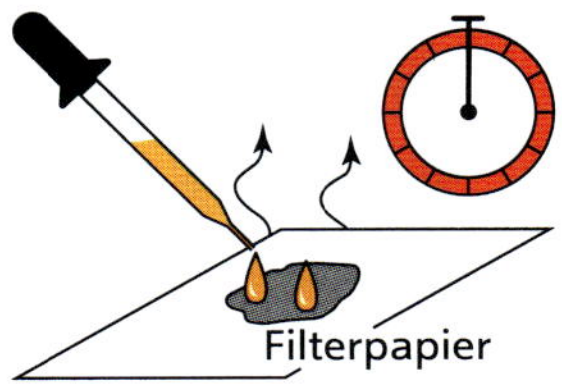

Ermitteln der Verdunstungszahl

Verdunstungszahlen (VZ):

Äther	1
Aceton	2
Leichtbenzin	4
Toluol	6
Äthanol	8
Xylol	13
Styrol	16
Butanol	33
Terpentinöl	40
Testbenzin	60
Wasser	80

Aceton verdunstet 2-mal schneller als Leichtbenzin.

Niedrigsieder bis 100 °C
Mittelsieder 100–150 °C
Hochsieder über 150 °C

Flammpunkte wichtiger Lösemittel in °C:

Aceton	−19
Ethylacetat	−4
Benzin	3
Toluol	5
Äthanol	11
Xylol	23
Styrol	31
Terpentin	32
Testbenzin	39
Tetralin	78

Flüchtigkeit und Siedetemperatur

Lösemittel sollen feste Bindemittel lösen und Anstrichstoffe verdünnen. Nach der Beschichtung muss das Lösemittel wieder vollständig aus dem Anstrich verdunsten. Unter Verdunstung versteht man die Flüchtigkeit bei normaler Temperatur, ohne dass der Siedepunkt erreicht wird.

Eine wichtige Eigenschaft der Lösemittel ist die Verdunstungsgeschwindigkeit:

Verdunstungsgeschwindigkeit ist die Schnelligkeit, mit der ein Lösemittel verdunstet. Sie wird durch die Verdunstungszahl angegeben.

Die Verdunstungszahl gibt an, um wie viel langsamer ein Lösemittel im Vergleich zu Äther verdunstet. Leichtbenzin verdunstet 4-mal und Testbenzin 60-mal langsamer als Äther. Um die Verdunstungszahl zu ermitteln, werden auf ein Filterpapier 0,3 ml Lösemittel aufgetropft; die Zeit bis zur vollständigen Trocknung (Verdunstung) wird gemessen.

Lösemittel werden nach ihrer Verdunstungszahl in drei Bereiche eingeteilt:

Bereich	Verdunstungszahl (VZ)	Auswirkungen
schnellflüchtig (leichtflüchtig)	unter 10	Anstrich trocknet schnell
mittelflüchtig	10–35	Anstrich trocknet mittelschnell
langsamflüchtig (schwerflüchtig)	über 35	Anstrich trocknet langsam

Anstrichstoffe enthalten meist ein Gemisch aus schnell-, mittel- und langsamflüchtigen Lösemitteln. Das richtig abgestimmte Lösemittelgemisch sorgt für einen guten Anstrich. Ein zu schnelles Trocknen führt zu Anstrichschäden, weil es zu Oberflächenspannungen kommt. Schnellflüchtige Lösemittel lassen den Anstrichstoff schneller anziehen und verhindern damit die Läuferbildung an senkrechten Flächen. Dagegen sorgen mittel- und schwerflüchtige Anteile für einen guten Verlauf.

Die verschiedenen Verdunstungsgeschwindigkeiten stehen im Zusammenhang mit dem Siedepunkt der Lösemittel:

Siedepunkt (SP) ist die Temperatur, bei der das flüssige Lösemittel in den gasförmigen Zustand übergeht.

Brennbarkeit und Flammpunkt

Fast alle Löse- und Verdünnungsmittel sind brennbar (feuergefährlich) und nicht mit Wasser zu mischen. Dabei brennt nicht das flüssige Lösemittel, sondern nur der Lösemitteldampf, wenn er unter bestimmten Bedingungen durch eine Flamme entzündet wird. Diese Entzündungstemperatur nennt man den Flammpunkt.

Flammpunkt ist die niedrigste Temperatur, bei der sich die Dämpfe (Lösemitteldampf-Luft-Gemisch) über einem Lösemittel entzünden.

Nach den Flammpunkten unterscheidet man die Gefahrenklassen der Lösemittel. Es gibt wasserunlösliche und wasserlösliche Lösemittel.

Gefahrenklassen der Lösemittel:
A = nicht wasserlöslich B = wasserlöslich

Gefahrenklasse	Flammpunkt	Bezeichnung nach GHS	Gefahrenpiktogramme
A I	< 21 °C	entzündbare Stoffe	
A II	21–55 °C	entzündbare Stoffe	keine
A III	> 55 °C	–	keine
B	< 21 °C	entzündbare Stoffe (wassermischbar)	

Die meisten Lösemittel gehören der Gefahrenklasse „A" an und sind „leicht entzündlich". Deshalb sind beim Umgang mit Lösemitteln Feuer, offenes Licht und Rauchen verboten! Da Lösemittel nicht wasserlöslich sind, können sie bei einem Brand nur mit Schaum gelöscht werden.

Lösemittel sind meist feuergefährlich.

Rauchen verboten!

Beispiele:
Aceton
Äthanol
(Spiritus)

4.4 Gesundheitsgefährdung durch Lösemittel

Der unvorsichtige Umgang mit Löse- und Verdünnungsmitteln kann zu Gesundheitsschäden, z. B. Hautschäden, Schäden des Gehirn- und Nervensystems und zu Leber- und Nierenschäden führen. Deshalb sind Vorsichtsmaßnahmen wie gute Belüftung und Atemschutz notwendig. Gesundheitsschädliche Lösemittel und Anstrichstoffe, die solche Lösemittel enthalten, müssen gekennzeichnet werden. Nach der **„Gefahrstoffverordnung"** muss diese **Kennzeichnung** folgende Angaben enthalten:

- Bezeichnung des Lösemittels
- Gefahrensymbol(e)
- Gefahrenhinweise
- Sicherheitsratschläge
- Hersteller oder Lieferant

Verdünnung

Enthält: Methanol, Toluol, Butanol

Hinweise auf besondere Gefahren:
Sehr giftig beim Verschlucken.
Gesundheitsschädlich beim Einatmen, Verschlucken und bei Berührung mit der Haut.
Reizt die Augen, Atmungsorgane und die Haut.
Leicht entzündlich

(Name und Anschrift des Herstellers, Einführers oder Vertreibers)

Hautschäden:
Lösemittel entzieht der Haut Fett, die Haut wird rissig und spröde.

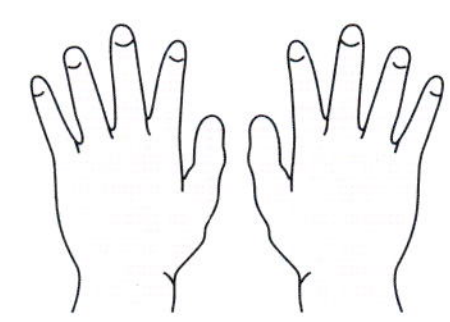

ungeschützte Haut:

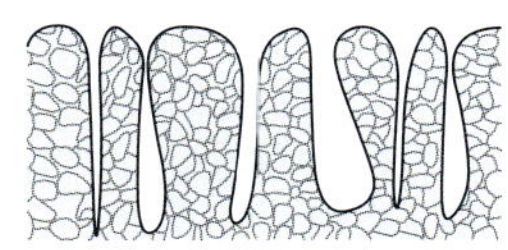

geschützte Haut:

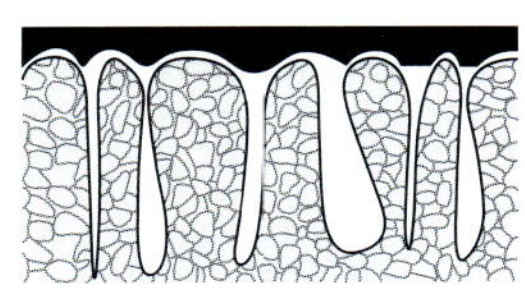

durch fetthaltige Hautcreme

Seit 2015 ist eine neue Kennzeichnung erforderlich, die man in der GHS-Verordnung des Umweltbundesamts findet (www.umweltbundesamt.de/chemikalien/ghs.htm). Ob und wie sehr Lösemittel die Gesundheit gefährden können, hängt von der Art und Menge der Lösemittel und von deren Einwirkzeit ab. Einen Anhaltspunkt dafür geben die ständig überprüften MAK-Werte, die aufgrund jahrelanger Beobachtung für die einzelnen Lösemittel festgelegt wurden.

MAK-Wert ist die höchstzulässige Konzentration von Gasen und Dämpfen in der Luft, die bei täglich acht Stunden Arbeitszeit, über einen längeren Zeitraum eingeatmet, keine gesundheitlichen Schäden verursachen.

MAK =
Maximale-
Arbeitsplatz-
Konzentration

MAK-Werte dienen dem Gesundheitsschutz am Arbeitsplatz und werden deshalb regelmäßig überprüft und festgelegt.
Schädliche Lösemittel können auf unterschiedliche Weise in den Körper gelangen:

- durch Einatmen der Lösemitteldämpfe
- durch Berührung mit der Haut
- durch Trinken über den Magen

Gefahrenhinweise (H-Sätze) beschreiben Gefährdungen. **Sicherheitsratschläge** (P-Sätze) beschreiben Sicherheitsvorkehrungen.

Gefahrenhinweise und Sicherheitsratschläge

Allgemein sollte man mit Lösemitteln sehr vorsichtig umgehen. Hautkontakt und Einatmen der Lösemitteldämpfe sind zu vermeiden. Lösemittelbehälter müssen sofort nach Gebrauch geschlossen werden.

Maler/-innen und Lackierer/-innen müssen immer dann **Atemschutzmasken** tragen, wenn die Lösemitteldämpfe nicht vollständig abgesaugt werden können. Auch in Spritzkabinen sind deshalb bei längeren Spritzarbeiten Atemschutzmasken zu benutzen. Dabei genügt eine Halbmaske mit **Partikelfilter** gegen Farbnebel und ein **Gasfilter** (Kennbuchstabe A und Kennfarbe braun) gegen Lösemitteldämpfe.

Beim Umgang mit Lösemitteln empfiehlt sich auch das Tragen von **Schutzhandschuhen**. Auf keinen Fall sollte Lösemittel zum Händereinigen verwendet werden, dafür gibt es spezielle ungefährliche Reinigungsmittel im Fachhandel.

Beim Umgang mit Lösemitteln müssen Maler/-innen unbedingt die Gefahrenhinweise und Sicherheitsratschläge lesen und befolgen!

Gefährliche Lösemittel

Eigenschaften	nach GHS	Gefährdung	Abhilfe
GHS02 entzündbare Stoffe		Brände Verbrennungen Explosionen Verpuffungen	Offene Flammen und Zündquellen vermeiden, Rauchen verboten
GHS07 Haut und Augen reizend		Kopfschmerzen Schwindelgefühl Übelkeit Rauschzustand Bewusstlosigkeit	Haut nicht mit Lösemittel reinigen, Handwaschmittel und Hautschutzsalben verwenden, Schutzkleidung tragen
GHS08 Gesundheitsgefahr		Hautjucken (Fettentzug) Allergien Ausschläge Entzündungen Hautkrebs	Ausreichende Be- und Entlüftung, z. B. am Boden, Absaug- und Filteranlagen, Atemschutzmaske tragen
GHS06 akute Toxizität		Vergiftungsgefahr Erkrankung des Nervensystems Erblindung Muskelschwund Krebs Tod	Kontakt mit giftigen Stoffen vermeiden, Sicherheitsvorschriften und -ratschläge befolgen, Atemschutz und Schutzkleidung tragen

Brand- und Explosionsgefahr

Hautschäden

Narkotisierende Wirkung

Vergiftungen

Lösemittelverordnung

In Deutschland gilt die Lösemittelverordnung von 2001 nach dem Bundesimmissionsschutzgesetz.

Sie ist eine Verordnung über die Begrenzung von Emissionen flüchtiger, organischer Lösemittel.

Das Ziel der Lösemittelverordnung ist es, den Verbrauch (Ausstoß) von organischen Lösemitteln zu senken. Damit sollen die Emissionsgrenzwerte eingehalten und die Umwelt vor gesundheitsschädlichen Abgasen geschützt werden. Hersteller von Farben und Lacken sowie Anwender, wie Maler/-innen und Lackierer/-innen, werden aufgefordert, lösemittelarme oder lösemittelfreie Ersatzstoffe herzustellen bzw. zu verarbeiten.

Lösemittel:
Gefahrstoffe für Mensch und Umwelt
Sie sind gesundheitsschädlich, fördern Ozon und Sommersmog.

Immission = Schadstoffaufnahme; Emission = Schadstoffabgabe

VOC (volatile organic compounds): Gesamtsumme aller flüchtigen organischen Lösemittel im Anstrichstoff

Lagerung von Lösemitteln

Nach der Gefahrenstoffverordnung verbietet der Gesetzgeber auch die ungeschützte Lagerung von Lösemitteln aus Gründen des vorbeugenden Brand-, Explosions-, Umwelt- und Personenschutzes.
Lösemittel dürfen demzufolge nicht einfach im Materiallager aufbewahrt werden. Sie müssen in vorschriftsmäßigen Gefahrenstofflagern, z. B. in Gefahrenstoffschränken aus Stahl oder Edelstahl, gelagert werden.

Arbeitssicherheit durch feuerbeständige Gefahrenstoffschränke

Aufgaben

1. *Erklären Sie die Aufgaben von Löse- und Verdünnungsmitteln.*
2. *Warum darf man Anstrichstoffe nicht zu stark verdünnen?*
3. *Was passiert beim Trocknen eines Anstrichstoffes mit dem Lösemittel?*
4. *Warum ist die Nassschichtdicke stärker als die Trockenschichtdicke?*
5. *Nennen Sie fünf Lösemittelgruppen.*
6. *Welche Vorteile hat das anorganische Lösemittel „Wasser“?*
7. *Was versteht man unter einem Lösemittelgemisch?*
8. *Aus welchen Lösemittelarten besteht Kunstharzverdünnung?*
9. *Mit welchen Verdünnungsmitteln verdünnt man Alkydharzlack?*
10. *Warum müssen Lösemitteldämpfe am Boden abgesaugt werden?*
11. *Erklären Sie den Begriff „Verdunstungsgeschwindigkeit“.*
12. *In welche drei Bereiche werden die Lösemittel nach ihrer Verdunstungszahl eingeteilt?*
13. *Wie lässt sich die Verdunstungszahl ermitteln?*
14. *In welche zwei Gruppen werden die Gefahrenklassen unterteilt?*
15. *Wie sind Lösemittel der Gefahrenklasse „A1“ gekennzeichnet?*
16. *Können Lösemittelbrände mit Wasser gelöscht werden?*
17. *Welche Gesundheitsschäden können Lösemittel hervorrufen?*
18. *Wie können Lösemittel in den Körper gelangen?*
19. *Welche Angaben muss die Kennzeichnung von Lösemitteln enthalten?*
20. *Was bedeutet „MAK“?*
21. *Wie können sich Maler/-innen und Lackierer/-innen im Umgang mit gesundheitsgefährdenden Lösemitteln schützen?*
22. *Wie lässt sich der Lösemittelverbrauch verringern und damit die Umwelt schonen?*
23. *Welches Ziel verfolgt die Lösemittelverordnung?*
24. *Wie müssen Lösemittel vorschriftsmäßig gelagert werden?*
25. *Was bedeutet VOC?*

5 Farbmittel

Lernsituation 5

Unterscheidung der Farbmittel, Aufgaben, Eigenschaften und Einteilung der Pigmente zum Thema: „Farbmittel“

Situationsdarstellung:
Die Gemeinde wünscht für die Kindergarten- und Jugendhaus-Renovierung auch eine für Kinder und Jugendliche ansprechende Gestaltung. Dazu eignen sich helle bis kräftige Farbtöne, die positiven Einfluss auf das Wohlbefinden und auf die Entwicklung der Kinder und Jugendlichen haben. Der Meister erteilt dem Auszubildenden den Auftrag, sich über Farbmittel von Beschichtungsstoffen zu informieren.

Sie sollten sich einen Überblick über Farbmittel allgemein und speziell über Pigmente sowie über Füllstoffe verschaffen. Hilfreich ist dazu das Bearbeiten der folgenden Arbeitsaufträge.

Arbeitsaufträge

1. *Was sind „**Farbmittel**“ nach DIN 55943?*
2. *Beschreiben Sie in Kurzform folgende Begriffe:*
   *a) **Farbstoffe***
   *b) **Pigmente***
   *c) **Füllstoffe***
3. *Welche **Eigenschaften** von Beschichtungen werden durch die Pigmente bestimmt?*
4. *Verfassen Sie eine **Kurzbeschreibung der Pigmente**.*
5. *Nennen Sie drei wichtige **Aufgaben der Pigmente**.*
6. *Beschreiben Sie, wie sich aus löslichen Farbstoffen **unlösliche Pigmente** herstellen lassen.*
7. *Nennen Sie drei wichtige **Aufgaben von Füllstoffen**.*
8. *Unterscheiden Sie zwischen **deckenden, lasierenden** und **farblosen** Anstrichen.*
9. *Von welchen Faktoren ist das **Deckvermögen** eines Anstrichstoffes abhängig?*
10. *Nennen Sie wichtige Eigenschaften der Pigmente.*
11. *Welche Beschichtungseigenschaften werden durch den **Pigmentanteil** verändert?*
12. *Beschreiben Sie, was **aktive** und **passive Pigmente** sind.*
13. *Wie werden Pigmente nach DIN ISO 18451-1 eingeteilt?*
14. *Beschreiben Sie die **Herkunft** von:*
    *a) **Erdpigmenten,***
    *b) **Mineralpigmenten,***
    *c) **Tier- und Pflanzenpigmenten** sowie*
    *d) **Teerpigmenten.***
15. *Welche **Pigmentgruppe** hat heute große Bedeutung?*
16. *Beschreiben Sie das beste Weißpigment „**Titandioxid**“.*
17. *a) Welche Pigmente sind **gesundheitsgefährdend**?*
    *b) Nennen Sie **Schutzmaßnahmen** im Umgang mit gesundheitlich bedenklichen Pigmenten.*

5.1 Farbgebende Stoffe

Farbmittel ist der **Sammelname für alle farbgebenden Stoffe**. Nach DIN EN ISO 18451-1 unterteilt man die Farbmittel in **Pigmente** und **Farbstoffe**.

Begriffe	Erklärung
Pigmente	unlösliches, anorganisches Farbmittel
Farbstoffe	lösliches, organisches Farbmittel
Füllstoffe (Extender)	unlöslich wie Pigmente, mit geringem Deckvermögen
Abtönfarben (Abtönpasten)	hochpigmentierte Volltonfarben in dickflüssigen Bindemitteln

Pigmente (Trockenfarbe)

Pigmente sind weiße, schwarze und farbige pulverförmige Stoffe. Die einzelnen Pigmentteilchen sind sehr klein und erst unter dem Mikroskop zu erkennen. Alle Anstrichstoffe enthalten als Farbmittel Pigmente, außer Klarlack und Beizen.

Pigmentgröße und -gestalt

Bei den Pigmentteilchen handelt es sich um äußerst kleine, um 1 µm und kleinere Pulverkörnchen („µm“ spricht man „Mikrometer“ oder umgangssprachlich „Mü“; 1 µm = 1/1 000 mm). Pigmente können kugelig, stabförmig, blättrig oder unregelmäßig geformt sein. Pigmentgröße und Pigmentform bestimmen die Eigenschaften der Beschichtungen mit, so z. B. den **Farbton**, das **Deckvermögen** und den **Glanzgrad**.

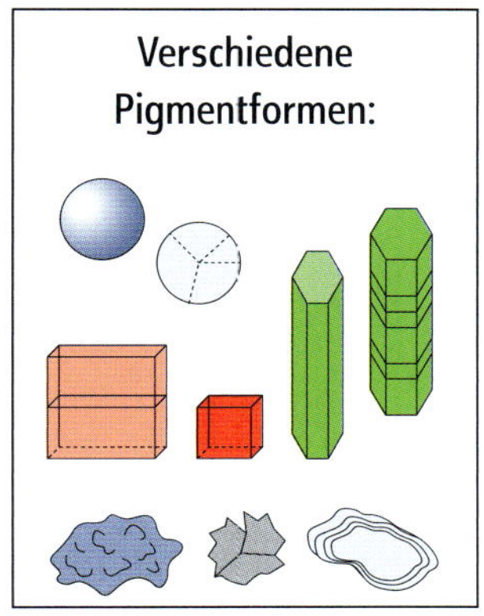

Pigmente sollen die Anstrichfilme verdichten, d. h. füllen und deckend machen. Diese Aufgabe erfüllen am besten gemischt disperse Pigmente, die sich aus unterschiedlich großen Teilchen zusammensetzen. Bei nahezu gleich großen Pigmenten entstehen größere, lichtdurchlässige Zwischenräume (Bindemittelzonen). So kann ein Teil der auftreffenden Lichtstrahlen durch den Anstrichfilm auf die Fläche gelangen. Weil dann der Untergrund durchscheint, spricht man von „lasierenden“ Anstrichen. Ein deckender Anstrich verdeckt dagegen den Untergrund.

Pigmente sind farbgebende Stoffe, die im Bindemitel fein verteilt (dispergiert) sind. Pigmente bilden mit dem Bindemittel zusammen den Festkörper eines Anstrichstoffes.

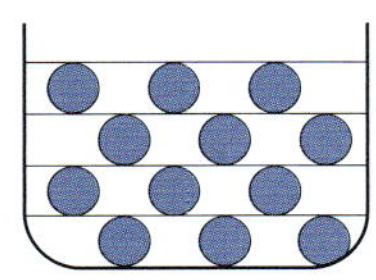

5.2 Aufgaben der Pigmente

Die Pigmente haben im Anstrichstoff und in der Beschichtung folgende Aufgaben:

- Pigmente geben dem Anstrichstoff das gewünschte Aussehen (Farbton).
- Pigmente ergeben, je nach Pigmentanteil, Deck- oder Lasuranstriche.
- Pigmente erhöhen (mit den Füllstoffen) den Festkörperanteil und damit die Schichtdicke.
- Pigmente erhöhen die Wetter- und Alterungsbeständigkeit sowie die Abriebfestigkeit eines Anstrichs.
- Pigmente schützen den Untergrund vor chemischen Einflüssen, z. B. vor UV-Strahlen und Korrosion.

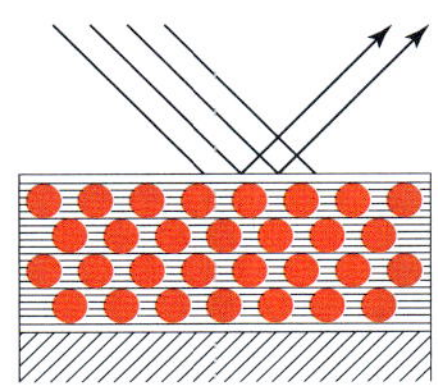

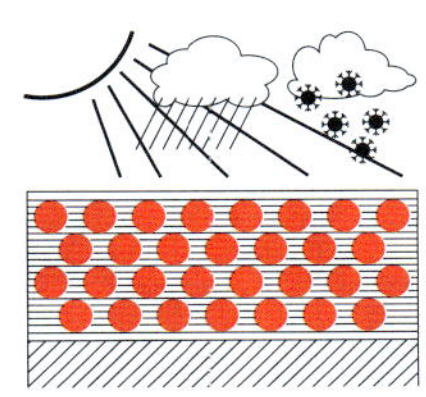

Farbstoffe lösen sich im Gegensatz zu den Pigmenten in bestimmten Binde- und Lösemitteln. Sie sind schlecht lichtbeständig, besitzen hohe Farbreinheit, aber kein Deckvermögen. Deshalb werden Farbstoffe kaum in Anstrichmitteln verwendet. Mit Farbstoffen wäre keine deckende Beschichtung möglich. Sie eignen sich z. B. in Holzbeizen und zum Färben von Textilien.

Farblacke:

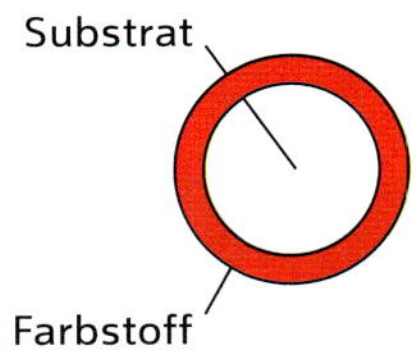

Aus Farbstoffen lassen sich durch chemische Reaktion Pigmente herstellen, die man Farblacke nennt. Dabei werden lösliche Farbstoffe unlöslich auf einen Farbträger (Substrat) gebunden. Man spricht bei diesem Vorgang von Verlackung. Als Substrat dienen schlecht färbende, weiße Erdpigmente (Extender), wie z. B. Kaolin (Ton).

Farbstoff + Farbträger (Substrat) = Farblack (Pigment)

Füllstoffe sind auch Streckmittel, Verschnittmittel und Extender.

Füllstoffe:
Dolomit
Kaolin
Kreide
Kalkspat
Quarzmehl
Schwerspat
Talkum u. a.

Füllstoffe:
verbessern die Qualität eines Anstrichs

Füllstoffe, auch Extender genannt, haben die gleichen Eigenschaften wie Pigmente. Sie sind meist weiß und besitzen nur ein geringes Deck- und Färbevermögen. Füllstoffe dienen oft als Verschnittmittel, weil sie den teureren Pigmenten zugesetzt werden, um diese zu strecken. Verschnittene Pigmente sind nicht nur billiger, sondern oft auch beständiger, d. h., sie verbessern die Haltbarkeit eines Anstrichs. Füllstoffe sind in fast allen Beschichtungsmitteln enthalten, besonders in Beschichtungsstoffen, die gut füllen sollen, z. B. Spachtelmassen, Vorlacken und Füllern. Meist sind Füllstoffe anorganischer Herkunft wie Kreide, Schwerspat, Kalkspat, Ton, Quarzmehl.

Füllstoffe erfüllen folgende Aufgaben:
- Sie erhöhen den Festkörperanteil eines Anstrichs und damit die Schichtdicke.
- Sie verbessern das Füllvermögen und damit die Schleifbarkeit der Beschichtungsstoffe.
- Sie werden mit teuren Pigmenten vermischt (verschnitten), um Anstrichstoffe zu verbilligen.
- Sie dienen als Substrat (Farbunterlage), um aus löslichen Farbstoffen unlösliche Farblacke (Pigmente) herzustellen.

Volltonfarbe (Abtönfarbe)

Abtönfarben verwenden Maler/-innen zum Abtönen von weißpigmentierten Anstrichstoffen oder zum Mischen der benötigten Farbtöne. Diese Volltonfarben besitzen sehr feine Pigmente und haben ein hohes Färbevermögen. Zur einfachen Anwendung sind die pastenförmigen Abtönfarben meist in Tuben erhältlich. Gebräuchlich sind spezielle Volltonfarben für wässrige, ölige und lackartige Anstrichstoffe. Es gibt auch Universalabtönfarben mit öl- und wasserverträglichen Bindemitteln.

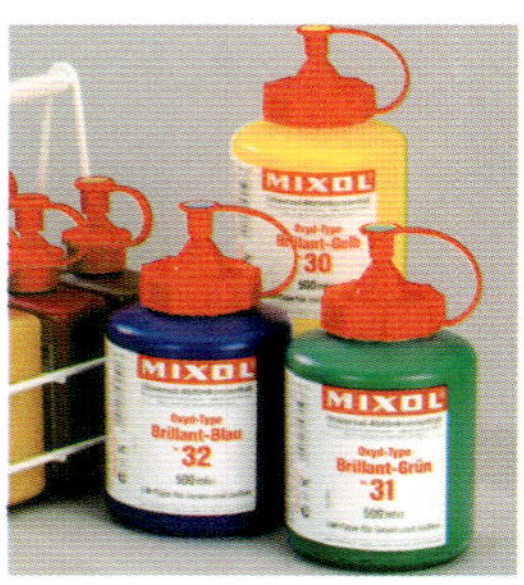

Universal-Abtönkonzentrat

Abtönpasten sind Universal-Abtönkonzentrate, die kein Bindemittel enthalten und somit auch nicht als Anstrichstoff verwendet werden können. Sie werden fertigen Beschichtungsstoffen zum Abtönen zugegeben und müssen kräftig eingerührt werden. Darüber hinaus besitzen sie ein starkes Färbevermögen, sind mehrere Jahre lagerfähig und frost- bzw. hitzebeständig. Gut ist es, einen Verträglichkeitstest zu machen und erst abzutönen und dann zu verdünnen.

5.3 Eigenschaften der Pigmente

Von Anstrichfarben und Beschichtungsstoffen fordert man vor allem, dass sie gut decken und färben, außerdem sollen sie licht-, alkali- und wetterbeständig sein.

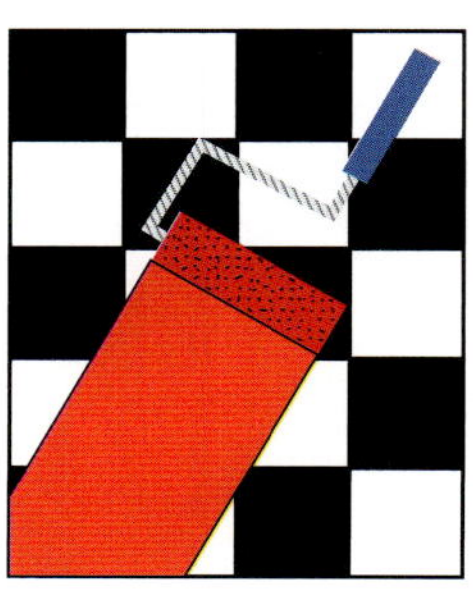

Deckvermögen

Lichtstrahlen werden von Pigmentteilchen je nach deren chemischer Zusammensetzung reflektiert und auch absorbiert. Ein Pigment ist umso deckender, je stärker es die auftreffenden Lichtstrahlen ablenkt.

Die Fähigkeit oder Eigenschaft eines pigmentierten Anstrichstoffes (Farbe/Lack) den Farbtonunterschied zum Untergrunde möglichst ganz zu verdecken, nennt man Deckvermögen (Deckkraft).

Farbmittel
= Sammelbegriff für alle farbgebenden Stoffe

Pigmente	Füllstoffe	Farbstoffe
– **unlöslich** – deckend – füllend – feinteilig (ca. 1 µm)	– **unlöslich** – wenig deckend – minderwertige, billige, meist weiße Pigmente	– **löslich** – nicht deckend – nicht füllend – wenig lichtecht
– in Lackfarben, Dispersionsfarben, Kalkfarben, Silikatfarben, Lasuren usw. – in Malfarben und Malstiften	– in Spachtelmassen, Kitten oder Anstrichstoffen, z. B. Vorlacke, Lackfarben und Dispersionsfarben – zum Strecken teurer Pigmente in Anstrichstoffen	– in Lasuren und Beizen – zum Färben von Textilien, Papier, Leder, Kunststoff usw. – in Filzstiften und Tinten

in Löse- bzw. Bindemitteln

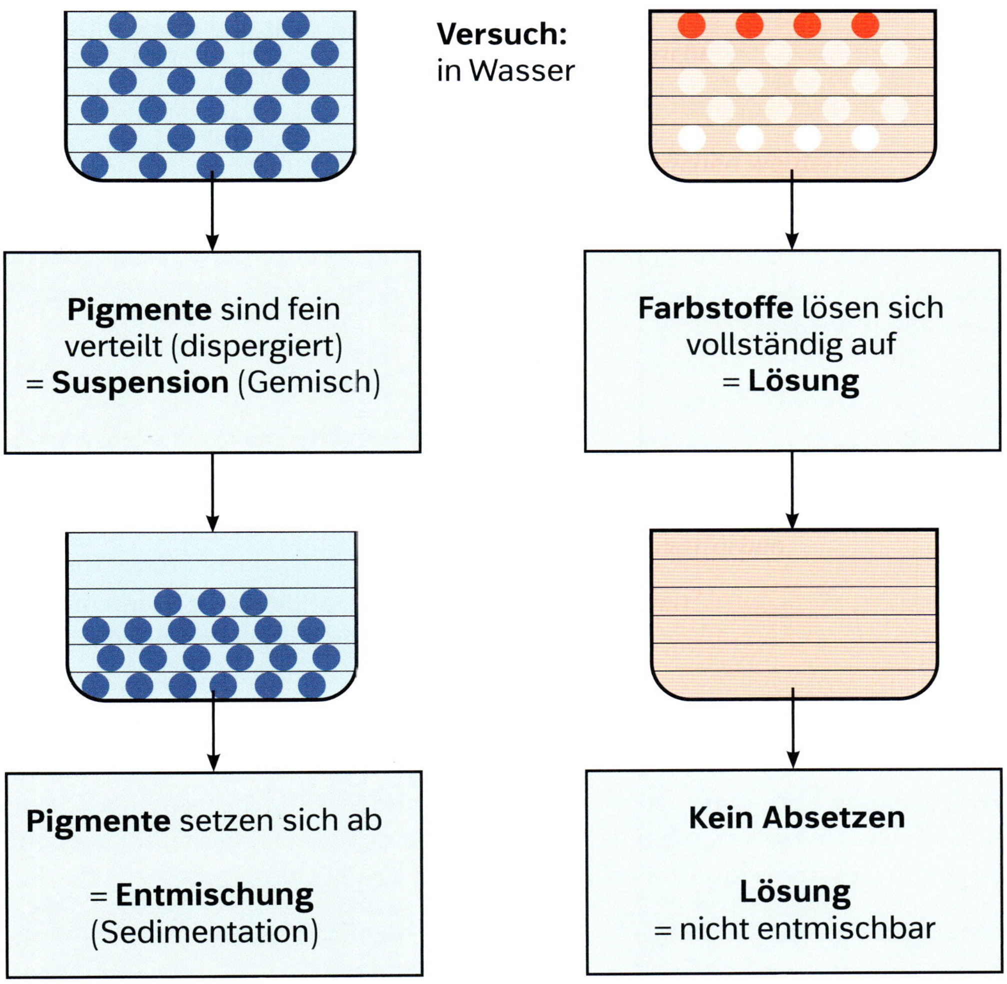

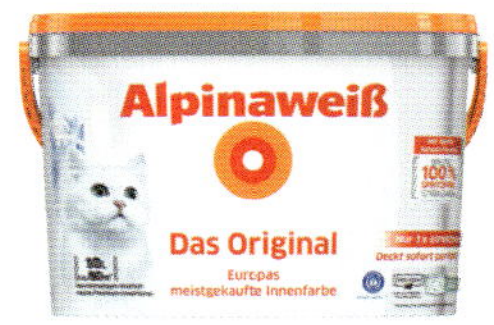

Pigmente (Weißpigmente), werden in Wasser verrührt. Da Pigmente schwerer sind als Wasser, setzen sie sich langsam ab.

deckender Anstrich	lasierender Anstrich	farbloser Anstrich
viele Pigmente	wenig Pigmente	keine Pigmente

Ein **deckender** Anstrichstoff hat viele Pigmente und der Anstrich deckt den Untergrund ab, z. B. bei einer Heizkörperlackierung.
Ein **lasierender** Anstrichstoff hat wenige Pigmente und der Untergrund scheint durch den Anstrich, z. B. bei einer Holzlasur.
Ein **farbloser** Anstrichstoff hat keine Pigmente und der Anstrich nur Schutzwirkung, z. B. bei einer Parkettboden-Lackierung.

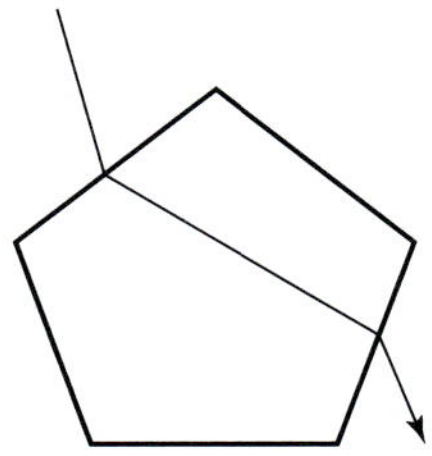

Lichtbrechung (Lichtablenkung) im Pigmentteilchen

gutes Deckvermögen	schlechtes Deckvermögen
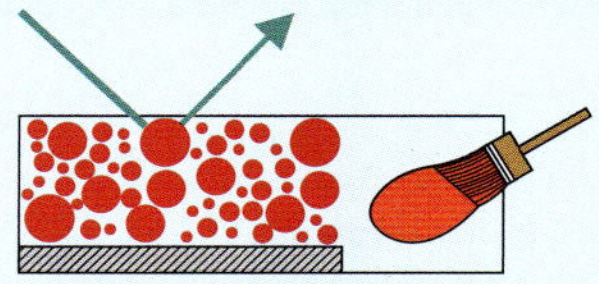	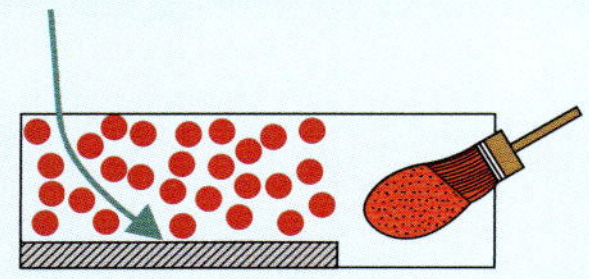
verschieden große Pigmente und **hoher Pigmentanteil**	gleich große Pigmente und **geringer Pigmentanteil**
lichtundurchlässig starke Lichtbrechung	**lichtdurchlässig** schwache Lichtbrechung

Das **Deckvermögen** ist abhängig von den folgenden Faktoren:

- Größe und Form der Pigmente
- Menge der Pigmente (Pigmentanteil)
- Unterschied der Lichtbrechungsvermögen von Pigment und Bindemittel
- Schichtdicke des Anstrichs
- Farbkontrast der Beschichtung zum Untergrund

Brechungszahlen:

Luft	1,0
Wasser	1,33
Bindemittel	1,5
z. B. Leinöl	1,5

Sind die Lichtbrechungszahlen von Pigment und Bindemittel gleich oder fast gleich, gibt es keine Deckwirkung. **Das Deckvermögen ist jedoch umso besser, je mehr sich die Lichtbrechungswerte unterscheiden.** Deshalb deckt Titandioxid sehr gut in Leinöl. Kreide dagegen deckt in Leinöl nicht, während Kreide in Wasser wieder deckt.

Weißpigmente:

Zinkoxid	2,0
Titandioxid	2,7
Kreide	1,5

Lichtechtheit = Lichtbeständigkeit

Deckkraftklassen:
1 = über 99,5 %
2 = 98 – 99,5 %
3 = 95 – 98 %
4 = < als 95 %

Weitere Eigenschaften

Färbevermögen ist die Eigenschaft der Pigmente, in Mischung mit anderen Pigmenten deren Farbton zu verändern. Dieses Vermögen ist abhängig von der Teilchengröße, dem Reflexionsgrad und der Pigmentmenge (Pigmentanteil).

Lichtbeständigkeit ist die Eigenschaft der Pigmente, bei Licht- oder Sonnenbestrahlung (UV-Strahlen) ihren Farbton nicht zu verändern. Die Pigmente sollen auch bei langer Lichteinwirkung nicht ausbleichen, vergilben oder nachdunkeln.

Chemikalienbeständig sind Pigmente, wenn sie sich durch Laugen (alkalisch) und Säuren (sauer) nicht verfärben oder angreifen lassen. Pigmente müssen **alkalibeständig** sein, wenn sie in Kalk-, Zement- und Silikatfarben verwendet werden. So ist z. B. Chromgelb ungeeignet, weil es sich durch Laugen rot verfärbt. Dagegen ist Eisenoxidgelb alkalibeständig und behält seine Farbe.

Je nach Verwendungszweck ist bei der Auswahl der Pigmente noch auf folgende Eigenschaften zu achten: **Verträglichkeit** mit Bindemitteln und anderen Pigmenten, **Temperaturbeständigkeit**, **Wetterbeständigkeit** und **Reinheit**.

Das Deckvermögen wird in die Deckkraftklassen 1 bis 4 eingeteilt. Dabei ist die Verdeckung des Untergrundes nach Prozentangaben festgelegt.

Wenn der Anstrichstoff über 99,5 % des Untergrundes abdeckt, gehört er zu der **Deckvermögen**-Klasse 1. Bei einer Deckkraft von 98 %bis 99,5 % wird er der Deckkraftklasse 2 zugeordnet. Klasse 3 hat ein Deckvermögen von 95 % bis 98 % und Klasse 4 hat nur noch weniger als 95 %.

Die wichtigsten Pigmenteigenschaften sind in der folgenden Tabelle noch einmal zusammengefasst:

Dispergierbarkeit: Pigmente müssen sich im Anstrichmittel gut verteilen oder vermischen lassen.

	Eigenschaft
	**unterschiedliches Deckvermögen** abhängig von Form, Größe und Brechzahl der Pigmente
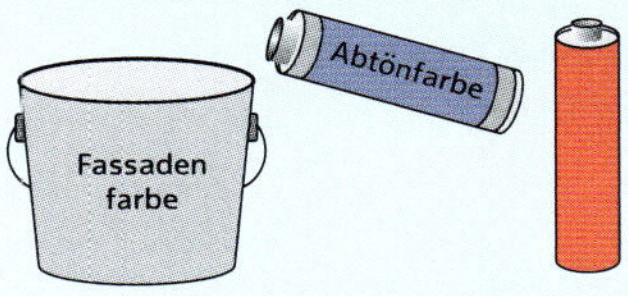	**unterschiedliches Färbevermögen** abhängig von Größe, Reflexionsgrad und Pigmentmenge
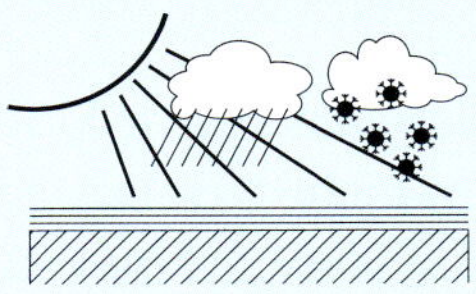	**Wetterbeständigkeit** beständig gegen Feuchtigkeit, Hitze, Kälte und Abgase
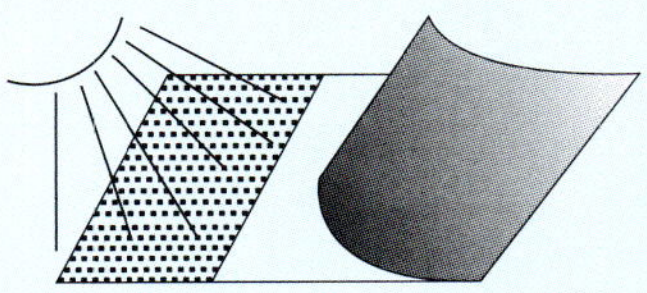	**Lichtbeständigkeit** Pigmente sollen nicht ausbleichen, vergilben oder nachdunkeln.
	**Alkalibeständigkeit** beständig in alkalischen Bindemitteln wie Kalk, Zement und Wasserglas (Silikatfarben)

Chromgelb und -grün, Zinkgelb und -grün, Berliner Blau und Manganviolett **verfärben sich durch Alkalität.**

Pigmentanteil im Anstrichstoff

Der Pigmentanteil (mit Füllstoffen) im Anstrichmittel wird als **Pigmentvolumenkonzentration (PVK)** in Prozent angegeben. Hat z. B. eine Dispersionsfarbe eine PVK von 50 % für außen und 60 % für innen, bedeutet dies, dass die Außenfarbe zu 50 % und die Innenfarbe zu 60 % aus Pigmenten besteht. Zum Gesamtvolumen eines Anstrichstoffes zählen nur die nichtflüchtigen Bestandteile wie Pigmente und Bindemittel.

PVK = der Pigmentanteil eines Anstrichstoffes in Prozent

Der Pigmentanteil verändert die Eigenschaften der Beschichtung, z. B. Glanzgrad, Deckvermögen, Wetterbeständigkeit und Elastizität.

Je mehr Pigmente, desto matter und deckender ist der Anstrich. Je mehr Bindemittel (und weniger Pigmente), umso glänzender, wetterbeständiger und elastischer ist der Anstrich.

Aktive und passive Pigmente

Alkalische Pigmente gehen mit ölhaltigen Bindemitteln (z. B. Alkydharz) eine chemische Verbindung ein. Wegen ihrer Reaktionsfähigkeit bezeichnet man diese Pigmente als aktive Pigmente. Durch diese chemische Reaktion entstehen wasserunlösliche Metallseifen. Sie eignen sich besonders für Rostschutzanstriche, weil sie den Anstrichfilm dichter und wasserfester machen.

Aktive Pigmente haben eine **„passivierende Wirkung“**. Vor allem Zinkstaub und Zinkphosphat für Rostschutzgrundanstriche schirmen Eisen und Stahl vor Umwelt- und Witterungseinflüssen (Sauerstoff und Wasser) ab. Sie verhindern so, zusammen mit geeigneten Rostschutzdeckanstrichen, die Korrosion dieser unedlen Metalle.

Aktive Pigmente:
Bleimennige
Bleicyanamid
Bleiweiß
Zinkweiß
Zinkchromat

Zinkstaub
Zinkphosphat

Schuppenförmige Pigmente eignen sich ideal für **Rostschutzdeckanstriche.**

schuppenförmige Pigmente:

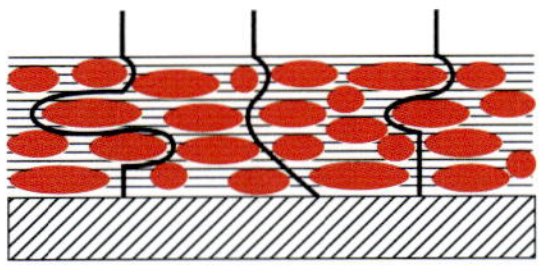

lange Durchgangswege

übliche Pigmente:

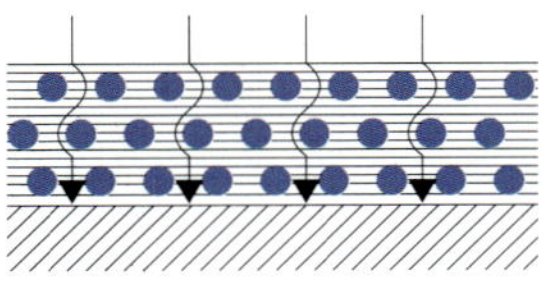

kurze Durchgangswege

Anstelle giftiger Pigmente werden heute als gesundheits- und umweltfreundlicher Ersatz **Zinkphosphat** und **Zinkstaubpigmente** verwendet.

Aktive Pigmente 	bilden durch chemische Verbindung mit ölhaltigen Bindemitteln wasserunlösliche Metallseifen und damit einen optimalen Korrosionsschutz.
Passive Pigmente 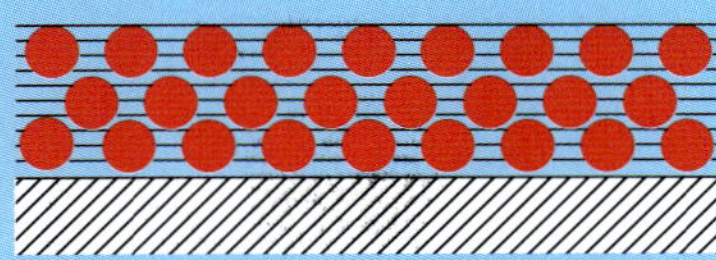	sind im Bindemittel ohne chemische Verbindung fein verteilt und bilden somit eine Sperrschicht gegen korrosionsfördernde Einflüsse.

Passive (inaktive) Pigmente (z. B. Eisenoxid) werden auch wie aktive Pigmente für Rostschutzgrundanstrichstoffe verwendet. Für **Rostschutzdeckanstriche** eignen sich besonders schuppenförmige Pigmente, z. B. **Eisenglimmer, Aluminium** und **Grafit**. Sie verringern durch ihre Form und Ablagerung im Bindemittel die Durchlässigkeit von Feuchtigkeit, Sauerstoff und aggressiven Stoffen zum Untergrund.

5.4 Einteilung der Pigmente

Erdpigment Kreide

Erdpigment Ocker

Mineralpigment Bleimennige

Maler/-innen und Lackierer/-innen verwenden nur noch in der Denkmalpflege pulverförmige Pigmente. Heute werden vom Fachhandel meist fabrikmäßig pigmentierte Anstrichstoffe geliefert. Als Fachleute sollten Maler/-innen jedoch die Herkunft und die Vielfalt der Pigmente kennen.

Dazu können Pigmente folgendermaßen eingeteilt werden:

Einteilung	Beispiele
nach dem **Farbton**	unbunte Pigmente: Weiß- und Schwarzpigmente Buntpigmente: z. B. Rot-, Blau- und Gelbpigmente
nach der **Verwendung**	Pigmente für Kalk-, Zement- und Silikatfarben für Alkydharzlackfarben, Rostschutzpigmente, Metalleffekt- und Leuchtpigmente
nach der **Herkunft**	Erdpigmente, Mineralpigmente, Tier- und Pflanzenpigmente, Teerpigmente

Einen besseren Überblick über die große Anzahl von verschiedenen Pigmenten bietet die kombinierte Einteilung in **anorganische** und **organische** sowie in **natürliche** und **künstlich hergestellte Pigmente** (Herkunft). Siehe Einteilungsschema auf der folgenden Seite.

Natürliche Pigmente werden für Anstrichstoffe kaum noch eingesetzt, während künstlich hergestellte Pigmente – und da besonders die Teerpigmente (für Lacke) – immer mehr an Bedeutung gewinnen.

Einteilung und Übersicht wichtiger Pigmente

Pigmente

- **anorganische Pigmente**
  - natürliche – Erdpigmente
  - künstliche – Mineralpigmente
- **organische Pigmente**
  - natürliche – Tier- und Pflanzenpigmente
  - künstliche – Teerpigmente

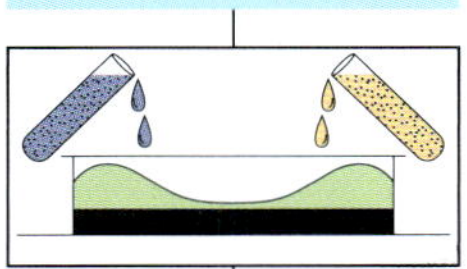

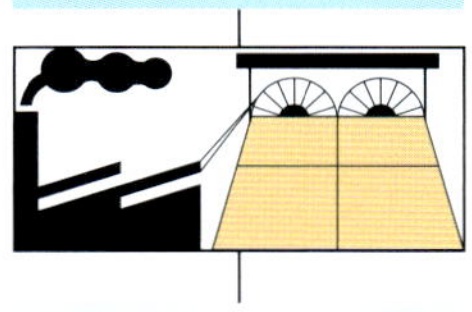

Erdpigmente

Weißpigmente
Kreide ○
Kalkspat ○
Leichtspat ○
Schwerspat ○
Talkum ○
Kaolin ○
Asbest ○
Quarz ○

Buntpigmente
Ocker
Rote Erdpigmente
Umbra
Terra di Siena
Eisenglimmer ◆
Grüne Erde
Englischrot

Mineralpigmente

Weißpigmente
Titandioxid
Lithopone
Zinkweiß ● ◆
Zinkoxid ●
Bleiweiß ●
Blanc fixe ●○

Buntpigmente
Eisenoxidgelb
Eisenoxidrot ◆
Bleimennige ● ◆
Bleisilicochromat ●
Neapelgelb
Cadmiumgelb ●
Cadmiumrot ●
Chromgelb ●
Chromorange ●
Chromrot ●
Chromgrün ●
Chromoxidgrün ●
Chromoxidhydrat-grün ●
Zinkphosphat ◆
Zinnoberrot
Berliner Blau
Ultramarinblau

Schwarzpigmente
Eisenoxidschwarz

Metallpigmente
Zinkstaub ◆
Stahlpulver
Bleipulver
Aluminium-pigment ◆
Kupferpigment

Metalleffektpigmente
Goldbronze
Silberbronze
Aluminiumbronze

Leuchtpigmente
Zinksulfid
Erdalkalisulfid

Tier- und Pflanzenpigmente

Buntpigmente
Karmin
Purpur
Indischgelb
Sepia
Krapplack
Gummigutt
Indigo
Kasseler Braun

Teerpigmente

Buntpigmente
Hansagelb
Helioechtgelb
Kalkgelb
Permanentgelb
Sicogelb
Hansaorange
Helioorange
Siegleorange
Diamantgrün
Echtgrün
Heliogengrün
Maigrün
Azurblau
Alkaliblau
Heliogenblau
Sandorinblau
Graphtolfeuerrot
Korallenrot
Moderot
Signalrot
Helioechtrotviolett
Methylviolett
Kristallviolett

Schwarzpigmente
Anilinschwarz
Rebschwarz
Ruß

Die hier aufgeführten Pigmente sind die gebräuchlichsten Farbmittel. Von der großen Anzahl der Teerpigmente ist hier nur eine Auswahl der wichtigsten dargestellt.

● gesundheitsgefährdende Pigmente
○ Füllstoffe (Extender)
◆ Korrosionsschutzpigmente

Einteilung der Pigmente nach DIN EN ISO 18451-2 in anorganische und organische Farbmittel

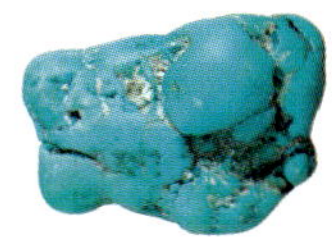

Mineral Türkis

Mineralpigment Ultramarin

Mineralpigment Eisenoxidrot

Mineral Zinnober

Englischrot

Ocker

Umbra

Anorganische Pigmente

Erdpigmente kommen in der Natur als weiße und farbige Erden vor. Nach dem Abbau werden sie geschlämmt, getrocknet, fein gemahlen und als Farbpulver abgefüllt. Manche Farbtöne werden durch Brennen hergestellt, z. B. Umbra.

Schlämmen = Reinigen im Wasser

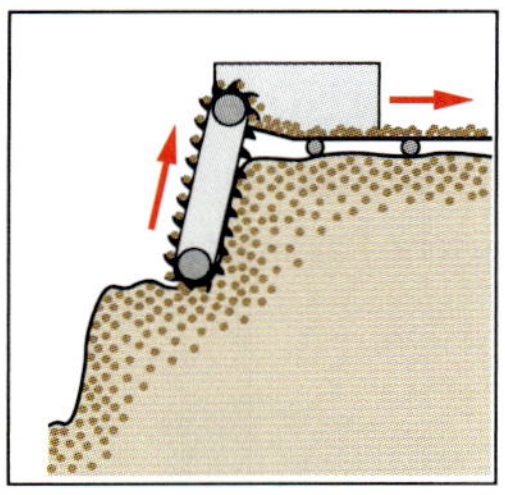

Abbau von Erdpigmenten, z. B. Kreide

Weiße Erdpigmente dienen meist als Füllstoffe. Kreide wird auch als Pigment in Leim- und Dispersionsfarben eingesetzt. Das Deckvermögen der weißen Erdpigmente ist nur in wässrigen Bindemitteln gut.

Farbige Erdpigmente sind in der Denkmalpflege auch heute noch von großer Bedeutung. Alle Erdpigmente sind gut licht-, säure- und alkalibeständig.

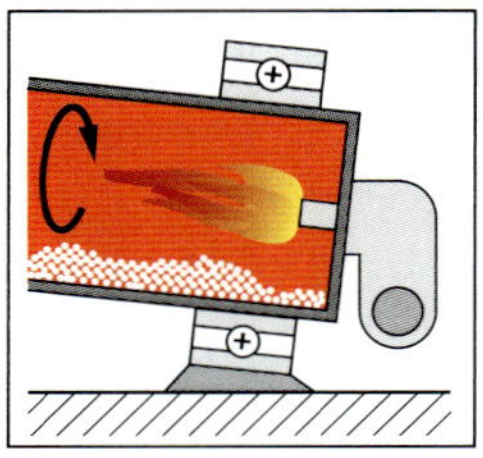

Glühvorgang (Glühofen), z. B. Titandioxid

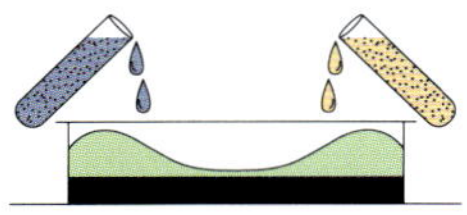

Mineralpigmente werden in teilweise sehr aufwendigen chemischen Verfahren aus Mineralien künstlich hergestellt, z. B. durch Oxidation von Metallen, Glühen und Fällung. Bei der Fällung verbinden sich zwei lösliche Salze zu einem unlöslichen Salz (Pigment).

Weiße Mineralpigmente werden überwiegend für Öl- und Lackfarben sowie für Dispersionsfarben und -lacke verwendet. Das wichtigste Weißpigment ist das **Titandioxid**, das in zwei Qualitätsstufen hergestellt wird. Die übrigen weißen Mineralpigmente werden weniger eingesetzt. **Bleiweiß ist giftig** und wird heute nicht mehr verarbeitet. Die weißen Mineralpigmente sind chemisch rein (leuchtend weiß) und decken im Gegensatz zu den Erdpigmenten auch in Öl- und Lackbindemitteln.

Mineralpigmente sind die wichtigsten Weißpigmente. **Titandioxid** ist davon mit 80 % aller anorganischen Pigmente das bedeutendste.
Titandioxidsorten:
Rutil = innen und außen
Anastas = nur für innen

Farbige Mineralpigmente besitzen unterschiedliche Eigenschaften, mit vielen reinen, intensiven Farbtönen. Zu den farbigen Mineralpigmenten gehören auch die Korrosionsschutzpigmente wie Zinkphosphat.

Metallpigmente sind pulverförmiges Metall wie Zinkstaub und Aluminium. Sie werden hauptsächlich auf Stahl als Korrosionsschutz (Rostschutz) verwendet. Die schuppenförmigen Aluminiumpigmente schützen in Korrosionsschutzdeckanstrichen vor eindringender Feuchtigkeit.

Metalleffektpigmente sind metallische Farbpulver, die auch als **Bronzen** bezeichnet werden. Im Handel gibt es **Gold-**, **Silber-**, **Kupfer** und **Aluminiumbronzen**. In Bindemitteln (z. B. Alkydharz) dispergiert, geben Metalleffektpigmente einer Beschichtung nach dem Trocknen metallischen Glanz. Diese Glanzwirkung kann auch durch Einstreuen des Bronzepulvers in noch klebrigen Alkydharzlack erreicht werden. Bronzefarben sind nur wenig lichtecht und meist nicht wetterbeständig.

Bronzen sind oft Legierungen, z. B.
Goldbronze = Kupfer + Zink
Silberbronze = Kupfer + Zink + Nickel

Leuchtpigmente absorbieren (verschlucken) unsichtbare Strahlung, z. B. UV-Licht, und geben sie als sichtbares Licht zurück. Leuchtpigmente werden in **Sicherheits- und Signalfarben** für Notausgänge, Warnkennzeichnungen und Rettungsfahrzeuge eingesetzt. Auch für besondere Effekte in der Werbung, beim Theater und in Discos werden solche Leuchtfarben verwendet. Sie sind teuer, nur gering lichtbeständig und für außen kaum einsetzbar. Gebräuchlich sind **nachleuchtende (phosphoreszierende) Pigmente** – sie leuchten nach vorheriger Lichteinwirkung längere Zeit nach – und **fluoreszierende Pigmente**.

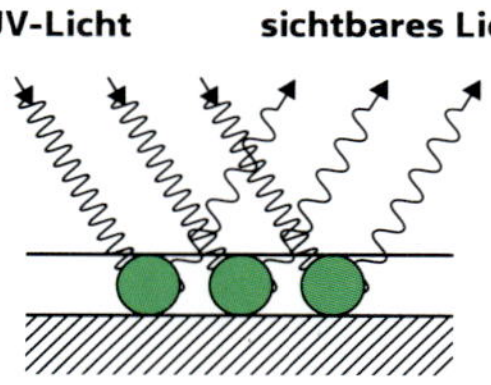

fluoreszierende Pigmente

Organische Pigmente

Tier- und Pflanzenpigmente sind aus Tierprodukten und Pflanzen hergestellte Farbstoffe und Pigmente, z. B. Sepia, Indigo und Krapplack, der aus der Krappwurzel ausgelaugt und als Substrat verlackt wird. Aus den Tier- und Pflanzenfarbstoffen müssen also erst Pigmente hergestellt werden.

Tier- und Pflanzenpigmente und Teerpigmente sind meist Farbstoffe, die durch Verlackung zu Pigmenten werden.

Heute werden Tier- und Pflanzenpigmente in Naturfarben, den sogenannten Biofarben verwendet. Den größten Teil der Farbstoffe setzt man zum Färben von Textilien ein. Tier- und Pflanzenpigmente sind nur geringfügig lichtbeständig und decken schlecht. Deshalb sind diese Pigmente heute in der Anstrichstoffherstellung ohne Bedeutung.

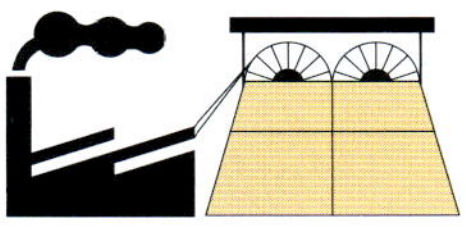

Teerpigmente werden künstlich (synthetisch) aus Teer hergestellt. Durch unterschiedliche chemische Verfahren werden viele Sorten und Farbtöne erzeugt. Diese Teerfarbstoffe müssen dann durch Verlackung zu Pigmenten weiterverarbeitet werden.

Teerpigmente bestehen aus dem Teerfarbstoff und der Farbunterlage, dem Substrat. Teerpigmente besitzen meist ein hohes Färbevermögen bei geringer Deckkraft. Sie sind unterschiedlich lichtbeständig. Im Vergleich zu den anorganischen Pigmenten sind die Teerpigmente alkalibeständiger, aber weniger hitzebeständig. Wegen ihres hohen Preises werden Teerpigmente im Allgemeinen mit weißen Erdpigmenten verschnitten. Verwendung finden Teerpigmente vor allem in Lackfarben, Metalleffektlacken und Druckfarben.

Herstellung von Teerfarbstoffen:

Teer durch Destillation
↓
Schweröl
Alizarin
↓
Mittelöl
Naphthol
↓
Leichtöl
Anilin

(Mittelöl/Naphthol bis Leichtöl/Anilin: **Azo**)

Azopigmente (gelb bis rote Töne), z. B. für Dispersions- und Lackfarben

Teerpigmente sind meist nach der Verwendung oder nach dem Farbton benannt, z. B. **Kalkgelb**, **Azurblau**. Es gibt aber auch Fantasienamen wie **Moderot** und **Diamantgrün** oder chemische Bezeichnungen wie **Alkaliblau**.

Schwarzpigmente in dieser Gruppe sind Anilinschwarz, Rebenschwarz und Ruß. Das wichtigste Schwarzpigment ist heute der **Ruß**. Er wird überwiegend für Dispersions- und Lackfarben verwendet. Ruß ist Kohlenstoff und entsteht durch unvollständige Verbrennung aus Ölen und Gasen. Dieses Schwarzpigment deckt gut und ist säure- und laugenbeständig.

5.5 Gesundheitsgefährdung durch Pigmente

Giftige Pigmente sind bei falscher Verarbeitung gesundheitsschädlich. Sie dürfen nicht in den Körper gelangen.

Cadmiumpigmente sind giftig und deshalb **für Buntfarben verboten.**

Heute werden giftige Pigmente durch weniger gefährliche anorganische oder organische Verbindungen ersetzt. Nur bestimmte Rostschutzmittel enthalten immer noch Schwermetalle, z. B. Bleimennige. Auch finden wir sie immer noch als Grundierung von Altanstrichen.

Schutzmaßnahmen

- Bleifarbenaltanstriche dürfen nur nass geschliffen werden.
- Bei giftigem Pigmentstaub ist Atemschutz zu tragen.
- Für gute Durchlüftung ist zu sorgen.
- Rauchen und Essen sind während der Arbeit verboten.
- Bei Chrompigmenten sind Schutzhandschuhe und -brille zu tragen.

Aufgaben

1. *Wie nennt man farbgebende Stoffe?*
2. *Erklären Sie den Unterschied zwischen Pigmenten und Farbstoffen.*
3. *In welcher Gestalt (Form) kommen Pigmente vor?*
4. *Nennen Sie zwei wichtige Aufgaben der Pigmente.*
5. *Wie werden „Farblacke" hergestellt?*
6. *a) Nennen Sie zwei wichtige Aufgaben der Füllstoffe (Extender).*
   b) Geben Sie vier Füllstoffe an.
7. *Warum bringen verschieden große Pigmente und ein hoher Pigmentanteil ein gutes Deckvermögen?*
8. *Beschreiben Sie den Unterschied zwischen deckenden, lasierenden und farblosen Anstrichstoffen.*
9. *Nennen Sie fünf wichtige Eigenschaften der Pigmente.*
10. *Welchen Glanzgrad hat ein Anstrichstoff mit vielen Pigmenten und wenig Bindemittel?*
11. *Erklären Sie den Unterschied zwischen aktiven und inaktiven Pigmenten.*
12. *Welche Pigmente verwendet man für Korrosionsschutzgrundanstriche?*
13. *Welche Pigmente werden für Korrosionsschutzdeckanstriche eingesetzt?*
14. *Welche Bedeutung hat die DIN EN ISO 18451-2?*
15. *In welche vier Gruppen kann man Pigmente einteilen?*
16. *Nennen Sie die beiden Pigmentgruppen, die heute die größte Bedeutung haben.*
17. *Beschreiben Sie die Herkunft der Erdpigmente.*
18. *Wie heißt das wichtigste Weißpigment und zu welcher Pigmentgruppe gehört es?*
19. *Nennen Sie die beiden Qualitätsstufen (Sorten) von Titantioxid und ihre Verwendung.*
20. *Was sind Metalleffektpigmente?*
21. *Beschreiben Sie den Einsatz von Leuchtpigmenten.*
22. *Nennen Sie drei positive Eigenschaften der Teerpigmente.*
23. *Welche Verwendung haben Teerpigmente?*
24. *Nennen Sie zwei gesundheitsgefährdende (giftige) Pigmente.*
25. *Nennen Sie drei Schutzmaßnahmen bei der Bearbeitung von Anstrichen mit giftigen Pigmenten.*

6 Zusatzstoffe (Additive)

Lernsituation 6

Arten und Aufgaben von Additiven (Zusatzstoffen) zum Thema: „Additive“

Situationsdarstellung:
Beim Lesen des Technischen Merkblattes (1, Seite 219) der angebotenen Innendispersionsfarbe entdeckt der Auszubildende unter den Bestandteilen Begriffe wie z. B. Konservierungsstoffe, Netzmittel, Emulgatoren und PU-Verdicker. Er fragt die Meisterin, was diese Inhaltsstoffe für eine Bedeutung haben. Die Meisterin antwortet, es handele sich hierbei um Zusatzstoffe, die auch Additive genannt werden.

Sie sollten sich mithilfe eines Fachbuches oder Fachlexikons über die Additive und ihre Aufgaben informieren und dazu die folgenden Arbeitsaufträge bearbeiten.

Arbeitsaufträge

1. *Erklären Sie den Begriff* ***„Zusatzstoffe (Additive)“*** *und deren Aufgaben.*
2. *Schreiben Sie die Aufgaben der* ***Netzmittel*** *auf.*
3. *Was sind* ***Stabilisatoren*** *(Antiabsetzmittel)?*
4. *Wo und warum kommen* ***Trockenstoffe*** *zum Einsatz?*
5. *Welche Aufgaben haben* ***Konservierungsstoffe****?*
6. *Welche Bedeutung haben* ***Weichmacher*** *bei der Anstrichstoffherstellung?*
7. *Welchen Beschichtungsstoffen werden* ***Biozide*** *beigemischt?*
8. *Welche Aufgabe haben* ***UV-Absorber*** *in Lacken?*
9. *Warum sind* ***Additive*** *wichtige Zusätze für Anstrichstoffe?*
10. *Warum werden in* ***Dispersionslacken*** *keine Trockenstoffe benötigt?*

Zusatzstoffe werden auch **Zusatzmittel** oder **Additive** genannt.

Sikkativ = (bleifreier Trockenstoff – wirkt als Katalysator)

Mattierungsmittel
zur Reduzierung des Glanzes von 1K- und 2K-Decklacken auf Kunstharzbasis

UV-Absorber
absorbieren die schädlichen UV-Strahlen. In Lacken verhindern sie Glanzverlust (Bindemittelabbau).

6.1 Wichtige Additive und deren Aufgaben

Additive sind Hilfsmittel, die den Anstrichstoffen bei der Herstellung in kleinen Mengen beigemischt werden. Sie sollen gewünschte Eigenschaften der Anstrichstoffe erhalten oder verbessern und unerwünschte Eigenschaften verhindern.

Additive sind Hilfsstoffe, die den Farben oder Lacken beigemischt werden, um bestimmte Merkmale zu verbessern oder zu verhindern. Je nach zugegebenen Zusatzstoffen bekommen Anstrichstoffe unterschiedliche Eigenschaften.

Additive	Aufgaben
Netzmittel (Dispergiermittel)	machen die Pigmente benetzbar, d.h., sie erleichtern die Dispergierung im Bindemittel.
Antihautmittel	verhindern die Hautbildung bei oxidativ trocknenden Anstrichstoffen, z.B. bei Öl- und Alkydharzlacken.
Antischaummittel	vermindern die unerwünschte Schaumbildung, z.B. bei der Verarbeitung von Dispersionsfarben.
Stabilisatoren (Antiabsetzmittel)	verhindern das Absetzen der Pigmente im Bindemittel und das Entmischen von bestimmten Anstrichstoffen.
Verdickungsmittel (Thixotropiemittel)	beeinflussen das Fließverhalten (Viskosität) der Anstrichstoffe.
Verlaufmittel	verbessern den Verlauf beim Auftragen des Anstrichstoffes und verhindern Oberflächenstörungen wie Pinselstruktur, Orangenschaleneffekt und Blasen.
Trockenstoffe (Sikkative)	verkürzen die Trocknungszeit von oxidativ trocknenden Anstrichstoffen, z.B. bei Ölfarben und -lacken, Alkydharzlacken.
Mattierungsmittel	werden bei der Lackherstellung zugegeben; sie beeinflussen die Oberfläche der Anstriche und lassen sie matt auftrocknen.
Konservierungsmittel	verhindern das Zersetzen von organischen Anstrichstoffen wie Leim- und Dispersionsfarben, z.B. durch Fungizide und Bakterizide.
Biozide (Bakterizide, Fungizide und Insektizide)	reduzieren, oder verhindern das Wachstum von Mikroorganismen. Bakterizide schützen organische Stoffe vor Bakterienbefall. Fungizide und Insektizide verhindern die Zerstörung des Holzes durch Pilze und Insekten.
UV-Schutzmittel (UV-Absorber)	werden zur besseren UV-Lichtbeständigkeit, vor allem Holzlacken und Lasuren bei der Herstellung zugegeben.
Weichmacher	werden Bindemitteln und Kunststoffen bei der Herstellung zugesetzt, um deren physikalische Eigenschaften zu verbessern, z.B. die Haftung und die Elastizität. Außerdem ermöglichen Weichmacher die Filmbildung von Dispersionsfarben bei niedrigen Temperaturen.

6.2 Verwendungsbeispiele von Additiven

Additive verhindern z.B. vorzeitiges Ablösen der Lackschicht vom Untergrund, vorzeitige Beschädigung der Lackoberfläche beim Anfassen oder Reinigen, bei der Bewitterung usw. Sie erhöhen damit die Lebensdauer der Beschichtung, deshalb sind Additive wichtige Zusätze für Anstrichstoffe.

Dispersionslacken müssen wegen des geringen Anteils an organischen Lösemitteln Konservierungsstoffe zugesetzt werden. Diese sind erforderlich, damit der Lack in der Dose nicht vor Verwendung, z.B. durch Schimmelpilze, unbrauchbar wird.

Als Zusatzstoffe werden bei Dispersionslacken, sofern sie allein Kunststoffdispersionen als Bindemittel enthalten, keine Sikkative oder Antihautmittel benötigt.

Gewöhnlich werden in allen Bautenlacken Netzmittel bzw. Dispergiermittel zur dauerhaften Vermischung von Bindemittel und Pigmenten eingesetzt.

Gesundheitsgefahren ergeben sich je nach zugesetzten Additiven und sind sehr unterschiedlich. Biozide sind z. B. Gefahrstoffe und deshalb gefährlich für Mensch und Umwelt.

Aufgaben

1. *Erklären Sie den Begriff „Additive".*
2. *Zählen Sie fünf wichtige Additive auf.*
3. *Welche Aufgaben haben die Netzmittel zu erfüllen?*
4. *Nennen Sie die Aufgaben der Verlaufmittel.*
5. *Welche Aufgaben haben Biozide in Anstrichstoffen?*
6. *Was bedeuten die Begriffe „Insektizide", „Fungizide" und „Bakterizide"?*
7. *Sind Biozide gefährliche Arbeitsstoffe?*
8. *Welche Anstrichstoffe trocknen durch Sikkativzugabe schneller?*
9. *Welche Bindemitteleigenschaften werden durch Weichmacher verbessert?*
10. *Warum werden Dispersionslacken Konservierungsstoffe zugegeben?*

7 Anorganische mineralische Anstrichstoffe

Lernsituation 7

Arten und Einsatzmöglichkeiten von mineralischen Anstrichstoffen zum Thema: „Mineralische Anstrichstoffe“

Situationsdarstellung:
Bei der Renovierung von Kindergarten und Jugendhaus wird vom Auftraggeber für die Wandbeschichtung eine scheuerbeständige Innenfarbe gewünscht. Der Malbetrieb bietet dafür eine Dispersionsfarbe und alternativ eine Silikatfarbe an. Da der Auszubildende bisher nur mit Dispersionsfarben gearbeitet hat, möchte er sich nun genauer über Silikatund Kalkfarben informieren, um auf der Baustelle Kundenfragen beantworten zu können.

Dazu ist es wichtig, sich über mineralische Anstrichstoffe, ihre Arten und ihre Verwendung zu informieren. Durch die Erarbeitung der folgenden Arbeitsaufträge erhalten Sie wichtige Einblicke.

Arbeitsaufträge

1. *Notieren Sie, was **mineralische Anstrichfarben** sind.*
2. *Nennen Sie wichtige **Eigenschaften** mineralischer Anstrichfarben.*
3. *Beschreiben Sie den **Kalkkreislauf**.*
4. *Beschreiben Sie den Werkstoff **Kalk**.*
5. *Beschreiben Sie den **Trocknungsvorgang** beim Kalk.*
6. *Beschreiben Sie den **Einsatz** von Kalkfarben.*
7. *Welches **Bindemittel** wird für **Zementfarben** verwendet?*
8. *Nennen Sie den **Einsatz** von Zementfarben.*
9. *Beschreiben Sie die **Zusammensetzung** von Silikatfarben.*
10. *Beschreiben Sie die beiden **Silikatfarbenarten**.*
11. *Beschreiben Sie die **Trocknung** von Silikatfarben.*
12. *Nennen Sie die **Verwendung** von Silikatfarben.*
13. *Welche **Nachteile** haben Reinsilikatfarben?*
14. *Beschreiben Sie die **Verarbeitung** der Silikatfarben.*
15. *Nennen Sie die drei **Anstrichtechniken** bei Silikatfarben.*
16. *Welche **Sicherheitsmaßnahmen** müssen beim Verarbeiten von mineralischen Anstrichstoffen beachtet werden?*

7.1 Mineralfarben

Die Mineralfarben (mineralischen Anstrichfarben) haben anorganische Bindemittel (Kalk, Zement, Wasserglas) und werden aus Mineralien hergestellt.

Mineralische Anstrichfarben wirken stark alkalisch (= laugenhaft). Sie erhärten chemisch durch CO_2 oder Wasseraufnahme. Nach der Trocknung sind sie wasserunlöslich (irreversibel) und wasserdampfdurchlässig (diffusionsfähig).

Mineralische Anstrichfarben:
- Kalkfarbe
- Zementfarbe
- Silikatfarbe
- Dispersionssilikatfarbe

7.2 Kalkfarben

Kalkfarbenanstriche gehören zu den ältesten Anstrichtechniken für kalk- und zementhaltige Innen- und Außenputze. Für Anstriche werden hauptsächlich Luftkalke verwendet.

Weißkalkhydrat mit organischen Zusätzen

Als Bindemittel wird gelöschter Kalk verwendet. Die Zeichnung zeigt den „**Kreislauf des Kalkes**“:

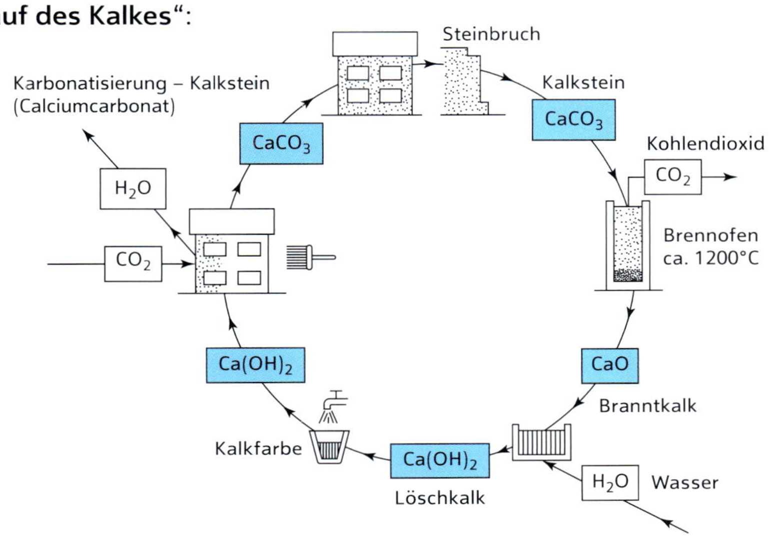

Der Kalkstein wird in Steinbrüchen abgebaut, zerkleinert und bei 1200 °C gebrannt. Dabei entweicht Kohlendioxidgas (CO_2). Der entstandene **Branntkalk** wird mit Wasser gelöscht (Löschkalk). Beim Trocknen nimmt der **Löschkalk** CO_2 aus der Luft auf und gibt Wasser als Wasserdampf ab. Es entsteht wieder Kalkstein. Diese langsame Aushärtung zum Kalkstein (Calciumcarbonat) bezeichnet man als **Carbonatisierung**. Den gesamten Ablauf bezeichnet man als Kreislauf des Kalkes.

Carbonatisierung nennt man den Trocknungs- bzw. Erhärtungsvorgang beim Kalk = Aushärtung zum Kalkstein

Kalk ist Bindemittel für Putze und als gelöschter Kalk zugleich Bindemittel und Weißpigment für Kalkfarben, also Anstrichmittel.

Es gibt Kalkfarben für Innen- und Außenanstriche im Handel. Kalkfarbenanstriche wirken wegen ihrer **Alkalität** fungizid und bakterizid. Sie sind **unempfindlich gegen Feuchtigkeit**. Kalk sollte aber in Stadt- und Industriegebieten nicht mehr als Fassadenfarbe eingesetzt werden. Schweflige Gase (CO_2) wandeln den Kalk in Gips um, dieser ist wasseranziehend und wasserlöslich, also unbeständig gegen Feuchtigkeit.

Kalkfarben lassen sich im Streich- und Sprühverfahren auftragen. Dabei können mit mehreren Anstrichen deckende Flächen erzielt werden. Da das Bindemittel Kalk nur max. 10 % kalkbeständige Pigmente binden kann, sind nur helle Pastelltöne möglich.

Kalkfarben werden mit der Bürste dünn aufgetragen. **Zu dick gestrichene Kalkanstriche platzen ab.**

Kalkfarben sind **starke Laugen** und ätzend, deshalb muss man **Augen** und **Haut** vor Spritzern **schützen**!

Kalkfarben werden eingesetzt für:

- historische, denkmalgeschützte Gebäude
- Wand- und Deckenflächen im Wohnbereich
- Feuchträume wie Waschräume, Keller und Ställe
- die Beschichtung kalkhaltiger Putze
- Erneuerungsanstriche auf alten, fest haftenden Kalk- und Silikatfarbenanstrichen

7.3 Zementfarben

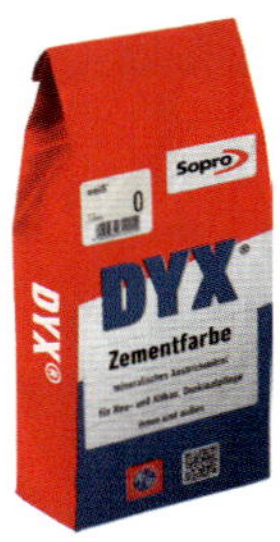

Zementfarben werden überwiegend in der Denkmalpflege eingesetzt.

Zementfarben werden im normalen Baubereich nur noch selten, meist für Spezialanstriche, eingesetzt. Als Bindemittel verwendet man **Weißzement**, der aus besonders ausgewählten Rohstoffen hergestellt wird.

Zement ist das am meisten verwendete Bindemittel für die Herstellung von Mauermörtel, Putz und Beton; als Weißzement auch für Zementfarben.

Bei der Herstellung werden Kalk, Tonerde, Kieselsäure und Eisenoxidverbindungen gemischt. Als natürliches Gemisch kommen diese Stoffe auch im Kalksteinmerkel vor.

Diese Rohstoffe werden in Drehrohröfen bis über 1450 °C gebrannt. Dabei entstehen runde, nussgroße Klinkersteine, die dann zu Zementpulver zermahlen werden.

Angerührte Zementfarben sind nicht lagerfähig

Die Topfzeit beträgt 3–4 Stunden.

Zementfarben sind eine Mischung aus **weißem Portlandzement und hochhydraulischem Kalk**. Das Pulvermaterial wird von Maler/-innen vor Gebrauch mit Wasser zu einer Zementschlämme angerührt. Dabei ist eine Abtönung mit ca. 5 % zementechten (hochalkalibeständigen) Pigmenten möglich. Zementfarben eignen sich für die gleichen Untergründe wie Kalkfarben und ohne Einschränkung für innen und außen. Sie können mit Streichbürste oder Spritzgerät aufgetragen werden. Die Werkzeuge müssen sofort nach Gebrauch gereinigt werden, weil bei chemisch trocknenden Anstrichmitteln ein späteres Anlösen nicht möglich ist.

Zementfarben werden für folgende Untergründe eingesetzt:

- Auf Betonfertigteilen und Betonkonstruktionen (auch unter Wasser)
- Auf Kalk- und Zementputzen
- Auf rauen, saugfähigen Natursteinen
- Auf alten Mineral-, Kalk- und Weißzementanstrichen

Zementfarben sind **stark alkalisch** und ätzend, deshalb sind **Augen und Haut** vor Spritzern zu **schützen**!

Zementfarbenanstriche bilden keine Filme, sind **wetterfest, wasserbeständig** und **wasserabweisend**. Außerdem besitzen sie eine hohe Wasserdampfdurchlässigkeit, d. h. sie sind **diffusionsfähig**. Das Bindemittel erhärtet durch Wasseraufnahme ohne Luftzufuhr. **Zementfarben sind**, verglichen mit Kalkfarben, **spröder** und können leichter reißen.

7.4 Silikatfarben

Erfinder der Silikatfarbentechnik war **Wilhelm Keim** (Keimsche Mineralfarben). **1884** war die **Fa. Henkel** bedeutendste Wasserglasfabrik.

Kaliwasserglas ist das Bindemittel der Silikatfarben. Es wird durch Verschmelzen von Quarzsand mit Pottasche hergestellt. Dabei entsteht eine feste, glasartige Masse, die unter Druck und erhöhter Temperatur in Wasser gelöst wird. Diese farblose, zähe Bindemittellösung verwendet man zur Herstellung von Silikatfarben, Silikatputzen und Dispersionssilikatfarben.

Kaliwasserglas ist Bindemittel für die äußerst wetterbeständigen und umweltschonenden mineralischen Silikatfassaden- und Innenfarben.

Die Zeichnung zeigt den „**Kreislauf des Kaliwasserglases**“:

Kreislauf des Kaliwasserglases

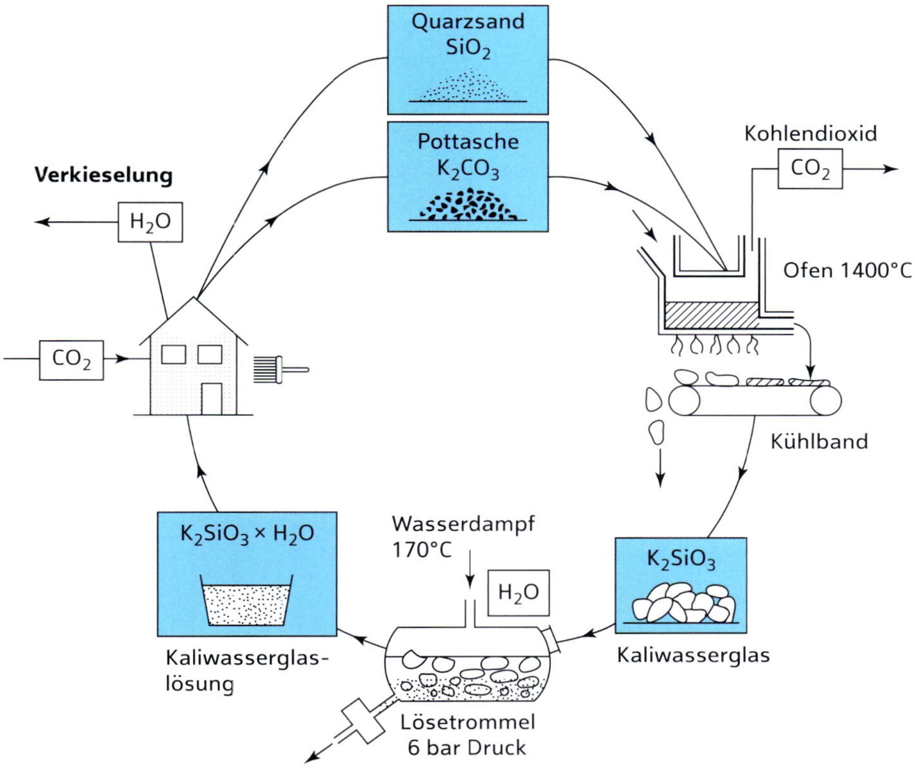

Wir unterscheiden zwei Arten von Silikatfarben:

Reinsilikatfarbe (Zweikomponenten-material)	**wird nicht streichfertig geliefert** Das Bindemittel (Kaliwasserglas) und Pigmente werden erst kurz vor der Verarbeitung von den Malerinnen und Malern selbst zusammengemischt.
Dispersions-Silikatfarbe (Einkomponenten-material)	**wird streichfertig geliefert** Um die Mischung aus Bindemittellösung und Pigmenten stabil zu halten, werden vom Hersteller bis zu 5 % Kunststoffdispersion zugesetzt. Kunststoffdispersion = organischer Bestandteil

Reinsilikatfarben bestehen aus zwei Komponenten:

Fixativ = Kaliwasserglas	+	**Farbpulver** = Pigmente	=	**streichfertige Silikatfarbe**

Reinsilikatfarben werden von der Malerin/vom Maler selbst nach Herstellervorschrift mit Bindemittel (Fixativ) und mit Pigmenten angemischt. Dazu liefert der Hersteller stabilisiertes Kaliwasserglas und getrennt davon die wasserglasbeständigen Pigmente. Beide Komponenten sind unvermischt praktisch unbegrenzt lagerfähig. Die angerührte Silikatfarbe muss dagegen innerhalb von ein bis zwei Tagen verarbeitet werden.

Dispersionssilikatfarben werden auch „**organische Silikatfarben**“ genannt, weil sie bis zu 5 % Kunststoffdispersion enthalten. Wegen des Dispersionsanteils können Silikatfarben streichfertig als Einkomponentenfarbe hergestellt werden. Durch den Dispersionszusatz bekommen die organischen Silikatfarben viele gute Eigenschaften der Dispersionsfarben. So haften sie z. B. gut auf kritischen Untergründen und lassen sich leicht verarbeiten. Mit Dispersionssilikatfar-

zweikomponentige (Rein-) Silikatfarbe mit Bindemittel, z. B. **Keimfixativ** und **Farbpulver** (Pigmente und Füllstoffe)

Fixativ und Pigmente nur vom gleichen Hersteller verwenden!

Dispersionssilikatfarbe (organische Silikatfarbe)

ben werden wie mit Reinsilikatfarben hauptsächlich **mineralische Untergründe** beschichtet.

Eigenschaften

Silikatfarben erhärten physikalisch durch Wasserverdunstung und **chemisch durch CO_2-Aufnahme**. Sie reagieren (verkieseln) dabei mit den mineralischen Untergründen, indem sie eine wasserunlösliche Quarzschicht bilden. Diesen Vorgang nennt man **Verkieselung**.

Augen und Haut vor Farbspritzern schützen!

Silikatfarben trocknen durch Verkieselung. Sie sind stark alkalisch (ätzend), hoch wetterbeständig, wasserdampfdurchlässig, feuerhemmend, lösemittelfrei (geruchsarm), dadurch gesundheits- und umweltschonend.

Silikatfarbenanstriche trocknen matt auf wie Kalkfarben; Silikatfarben sind aber beständiger gegen saure Abgase. Da sich Spritzer z. B. in Glas, Marmor, Keramik und Metall einätzen, müssen solche Flächen vor einem Anstrich sorgfältig abgedeckt werden. Wegen ihrer Alkalität wirken Silikatfarbenanstriche keimtötend (desinfizierend), fungizid und bakterizid.

Nachteile der Reinsilikatfarbe:
- kein Feuchteschutz
- fleckiges Aussehen nach Schlagregen
- spezielle Verarbeitung und begrenzte Verarbeitungszeit

Silikatfarben werden auf folgenden Untergründen eingesetzt:
- mineralischen Untergründen, wie Kalk- und Zementputze, Beton und Steine
- alten Kalk- und Silikatfarbenanstrichen
- Glas, Zink und verzinktem Stahlblech

Geeignete Untergründe sind alle verkieselungsfähigen Flächen, die noch nicht anderweitig gestrichen wurden und frei von Schmutz und Salzen sind. **Ungeeignet** sind **gipshaltige Untergründe** und **alte Dispersionsfarbenanstriche**.

Verarbeitung

Vor dem Anstrich müssen die Untergründe gereinigt werden. Putzschäden werden mit artgleichem Material ausgebessert. Poröse Untergründe und saugende Putze werden mit verdünntem Fixativ vorgestrichen, um die Saugwirkung zu egalisieren. Hier kann das Fixativ mit Wasser verdünnt werden. Danach werden normalerweise noch zwei Anstriche ausgeführt.

egalisieren = ausgleichen

1. **Grundanstrich**
   Je nach der Saugwirkung des Untergrundes wird die Silikatfarbe mit Fixativ verdünnt und mit der Bürste aufgetragen.
2. **Schlussanstrich**
   Hier wird die Silikatfarbe unverdünnt im Streich-, Roll- oder Spritzverfahren aufgebracht. Zwischen den beiden Anstrichen ist eine ausreichende Trockenzeit (mind. 12 Std.) einzuhalten.

Silikatfarben nicht bei Sonne oder Regen auftragen!

Reinsilikatfarbe	**Nur mit Fixativ verdünnen** oder Grundier- und Verdünnungsmittel auf Reinsilikatbasis. **Nur in „Nass-in-nass-Technik“** auftragen, sonst entstehen Ansätze oder Flecken.
Dispersionssilikatfarbe	**Verdünnen** nur mit weichem Wasser oder **Grundier- und Verdünnungsmittel auf Silikatbasis** Leichte **Verarbeitung wie Dispersionsfarben**; es entstehen keine Ansätze.

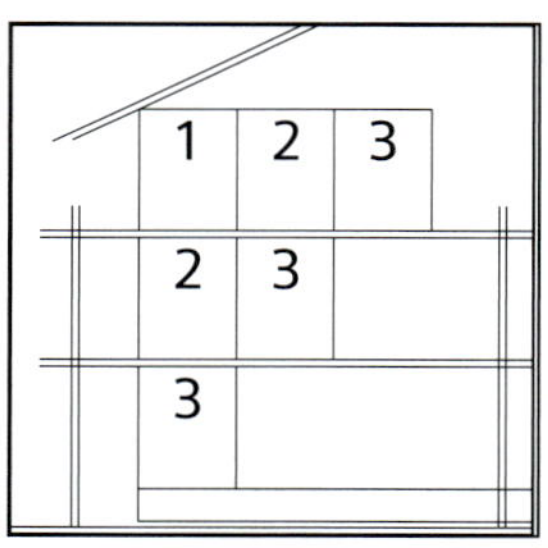

Arbeitsablauf der Nass-in-nass-Verarbeitung

Mit Silikatfarben sind **drei Anstrichtechniken** möglich:
1. **Deckende Anstriche**: weiß und in allen bauüblichen Farbtönen.

2. **Lasierende Anstriche**: werden z. B. als Betonlasur zum Schutz und zur Egalisierung des Aussehens von Sichtbeton eingesetzt.
3. **Farblose Anstriche**: hier wird das farblose Fixativ auch als Steinschutzmittel für Natursteine verwendet.

Werkzeuge und Geräte sofort nach Gebrauch mit Wasser **auswaschen**, weil Silikatfarben wasserunlöslich sind.

Aufgaben

1. *Benennen Sie die mineralischen Anstrichfarben.*
2. *Welche Eigenschaften haben mineralische Anstrichstoffe?*
3. *Beschreiben Sie den Kreislauf des Kalkes in Stichworten.*
4. *Welche Einsatzgebiete gibt es für Kalk?*
5. *Welche Bedeutung haben heute Kalkfarbenanstriche?*
6. *Nennen Sie die Eigenschaften der Kalkfarben.*
7. *Auf welche Untergründe können Kalkfarben gestrichen werden?*
8. *Aus welchen Rohstoffen wird Zement hergestellt?*
9. *Wie heißt das Bindemittel für Zementfarben?*
10. *Beschreiben Sie zwei Einsatzgebiete von Zementfarben.*
11. *Welches Bindemittel verwendet man für Silikatfarben?*
12. *Aus welchen Rohstoffen wird Kaliwasserglas hergestellt?*
13. *Beschreiben Sie die Unterschiede von Reinsilikat- und Dispersionssilikatfarben.*
14. *Benennen Sie die zwei Komponenten der Reinsilikatfarben.*
15. *Welche Vorteile haben die Dispersionssilikatfarben?*
16. *Welche Nachteile hat die Reinsilikatfarbe?*
17. *Wie trocknen Silikatfarbenanstriche?*
18. *Zählen Sie die wichtigsten Eigenschaften der Silikatfarben auf.*
19. *Beschreiben Sie die Verwendung von Silikatfarben.*
20. *Welche Untergründe sind für Silikatfarben ungeeignet?*
21. *Wie wird Silikatfarbe beim Schlussanstrich aufgebracht?*
22. *Wie können bei Reinsilikatfarbenanstrichen Ansätze und Flecken vermieden werden?*
23. *Welche drei Anstrichtechniken sind mit Silikatfarben möglich?*
24. *Was ist zur Reinigung der Werkzeuge nach Gebrauch zu beachten?*

Lernsituation 8

Arten und Verwendung von Dispersionsfarben und Dispersionsbeschichtungsstoffen zum Thema: „Dispersionsbeschichtungsstoffe“

Situationsdarstellung:
Bei der Renovierung von Kindergarten und Jugendhaus wird vom Auftraggeber für die Wandbeschichtung eine scheuerbeständige Innenfarbe gewünscht. Der Malbetrieb bietet dafür eine Dispersionsfarbe und alternativ eine Silikatfarbe an. Die Auszubildende hat schon öfters mit Dispersionsfarben gearbeitet. Sie möchte sich nun einen Überblick über die verschiedenen Dispersionsbeschichtungsstoffe verschaffen.

Dazu ist es wichtig, sich über Kunststoff dispersionen, ihre Arten, ihre Eigenschaften und ihre Verwendung zu informieren. Durch die Erarbeitung der folgenden Arbeitsaufträge erhalten Sie wichtige Kenntnisse.

Arbeitsaufträge

1. *Nennen Sie Beschichtungsstoffe, die **Kunststoffdispersionen** als Bindemittel enthalten.*
2. *Beschreiben Sie den Werkstoff „**Dispersionsfarben**“ mit seinen Eigenschaften.*
3. *Beschreiben Sie die **Herstellung** von Dispersionsfarben.*
4. *a) Beschreiben Sie die **Trocknung** von Dispersionsfarben.*
   b) Wie wird diese Trocknung genannt?
5. *a) Für welche Beschichtungsstoffe gilt die **DIN EN 13300**?*
   *b) Nennen Sie die **Hauptmerkmale** (Kriterien) der DIN EN 13300.*
6. *Notieren Sie **Eigenschaften** von Dispersionsfarben mit **Nassabriebbeständigkeit**:*
   a) Klasse 1 und 2
   b) Klasse 3
7. *Beschreiben Sie, was die Bezeichnung **E.L.F.** bei Kunststoffdispersionsfarben bedeutet.*
8. *Für welche Beschichtungsstoffe gilt die **DIN EN 1062**?*
9. *Beschreiben Sie zwei Sorten von **Dispersions-Fassadenfarben**.*
10. *Zählen Sie **weitere Dispersionsbeschichtungsstoffe** auf.*
11. *Nennen Sie Dispersionswerkstoffe für **Strukturbeschichtungen**.*
12. *a) Beschreiben Sie **Kunststoffputze** allgemein.*
    *b) Nennen Sie die **Zusammensetzung** von Kunststoffputzen.*
    *c) Nennen Sie Kunststoffputze, sortiert nach dem **Auftrageverfahren**.*
13. *a) Beschreiben Sie den Begriff „**Dispersionsacryllack**“.*
    *b) Beschreiben Sie die **Zusammensetzung** von Dispersionslacken.*
14. *a) Beschreiben Sie wichtige **Eigenschaften** von Dispersionslacken.*
    *b) Beschreiben Sie **Vor- und Nachteile** von Dispersionslacken.*
15. *Nennen Sie Dispersionslacke für verschiedene **Einsatzgebiete**.*

8.1 Organische wässrige Anstrichstoffe

8.1.1 Leimfarben

Leimfarben sind **organische Innenfarben** aus Leim, Pigmenten und Wasser. Als Bindemittel wird Metylzelluloseleim verwendet. Weißpigmente sind vor allem Kreide und Lithopone sowie anorganische und organische Buntpigmente. Leimfarben können von Malerinnen und Malern selbst hergestellt werden, doch gibt es sie auch streichfertig im Handel. Leimfarben haben heute nur noch wenig Bedeutung. In den 60er-Jahren wurden sie von den streichfertigen Dispersionsfarben verdrängt. Leimfarben ergeben billige, wischbeständige und wasserlösliche Innenanstriche.

Leimfarben wurden von den **Dispersionsfarben** verdrängt.

Das Bindemittel für Leimfarben ist Metylzellulose. Leimfarben trocknen physikalisch durch Verdunsten des Wassers. Sie sind wasserlöslich (reversibel). Leimfarben sind gesundheits- und umweltschonend.

Methylzellulose ist auch **Bindemittel für Kleister.**

Leimfarben werden in folgenden Bereichen verwendet:
- für Innenanstriche auf Gips- und Kalkputzen
- für Gipskarton-, Span- und Leichtbauplatten
- für Tapeten (Makulaturpapiere und Raufaser)

Zubereitung und Verarbeitung

Zelluloseleime und -kleister sind als grießartiges Pulver im Handel erhältlich. Sie lösen sich im kalten Wasser auf, werden nach einer Quellzeit von ca. 20 Minuten durchgeschlagen und sind gebrauchsfertig. Auf den Leim- bzw. Kleisterpackungen ist das richtige Ansatzverhältnis von Leim- bzw. Kleisterpulver und Wasser angegeben.

Leim und Kleister nach Herstellerangaben anrühren

1. Ansetzen der Leimlösung
- Zelluloseleim wird gleichmäßig ins saubere, kalte Wasser eingerührt – dabei sind Klumpen zu vermeiden.
- Nach kräftigem Durchschlagen am Ende der Quellzeit ist der Leim verarbeitungsfertig.

Ansatzverhältnisse:
1:25 (Leim:Wasser) als Bindemittel für Leimfarben
1:50 zum Vorleimen stark saugender Flächen

2. Ansetzen der Kreide
- Die Kreide (Pigment) wird ins Wasser eingestreut.
- Eingesumpfte Kreide möglichst zehn bis zwölf Stunden stehen lassen.

Eingesumpfte Kreide = Kreidebrei

3. Ansetzen der Leimfarbe
- Die Leimlösung wird 1:1 in die eingesumpfte Kreide eingerührt.

Vorarbeiten
Leimfarbenanstriche sind kein tragfähiger Untergrund für neue Leimfarben- und Dispersionsfarbenanstriche oder Tapeten, weil Leimfarben wasserlöslich sind. Deshalb müssen Leimfarbenanstriche immer restlos mit Wasser abgewaschen werden. Dazu verwendet man am besten Bürsten mit Kunstborsten, weil diese sich nicht so schnell abnutzen.

Alte Leimfarben restlos entfernen!

Grundanstrich
Saugfähige Untergründe werden mit wenig pigmentierter und mit wasserverdünnter Leimlösung vorgestrichen.

Schlussanstrich
Die Leimfarbe wird je nach Saugfähigkeit des Untergrundes mit Leimlösung leicht verdünnt. Bei weißer und heller Leimfarbe reicht meist ein Deckanstrich. Leimfarben lassen sich nur mit einer Streichbürste auftragen.

8.1.2 Dispersionsfarben

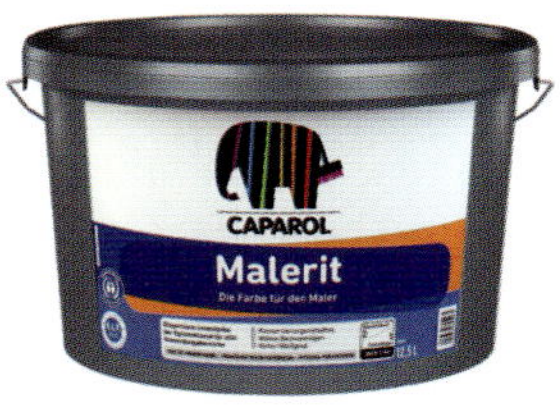

Kunststoffdispersionen sind Bindemittel für:
- Dispersionsfarben
- Dispersionslacke
- Kunststoffputze
- wasserverdünnbare Holzschutzlasuren
- Dispersionslasurfarben
- Grundierungen (Tiefgrund)

Dispersionsfarben kommen als Innen- und Außendispersionsfarben zum Einsatz. Wir unterscheiden inzwischen **Natur-** und **Kunststoffdispersionsfarben**. Die **Naturstoffdispersionsfarben** werden bisher **nur für innen** angeboten. Sie bestehen aus **Bindemitteln** (Dispersion), **Pigmenten, Füllstoffen, Lösemitteln** (Wasser) und **Zusatzmitteln** (Additive). Die überwiegend weiß pigmentierten Dispersionsfarben können mit Volltonfarben abgetönt werden. Im heutigen Bautenschutz gehören Dispersionsfarben zu den meistverwendeten Anstrichfarben. Zunehmend werden immer mehr nachhaltige Farben und Anstrichprodukte angeboten.

Kunststoffdispersionsfarben (KD-Farben für innen und außen)	Sie werden synthetisch hergestellt, d.h. die festen Bindemttelteilchen sind z. B. Acrylate oder Acetate und bestehen aus Erdöl. KD-Farben sind biologisch nicht abbaubar und dürfen deshalb nicht in die Kanalisation gelangen. Es sind qualitativ hochwertige Farben nach DIN EN 13 300 für Innenfarben und DIN EN 1062-1 für Fassadenfarben. – **ELF-Farben** sind emissions- und lösemittelfrei. – **übliche KD-Farben** haben hohe CO_2-Emissionen und verursachen Mikroplastikbelastungen
Naturstoffdispersionsfarben (Bio-Dispersionsfarben bisher nur für innen)	Sie werden aus nachwachsenden Naturstoffen und ihre festen Bindemittelteilchen werden z.B. aus Kartoffelstärke, Mais- und Weizenresten. Bio-Dispersionsfarben sind biologisch abbaubar und dürfen somit in die Kanalisation kommen. Ausschließlich aus ökologischen Inhaltstoffen und mit folgenden Eigenschaften: – **geruchsneutral** (ohne Lösemittel, Weichmacher und Konservierungsstoffe, mit mineralischen Pigmenten) – **einfache Verarbeitung** und spritzfrei – **beste Qualität** durch die DIN EN 13 300, mit den Deckkraft- und Nassabriebklassen

Innendispersionsfarbe auf Basis pflanzlicher Rohstoffe und ohne Fogging-Effekt

Was sind Dispersionsfarben für Beschichtungsstoffe?

Dispersionsfarben sind organische, wasserverdünnbare und unterschiedlich umweltfreundliche Anstrichstoffe. Sie sind fabrikfertig, leicht verarbeitbar und trocken schnell. Außerdem sind sie für die meisten Untergründe geeignet. Dispersionsfarben ergeben wasserunlösliche Innen- und Außenanstriche.

Dispersionsfarben sind in fast unbegrenzter Anzahl an Farbtönen abtönbar.

Herstellung von Dispersionsfarben
Dazu werden die Bestandteile in der Farbenfabrik mit schnell laufenden Rührwerken (Dissolvern) innig vermischt (dispergiert).

Die folgende Schemazeichnung zeigt den Weg von der Herstellung bis zum getrockneten Dispersionsfarbenfilm:

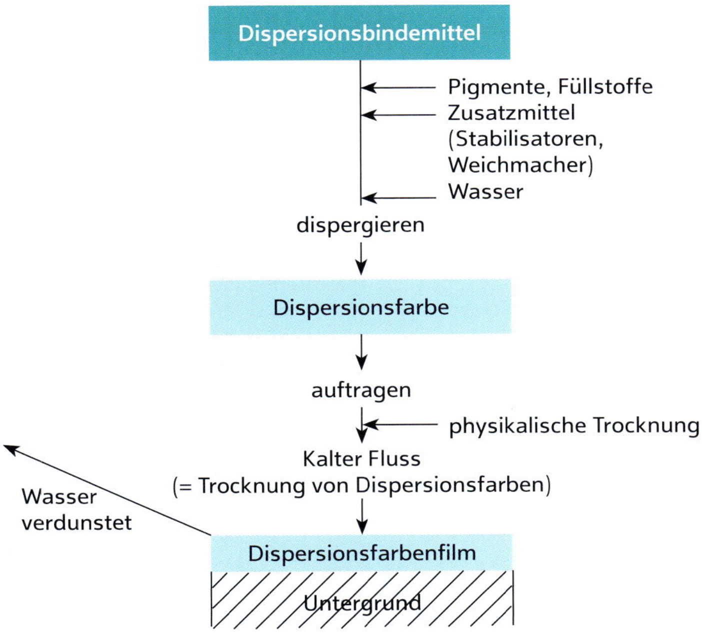

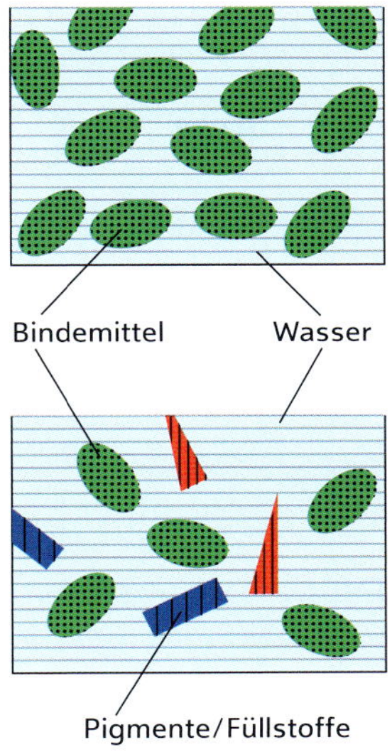

Rührwerk (Dissolver):

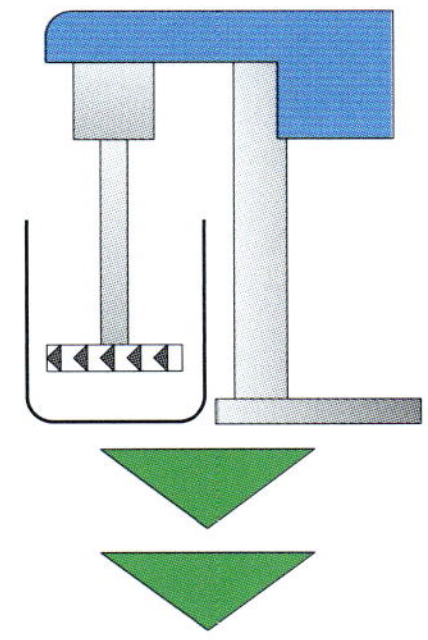

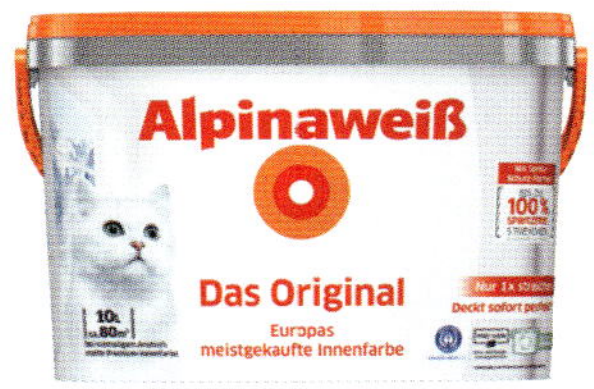

Trocknung der Dispersionsfarben

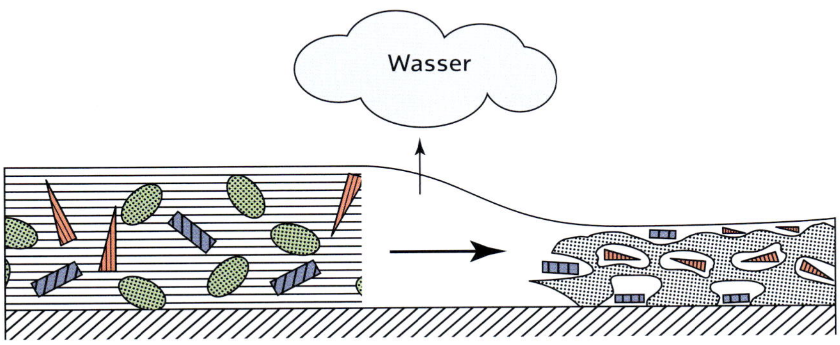

Die Trocknung von Dispersionsfarben nennt man **Kalter Fluss**.

Nach dem Auftragen	Während der Trocknung	Nach dem Trocknen
Bindemittelteilchen sind fein verteilt (dispergiert) in Wasser	das Wasser verdunstet, die Bindemittelteilchen fließen zusammen und verkleben miteinander	verklebte Bindemittelteilchen bilden einen Film, physikalischer Vorgang = **Kalter Fluss**

Dispersionsfarben gibt es als **Innenfarben** (**Wandfarben**) und **Außenfarben** (**Fassadenfarben**) im Handel. Bei allen Sorten sind jeweils die Verarbeitungshinweise genau zu beachten.

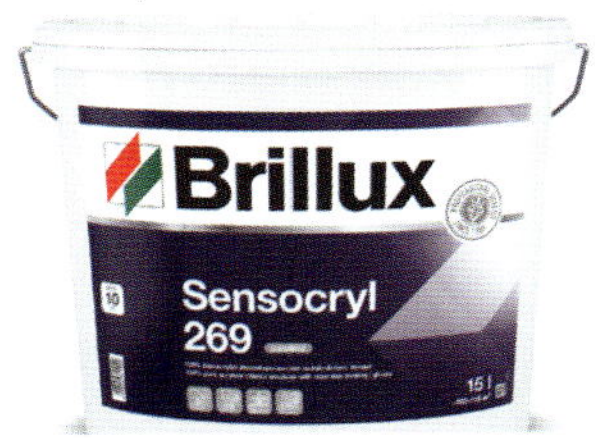

Dispersionsfarbe (scheuerbeständig)

Innendispersionsfarben

Die DIN EN 13300 ist eine Norm für die Qualität von Innenfarben. Durch standardisierte Prüfverfahren werden Nassabriebbeständigkeit, Deckvermögen, Glanzgrad und Korngröße untersucht und in Klassen eingeteilt.

Die DIN EN 13300 gilt für wasserhaltige Beschichtungsstoffe an Wänden und Decken im Innenbereich und beinhaltet die folgenden vier Hauptgruppen:
- **Nassabriebbeständigkeit (5 Klassen)**
- **Kontrastverhältnis (Deckvermögen, 4 Klassen)**
- **Glanz (Reflexionswert, 4 Stufen)**
- **maximale Korngröße (4 Stufen)**

Qualitätsstufen
nach DIN EN 13300

Nassabriebbeständigkeit:
Klasse 1 = höchste
Klasse 5 = geringste

Kontrastverhältnis:
Klasse 1 = bestes
Klasse 4 = geringstes Deckvermögen

Glanz:
glänzend
mittlerer Glanz
matt
stumpfmatt

Maximale Korngröße:
fein
mittel
grob
sehr grob

Sorten	Eigenschaften	Verwendung
Dispersionsfarbe Nassabrieb Klasse 3 (waschbeständig)	decken gut, matt, reinigungsfähig, 20 bis 70 µm bei 200 Scheuerzyklen	Hauptdispersionsfarbe für Wände und Decken in Wohn- und Büroräumen, meist auf Gipsputz, Gipskartonplatten und Raufasern
Dispersionsfarbe Nassabrieb Klassen 1 und 2 (scheuerbeständig)	decken gut, matt bis mittlerer Glanz sehr gut reinigungsfähig, Klasse 1 <5 µm bei 200 Scheuerzyklen Klasse 2 >5 µm bei 200 Scheuerzyklen	für stark beanspruchte Innenflächen, z. B. in Kindergärten, Krankenhäusern, Schulen und Treppenhäusern, oft auf Glasfaser- und Strukturtapeten
Raufaser-dispersionsfarbe	Raufasereffekt durch strukturgebende Holzfasern (Holzspäne)	als Raufaserersatz meist auf Decken, Auftrag durch Rollen oder Airlesssspritzen

Billige Dispersionsfarben haben oft keine DIN-Nummer. Sie decken meist schlecht, weil minderwertige Pigmente verwendet wurden, und **„kreiden"**, weil sie weniger Bindemittel enthalten.

Dispersionsfarben gehören als wässrige Anstrichstoffe zu den umweltschonenden Produkten. Sie enthalten nur bis zu **3 % organische Lösemittel**, die sie mit den Weichmachern als Hilfen für die Filmbildung (Trocknung) benötigen. Während der Trocknung verdunsten die Lösemittel in die Innenraumluft, wodurch Geruchsbelästigung entsteht.

Die Farbenindustrie bietet auch emissions- und lösemittelfreie, überwiegend Innendispersionsfarben an. Sie sind geruchsneutral, lösemittel- und weichmacherfrei und sind größtenteils umwelt- und verarbeiterschonend.

Je größer der Bindemittelanteil, desto höher die Qualität.

E.L.F. = emissions- und lösemittelfreie Wandfarben
Im Handel gibt es auch E.L.F.-Fassadenfarben.

Außendispersionsfarben

Für außen müssen Dispersionsfarben nach den Anforderungen der VOB, Teil C, DIN 18363 **wetterbeständig** sein. **Qualitätsfassadenfarben** (Reinacrylat) haben einen höheren Bindemittelanteil sowie wetter- und lichtbeständige Pigmente und Füllstoffe. Außendispersionsfarben sind heute ebenfalls umweltschonend und geruchsarm. Sie müssen alkalibeständig sein, damit sie auf Kalk- und Zementputz nicht verseifen. Der getrocknete Anstrich muss regendicht und diffusionsfähig sein.

Verseifen = Zerstörung des Bindemittels

Die DIN EN 1062-1 gilt für Beschichtungsstoffe und -systeme auf mineralischen Untergründen und Beton im Außenbereich. Sie beschreibt Merkmale für Fassadenfarben, nach denen die Eignung für eine bestimmte Anwendung beurteilt werden kann.

Merkmale der DIN EN 1062-1:
- Beschreibung
- Glanz und Reflektometerwert
- Schichtdicke
- Korngröße
- Wasserdampf
- Durchlässigkeit
- Wasserdurchlässigkeit
- Rissüberbrückung
- CO_2-Durchlässigkeit

Sorten	Eigenschaften	Verwendung
Fassaden-dispersionsfarben (Reinacrylat-Bindemittel)	sehr gut wetterbeständig, sehr gute Haftung, wasserabweisend (schlagregendicht), hoch reinigungsfähig, alkalibeständig (guter Schutz vor Algen und Pilzen), gut deckend, diffusionsoffen, hohe Farbstabilität und -vielfalt.	auf nahezu allen bauüblichen, auch alkalischen Untergründen außen, z. B. Beton, Putzen, Steinen, Faserzementplatten, WDVS, auf Trapezblech, verzinkten Metalluntergründen, z. B. Regenfallrohre, Hart-PVC, nicht maßhaltigem Holz
Fassaden-armierungsfarben (Sanierungssystem von gerissenen Putz- und Betonflächen)	wetterbeständig, rissüberbrückend (fasergefüllt), plastoelastisch, wasserabweisend	für die Sanierung rissiger Flächen (Haarrisse) und hochwertiger Fassadenbeschichtungen; bei starker Rissbildung ist eine Gewebeeinbettung in Armierungskleber erforderlich. Für Sanierungssysteme nur die Werkstoffe **eines** Herstellers verwenden.

Für außen gibt es noch weitere Sorten: **gefüllte Dispersionsfarben** zum Ausgleichen von unregelmäßig abgeriebenen Putzen und **Dispersionsfassadenfarbe** mit **Lotuseffekt**, die bei Regen selbstreinigend sind. Die Schmutzpartikel haften nicht, perlen ab und werden weggespült.

Reinacrylatfarben enthalten besonders hochwertiges Kunstharz (Acrylharze), das chemisch als Poly(methyl)methacrylate bezeichnet wird. Sie sind sehr beständig gegen Industrieabgase und eignen sich für Beton als CO_2-Bremse.

Verarbeitung von Dispersionsfarben

(Dispersions-)Grundanstrich

- Im Innen- und Außenbereich sind stark saugende, mineralische Untergründe mit wasserverdünnter Grunddispersion zu grundieren.
- Außen muss in kritischen Fällen, z. B. bei sandendem Altputz, lösemittelhaltiger Grundanstrichstoff (Tiefgrund) verwendet werden.

Dispersionsfarbenanstrich

Normalerweise werden zwei Anstriche aufgebracht.

1. **Voranstrich** (10–15 % wasserverdünnt und evtl. schon abgetönt)
2. **Deckanstrich** (meist unverdünnt)

Bei **Einschichtdispersionsfarben** wird mit nur einem Auftrag eine einwandfreie, gut deckende Fläche erreicht. **Fassadeneinschichtfarben** haben durch spezielle Füllstoffe einen hohen Festkörper. Das führt bei nur einem Anstrich zu einer wetterbeständigen Trockenfilmdicke. Auf saugfähigen Untergründen sollte aber auch bei diesen Farben eine Grundierung aufgebracht werden.

Dispersionsfarben werden im Streich-, Roll- oder Spritzverfahren aufgebracht. Sie sind gut airlessroll- und airlessspritzbar.

Grundierungen (Grunddispersionen) werden mit der Bürste aufgetragen. Durch Streichen kann der Grundanstrichstoff gut in die Poren eingearbeitet werden. Der Rollauftrag ist bei Dispersionsfarben am gebräuchlichsten. Bei großen Flächen ist das Airlessspritzen oder -rollen wirtschaftlicher.

Die Werkzeuge und Geräte sind sofort nach Gebrauch mit Wasser zu reinigen. Angetrocknete Farbspritzer lassen sich nur mit Spiritus oder Nitroverdünnung entfernen. Durch diese Lösemittel können allerdings synthetische Materialien, z. B. Bodenbeläge und Vorhänge, angegriffen und zerstört werden.

Die folgende Tabelle zeigt eine Übersicht über weitere Dispersionsbeschichtungsstoffe:

Sorten	Eigenschaften	Verwendung
Grunddispersionen	hohe Eindringtiefe aufgrund der kleinen Kunststoffteilchen, wetter- und alkalibeständig	als Putzgrundiermittel zur Verminderung der Saugwirkung bei mineralischen Untergründen
farbloses Überzugsmittel	je nach Verdünnung matt bis glänzend, gut verlaufend, feindispers	zum Schutz und zur Verbesserung der Reinigungsfähigkeit von matten Wandanstrichen und Tapeten, auch als Grundiermittel
Dispersionsbinder	gemischt disperses Dispersionsbindemittel, vielseitig anwendbar, alkalibeständig	zum Selbstanmischen von Innen- und Lasurfarben, heute meist in der Denkmalpflege

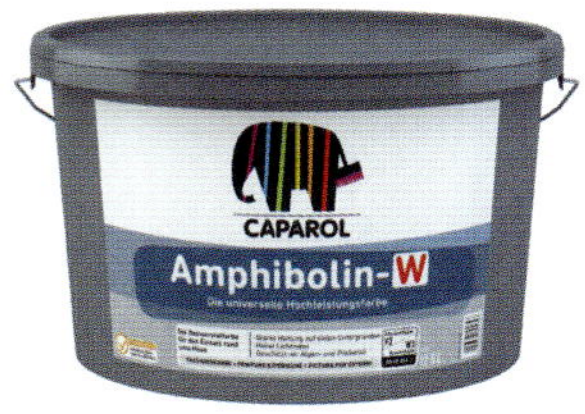

Dispersionen nach Herstellerangaben und **nicht unter 5 °C verarbeiten!**

Werkzeuge sofort nach Gebrauch mit Wasser reinigen!

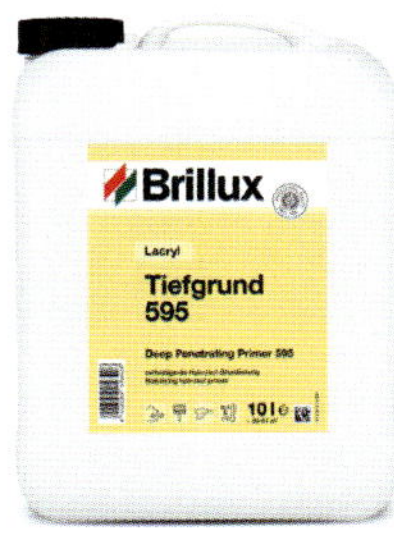

Tiefgrund ELF (= lösemittelfreier, wässriger Tiefgrund)

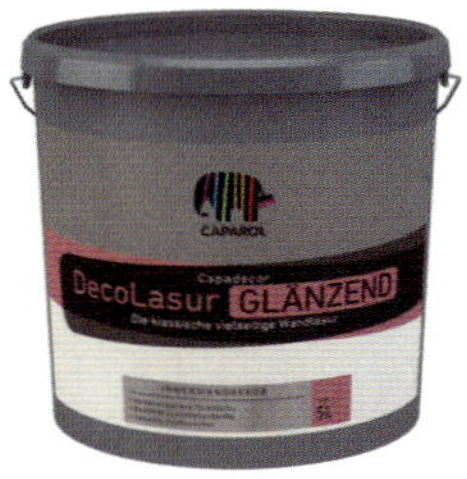

Sorten	Eigenschaften	Verwendung
Dispersionskleber	auf Wasserbasis, einfache Verarbeitung, hervorragendes Klebevermögen, nicht wasserlöslich, geringe Emissionen	zum Kleben von Wandbelägen wie Glasfaser, Glatt- und Strukturvlies, für Fliesen, PVC-Wandverkleidungen und Bodenbeläge, Styroporplatten und Untertapeten, mineralischen Dämmplatten u. a.
Dispersions-Vollton- und Abtönfarben	wetter- und lichtbeständig, gut färbend und deckend, in Dispersion angeteigte Buntpigmente	zum Abtönen von wässrigen Innen- und Fassadenfarben sowie Kunstharzputzen, für intensive farbige Anstriche, Malereien und Beschriftungen
heizölbeständige Dispersionen	hochelastisch, alkalibeständig, matt bis glänzend (nur mit Prüfzeichen)	meist auf Beton und Zementputzen für Ölauffangwannen, meist drei Beschichtungen wegen ausreichender Schichtstärke
Dispersionsfarben mit Schimmelschutz	enthalten fungizide und bakterizide Wirkstoffe	für Sanierungsanstriche auf schimmelbefallenen Innenflächen und für vorbeugende Innenanstriche
feuerhemmende Dispersionsfarben	isoliert gegen Hitze durch aufgeblähte Kohledämmschicht	macht brennbare Baustoffe (z. B. Holz) schwer entflammbar, verbessert die Feuerwiderstandsdauer in Minuten, z. B. F 30
Dispersionslasurfarben	wetterbeständig, gutes Haftvermögen, auch mit fungiziden Wirkstoffen	für Holzbeschichtungen innen und außen (z. B. Holzverbretterungen, u. a. nichtmaßhaltige Bauteile)
	wetterbeständig, verarbeitungsfertig (noch abzutönen), Nassabrieb: Klassen 2 und 3, geruchsarm, matt bis glänzend	für dekorative Wandtechniken innen und außen; Auftrag durch Wickeln, Stupfen, Wischen und Bürstentechnik

Feuerwiderstandsklassen: nach DIN 4102/Teil 2

F 30, F 60, F 90, F 120, F 180
Die Zahl hinter dem F bedeutet die Feuerwiderstandsdauer in Minuten.

Strukturplastik

8.1.3 Dispersionswerkstoffe für Strukturbeschichtungen

Zu diesen dickflüssigen (pastösen) Beschichtungsstoffen gehören die **Spachtelmassen**, **Plastiken** und **Kunststoffputze**. Diese Werkstoffe haben besondere, strukturgebende Füll- und Zuschlagstoffe. Sie werden mit unterschiedlichen Werkzeugen aufgebracht und stukturiert, z. B. mit Streich-, Roll- und Spritzgeräten, Kellen, Glättscheiben, Schwämmen, Stupfbürsten, Flächen- und Japanspachteln.

Plastikanstriche sind reliefartige Strukturbeschichtungen, die eine Flächenbelebung mit dekorativen Effekten zeigen.

Kunstharzspachtel

strukturieren = modellieren
d. h. etwas formen, ein Muster geben

Sorten	Eigenschaften	Verwendung
Dispersionsspachtelmassen	gute Füllkraft und Haftung, lassen sich gut spachteln und schleifen	als Außen- und Innenspachtel, zum Füllen und Glätten für mineralische Untergründe auf Decken und Wandflächen
Dipersionsplastiken	scheuerbeständig, hohes Füllvermögen, modellierbar, z. B. mit Spachtelwerkzeugen und Strukturrolle	für Strukturbeschichtungen an Decken und Wänden (Innenbereich), für dekorative Techniken, z. B. Glättetechnik und Schnittplastik
Dispersionsputzgrund (Streichputz)	wetterbeständig, hohes Haft- und Deckvermögen	für haftvermittelnde, griffige Grundanstriche bei nachfolgenden Kunstharzputzbeschichtungen, z. B. bei Lasuren

Sorten	Eigenschaften	Verwendung
Kunststoffputze (Kunstharzputze)	wetterbeständig nach VOB, regendicht, diffusionsoffen, alkalibeständig, rissstabil und elastisch, kratz-, stoß- und schlagfest, leichte Verarbeitung, trocknen physikalisch, umweltschonend	Für Außen- und Innenbeschichtungen auf mineralischen Baustoffen (auch Gasbeton), auf Gipskartonplatten, festen Altanstrichen, als Entbeschichtung auf Wärmedämmsystemen, meist als Oberputz auf mineralischen Unterputz

Untergründe für Kunststoffputze:
alle festen und tragfähigen Innen- und Außenflächen nach richtiger Vorbehandlung

Kunststoffputze sind Beschichtungen mit putzartiger Oberfläche. Alle Kunststoffputze sind fabrikmäßig hergestellte Beschichtungsstoffe, die verarbeitungsfertig geliefert werden. Sie können ca. ein Jahr gelagert werden und sind vor Frost und Hitze zu schützen. Kunststoffputze werden überwiegend als Weißputze hergestellt, sind aber auch in den bauüblichen Farbtönen lieferbar. Außerdem können sie mit Dispersionsfarben in allen gewünschten Tönen überstrichen werden.

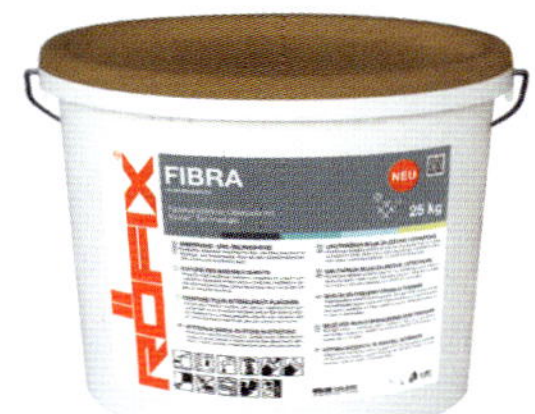

Kunststoffputze sind Dispersionsfarben mit kornartigen Zuschlagstoffen. Es gibt zwei Putzarten: Als Außen- und Innenputze und als reine Innenputze. Sie sind ungiftig und umweltverträglich.

Zusammensetzung:
10 % Bindemittel und Additive
80 % mineralische Zuschläge und Pigmente
10 % Wasser

Sie bestehen aus folgenden Stoffen:

Dispersionsbindemittel + Pigmente + mineralische Zuschlagstoffe + Wasser + Additive
↓
Kunststoffputz

Kunststoffputze bestehen, wie Mineral- oder Silikatputze, überwiegend aus mineralischen Bestandteilen. Die Zuschlagstoffe Marmor, Quarz und Kalkstein bilden das Gerüst des Putzes und geben Festigkeit und Härte. Wasser dient als Verdünnungsmittel und macht Kunststoffputze verarbeitbar.

Als **Zuschlagstoffe** werden Quarzsand, Kalksteinsand, Marmorsand, kleine Kieselsteine, Glasbruch und Buntsteine verwendet. Die Zuschlagstoffe haben Korngrößen von 1; 1,5; 2; 2,5; 3 und 6 mm.

Strukturputze sind Weißputze:
- Reibeputze
- Rillenputze
- Kratzputze
- Spritzputze
- Modellierputze

Die verschiedenen Kunststoffputze

- Die **Putzsorten** ergeben sich aus dem Auftrageverfahren: **Streichputz**, **Rollputz**, **Spritzputz**, **Kellenputz**, **Modellierputz** (faserhaltiger Putz, der mit Glättscheibe, Spachtel, Kelle, Schwamm, Strukturrolle, Bürste, Kamm, den Fingern u. Ä. aufgebracht werden kann, sodass die verschiedensten Strukturen entstehen).
- Unterschiedliche **Effekte** wie Reibeputz-, Kratzputz- und Rillenputzstruktur entstehen je nach Werkzeugbewegung und Kornform (scharfkantig, rund).
- **Buntsteinputze** enthalten nur Dispersionsbindemittel und farbiges Steingranulat als Zuschlagstoffe (ohne Pigmente).
- **Wärmedämmputz** ist ein Kunstharzspezialputz zur Schlussbeschichtung von Wärmedämmverbundsystemen.

Reibeputz wird auch als **Rillenputz** oder Wurmputz bezeichnet.

Buntstein- oder Kieselputz

Strukturputz mit Kratzputzeffekt hat das Aussehen eines echten mineralischen Kratzputzes.

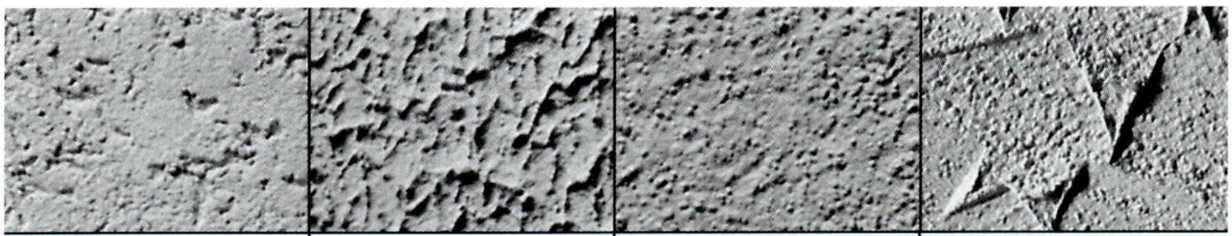

Reibeputz durch Reiben mit einer Glättscheibe	**Rollputz** Auftrag mit einer Strukturwalze	**Spritzputz** Auftrag mit der Putzpistole	**Modellierputz** Strukturieren mit z. B. Spachtel, Bürste u. a.

Es ist immer ein deckender Voranstrich aufzubringen!

Verarbeitung der Kunststoffputze

Vor einer Kunststoffputzbeschichtung ist grundsätzlich ein deckender Grundanstrich aufzubringen. Der sogenannte **Putzgrund** ist haftvermittelnd und schafft einen griffigen Untergrund. Dadurch wird das nachfolgende Aufziehen und Strukturieren von Kunststoffputzen wesentlich erleichtert.

Kunststoffputze sind nach Herstellerangaben zu verarbeiten.

Kunststoffputze dürfen nicht bei starker Sonneneinstrahlung oder Windeinwirkung aufgebracht werden. Die Temperatur muss mindestens 5 °C betragen.

- **Reibeputze** mit rostfreier Stahlglättscheibe auf Kornstärke aufziehen und mit Kunststoffglättscheibe zur gewünschten Struktur abreiben.
- **Spritzputze** können in Spezialgeräten für grobgefülltes Strukturmaterial gut verspritzt werden, z. B. mit der **Trichterpistole** (Putzpistole).
  Mit 5 % Wasser werden die Putze auf Spritzkonsistenz verdünnt. Beim Spritzauftrag entsteht bei Düsengröße 6 mm eine grobe Spritzputzstruktur. Es sollte jeweils ein Voranstrich im abgetönten Farbton des folgenden Spritzputzes aufgebracht werden.

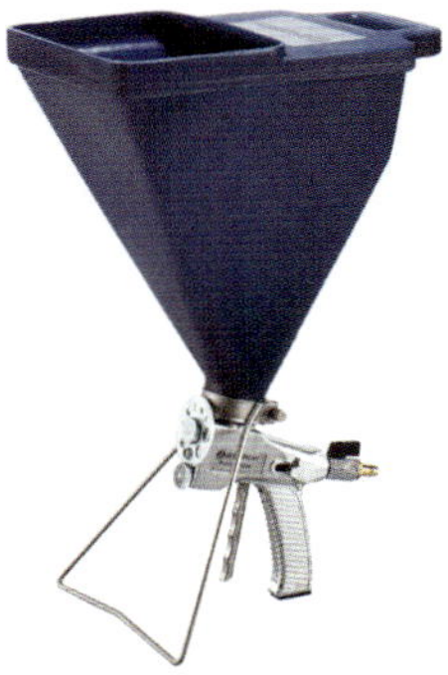

Trichterpistole

Kunststoffputze sind zwölf Monate lagerstabil und vor Frost und Hitze geschützt zu lagern. Die Werkzeuge sind sofort nach Gebrauch mit Wasser zu reinigen.

Weitere **Fertigputze** sind:

- **Buntsteinputz** (lösemittelverdünnbar), für Sockelflächen, Verarbeitungstemperatur unter 5 °C
- **Silikatputz** (Bindemittel: Dispersionssilikatwasserglas)
- **Siliconharzputz** (Bindemittel: in Wasser emulgiertes Siliconharz)
- **mineralischer Putz** (Bindemittel: Weißzement-Kalkhydrat)

8.1.4 Dispersionslacke

Als Bindemittel für Dispersionlacke werden wasserverdünnbare Acrylharze verwendet. Deshalb werden sie auch als **Acryllacke** oder **Dispersionsacryllacke** bezeichnet. Wie bei den Dispersionsfarben ist das Bindemittel eine Kunststoffdispersion.

Die Teilchengröße ist aber kleiner als bei Dispersionsfarben. Dadurch entstehen nach dem Verdunsten des Wassers besonders gleichmäßige, glatte Filme mit gutem Glanz. **Dispersionslacke** enthalten viel weniger Pigmente als Dispersionsfarben und kaum Füllstoff.

Zusammensetzung von Dispersionslack:

8 % Lösemittel
27 % Wasser
20 % Pigmente
45 % Bindemittel

Dispersionslacke sind wasserverdünnbare und umweltfreundliche Anstrichstoffe, die einen lackähnlichen Anstrichfilm ergeben. Sie sind geruchsneutral, gesundheitsschonend und angenehm zu verarbeiten.

Dispersionslacke sind mit dem **Blauen Engel** ausgezeichnet, weil sie nur geringe Mengen an organischen Lösemitteln und keine gesundheitsschädlichen Schwermetalle enthalten. Sie sind somit wesentlich umweltschonender als lösemittelverdünnbare Lacke. Der gegenüber Dispersionsfarben hohe Anteil von bis zu **10% Lösemitteln** ist notwendig, damit Dispersionslacke einen Lackfilm bilden können.

Dispersionslacke haben ähnliche Eigenschaften wie Dispersionsfarben.

Eigenschaften	wasserdampfdurchlässig (atmungsaktiv), wasserfest, enthalten nur bis 10% organische Lösemittel, geruchsarm, elastisch, nicht vergilbend, säure- und alkalibeständig, Anstrichfilme sind sehr wetter- und UV-lichtbeständig, sehr gutes Haftverhalten auf fast allen Untergründen
Vorteile	wasserverdünnbar, schnell trocknend, hoch lichtbeständig, verspröden bei Alterung nicht, umweltfreundlich, riechen nicht, gute Verarbeitung mit allen üblichen Beschichtungsverfahren
Nachteile	weniger Glanz und Verlauf, geringere Härte und Festigkeit, geringere Blockfestigkeit, nur bedingt hochdruckspritzbar, andere Verarbeitung mit Spezialwerkzeugen
Verwendung	auf fast allen Untergründen, z. B.: innen: Türen und Wände, Glasfaser- und Strukturtapeten, Gewebe, Heizkörper und Holzverkleidungen, mineralische und metallische Untergründe sowie Hartkunststoffe außen: Holz (Fensterläden), Putz, Beton, Mauerwerk, Eisen, NE-Metalle (Kupfer, Aluminium), Hartkunststoffe (Hart-PVC), wegen verbesserter Blockfestigkeit jetzt auch für Fensteranstriche

Dispersionslacke gibt es für viele Einsatzgebiete und als Anstrichsysteme:

- **Dispersionslacke** (als Klarlacke und Buntlacke)
- **Fensterlack** (besonders diffusionsfähig und blockfest)
- **Heizkörperlack** (besonders hitzebeständig)
- **Vorlack** (gut füllend und gut schleifbar)
- **Holzgrund** (pigmentierte Spezialgrundierfarbe)
- **Haftprimer** (Universalgrund mit großem Haftvermögen)
- **Holzschutzlasur** (Offenporig- und Dickschichtlasur)

Verarbeitung der Dispersionslacke

Meist werden spezielle Grundanstrichstoffe verwendet, auf die Dispersionslacke aufgebracht werden. Hier sollten **aufeinander abgestimmte Anstrichstoffe** (Anstrichsysteme) von einem Hersteller verwendet werden. Es ist grundsätzlich auch möglich, einen Alkydharzlack auf Dispersionsvorlack zu verwenden oder umgekehrt.

Dispersionslacke werden im Streich-, Roll- oder Spritzverfahren aufgebracht. Dazu benötigt man z. T. spezielle Werkzeuge und andere Auftragstechniken. Dispersionslacke sollten nicht unter 8 °C verarbeitet werden.

Zum **Streichverfahren** eignen sich besonders die langborstigen Pinsel und Flächenstreicher mit **Orelkunstborsten** und **Orelmixborsten**. Orelborsten sind Polyesterborsten und Orelmix sind Orelborsten mit Schweineborsten gemischt.

Dispersionslacke (DIN 55945) sind Qualitätswerkstoffe für hochwertige Lackierungen für außen und innen.

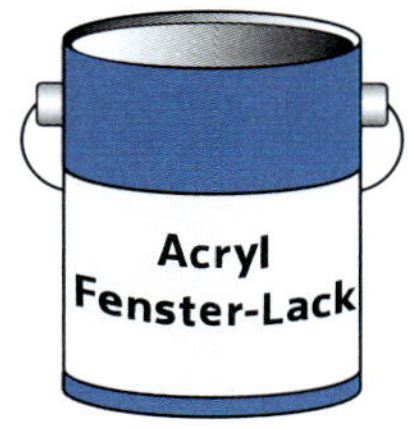

Flachpinsel für Wasserlacke Orelchinaborstenmix mit rostfreier Zwinge

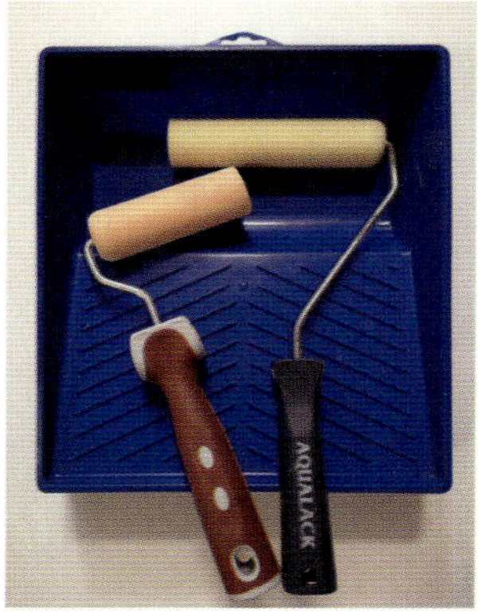

Schaumstoffrollen für die Verarbeitung von Dispersionslacken

Werkzeuge und Geräte sofort nach Gebrauch mit Wasser reinigen, weil eingetrocknete Dispersionslacke schwer zu entfernen sind.

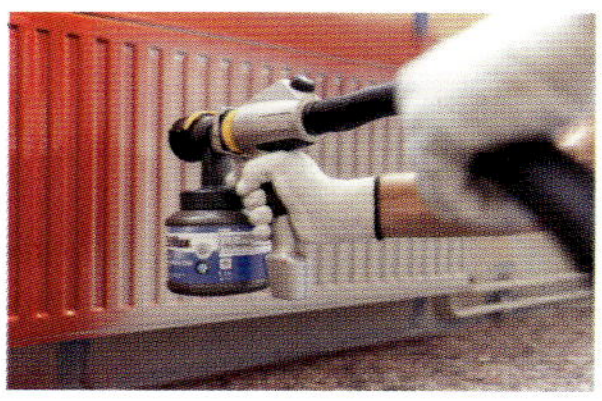

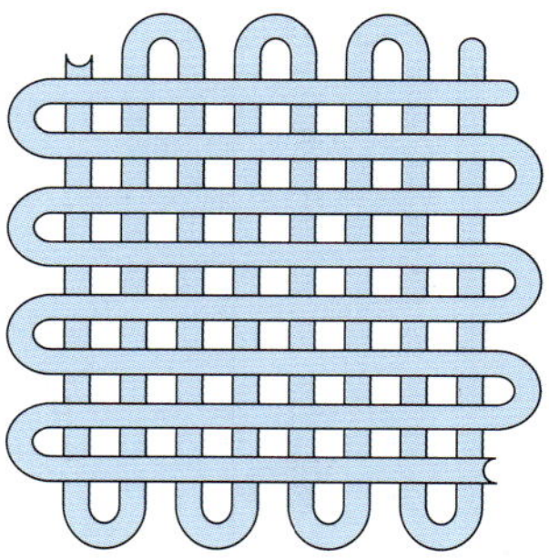

im Kreuzgang verschlichten

Zum **Rollauftrag** auf größere Flächen können feinporige **Schaumstoffroller** (Moltopren) mit abgerundeter Kante oder Lackroller mit Mohairflor eingesetzt werden.

Zum **Spritzauftrag** muss Dispersionslack bei **Airless** zu 5 % und bei **Nieder-** und **Hochdruck** zu 10 % mit Wasser verdünnt werden. Die heutigen Spritzgeräte sind aus rostfreiem Metall und somit für die Verarbeitung mit Wassermaterial geeignet.

Dispersionslacke sollte man **nicht aus dem Originalgebinde verarbeiten**, sondern in kleinere Gefäße umfüllen, da das Material am Dosenrand schnell trocknet und so Verunreinigungen entstehen. **Pinsel und Rollen** sollten bei **Arbeitspausen** in einem besonderen Gefäß mit verdünntem Dispersionslack aufbewahrt werden.

Weil Dispersionslacke schnell trocknen, muss man vor allem bei größeren Flächen zügig arbeiten. Dazu müssen bei Streich- und Rollauftrag große Flächen in kleinere Teilflächen zerlegt und diese nacheinander fertig lackiert werden.

Befolgt man die folgenden Ratschläge, so erzielt man eine perfekte Lackierung:

	Zum **Anrauen und Schleifen** der Untergründe Schleifpapier mit 180er-Körnung oder feiner verwenden. Die Fläche immer trocken und möglichst mit Staubabsaugung abschleifen. Danach mit einem leicht angefeuchteten Lappen den restlichen Schleifstaub abwischen. Dispersionsvorlacke und -lacke sollten mit einem speziellen Schleifpapier (grün) geschliffen werden.
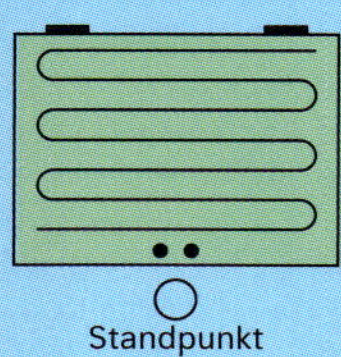	Optimale Ergebnisse werden beim **Spritzauftrag** mit Dispersionslacken erzielt. Da hierbei fast keine Geruchsbelästigung und z. B. beim Niederdruckspritzen auch wenig Spritznebel auftritt, kann sogar im Wohnbereich gespritzt werden. Beim Spritzauftrag immer satt auflegen.
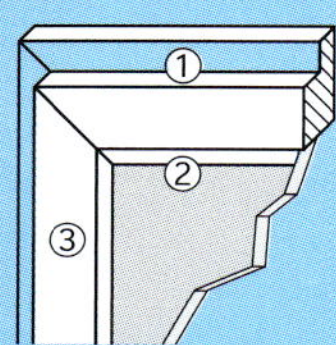	Bei **Fenstern und Fensterrahmen** zuerst die Falze lackieren. Nicht um die Kanten streichen. Dann die Glasleisten sauber beschneiden, zuletzt den Rahmen umlaufend und zügig lackieren. Darauf achten, dass sich keine Läufer bilden oder Fettkanten stehen bleiben. Diese sofort mit einem feuchten Tuch abwischen.
	Glatte **Türblätter oder größere Flächen** unterteilt man in vier gleiche Bahnen. Dabei wird die erste Bahn von oben nach unten durchlackiert und die anschließenden ebenso. Die jeweils folgende Bahn wird in die vorangegangene eingearbeitet. Wenn die vierte Bahn lackiert ist, dürfen die beiden ersten nicht mehr überarbeitet werden. Bei jeder Bahn wird der Lack satt aufgelegt und im Kreuzgang verschlichtet.
	Bei **Kassettentüren** zuerst die Kassetten (Füllungen) unter Aussparung des Rahmens lackieren. Danach werden die Rahmenflächen von oben nach unten, ausgehend von der Mitte (siehe Schema), zügig durchlackiert.
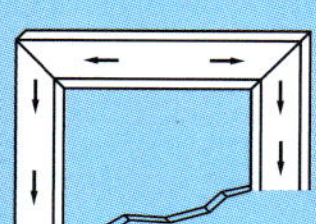	Bei **verglasten Türen** ist der Rahmen von oben nach unten zu lackieren. Dabei können vorher die Glasscheiben mit Klebeband abgedeckt werden. Man kann aber auch die Verfahrensweise für Fenster anwenden.
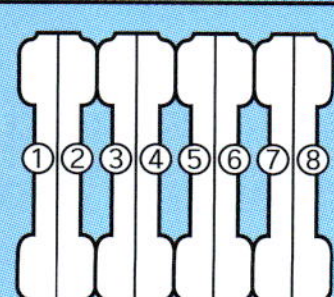	**Heizkörper** sind im kalten Zustand zu beschichten. Dazu sind die Rippen einzeln im Streich-, Roll- oder Spritzverfahren zu lackieren. Dispersionsheizkörperlacke haben eine geringe Läuferneigung und sind am besten im Spritzverfahren aufzutragen. Damit wird eine hervorragende Lackierung mit ausgezeichneter Kantenabdeckung erreicht.

8.1.5 Siliconharzfarben

Siliconharzfarben sind nach ihrem Bindemittel **Siliconharz** benannt. Siliconharz besteht aus dem anorganischen **Grundstoff Silicium**, das in Form von **Quarzgestein** und Silikaten in der Erde vorkommt. Siliconharz wird chemisch durch Polykondensation hergestellt und in Lösemittel gelöst. Durch Zugabe von Wasser entsteht eine **Siliconharzemulision**. Dieser wässrigen Lösung wird zur besseren Haltbarkeit und zur elastischeren Einstellung **Kunststoffdispersion** beigemischt. Das entstandene Siliconharz bildet beim Erhärten eine quarzähnliche Struktur.

Siliconharzemulsion = Siliconharz in Lösemittel gelöst und mit Wasser vermischt

Die folgende Schemazeichnung zeigt die **Bestandteile der Siliconharzfarbe**:

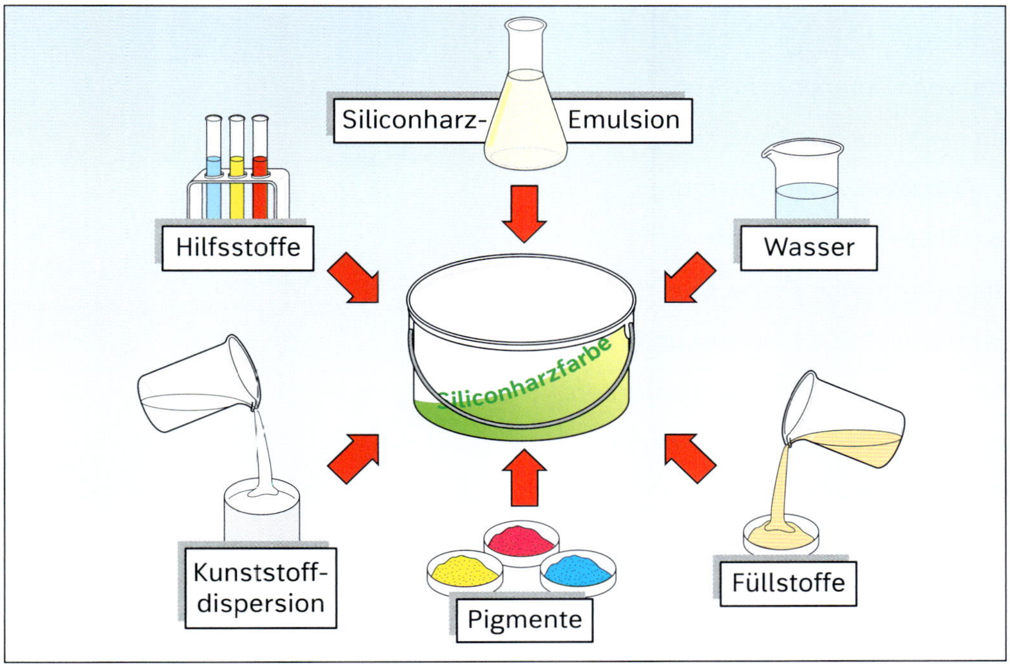

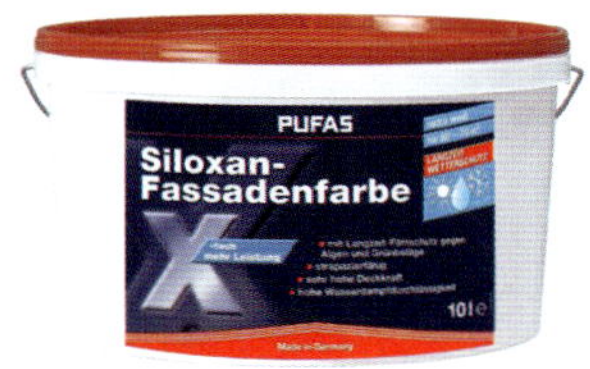

Siliconharzfarben und -putze sind Qualitätsbeschichtungsstoffe.

Siliconharzfarben vereinen die Vorteile der mineralischen Anstrichstoffe und der Dispersionsanstrichstoffe. Als wasserverdünnbare und lösemittelarme Beschichtungsstoffe sind sie sehr umweltfreundlich.

Siliconharzfarben sind ein zeitgemäßer **Fassadenschutz mit hervorragenden Eigenschaften**. Die Erfahrungen aus der Praxis zeigen, dass Siliconharzfarben einen gleich guten Witterungsschutz wie Dispersionsfarben, jedoch eine viel größere Diffusionsfähigkeit (wie Silikatfarben) haben. Außerdem lassen sie sich problemlos und leicht, wie Dispersionsfarben, verarbeiten. **Siliconharzfarben** und auch **Siliconharzputze** werden inzwischen von allen Farbenherstellern angeboten und haben sich als Bautenschutz bestens bewährt.

Die **Siliconharzfarbe** bildet durch den **Lotuseffekt** eine gut selbstreinigende Oberfläche. Beim **Lotuseffekt** bleiben Wassertropfen nicht haften und tropfen ab. Dabei waschen sie Schutzpartikel von der Farboberfläche mit ab.

Eigenschaften	besonders wasserabweisend (hydrophob), wetterbeständig, sehr gas- und wasserdampfdurchlässig (diffusionsfähig), beständig gegen aggressive Luftschadstoffe, schnelltrocknend, leicht überstreichbar und verarbeitbar, nicht filmbildend, moos-, algen- und pilzwidrig
Verwendung	auf allen mineralischen Untergründen wie Putz, Kalksandsteinmauerwerk, Beton und festen Altbeschichtungen, als Schlussanstrich bei Wärmedämmsystemen

Siliconharzgrundierung (Tiefgrund) für kreidende Dispersionsfarbenanstriche und leicht sandende Putze

Siliconbeschichtungsstoffe werden auch als **Farb- und Putzsysteme** angeboten. Folgende Siliconharzprodukte sind im Handel erhältlich:

- **Siliconhydrogrund** (zum Hydrophobieren und Verfestigen)
- **Silicongrundierfarbe** (Haftvermittler auf wenig saugenden Untergründen)

Siliconharzfarbenanstriche sind nach dem Trocknen heller als im nassen Zustand.

Siliconharzputz

- **Siliconstreichfüller** (zum Egalisieren von unebenen Untergründen)
- **Siliconfassadenfarbe** (höchst wetterbeständig und leicht verarbeitbar)
- **Siliconvolltonfarben** (zum Abtönen der weißen Grund- und Fassadenfarbe)
- **Siliconputzgrundierung** (für pigmentierte Grund- und Voranstriche)
- **Siliconputz** (für dekorative und wetterschützende Fassadenbeschichtungen)

Siliconharzputz gibt es als Kratz- und als Reibeputz (Rillenputz). Er ist in allen Farbabstufungen lieferbar und hat die gleichen **hervorragenden Eigenschaften** wie Siliconharzfarbe.

Aufgaben

1. Nennen Sie das Bindemittel von Dispersionsfarben.

2. Aus welchen Bestandteilen bestehen die Dispersionsfarben?

3. Nennen Sie fünf Eigenschaften von Dispersionsfarben.

4. Wie heißt die Trocknung bei Dispersionsfarben?

5. Erklären Sie den Trocknungsvorgang bei Dispersionsfarben.

6. Welche zwei Arten von Dispersionsfarben werden unterschieden?

7. Nennen Sie die Qualitätsstufen der Innendispersionsfarben.

8. Welche Verwendung haben scheuerbeständige Dispersionsfarben?

9. Nennen Sie die Glanzgrade nach DIN EN 13300.

10. Was sind emissions- und lösemittelfreie Dispersionsfarben?

11. Nennen Sie die Qualitätsstufen für Außendispersionsfarben.

12. Auf welche Untergründe kann man Dispersionsfarben auftragen?

13. Beschreiben Sie einen vorschriftsmäßigen Dispersionsfarbenanstrich.

14. Welches sind die wichtigsten Auftragsverfahren bei Dispersionsfarben?

15 Beschreiben Sie die Verwendung von Volltonabtönfarben.

16. Nennen Sie drei Werkstoffe für Strukturbeschichtungen.

17. Erklären Sie den Begriff „Kunststoffputz".

18. Aus welchen Bestandteilen bestehen Kunststoffputze?

19. Nennen Sie fünf Putzarten nach ihrem Auftrageverfahren.

20. Erklären Sie die Verarbeitung von Reibeputz.

21. Mit welchem Gerät wird Spritzputz aufgebracht?

22. Was ist bei der Verarbeitung von Kunststoffputz zu beachten?

23. Mit welchen Werkzeugen kann Modellierputz strukturiert werden?

24. Nennen Sie den Unterschied zwischen Dispersionsfarben und Dispersionslacken.

25. Warum bekommen Dispersionslacke den „Blauen Engel"?

26. Nennen Sie vier Vorteile von Dispersionslacken.

27. Mit welchen Streich- und Rollwerkzeugen wird Dispersionslack verarbeitet?

28. Was muss man beim Streich- oder Rollauftrag beachten?

29. Nennen Sie die wichtigsten Eigenschaften von Siliconharzfarben.

30. Welche besonderen Vorteile haben Siliconharzfarben?

8.2 Lösemittelhaltige organische Anstrichstoffe

Lösemittelverdünnbare Anstrichstoffe sind zugleich lösemittelhaltige Anstrichstoffe. Überwiegend sind es Lacke und Lackfarben, es gibt jedoch auch lösemittelhaltige Innenwand- und Fassadenfarben im Handel.

Lösemittelverdünnbare Anstrichstoffe werden mit organischen Lösemitteln, z. B. Terpentinersatz oder Kunstharzverdünnung, auf Verarbeitungsviskosität verdünnt, d. h., sie werden streich- oder spritzfähig eingestellt.

Da die Lösemitteldämpfe die Umwelt schädigen und die Gesundheit beeinträchtigen, wurden umweltfreundliche Anstrichstoffe entwickelt. Lösemittelverdünnbare Anstrichstoffe haben eine gute Qualität und eine lange Tradition. Nun liegt es an den Maler/-innen und Lackierer/-innen, sich auf die umweltschonenden Beschichtungsstoffe, die oft schon gleiche oder bessere Eigenschaften haben, umzustellen.

Nachteil:
Lösemittelhaltige Anstrichstoffe sind für die Umwelt und gesundheitlich bedenklich. Sie sollten **nur im Freien** oder gut belüfteten Räumen verwendet werden.

Vorteil:
Lösemittelhaltige Wand- und Fassadenfarben sind frostfest und somit auch unter 5 °C zu verarbeiten.

Lösemittelhaltige Farben

Bei diesen Anstrichstoffen ist Acrylharz in Testbenzin gelöst. Die Innenwandfarben sind **Isolierfarben** mit absperrender Wirkung, z. B. in Gaststättenräumen. Die **Fassadenfarben** können auch bei niedrigen Temperaturen verarbeitet werden. Es gibt auch passende lösemittelhaltige **Abtönfarben** und pigmentierte **Grundierfarben** für außen. Diese lösemittelhaltigen Anstrichstoffe sollten aber nur in Ausnahmefällen eingesetzt werden. Eine wasserverdünnbare Alternative ist stets vorzuziehen.

Arten	Eigenschaften	Verwendung
Wandfarben (Isolierfarben)	scheuerbeständig hochdeckend frostunempfindlich diffusionsfähig schnell trocknend extrem haftfest	Absperrfarbe für kritische Innenflächen mit Isolierwirkung gegen Nikotin- und Wasserflecken oder Rußverschmutzungen
Fassadenfarben (Polymerisatharzfarben)	wetterbeständig, wasserabweisend, hohes Deckvermögen, frost unempfindlich, alkalibeständig, beständig gegen aggressive Luftschadstoffe auch mit fungiziden und algiziden Wirkstoffen	für wetterbeständige, dauerhafte Beschichtungen von Beton, Asbestzement und Putz für Sanierungsanstriche auf schimmel-, moos- oder algenbefallenen Fassadenflächen auch als vorbeugender Schutzanstrich

Zum Einstellen sollten die vom Hersteller angegebenen, **speziellen Verdünnungsmittel** zum Einsatz kommen. Sie sind meist geruchlos und somit auch gut für den Inneneinsatz geeignet. Zum Reinigen der Auftragswerkzeuge kann auch **Terpentinersatz** verwendet werden.

Polymerisatharzfarben werden auch Fassadenmattfarben genannt. Beim Bindemittel handelt es sich meist um Kombinationen verschiedener Kunstharze, z. B. Acrylate, Styrol u. a., die in organischen Lösemittel gelöst sind. Chemisch sind es verwandte Bindemittel wie bei Dispersionsfarben, doch Polymerisatharzfarben bilden aufgrund ihrer Teilchengröße kompaktere Anstrichfilme.

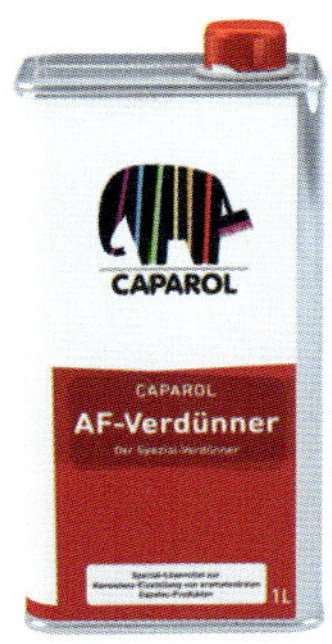

Die **Verarbeitung** ist **im Streich- oder Rollauftrag** mit lösemittelbeständigen Werkzeugen oder z. T. auch im Spritzauftrag mit Airlessgeräten möglich. Die Werkzeuge und Geräte sind sofort nach Gebrauch zu reinigen, z. B. mit Terpentinersatz.

Aufgaben

1. *Was sind lösemittelverdünnbare Anstrichstoffe?*
2. *Welche zwei wichtigen Nachteile haben lösemittelverdünnbare Anstrichstoffe?*
3. *Welche Vorteile haben lösemittelverdünnbare Anstrichstoffe?*
4. *Welche Arten von lösemittelhaltigen Farben unterscheidet man?*
5. *Beschreiben Sie die Verwendung von lösemittelhaltigen Wandfarben.*
6. *Beschreiben Sie die Verwendung von lösemittelhaltigen Fassadenfarben.*
7. *Was lässt sich über die Bindemittel von Polymerisatharzfarben schreiben?*
8. *Was ist bei der Verarbeitung von lösemittelverdünnbaren Anstrichfarben zu beachten?*

9 Lacke

Lernsituation 9

Herstellung, Arten und Einsatzgebiete von Lacken zum Thema: „Lacke“

Situationsdarstellung:
Bei der Renovierung von Kindergarten und Jugendhaus müssen auch Heizkörper neu lackiert werden. Der Malbetrieb bietet dafür einen wasserverdünnbaren und einen lösemittelhaltigen Heizkörperlack an. Der Meister rät der Auszubildenden, sich über die beiden Lacktypen und allgemein über Lacke zu informieren. Verwenden Sie hierzu auch die Technischen Merkblätter 5 u. 7, S. 223 u. 227.

Dazu ist es wichtig, Informationen über Lacke, ihre Arten, ihre Eigenschaften und ihre Verwendung zu beschaffen. Durch die Erarbeitung der folgenden Arbeitsaufträge erhalten Sie einen Überblick über das Thema.

Arbeitsaufträge

1. *a) Beschreiben Sie den* ***Begriff „Lacke“*** *allgemein.*
   b) Beschreiben Sie den Begriff „Lacke“ nach der **DIN EN 971-1**.
   c) Nennen Sie ***verschiedene Lackbegriffe***.
2. *Beschreiben Sie die beiden* ***Verfahren zur Lackherstellung***.
3. *Nennen Sie* ***wichtige Lackeigenschaften***.
4. *Nach welchen* ***Gesichtspunkten*** *werden Lacke bezeichnet (benannt).*
5. *a) Nennen Sie* ***Beispiele*** *von* ***ölhaltigen, ölfreien*** *und* ***Kunstharzlacken***.
   b) Nennen Sie die ***Trocknung*** *dieser Lackarten.*
   c) Nennen Sie wichtige ***Eigenschaften*** *der drei Lackarten.*
6. *Beschreiben Sie* ***Bautenlacke*** *und* ***Speziallacke***.
7. *Erklären Sie den* ***Begriff „Naturharzlacke“***.
8. *Beschreiben Sie die* ***Herstellung*** *von* ***Alkydharzlacken***.
9. *Beschreiben Sie die* ***Trocknung*** *von* ***Alkydharzlacken***.
10. *Beschreiben Sie die* ***Vor- und Nachteile*** *von Alkydharzlacken.*
11. *Nennen Sie* ***Alkydharzbeschichtungsstoffe*** *für verschiedene Einsatzgebiete.*
12. *a) Beschreiben Sie* ***High-Solid-Lacke***.
    b) Beschreiben Sie die ***Zusammensetzung*** *der High-Solid-Lacke.*
    c) Nennen Sie ***Vor- und Nachteile*** *von High-Solid-Lacken.*
13. *Benennen Sie* ***Schutzmaßnahmen*** *bei der Verarbeitung von Alkydharzlacken.*
14. *Nennen Sie die beiden Gruppen von* ***Speziallacken*** *nach ihrer Trocknung.*
15. *Beschreiben Sie* ***Reaktionslacke*** *(Ein-, Zwei- und Mehrkomponentenlacke).*
16. *Was sind* ***2K-Lacke*** *und aus welchen Bestandteilen sind sie zusammengesetzt?*
17. *Benennen Sie 2K-Lacke anhand ihres Bindemittels.*
18. *Benennen Sie* ***umweltfreundliche Lacksysteme***.

9.1 Entwicklung des Lackes

pigmentierter Lack

Als Lack bezeichnete man ursprünglich nur den gelösten Schellack. Später wurde dieser Begriff für alle gelösten Harze und andere Beschichtungsstoffe verwendet, die einen lackähnlichen, widerstandsfähigen Film bilden.

Lacke sind flüssige, pasten- oder pulverförmige Beschichtungsstoffe, die einen Anstrich mit besonderen Eigenschaften, z. B. Verlauf, Härte und Glanz, ergeben.

Lacke sind organische Filmbildner, die je nach Zusammensetzung glasklar sind oder eine gelbliche Eigenfarbe haben. Durch pigmentierte Lacke entstehen deckende Lackierungen. Lacke ergeben gut verlaufende, einwandfrei durchhärtende Beschichtungen. Sie haben die Aufgabe, die Oberflächen von mineralischen Untergründen, Holz, Metallen und Kunststoffen gegen Witterungseinflüsse und mechanische oder chemische Einflüsse zu schützen. In flüssigem Zustand sind Lacke leicht klebrig, dickflüssig und meist am Geruch erkennbar. Lacke gibt es in sehr vielen unterschiedlichen Zusammensetzungen.

Nach **DIN EN ISO 4618** ist der Begriff „**Lack**" oder „Anstrichstoff" sowohl für pigmentierte als auch für unpigmentierte Lacke gültig.

Der Name „Lack" kommt von dem altindischen Wort **Laksa** (= **hunderttausend**). Gemeint sind damit große Mengen Schildläuse, die Schellack abscheiden. Schellack ergibt, in Spiritus gelöst, einen transparenten Holzlack.

Lack:
ohne Pigmente (= **Klarlack**)

Ihren Ursprung hatte die Lackzubereitung und Lackiertechnik vor mehr als 3000 Jahren in China und Japan, wo bereits Möbel, Gebrauchsgegenstände und Schmuck mit dem milchigen Rindensaft des Lackbaumes überzogen wurden. Auch in Europa verwendete man bereits sehr früh verschiedene Naturstoffe als Überzugsmaterial, z. B. den Firnis, der eine Lösung von Fichtenholz in Leinöl ist. Außerdem ist seit etwa 1000 n. Chr. bereits eine Herstellungsweise für Lack bekannt, bei der Leinöl mit Bernsteinharz verkocht wird.

Verschiedene Lackbegriffe:
Flüssiglack
Pulverlack
Effektlack
Kunstharzlack
Wasserlack
lösemittelhaltige, lösemittelarme Lacke

Diese alten Verfahrensweisen zur Lackherstellung werden heute noch ähnlich angewendet.

9.2 Lackherstellung

Lackbindemittel werden heute meist **vollsynthetisch** hergestellt.

Die Lackindustrie bringt heute eine Vielzahl von verschiedenen Lacken verarbeitungsfertig auf den Markt.

Bei der **Vordispergierung** werden die Bestandteile (Bindemittellösungen und Pigmente) zuerst in Anmischmaschinen (Dissolver) grob zusammengemischt. Danach erfolgt die **Feindispergierung** mit Dispergiermaschinen (Perl- oder Kugelmühlen). Dabei werden Pigment-Aggregate und -Agglomerate (Pigmentzusammenlagerungen) zermahlen und die Pigmentteilchen vom Bindemittel umhüllt. Die entstehenden Mahlpasten werden anschließend mit weiteren Zusätzen (Additiven) zum Endprodukt Lack versetzt.

Primärkörner	Aggregate	Agglomerate
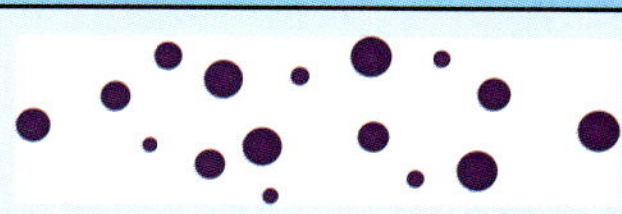		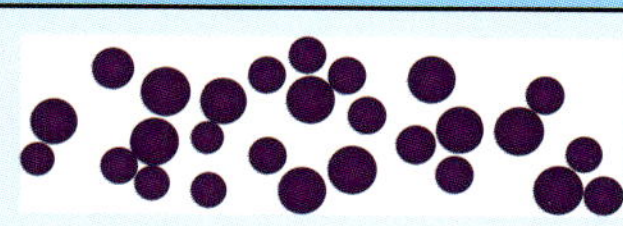
Primärteilchen bestehen aus einem einzigen Partikel, d. h., es sind Einzelpigmente.	mehrere an den Flächen zusammengewachsene Primärteilchen	mehrere aneinander gelagerte Primärteilchen und/oder Aggregate

Die Lackrohstoffe beziehen die Lackfabriken von der chemischen Industrie, die **Bindemittel, Lösemittel, Pigmente, Füllstoffe und Additive** großtechnisch herstellt. Diese einzelnen Bestandteile werden von der Lackindustrie nach eigenen Rezepten so zusammengemischt, dass Lacke mit immer gleichen Eigenschaften entstehen.

Das Schema zeigt den Verfahrensablauf bei der **Lackherstellung**:

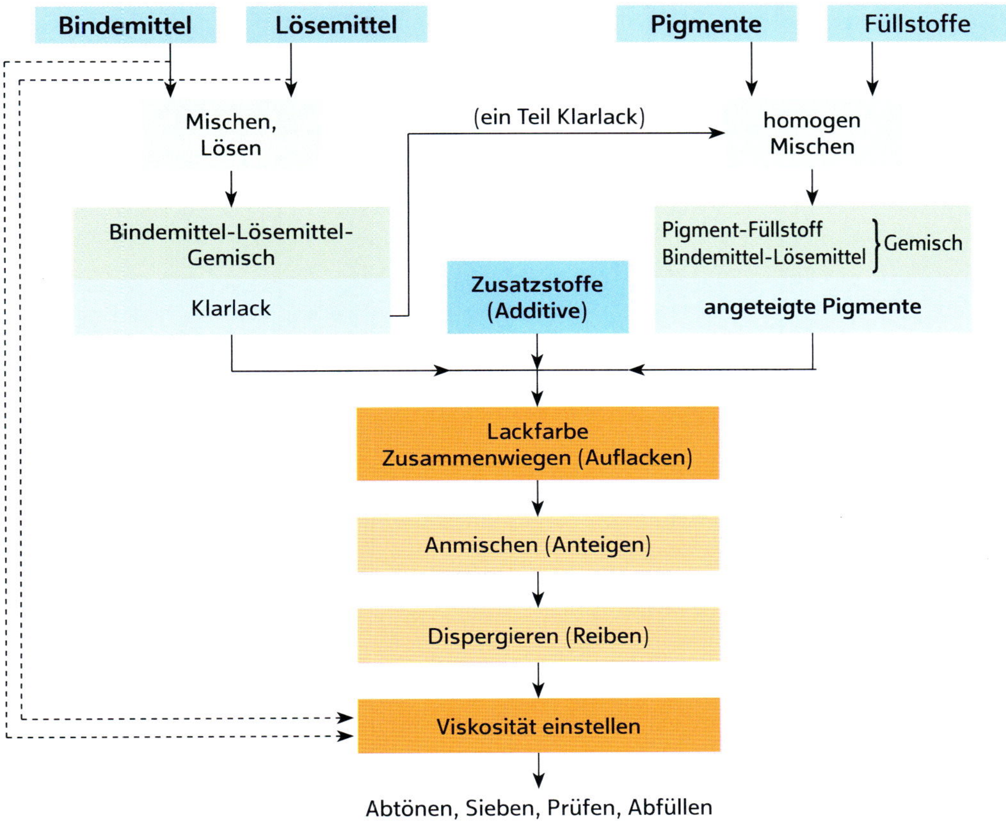

Dissolver für Grobdispergierung

Rührwerkskugelmühle für Feindispergierung

9.3 Benennung der Lacke

Lacke lassen sich nach verschiedenen Gesichtspunkten einteilen. Auf dieser Basis kann auch die Bezeichnung der Lacke erfolgen.

Bezeichnung nach ...	Beispiele
Bindemittel	Öllack, Alkydharzlack, Epoxidharzlack, Polyurethanharzlack, Polyesterharzlack, Acrylharzlack
Lösemittel	Nitrolack, Spirituslack, Wasserlack
Verarbeitungsmethoden	Spritzlack, Streichlack, Flutlack, Tauchlack, Sprühlack
Anstrichaufbau	Vorlack, Decklack, Überzugslack
Trocknung/Filmbildung	Reaktionslack, Einbrennlack, lufttrocknender Lack (Luftlack), säurehärtender Lack
Oberflächeneffekten/ Glanzgraden	Schleiflack, Reißlack, Metalleffektlack, Hammerschlaglack, Perlmutteffektlack, Hochglanzlack, Seidenglanzlack, Mattlack
Anstrichobjekten	Fensterlack, Heizkörperlack, Möbellack, Autolack, Bootslack, Parkettlack
Lackmerkmalen	Zweikomponentenlack, Klarlack, Buntlack, Pulverlack
Einsatzgebieten	Bautenlack, Industrielack, Heimwerkerlack, Malerlack, Speziallack

Lackeigenschaften:
- guter Verlauf
- große Härte
- Glanz
- Elastizität
- schnelle Trocknung
- einwandfreies Durchtrocknen
- chemische und mechanische Beständigkeit

Farbspritzarbeiten mit Druckluft, Heizkörper spritzen

Alkydharzlack
ist der am meisten verwendete Bautenlack im Malhandwerk

Alkydharzlacke
werden in der Malerpraxis oft (ungenau) auch als „**Kunstharzlacke**“ bezeichnet.

Bautenlacke sind Malerlacke
z. B. Alkydharzlacke, Dispersionslacke, High-Solid-Lacke.

Speziallacke:
z. B. Epoxidharzlack, Polyurethanharzlack, Chlorkautschuklack

Als **Fahrzeuglacke** werden heute meistens **2K-Acrylharzlacke** eingesetzt.

Öllacke sind heute **bedeutungslos**.

Alkydharzlacke waren die ersten **Kunstharzlacke**, doch heute finden verschiedene Kunstharze als Lackbindemittel Verwendung. Deshalb sollten **Fachleute** Alkydharzlacke nicht als Kunstharzlacke bezeichnen.

Die Benennung der Lacke nach dem Bindemittel gibt zugleich eine Reihe Informationen über Qualität, Eigenschaften und Einsatzgebiete des Produktes.

Rohstoff (Bindemittel)	**ölhaltige Lacke**	**ölfreie Lacke**	**Kunstharz- und Kunststofflacke**
Beispiele	Öllack Naturharzlack Alkydharzlack	Spirituslack Nitrozelluloselack Chlorkautschuklack Asphalt- und Bitumenlack	Acrylharzlack Epoxidharzlack Polyesterharzlack Polyurethanharzlack PVC-Lack Melaminharzlack
Trocknung	**oxidativ**	**physikalisch**	**chemisch**
weitere Eigenschaften	gute Haftung gut verarbeitbar sehr elastisch trocknen langsam wetterbeständig vergilben irreversibel	trocknen schnell schlecht verarbeitbar Spiritus- und Nitrolack = spröde und wenig wetterfest Chlorkautschuklack = elastisch, wetter- und wasserfest	gute Haftung gute Elastizität Filme besitzen Härte und Widerstandsfähigkeit gut verarbeitbar chemikalienbeständig trocknen schnell

Lacke lassen sich nach dem Einsatz und der Verarbeitung in folgende drei Gruppen einteilen:

Lackarten	**Beschreibung**	**Verwendung**
Bautenlacke (Malerlacke)	Sie werden von den Malerinnen und Malern für Innen- und Außenbeschichtungen am Bau eingesetzt.	für Türen, Fenster, Fensterläden, Heizkörper, Holzwerk, Dachrinnen, Geländer, Treppen, Fußböden aus Holz und Beton u. a.
Speziallacke	für Schutzbeschichtungen und farbige Gestaltung von Objekten, die durch Wasser, aggressive Temperaturen und mechanische Belastungen strapaziert werden	für Brückenbeschichtungen, Fußbodenbeschichtungen, Einbrennlacke für Maschinen und Geräte, Schwimmbäder, Unterwasseranstriche, Bootslackierungen u. a.
Fahrzeuglacke (Autolacke)	für handwerkliche Fahrzeuglackierungen in Kfz-Betrieben und Lackierwerkstätten	für Reparaturlackierungen und Sonderlackierungen an Autos, Lastkraftwagen, Bussen, Straßenbahnen, Motorrädern u. a.

Bautenlacke sind Anstrichstoffe, die überwiegend zur Beschichtung von Holz und Metall, z. B. für Türen, Fenster, Heizkörper und Fußböden, eingesetzt werden. Ihre Bindemittel sind meistens auf Alkydharz- (lösemittelhaltig) oder Acryldispersionsbasis (wasserverdünnbar) und sie werden von Malern und Malerinnen am Bau verwendet.

9.4 Die wichtigsten Lackarten

Öllacke enthalten als Bindemittel eingedickte, trocknende Öle, z. B. Lein- und Standöl (siehe ölige Bindemittel). Reine Öllacke spielen heute keine Rolle mehr, sie sind von den besseren, ölhaltigen Alkydharzlacken verdrängt worden.

Naturharzlacke bestehen aus natürlichen Rohstoffen (Harze und Öle). Naturharzlacke können als Lösemittel Terpentinöl enthalten, das als gesundheitsgefährdend einzustufen ist. Naturharzlacke werden auch als **Biolacke** bezeichnet, sind teuer und erreichen nicht die Qualität und Haltbarkeit von Kunstharzlacken.

9.5 Alkydharzlack

Alkydharzlack wird auch als **Kunstharzlack** bezeichnet, weil das Bindemittel Alkydharz künstlich hergestellt wird. Er ist der wichtigste Bautenlack. Alkydharzlacke sind also ölhaltige Kunstharzlacke. Durch Kombination mit anderen Harzen und Verbindung mit Ölen entstehen die verschiedenen Alkydharzlackqualitäten, z. B. Klarlacke, pigmentierte Lacke, Grund- und Vorlacke oder Heizkörperlacke. Alkydharzlacke haben viele gute Eigenschaften, durch ihre hohe Elastizität und Oberflächenhärte bilden sie stoß- und schlagfeste Lackfilme.

Alkydharzlacke sind hochwertige Bautenlacke mit hervorragenden Lackeigenschaften, wie Glanzhaltung, Härte, Verlauf und Wetterbeständigkeit.

Der Name „**Alkyd**" setzt sich aus den beiden englischen Bezeichnungen für Alkohol und Säure zusammen.

alcohol + acid = alcid

Herstellung der Alkydharzlacke

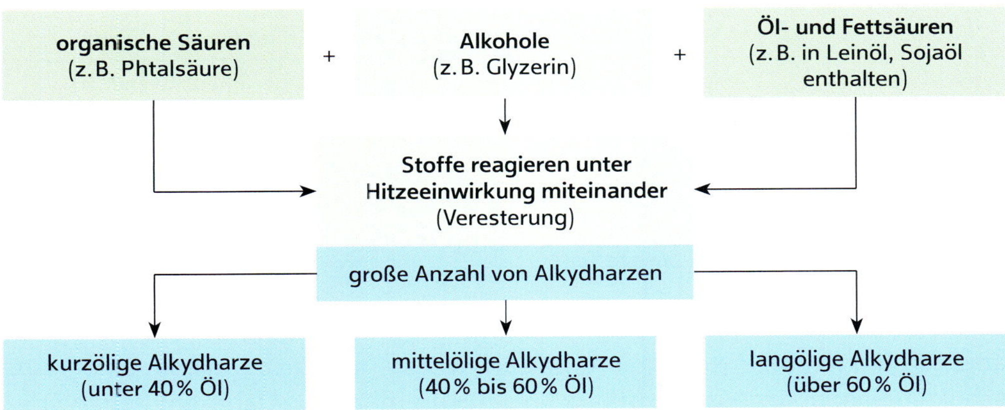

Zusammensetzung von Alkydharzlack:

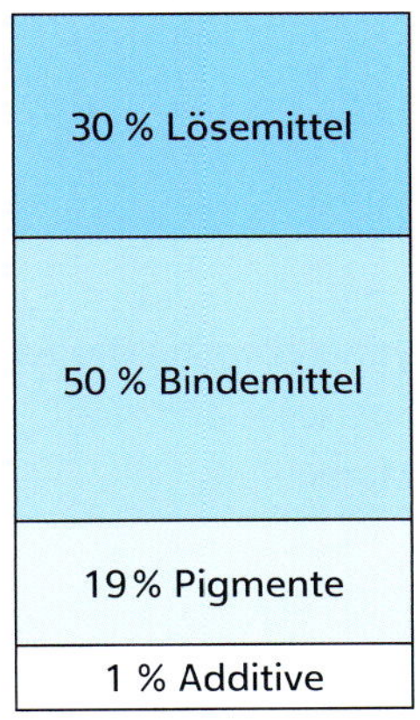

Alkydharze entstehen durch die Vermischung von organischen Säuren, mehrwertigen Alkoholen und Fettsäuren (Öle). Es handelt sich hierbei um eine chemische Reaktion (Veresterung), die unter Hitzeeinwirkung abläuft. Dabei entstehen, durch Veränderung der drei Bestandteile, Alkydharze mit den gewünschten Eigenschaften. Je nach der Ölbeimischung ergeben sich kurz-, mittel- und langölige Alkydharze. Nach dem Auflösen von Alkydharzen in geeigneten Lösemitteln entstehen dann die Alkydharzlacke und durch Zugabe von Pigmenten weiß und bunt pigmentierte Alkydharzlacke.

Alkydharzlacke lassen sich nach ihrem Ölanteil in folgende Gruppen einteilen:

Alkydharzlackarten	Ölanteil	Verwendung
kurzölige Alkydharzlacke	unter 40 %	Einbrennlacke und Lackfarben für die Industrie (Fahrzeuglacke)
mittelölige Alkydharzlacke	40 % bis 60 %	luft- und ofentrocknende Industrielacke
langölige Alkydharzlacke	über 60 %	lufttrocknende Malerlacke (Bautenlacke) für innen und außen, z. B. Heizkörper- und Fensterlacke

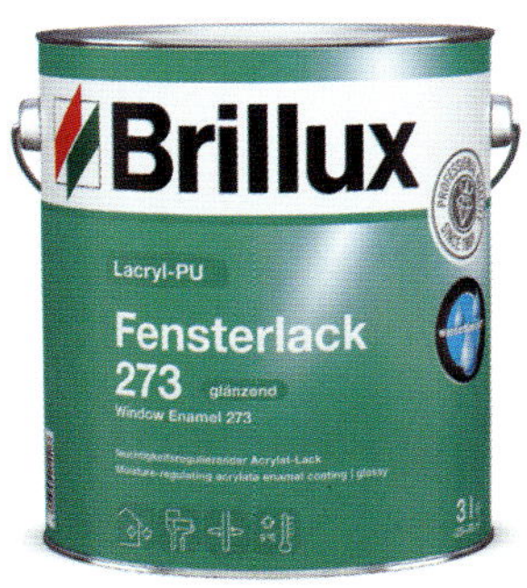

Verdünnen der Alkydharzlacke

Langölige Alkydharzlacke im Malerbereich lassen sich meistens mit Terpentinersatz (Testbezin) verdünnen, ofentrocknende Alkydharzlacke dagegen mit speziellen Lösemittelgemischen, z. B. Kunstharz- oder Universalverdünnung. Grundsätzlich sollten aber immer die vom Lackhersteller empfohlenen Verdünnungsmittel verwendet werden.

Als Verdünnungsmittel, wenn möglich, **Terpentinersatz verwenden!**

Trocknung der Alkydharzlacke

Alkydharzlacke trocknen physikalisch und chemisch (oxidativ).

Alkydharzlacke erhärten **physikalisch** durch Verdunsten der Lösemittel und **chemisch** durch Sauerstoffaufnahme aus der Luft (oxidativ). Diese Reaktion von Sauerstoff mit den öligen Bestandteilen des Alkydharzlackes ist eine Oxidation (= **oxidative Trocknung**). Alkydharzlacke trocknen also physikalisch und chemisch; man spricht dabei von einer **„gemischten Trocknung“**.

Trockenstoffe sind Additive.

Alkydharzlacke würden ohne Beschleuniger nur sehr langsam trocknen. Deshalb setzt man bei der Herstellung **Sikkative als Trockenstoffe** zu. Heutige Alkydharzlacke sind bereits nach ca. zwei Stunden staubtrocken und härten über Nacht durch.

Die Verseifung durch Laugen wird beim **Ablaugen von alten Alkydharz-Beschichtungen** genutzt.

Eigenschaften	gutes Haftvermögen, sehr gute Deckkraft, sehr guter Verlauf, problemlos zu verarbeiten, gut wetter- und glanzbeständig, widerstandsfähig gegen mechanische und chemische Einwirkungen, überstreichbar (irreversibel), gute Elastizität, Streichlacke, z. T. thixotrop eingestellt
Vorteile	schnelltrocknend (nach ca. 2 Std. staubtrocken und nach ca. 12 Std. durchgehärtet), gut verarbeitbar (streich-, roll-, spritz- und tauchfähig), viele Alkydharzlacktypen, Glanzstufen (matt bis hochglänzend)
Nachteile	lösemittelverdünnbar (Geruchsbelästigung bei Innenanwendung), neigen wegen ihres Ölanteils zum Vergilben, verseifen auf alkalischen Untergründen und in Verbindung mit Laugen, verspröden bei Alterung
Verwendung	für Grundanstrichstoffe, Vorlacke, Decklacke, auf Holz und Metallen (nicht auf Zink und verzinktem Stahl), neutralen Putzen und teilweise auf Kunststoffen

Alkydharzkombinationen für spezielle Lacke und Lackfarben

Um bestimmte Lackeigenschaften zu verbessern, werden Alkydharze häufig mit anderen Bindemitteln kombiniert, beispielsweise mit Nitrozellulose, Chlorkautschuk, Melaminharz, Harnstoffharz und Polyurethanharz. Dabei entstehen Speziallacke wie Parkettsiegellack oder Heizkörperlackfarben.

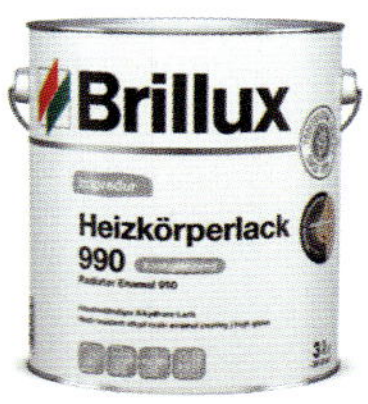

Alkydharzbeschichtungsstoffe gibt es für viele verschiedene Einsatzgebiete:

- **Alkydharzlacke** (farblose Klarlacke für innen und außen)
- **Alkydharzlacke** (Weiß- und Buntlacke)
- **Fensterlacke** (Ventilationsgrund und Ventillacke)
- **Heizkörperlacke** (hoch hitzebeständig, auch als Flutlack)
- **Rostschutzdecklack** (Alkydharzeisenglimmerlack)
- **Rostschutzgrund** (Korrosionsschutz für Eisen und Stahl)
- **Grund- und Vorlacke** (als Haft-, Füll- und Schleifgrund)
- **Haftprimer** (Universalgrund mit großem Haftvermögen)
- **Holzschutzgrund** (Imprägnier- und Bläueschutzgrund für außen)
- **Holzschutzlasuren** (Offenporig- und Dickschichtlasuren)

Darüber hinaus gibt es noch eine Reihe von **Spezialbeschichtungsstoffen auf Alkydharzbasis**, z. B. Kunstschmiedelack, Fußbodenlack, Bootslack, Siegellack, Hammerschlageffektlack, Kunstharzeffektlacke (Kupfer-, Silber- und Goldlack), Universalspachtel- und Lackspachtelmasse.

Anstrichsysteme: Nur Anstrichstoffe von einem Hersteller kombinieren!

Von der Farben- und Lackindustrie werden komplette **Anstrichsysteme** angeboten. Das sind von der Grundierung bis zum Decklack aufeinander abgestimmte Anstrichstoffe. Die Hersteller übernehmen nur dann eine Garantie für ihre Produkte, wenn sie nach ihren Angaben (im System) verwendet werden. **Alkydharzlacke**, z. B. Fensterlacke, gibt es auch als **Eintopfsystem**.

Hier werden Grund-, Zwischen- und Schlussanstrich mit einem Anstrichstoff ausgeführt.

Alkydharzbeschichtungsstoffe sind teilweise **thixotrop** (tropfgehemmt) eingestellt. Solche Anstrichstoffe lassen sich leicht und auch über Kopf verarbeiten. Sie ergeben in einem Arbeitsgang hohe Schichtdicken und laufen an senkrechten Flächen kaum ab. Wenn bei zu dickem Materialauftrag an stehenden Flächen der Lack läuft, spricht man von **Läuferbildung**.

High-Solid-Lacke (HS-Lacke) und Farben

High-Solid-Lacke und Farben sind lösemittelarme, umweltfreundliche, meistens Alkydharzlacke. Sie haben einen hohen Festkörperanteil von mehr als 60 % (Bindemittel und Pigmente). High-Solids sind wegen ihrem geringen Lösemittelanteil sehr umweltfreundlich.

Durch den Trend zu umweltschonenden Produkten versucht die Lackindustrie den Lösemittelgehalt dieser Anstrichstoffe zu verringern. Dazu wurden lösemittelarme Lacke und Farben, die sogenannte **High-Solid-Technologie** entwickelt. Oft sind diese Lacke auf Öl- und Kunstharzbasis, z. B. Alkyd-, Epoxid- und Polyurethanharz, als 1K- und 2K-Systeme. **High-Solids** sind stark lösemittelreduziert und haben einen **Lösemittelgehalt** bis unter **15 %**, demgegenüber haben herkömmliche Lacke 30 % bis 50 % Lösemittel.

Vorteile	lösemittelarm und umweltschonend (niedriger VOC-Gehalt), geringe Verdunstung, geringe Geruchsbelastung, kurze Trocknungszeit, hohe Deckkraft und Ergiebigkeit, bestes Füllvermögen, guter Verlauf, gute Verarbeitung, geringerer Lackverbrauch, gute Lackoberflächen
Nachteile	spezielle, trainingsintensive Verarbeitung, größere Auftragsmengen, geringere Standfestigkeit, je nach Lösemittelgehalt nur bedingt spritzbar, langsamere Durchtrocknung, erhöhte Vergilbungsneigung, Runzelbildung bei dickeren Lackschichten

Verarbeitung der Alkydharzlacke

Die Verarbeitung von Alkydharzlacken ist mit den üblichen Auftrageverfahren (Applikationsverfahren) durchführbar. Dabei bestimmt die Art des Beschichtungsuntergrundes und ihre Größe die Verarbeitungstechnik.

Werkzeuge und Geräte		Anstrichobjekte
Borstenpinsel (reine Chinaborsten)	Ringpinsel, Flachpinsel, Heizkörperpinsel	Fenster, Türen, Treppen, Geländer, Holzwerk innen und außen, Heizkörper, Heizrohre, Dachrinnen, Regenfallrohre
Lackroller	Mohairroller, Moltoprenroller, Heizkörperroller	Türen und Türrahmen, Heizkörper, Werbeschilder, Sockelflächen
Spritzgeräte	Niederdruckgeräte, Hochdruckgeräte, Airlessspritzgeräte	Türen, Türrahmen, Heizkörper, Möbel, Ausbauflächen, Sockel und Wände, schmiedeeiserne Tore und Geländer
Tauch- und Flutanlagen	Tauchbecken, Flutpumpe	Fenster, Klappläden, Kleinteile, Heizkörper

Vor Verarbeitungsbeginn muss der Lack im Gebinde gut durchgerührt werden. In der Regel sind die Lacke streich- und rollfertig eingestellt. Bei Bedarf kann auch hier bis zu 5% Verdünnungsmittel zugegeben werden. Zum Spritzen muss der Lack nach Herstellervorschrift zu 10% bis 12% verdünnt werden. Dabei kann die Viskosität mit DIN-Durchlaufbecher und Stoppuhr genau gemessen werden. Beim Hochdruckspritzen sollte die Viskosität des Lackes ca. 20 Sekunden betragen.

Schutzmaßnahmen

Alkydharzlacke enthalten feuergefährliche und gesundheitsschädliche Lösemittel. Deshalb muss bei der Verarbeitung für ausreichende Belüftung gesorgt werden. Ist dies nicht möglich, sind Atemschutzmasken zu tragen!
Beim Spritzen sind eine Absauganlage und Atemschutz notwendig!

Läufer entstehen durch zu dicken Materialauftrag an senkrechten Flächen.

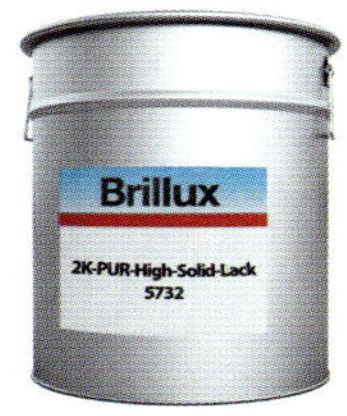

Zusammensetzung:

14 % Lösemittel
34 % Pigmente
50 % Bindemittel
2 % Additive

Auftrageverfahren:
Streichen, Rollen, Spritzen, Tauchen und Fluten

Für Alkydharzlacke eignen sich am besten **Schweineborstenpinsel** aus reinen Chinaborsten.

Alkydharzlacke gibt es auch als Sprühlack.

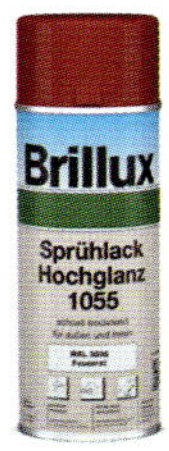

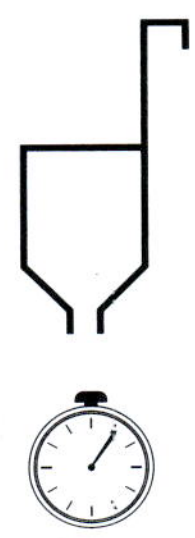

Gefahrensymbole

Schweineborstenpinsel sollten nicht in Wasser gestellt werden, weil natürliche Borsten aufquellen.

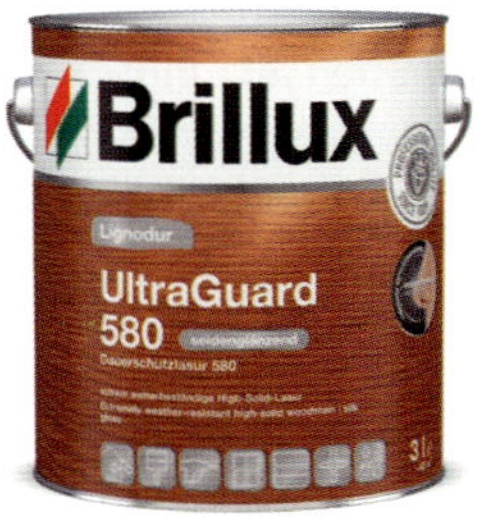

Alkydharzlacke können nahezu unbegrenzt lange gelagert werden. Angebrochene Gebinde müssen gut verschlossen werden, weil sich durch die Verbindung mit Sauerstoff eine Haut bildet.

Pinsel und Rollen sollten bei größeren Arbeitspausen in einem Gefäß mit mildem Lösemittel aufbewahrt werden. Sie dürfen nur dann mit Lösemittel ausgewaschen werden, wenn es technisch erforderlich ist, z. B. bei Farbton- und Materialwechsel. **Spritzgeräte** müssen dagegen spätestens am Ende eines Arbeitstages gereinigt werden. **Werkzeuge und Geräte** sind nach Gebrauch mit **Terpentinersatz** gründlich zu reinigen. Hier sollten keine gesundheitsschädlichen Lösemittel wie Kunstharz- oder Universalverdünnung verwendet werden.

Richtig angewendet gefährden Alkydharzlacke die Gesundheit nicht. Deshalb müssen die Verarbeitungshinweise gelesen und befolgt werden!

Solche **Verarbeitungshinweise** stehen jeweils auf den Behältern. Genauere Informationen findet man auf den Technischen Merkblättern und Produktinformationen der Lackhersteller. Siehe hierzu auch das Technische Merkblatt 6, S. 225.

Acrylbautenlacke (Dispersionslacke) sind wasserverdünnbar und eine umweltschonende Alternative zu den lösemittelverdünnbaren Lacken und Lackfarben. Sie werden zunehmend für die Lackierung von Innen- und Außenflächen eingesetzt. Acryllacke wurden bereits im Kapitel „Dispersionsfarben“ auf Seite 58 beschrieben.

Aufgaben

1. *Erklären Sie den nach DIN EN ISO 4618 genormten Begriff „Lack“.*
2. *Erklären Sie den Unterschied zwischen den Begriffen „Lack“ und „Klarlack“.*
3. *Welche Aufgaben haben die Lacke?*
4. *Nach welchen Gesichtspunkten können Lacke benannt werden?*
5. *Nennen Sie wichtige Lackeigenschaften.*
6. *Was bedeutet das Wort „Lack“ und wo hat die Lacktechnik ihren Ursprung?*
7. *Aus welchen Bestandteilen bestehen Lacke?*
8. *Warum ist die Einteilung der Lacke nach dem Bindemittel sinnvoll?*
9. *Wie trocknen ölhaltige, ölfreie und Kunstharz- bzw. Kunststfflacke?*
10. *Beschreiben Sie die Verwendung der Bautenlacke.*
11. *Was sind Speziallacke?*
12. *Wie heißt das Bindemittel der Alkydharzlacke?*
13. *Nennen Sie die drei Alkydharzlackarten und ihren Ölgehalt.*
14. *Mit welchem Verdünnungsmittel werden langölige Alkydharzlacke verdünnt?*
15. *Beschreiben Sie die Trocknung der Alkydharzlacke.*
16. *Nennen Sie wichtige Vorteile der Alkydharzlacke.*
17. *Nennen Sie Nachteile der Alkydharzlacke.*
18. *Wofür verwendet man Alkydharzlacke?*
19. *Nennen Sie fünf verschiedene Alkydharzbeschichtungsstoffe.*

20. *Beschreiben Sie den Unterschied zwischen High-Solid-Lacken und herkömmlichen Alkydharzlacken.*
21. *Nennen Sie die wichtigsten Vorteile der High-Solid-Lacke.*
22. *Mit welchem Auftrageverfahren lassen sich Alkydharzlacke verarbeiten?*
23. *Welche Streichwerkzeuge eignen sich für den Auftrag von Alkydharzlacken?*
24. *Nennen Sie zwei wichtige Schutzmaßnahmen bei der Verarbeitung von Alkydharzlacken.*
25. *Was ist beim Reinigen der Werkzeuge und Geräte nach der Verarbeitung von Alkydharzlacken zu beachten?*

9.6 Speziallacke

Zu diesen Werkstoffen zählen **Lacke für** besonders **widerstandsfähige Beschichtungen** auf extrem beanspruchten Flächen.
Maler/-innen und Lackierer/-innen werden heute mit speziellen **Kundenwünschen** und **Herausforderungen** konfrontiert, z. B. dem Beschichten von Badewannen und Fliesen.
Maler/-innen müssen also **vielfältige Anforderungen** beachten wie z. B. Haftung, Rostschutz, Trocknung, Holzinhaltstoffe, Untergründe, Witterungsbeständigkeit, Hygiene, Beständigkeit gegen Chemikalien und mechanische Belastung, Oberflächenanforderungen wie z. B. Glanzgrad, Tastsinn und Struktur, für die Gesundheit und die Umwelt bedeutsame Eigenschaften und Raumluft.

Speziallacke sind, wie der Name sagt, Lacke mit besonderen Eigenschaften, Effekten und Einsatzgebieten. Sie werden immer dort benötigt, wo die Eigenschaften der normalen Lacke nicht ausreichen und hohe Anforderungen an eine Beschichtung gestellt werden.

Speziallack-Arten:
- Badewannenlacke
- Fliesenlacke
- Dickschichtlack
- Metalliclacke
- Goldbronze
- Perleffektlack
- Hammerschlaglack
- Whiteboard-Lack
- Schultafellack u. a.

Zur Herstellung von Speziallacken sind hochwertige Bindemittel, Pigmente und Füllstoffe erforderlich. Sie geben dem Beschichtungsstoff die für den speziellen Einsatz benötigten Eigenschaften.

Speziallacke lassen sich auch nach ihrer Trocknung in zwei Gruppen unterteilen:

- **Physikalisch trocknende Lacke** (ölfreie, abgewandelte Naturprodukte, trocknen durch Verdunsten des Lösemittels)
- **Chemisch trocknende Lacke** (Kunstharz- und Kunststofflacke, trocknen durch chemische Reaktion der Bestandteile)

9.6.1 Physikalisch trocknende Lacke

Zu den physikalisch trocknenden Lacken gehören **ölfreie Lacke** sowie **Kunstharz- und Kunststofflacke.**

Die folgende Tabelle enthält eine **Übersicht** ölfreier Lacke aus **abgewandelten Naturprodukten**:

Lackart	Eigenschaften	Verwendung
Nitrozelluloselacke Bindemittel aus Zellulose und Salpetersäure = Zellulosenitrat (mit Alkydharz kombinierbar)	schnell trocknend, bis 75 % Lösemittelanteil, feuergefährlich, hart und lichtbeständig, dünnschichtig, nur im Spritzverfahren verwendbar, Verdünnungsmittel: Nitroverdünnung	**für Holz und Metall,** bevorzugt im Innenraum (wenig im Malerbereich) **Zaponlacke:** besonders dünnflüssige Nitrolacke, Überzüge auf Metallen (Anlaufschutz) **Nitroeinlassgrund** (Schnellschliffgrund) schnell trocknendes Grundiermittel auf Holz

Die **ölfreien Lacke** sind alle reversibel (umkehrbar), d. h., sie sind nicht überstreichbar, weil sie dabei angelöst werden.

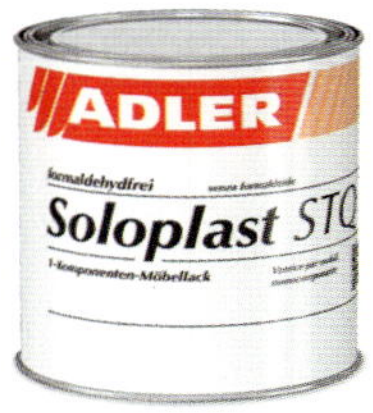

Nitrozelluloselack

Chlorkautschuklacke enthalten sehr gesundheits schädliche Lösemittel.

Asphalt- und Bitumenlacke werden auch als Schwarzlacke bezeichnet.

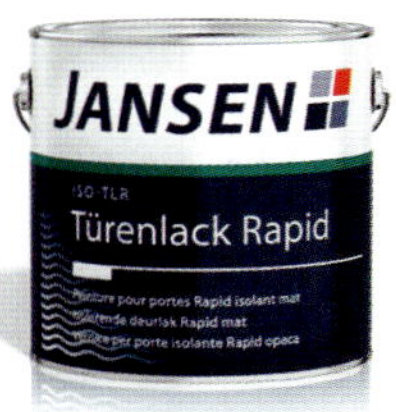

Speziallacke sollten immer nach den Angaben der Hersteller verarbeitet werden!

Acrylharzlack

Unterschied zwischen Acrylharzlacken und Dispersionslacken

Lackart	Eigenschaften	Verwendung
Nitrokombinationslacke (mit Alkydharz)	wie Nitrolacke, jedoch höherer Festkörpergehalt, glänzender, verbesserte Wetterbeständigkeit, Alkydharzanteil trocknet oxidativ	für Holz und Kleinmöbel, für Kleingeräte aus Metall, überwiegend gespritzte Lackierungen
Chlorkautschuklacke Bindemittel aus natürlichem oder künstlichem Kautschuk und Chlor mit Zugabe von Weichmachern	schnell trocknend, gute Säuren-, Laugen-, Wetter- und sehr gute Wasserbeständigkeit, unbeständig gegen die meisten Lösemittel sowie gegen tierische Fette und Öle, Spezialverdünnungsmittel, unbeständig gegen Hitze (> 90 °C), hoher Weichmacheranteil (35 %)	wasserfeste Anstriche auf mineralischen Untergründen, Holz und Metallen, z. B. für Freibäder, Duschräume, Küchen, Schiffsanstriche, chemische Fabriken, Straßenmarkierungen und Stahlkonstruktionen (in 3 bis 4 Schichten auftragen)
Zyklokautschuklacke (Kombination mit Alkydharz)	wie Chlorkautschuklacke, jedoch verbesserte Hitzebeständigkeit (> 200 °C) Verdünnungsmittel: Testbenzin	chemikalienbeständige Anstriche, z. B. Behälter, Rohrleitungen, auch als Korrosions- und Brandschutzfarben
Asphalt- und Bitumenlacke Abfallprodukt bei der Benzinherstellung, mit Testbenzin gelöst und mit Natur- oder Kunstharzen verkocht	hohe Wetterbeständigkeit, zähelastisch, chemikalienbeständig, nicht beständig gegen Öle und Benzin, Verdünnung: Testbenzin, streich-, roll- und spritzbar	Isolierbeschichtung auf Beton, Stahl und Holz, z. B. Schutzanstriche unter der Erde und unter Wasser, Unterbodenschutz von Kraftfahrzeugen, Abdecklack für Ätzarbeiten (Schmucktechnik)

9.6.2 Chemisch trocknende Lacke

Die Tabelle gibt eine **Übersicht** der Kunstharz- und Kunststofflacke (Polymerisatharzlacke):

Lackart	Eigenschaften	Verwendung
Polyvinylchloridlacke (PVC-Lacke) **Polyvinylacetatlacke** (PVAC-Lacke) sind PVC-Mischpolymerisate (Kunststofflacke)	schnell trocknend, sehr elastisch und abriebfest, widerstandsfähig gegen Hitze, Chemikalien und Wasser, feuergefährlich, gesundheitsschädlich (vor allem die Dämpfe), Spezialverdünnungsmittel, Auftrag im Spritzverfahren, PVAC-Lacke sind wasserquellbar	besonders beanspruchte Anstriche auf mineralischen Untergründen, Eisen, Zink und Kunststoffen, z. B. als Korrosionsschutz- und Tankbeschichtungen
Acrylharzlacke Acrylharz in organischen Lösemitteln gelöst zwei Typen: luft- und wärmetrocknend	schnelle Trocknung, gute Haftfestigkeit, reversibel, alkalibeständig (unverseifbar), sperrt Nikotin- und Wasserflecken ab, thermoplastisch, weniger widerstandsfähig gegen mechanische Belastungen, Spezialverdünnungsmittel	Deckanstriche auf mineralischen Untergründen, Altanstrichen, Holz, verzinktem Stahl, Aluminium und Kunststoffen
Siliconharzlacke Siliconharz in organischen Lösemitteln gelöst	hoch wärmebeständig (werden bei 200 °C eingebrannt), trocknen physikalisch, bilden eine anorganische Silikatschicht, Spezialverdünner	für Korrosionsschutzanstriche auf Stahl und verzinktem Stahl, für angewitterte NE-Metalle

Bei diesen **lösemittelhaltigen Acrylharzlacken** ist das Bindemittel (Acrylharz) in organischen Lösemitteln wie Estern, Ketonen, Testbenzin und Aromaten gelöst. Dagegen ist bei den **wasserverdünnbaren Acryllacken** (Dispersionslacken) das Acrylharz pulverförmig als Suspension in einer wässrigen Lösung fein verteilt (= Dispersion).

Chemisch trocknende Kunstharz- und Kunststofflacke nennt man **Reaktionslacke**, weil sie durch **chemische Reaktion** unter Abgabe ihrer Lösemittel trocknen. Durch das Zusammenmischen von zwei Bestandteilen (Komponenten) wird eine Reaktion ausgelöst. Damit beginnt die Erhärtung und Filmbildung der **Zweikomponentenlacke**. Sie gehören heute zu den strapazierfähigsten und beständigsten Anstrichstoffen.

Reaktionslacke:
Ein-, Zwei- und Mehrkomponentenlacke

Vor der **Verarbeitung** müssen **Stammlack** und **Härter** nach dem vom Hersteller angegebenen Verhältnis vermischt werden. Anschließend werden **2K-Lacke** noch mit **Spezialverdünner** verarbeitungsfertig eingestellt. Die verschiedenen Zweikomponentenlacke haben unterschiedliche **Verarbeitungszeiten**, die von weniger als einer Stunde bis zu mehreren Tagen reichen. Es ist also immer nur so viel 2K-Lack zusammenzumischen, wie in dieser Zeit verarbeitet werden kann. Das übrige Material erhärtet im Mischgefäß und wird somit unbrauchbar.

Verarbeitungszeit
(= **Topfzeit**) englisch ***potlife***

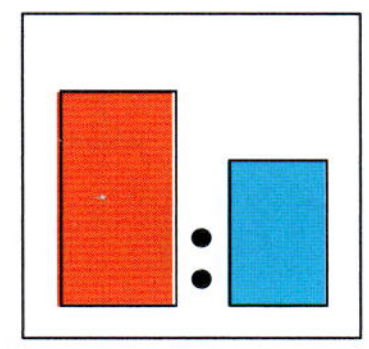

Mischungsverhältnis – 2 Komponenten

2K-Lacke werden von vielen Herstellern und für viele Einsatzgebiete angeboten. Das Bindemittel (Basis) kann Alkydharz, Polyurethan, Epoxidharz oder eine Kombination sein. 2K-Lacke gibt es sowohl auf Lösemittelbasis als auch auf Wasserbasis.

2K-Lacke sind gebrauchsfertig eingestellt und müssen nicht verdünnt werden.

Es gibt jedoch auch **Einkomponentenlacke**. Bei diesen sind die Bestandteile bereits vorgemischt, haben sich aber noch nicht chemisch verbunden. Die chemische Reaktion erfolgt erst nach dem Beschichten durch Umwelteinflüsse wie Luftfeuchtigkeit, Wärme oder UV-Strahlung.

Einkomponentenlacke (1K-Lacke)	Sind **verarbeitungsfertige Lacke**, die direkt aus dem Gebinde auf den Untergrund aufgetragen werden.
Zweikomponentenlacke (2K-Lacke)	Sie werden von der Lackindustrie als **Stammlack und Härter** getrennt voneinander geliefert. Die beiden Komponenten müssen Maler/-innen und Lackierer/-innen vor **Gebrauch** erst **miteinander vermischen.**

Polyurethan-, **Epoxid-** und **Polyesterharzlacke** sind die wichtigsten Zweikomponentenspeziallacke für Maler/-innen und Lackierer/-innen. Ihre Trocknung erfolgt durch die drei Reaktionsarten **Polykondensation**, **Polyaddition** und **Polymerisation**.

Die folgende Tabelle enthält eine **Übersicht** über Zwei- und Einkomponenten-Reaktionslacke:

Lackart	Eigenschaften	Verwendung
Polyurethanharzlacke PUR-Lacke gibt es als Ein- und Zweikomponentenlacke (Polyadditionslacke).	**Einkomponentenlack:** gebrauchsfertig, die Komponenten sind bereits im Gebinde miteinander vermischt, gute Haftung, sehr abriebfest erhärten durch chemische Reaktion und Luftfeuchtigkeit	für wasserbeständige Lackierungen (Bootslacke), Sitzmöbellacke, Lacke für Türen, Treppen und Parkettböden

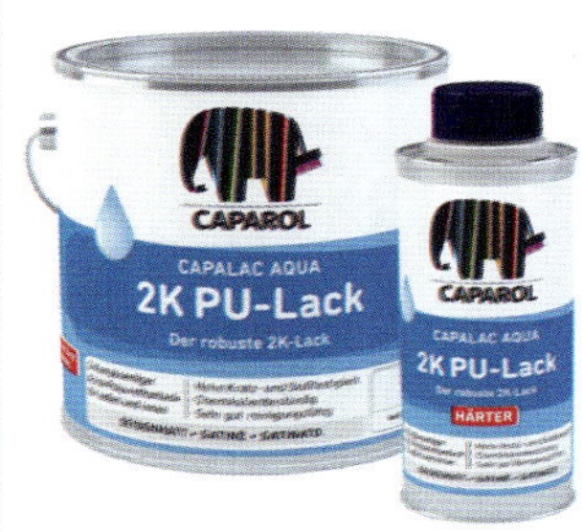

2K-Lacke auf Wasserbasis sind lösemittelarm und umweltschonend

Lackart	Eigenschaften	Verwendung
1. Komponente = **Stammlack** (Polyester) 2. Komponente = **Härter** (Isocyanatharz) (2K-PUR-Lacke wurden früher als DD-Lacke bezeichnet.)	**Zweikomponentenlack:** Lacke mit großer Oberflächenhärte, elastisch, wetter- und chemikalienbeständig, hitzebeständig bis 130 °C nicht bei Feuchtigkeit verarbeiten, weil der Härter mit Wasser reagiert, Spezialverdünner, Topfzeit ein Tag Die **Dämpfe** sind sehr **gesundheitsschädlich**, deshalb gut lüften oder Atemschutz tragen!	für stark beanspruchte Innen- und Außenbeschichtungen auf Holz, Metall, Kunststoffen und mineralischen Untergründen 
Epoxidharzlacke (Polyadditionslacke) EP-Lacke sind Zweikomponentenlacke: 1. Komponente = **Stammlack** (Epoxidharz) 2. Komponente = **Härter** (Amine) Es gibt zwei Arten: **lösemittel- und wasserverdünnbar**	**lösemittelverdünnbarer Lack:** schnelle Trocknung, gute Haftfestigkeit, große Härte und Elastizität, widerstandsfähig gegen mechanische und chemische Einwirkungen sowie hohe Temperaturbelastungen, Spezialverdünner Die Dämpfe von Verdünner und Härter sind sehr gesundheitsschädlich.	für widerstandsfähige Beschichtungen auf Metall und Beton, z. B. als Korrosionsschutz-, Tankinnen-, Schwimmbecken- und Bodenbeschichtungen für Grund- und Deckbeschichtungsstoffe (Topfzeit ein bis drei Tage)
	wasserverdünnbarer Lack: abriebfest, wasser-, wetter- und laugenbeständig, nicht beständig gegen Säuren,erhärtet durch Polykondensation. Der Härter wirkt ätzend!	für die Beschichtung von Betonfußböden und mit Epoxidharzgrundierung auch auf Metallen
Polyesterharzlacke (Polymerisationslacke) Ungesättigte **UP-Lacke** sind Zweikomponentenlacke.	Polyesterlacke sind flüssige Kunststoffe, die in großer Schichtdicke aufgetragen werden können. großes Füllvermögen, seiden- bis hochglänzend, glashart und widerstandsfähig gegen mechanische Einwirkungen, chemikalienbeständig, empfindlich gegen Holzinhaltsstoffe, sehr empfindlich bei schnellen Temperaturveränderungen, Auftrag durch Spritzen und Gießen, Verarbeitungstemperatur mindestens 18 °C, die Härter wirken ätzend	für strapazierfähige Holzbeschichtungen überwiegend in der Möbelindustrie, für Spachtelmassen, Holzwerkstücke, z. B. Türen, sind wegen der hohen Oberflächenspannung beidseitig zu beschichten, max. Holzfeuchtigkeit 12 % wegen Holzinhaltsstoffen sind UP-Lacke empfindlich, deshalb zuerst mit absperrender Grundierung behandeln (Topfzeit ca. 20 bis 30 Minuten)

Die durch **Polykondensation** trocknenden **Phenolharz-**, **Harnstoffharz-** und **Melaminharzlacke** gehören auch zu den Speziallacken. Es handelt sich hierbei um Ein- und Zweikomponentenlacke, die als **wärme- und säurehärtende Industrielacke** im Handel sind. Sie kommen z. B. als Einbrennlacke für Geräte und Maschinen sowie als Möbel- und Parkettlacke zum Einsatz.

Reaktionslacke müssen genau nach Herstellerangaben verarbeitet werden. Bei der Verarbeitung entstehen gesundheitsschädliche Dämpfe. Deshalb ist es notwendig, Reaktionslacke nur bei guter Durchlüftung oder in Räumen (bei 20 °C) mit Absaug- und Filteranlagen zu verarbeiten.

9.6.3 Umweltfreundliche Lacksysteme

Da heute die umweltschonenden Lacksysteme zunehmend den Markt erobern, sind sie nachfolgend im Überblick beschrieben. **Dispersionslacke** und die sogenannten **Wasserlacke** sind wasserverdünnbare Anstrichstoffe mit einem geringen Anteil an organischen Lösemitteln. **Pulverlacke** haben keinerlei Lösemittel und verursachen deshalb auch keine Lösemitteldämpfe. **High-Solid-Lacke** gibt es lösemittel- und wasserverdünnbar, aber wegen ihrem geringen Lösemittelgehalt werden sie auch als umweltfreundlich eingestuft.

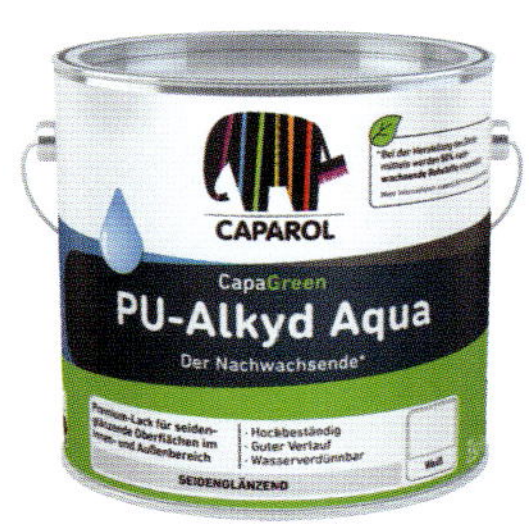

Wasserverdünnbare Lacke sind Lacke, die im Vergleich zu herkömmlichen lösemittelbasierten Lacken, einen viel geringeren Lösemittelanteil, aber dafür einen höheren Anteil an Wasser haben. Inzwischen gibt es eine ganze Reihe von verschiedenen wasserverdünnbaren Lacken:

- **Hydro-PU-Lacke** sind Acryllacke, die mit Polyurethan (PU) verstärkt wurden.
- **Alkydharzlacke** (wasserverdünnbar für außen und innen)
- **Acryllacke** (wasserverdünnbare Dispersionslacke für innen und außen)
- **Hydro-PU-Lacke** (wasserverdünnbare, PU-Dispersionslacke für innen)
- **Hydro-PU-2K-Lacke** (wasserverdünnbar für innen und außen)

Hydro-PU-Lacke
sind Acryllacke, die mit Polyurethan (PU) verstärkt wurden.

Wasserlacke sind wasserverdünnbar und eine umweltschonende Alternative zu den lösemittelverdünnbaren Lacken. Sie werden als Bautenlacke zunehmend für die Lackierung von Innen- und Außenflächen eingesetzt.

Lacksysteme	Beschreibung
Dispersionslacke	Bei **Dispersionslacken** werden den in Wasser fein verteilten Kunststoffteichen (meist Reinacrylate) noch Pigmente und Additive zugegeben. Ihr Anteil an organischen Lösemittel liegt unter 10 %, weshalb sie auch mit dem **Blauen Engel** ausgezeichnet sind. Acryllacke wurden bereits im Kapitel „Dispersionsfarben" auf Seite 58 beschrieben. Auch werden Dispersionsbindemittel bereits aus nachwachsenden Rohstoffen hergestellt (siehe *Dispersionen* auf Seite 61).
Wasserlacke	Wasserlacke sind wasserverdünnbare Lacke, die zunehmend an Bedeutung gewinnen. Bei der Herstellung und Applikation (Verwendung) wird Wasser als Dispergier- und Verdünnungsmittel verwendet. Für Wasserlacke im Bautenlackbereich kann der Blaue Engel vergeben werden, wenn ihr Lösemittelgehalt unter 10 % liegt, z. B. Dispersionsacryllacke. Wasserlacke gibt es zunehmend als Kunstharzkombinationen, die physikalisch oder oxidativ trocknen, z. B. wasserverdünnbare Alkydharzlacke. Für den industriellen Einsatz sind thermisch vernetzende Lacke und Zweikomponentenlacke im Handel erhältlich, z. B. PU-Lacke.
Pulverlacke	Pulverlacke sind vollkommen lösemittelfreie Lacke. Sie werden elektrisch aufgeladen auf die am Gegenpol liegenden Werkstücke gesprüht. Sie verlaufen dann unter Wärme (150 bis 230 °C) und bilden einen sehr widerstandsfähigen Film. Pulverlacke sind nur in speziellen Anlagen zu verarbeiten und deshalb nur für Industriebetriebe mit sehr großen Stückzahlen wirtschaftlich. Mit Pulverlacken erreicht man eine fast 100%ige Lackausnutzung, weil vorbeigesprühter Pulverlack aufgefangen und wiederverwendet wird.
High-Solids	ist die Bezeichnung für Anstrichstoffe mit unter 20 % Lösemittelanteil. Dementsprechend bilden mehr als 60 % den Festkörpergehalt dieser Lacke. High-Solids haben viele Vorteile, sind sehr ergiebig und umweltschonender als herkömmliche, lösemittelhaltige Lacksysteme.

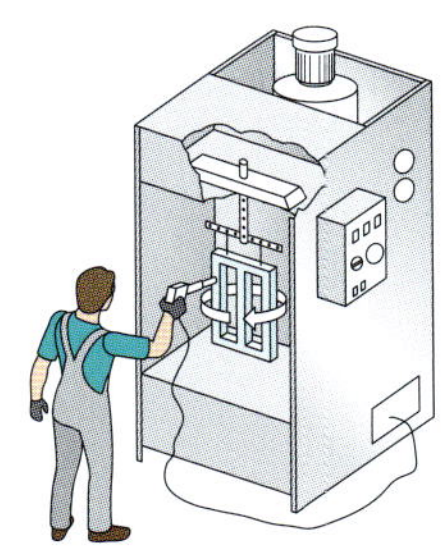

Pulverhandsprühkabine
ideal für Kleinserien und Sonderbeschichtungen

High-Solid-Lacke
erhalten den **Blauen Engel** nur dann, wenn sie weniger als 15 % Lösemittel enthalten.

9.6.4 Dispersionslacke und Alkydharzlacke im Vergleich

Wenn man die Eigenschaften von wasserverdünnbaren Dispersionslacken mit denen von lösemittelverdünnbaren Alkydharzlacken (Kunstharzlacken) vergleicht, stellt man fest, dass beide Lacksysteme ausgezeichnete Eigenschaften aufweisen. Dispersionslacke sind in vielen Bereichen den Alkydharzlacken

Alkydharzlack

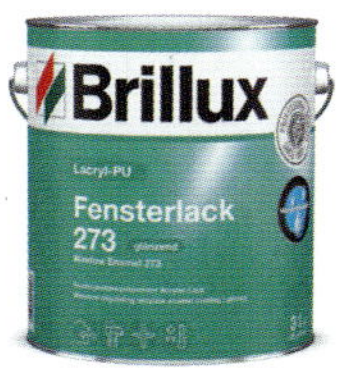

Dispersionslack

sogar qualitativ überlegen und deshalb eine echte Alternative. High-Solids haben in etwa die gleichen Eigenschaften wie konventionelle (herkömmliche) Alkydharzlacke.

Merkmale	Dispersionslacke	Alkydharzlacke
Verarbeitung	spezielle Werkzeuge	einfacher
Deckkraft	größer	geringer
Glanz	wie bisher	wie bisher
Verlauf	befriedigend bis gut	sehr gut
Härte	weniger hart	hart
Kratzfestigkeit	weniger bis gut	gut
Blockfestigkeit	befriedigend bis gut	gut bis sehr gut
Geruch	wenig	riecht nach Öl und Testbenzin
Ausdünstungen	weniger giftig	mehr giftig
Umweltverträglichkeit	größer	geringer
Trocknung: staubtrocken grifffest überstreichbar durchgetrocknet	 0,5 bis 2 Stunden 2 bis 4 Stunden 10 bis 12 Stunden 1 bis 2 Tage	 3 bis 5 Stunden 5 bis 6 Stunden 18 bis 24 Stunden 2 bis 5 Tage
Reinigungsfähigkeit	befriedigend bis gut	gut
beständig gegen alkalische Reiniger	sehr gut (verseifungsbeständig)	gering (verseifen durch Laugen)
Vergilbungsneigung	sehr gering	gut bis befriedigend
Glanzstabilität	sehr gut	relativ gut
Versprödung	keine	nimmt mit dem Alter zu
Elastizität	sehr gut	nimmt mit dem Alter ab
Diffusionsfähigkeit	gut bis sehr gut	befriedigend bis gering
Verdünnung	Wasser	Testbenzin (Terpentinersatz), Kunstharzverdünnung, Universalverdünnung
Werkzeugreinigung	mit Wasser	mit Lösemittel

Wasserverdünnbare **PUR-Lacke** haben als Einkomponentenlacke eine immer größere Bedeutung, weil sie feste, **harte Oberflächen** bieten.

Blockfestigkeit:
Lackfilme sollen nach Erhärtung nicht aneinander kleben!

Aufgaben

1. *Wie lassen sich Speziallacke unterteilen?*
2. *Welche Lackarten gehören zu den physikalisch trocknenden Lacken?*
3. *Aus welchen Rohstoffen entsteht das Bindemittel der Chlorkautschuklackfarben?*
4. *Für welche Anstriche werden Chlorkautschuklackfarben verwendet?*
5. *Was sind Nitrokombinationslacke?*
6. *Welche Lacke gehören zu den Polymerisatharzlacken?*
7. *Beschreiben Sie den Unterschied zwischen Acrylharzlacken und Dispersionslacken.*
8. *Was bedeutet der Begriff „Reaktionslack"?*
9. *Welche Arten von Reaktionslacken unterscheidet man?*
10. *Was sind Zweikomponentenlacke?*
11. *Wie heißen die drei wichtigsten 2K-Lacke für den Malerbereich?*
12. *Durch welche Reaktionsarten trocknen 2K-Lacke?*
13. *Welche Verwendung haben 2K-Polyurethanharzlacke?*
14. *Wie lange ist die Verarbeitungszeit von 2K-Polyurethanharzlacken?*
15. *Welche Verwendung haben lösemittelverdünnbare 2K-Epoxidharzlacke?*
16. *Welche besonderen Eigenschaften haben Polyesterlacke?*
17. *Welche Gesundheitsgefahren entstehen bei der Verarbeitung von Reaktionslacken?*
18. *Nennen Sie vier umweltfreundliche Lacksysteme.*
19. *Welcher umweltfreundliche Lack ist lösemittelverdünnbar?*
20. *Beschreiben Sie, warum High-Solid-Lacke umweltfreundlich sind.*
21. *Warum erhalten Dispersionslacke den Blauen Engel?*
22. *Was sind Hydro-PU-Lacke?*
23. *Beschreiben Sie Wasserlacke in Kurzform.*
24. *In welchen Bereichen haben Dispersionslacke bessere Eigenschaften?*
25. *In welchen Bereichen haben Alkydharzlacke bessere Eigenschaften?*

10 Grundanstrichstoffe

Lernsituation 10

Arten und Einsatzgebiete von Grundanstrichstoffen zum Thema: „Grundanstrichstoffe“

Situationsdarstellung:
Nach den nötigen Vorarbeiten sollen die Heizkörper neu lackiert werden. Der Auszubildende bekommt von der Vorarbeiterin den Auftrag, im Lacklager geeignete Werkstoffe für die Grund-, Zwischen- und Deckbeschichtung auszusuchen. Er soll auch das Technische Merkblatt 7, S. 226 über den Grund beschichtungsstoff lesen.

Es ist wichtig, sich über Grundanstrichstoffe, ihre Arten, ihre Eigenschaften und ihre Verwendung zu informieren. Durch die Erarbeitung der folgenden Arbeitsaufträge erhalten Sie wichtige Kenntnisse.

Arbeitsaufträge

1. *Beschreiben Sie einen* ***Anstrichaufbau****.*
2. *Beschreiben Sie den Begriff* ***„Grundanstrichstoff“****.*
3. *Nennen Sie die* ***Aufgaben*** *eines Grundanstriches.*
4. *a) Beschreiben Sie Grundanstrichstoffe für* ***poröse Untergründe****.*
   b) Beschreiben Sie drei ***anstrichtechnische Wirkungen*** *von Grundierungen.*
5. *Beschreiben Sie Grundanstrichstoffe für* ***dichte Untergründe****.*
6. *Nennen Sie* ***wasserverdünnbare*** *Grundanstrichstoffe und ihre Eigenschaften.*
7. *Beschreiben Sie die* ***Verwendung*** *von wässrigem Tiefgrund.*
8. *Nennen Sie* ***lösemittelverdünnbare*** *Grundanstrichstoffe und ihre Verwendung.*
9. *Beschreiben Sie die* ***Eigenschaften*** *von lösemittelhaltigem Tiefgrund.*
10. *a) Beschreiben Sie die* ***Eigenschaften*** *von Epoxidharz-Rostschutzgrund.*
    b) Beschreiben Sie die ***Eigenschaften*** *von Alkydharz-Ventigrund.*

10.1 Anstrichaufbau

Die wichtigste Aufgabe einer Beschichtung ist die Schutzwirkung. Um einen Untergrund dauerhaft zu schützen, reicht eine Anstrichschicht nicht aus. Es müssen mehrere aufeinander abgestimmte Anstrichschichten aufgebracht werden. Man spricht hier von einem **Anstrichsystem**, das meist aus **Grund-**, **Zwischen-** und **Schlussbeschichtung** besteht. Aber auch eine glatte, hochglänzende Oberfläche kann meist nur durch einen mehrschichtigen Anstrich erreicht werden.

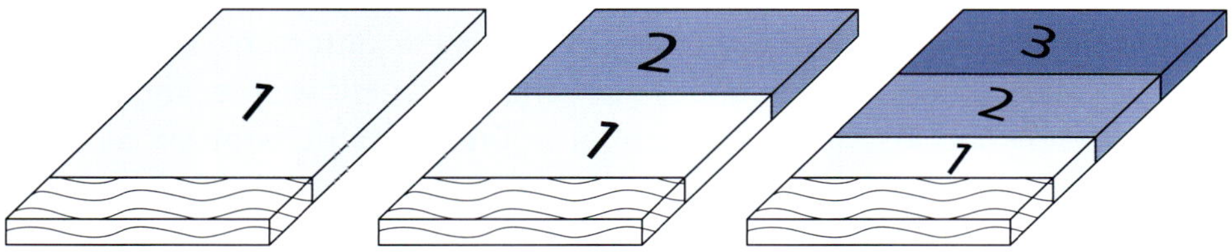

1 Grundanstrich 2 Zwischenanstrich 3 Schlussanstrich

Ein Anstrichaufbau (Beschichtungssystem) besteht aus aufeinander abgestimmten Anstrichschichten, die verschiedene Aufgaben erfüllen.

Heute werden thixotrop eingestellte Beschichtungsstoffe auch als **Eintopfsystem** angeboten. Hier sind oft nur noch zwei Anstriche notwendig, die dann die gleiche Schichtdicke ergeben. Dabei werden Grund- und Schlussanstrich mit einem Anstrichstoff ausgeführt.

Der **Grundanstrich** ist ein auf den Untergrund aufgebrachter ein- oder mehrschichtiger Anstrich. Er dient der Verbindung (Haftung) zwischen Untergrund und dem folgenden Anstrichaufbau. Darüber hinaus kann er noch besondere Aufgaben erfüllen, z. B. Korrosionsschutz, Absperren und Festigen des Untergrundes sowie Verminderung der Saugfähigkeit und Egalisierung (Ausgleichen) des Untergrundes.

Grundanstrichstoffe ergeben die erste Schicht einer Beschichtung. Sie müssen auf den Untergrund abgestimmt sein und dem nachfolgenden Anstrich eine sichere Grundlage geben. D. h., die Grundierung muss sich mit den folgenden Anstrichstoffen (Anstrichsystem) vertragen.

Deshalb unterscheidet man Grundbeschichtungsstoffe für poröse und für dichte Flächen:

Grundanstrichstoffe für poröse Untergründe müssen niedrigviskos (dünnflüssig) sein. Sie dürfen auch keine groben Festkörperbestandteile enthalten, damit sie gut in die Poren eindringen und dort wirken können.

Durch das tiefe Eindringen in das Kapillarsystem des Untergrundes lassen sich folgende **anstrichtechnische Wirkungen** erzielen:

- Festigen von nicht ausreichend tragfähigen Untergründen wie mürbe und sandende Putze sowie kreidende Altanstriche
- Verringern des Saugvermögens von zu stark saugenden Untergründen und Ausgleichen der Saugfähigkeit
- wasserabweisende (hydrophobe) Beschaffenheit des Untergrundes, Absperren gegen Feuchtigkeit und lösliche Salze
- Wirkstoffe gegen Befall von Algen, Moos, Bakterien, Schimmelpilzen und Holzschädlingen einbringen
- die Haftung der nachfolgenden Beschichtungen verbessern

Anstrichsystem = Beschichtungssystem, z. B. Korrosionsschutzanstrich

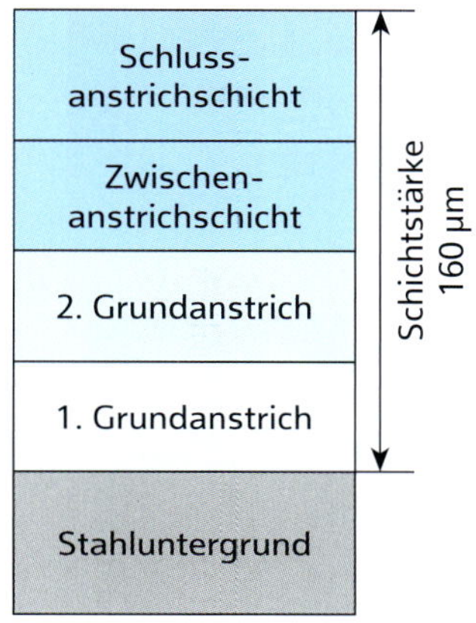

Aufgaben eines Grundanstrichs (Grundierung):
- Haftung
- Absperren
- Festigen
- Rostschutz
- Holzschutz

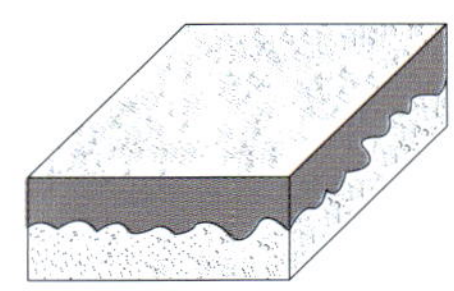

Der Grundbeschichtungsstoff kann in das Kapillarsystem eindringen.

Kapillarsystem nennt man die Hohlräume eines porösen Untergrunds.

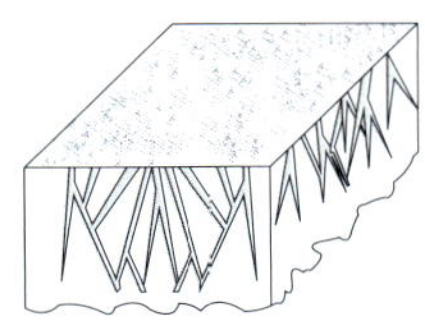

Der feindisperse und gelöste Grundbeschichtungsstoff dringt tief in die Kapillaren ein.

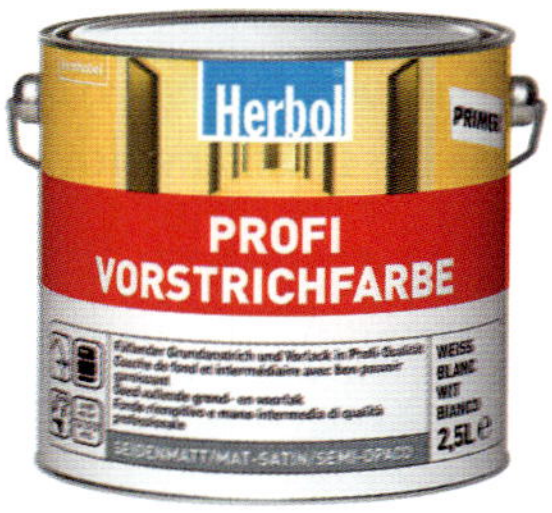

Grundanstrichstoffe für dichte Untergründe haben andere Aufgaben zu erfüllen. Die Grundierung dient hierbei als Haftgrund und soll eine Haftvermittlung für nachfolgende Anstriche sein. Bei Eisenmetallen hat die Grundbeschichtung zudem die Aufgabe, gegen Rost zu schützen.

Grundanstrichstoffe sind meist niedrigviskos, damit sie in die Poren des Untergrundes eindringen können. Grundierungen können pigmentiert oder farblos sein und werden überwiegend durch Streichen mit Pinsel oder Bürste aufgetragen.

Es gibt viele verschiedene Grundanstrichstoffe für die unterschiedlichen Einsatzgebiete. Man unterscheidet dabei zunächst nach Umweltverträglichkeit, zwischen **wasser-** und **lösemittelverdünnbaren Grundanstrichstoffen**. Sinnvoll ist es auch, sie, wie die Lacke, nach dem Bindemittel einzuteilen. Es gibt auch Grundanstrichstoffe mit Bindemittelkombinationen, wodurch die Qualität verbessert wird. Die lösemittelverdünnbaren Grundanstrichstoffe werden genauso verdünnt wie ihre bindemittelgleichen Lacke. Um Qualitätsbeschichtungen zu erreichen, müssen auch hier die Verarbeitungshinweise der Hersteller genau beachtet werden.

Anstrichsystem mit Kunststoffdispersionsfarbe auf Putz:

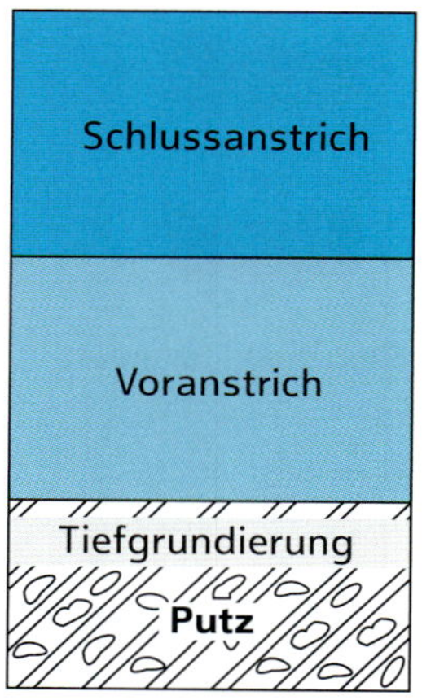

Die Tiefgrundierung dringt in die Poren des Putzes ein.

10.2 Anstrichschichten und ihre Aufgaben

Anstrichschicht		Aufgaben
4	Schlussanstrich- oder Deckanstrichschicht	**Schutzwirkung**, z. B. Haltbarkeit, Wetterbeständigkeit, Abriebfestigkeit, Chemikalienbeständigkeit und **Verschönerung**
3	Zwischenanstrich-, Vorlack- oder Füllerschicht	**Verbindung** der Schichten miteinander, **Gleichmäßigkeit** der Schlussanstrichschicht
2	Spachtelschicht	**Ausgleich** von Unebenheiten, **Glätten** des Untergrundes
1	Grundanstrich oder Grundanstrichschicht	**Haftung** (Verankerung) des Anstrichsystems mit dem Untergrund, **Korrosionsschutz** (Rostschutz), **Festigen** und **Absperren** bei porösen Untergründen
Untergrund		

Die **Schichtdicke** wird in Mikrometer (µm) gemessen. **1 µm = 1/1 000 mm**

Die Schichtdicke eines Anstriches wird in Mikrometer (µm) gemessen. Verschiedene Beschichtungen haben je nach Aufgabe und Untergrund unterschiedliche Schichtstärken.

In der Praxis wird häufig von diesem Anstrichaufbau abgewichen, z. B. wird bei Außenanstrichen auf Holz nicht gespachtelt, Beschichtungen mit Kunststoffdispersionsfarbe auf Putz bestehen aus Tiefgrundierung, Vor- und Schlussanstrich (siehe Schemazeichnung), **Korrosionsschutzanstriche** enthalten normalerweise zwei Rostschutzgrundanstriche und zwei Deckanstriche mit einer **Gesamtschichtstärke von 160 Mikrometer**, dagegen reichen bei Anstrichen mit Eintopf- und Dickschichtmaterial meistens zwei Anstrichschichten aus, um die gleiche Schichtdicke zu erreichen.

Dickschichtlacke sind Lacksysteme, die auch als Eintopfsysteme 3 in 1, für Metalluntergründe, Fensterrahmen und andere Flächen angeboten werden. Sie haften bestens ohne Voranstriche (Grundierungen), z. B. auf Garagentoren, Stahlkonstruktionen, Aluminiumbauteilen und Balkongeländern.

10.3 Lösemittelverdünnbare Grundanstrichstoffe

Bindemittel/Art	Eigenschaften	Verwendung
Polymerisatharz – Tiefgrund – Grundierfarbe	wetterbeständig, wasserabweisend, alkalibeständig, verfestigend, frostunempfindlich, hohes Eindringvermögen in mineralische Untergründe, farblos oder pigmentiert, mit Nitro, Spiritus oder Testbenzin verdünnbar	für Grundanstriche mit festigender und die Saugkraft ausgleichender Wirkung, für Sicherheitsgrundierungen auf kritischen, z. B. sandenden und porösen Untergründen, als Haftvermittler auf schwachsaugenden, glatten Flächen
Epoxidharz – Haftgrund	meist 2K-Grundanstrichstoffe, gutes Eindringvermögen, schnelle Trocknung, unpigmentiert, nicht filmbildend	für saugende mineralische Untergründe, gute Haftvermittler für Epoxidzwischen- und -schlussanstriche
– Haftgrund – Rostschutzgrund	pigmentierter 2K-Grundanstrichstoff mit aktiven Zinkphosphatpigmenten, gut füllend mit hoher Schichtdicke, gutes Haftvermögen, guter Verlauf und Schleifbarkeit, korrosionsschützend, Spezialverdünner mit Pinsel, Rolle und im Spritzverfahren auftragbar	Haftgrundierung auf Hartkunststoff, z. B. PVC, Aluminium, glasfaserverstärktem Polyester, Acryl, kunststoffbeschichtete Spanplatten, z. B. Resopalbeschichtung, Korrosionsschutz für Stahl, verzinkten Stahl, Zinkbleche und auf NE-Metallen
Alkydharz – Vorlack	pigmentierter Grundanstrichstoff, gut füllend und gut schleifbar, High-Solid-Vorlacke sind lösemittelarm und deshalb sehr umweltschonend, Verdünnung wie Alkydharzlacke mit Terpentinersatz oder Kunstharzverdünnung	für Grund- und Zwischenanstriche, auf Metall- und Holzuntergründen, für innen und außen, für Grund- und Zwischenanstriche für verschiedene Alkydharzlackierungen
– Ventigrund	Ventilationsgrund, ventilierend (feuchteregulierend), gute Haftung, hoch elastisch, hohes Füllvermögen,übrige Eigenschaften wie Alkydharzlacke	für feuchtigkeitsregulierende Grund- und Zwischenanstriche auf Außenholzwerk, speziell auf Fenstern, für nachfolgende Schlussanstriche mit Alkydventilationslack
– Rostschutzgrundfarbe	bleifrei, mit aktiven Rostschutzpigmenten, streichfertig eingestellt, wetterbeständig, hohe Fülle, ausgezeichnetes Haftvermögen, schnell wirkend und schnell trocknend	Korrosionsschutzgrundfarbe für Korrosionsschutzanstriche auf Eisen und Stahl im Innen- und Außenbereich

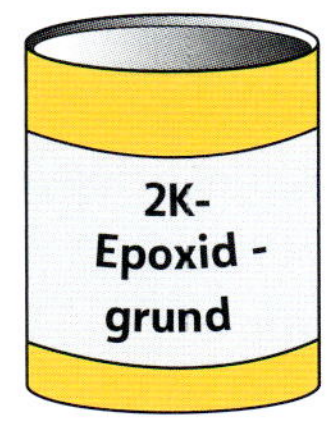

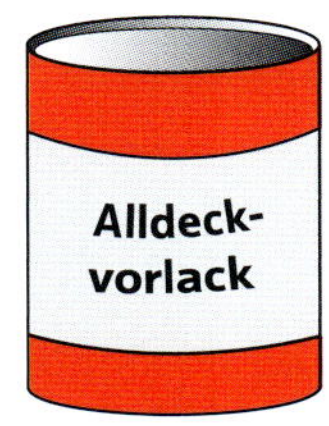

Verarbeitung

Die lösemittelverdünnbaren Grundanstrichstoffe müssen beim **Streich- oder Rollauftrag mit lösemittelbeständigen Werkzeugen** verarbeitet werden. Bei porösen Untergründen werden Grundanstrichstoffe meist mit Streichwerkzeugen (Pinsel oder Bürste) gut einreibend aufgetragen. Im Spritzauftrag können die malerüblichen Spritzverfahren eingesetzt werden, z. B. Nieder- oder Hochdruck- und Airlessgeräte. **Lösemittelhaltige Grundanstrichstoffe**, z. B. Tiefgrund, haben im Allgemeinen **ein größeres Eindringvermögen** als wasserverdünnbare. Deshalb ist lösemittelverdünnbarer Tiefgrund bei kritischen Untergründen, z. B. mürbe und sandende Altputze im Außenbereich, bevorzugt einzusetzen. Bei der Verarbeitung in Räumen ist für gute Durchlüftung zu sorgen.

Der **Zwischenanstrich** wird zwischen Grund- und Schlussanstrich eines Anstrichaufbaus aufgetragen. Für die Zwischenbeschichtung werden entweder spezielle Grundbeschichtungsstoffe, z. B. Vorlack und Rostschutzgrund, oder verdünnte

Tiefgrund wird meist mit der Bürste in poröse Untergründe eingearbeitet.

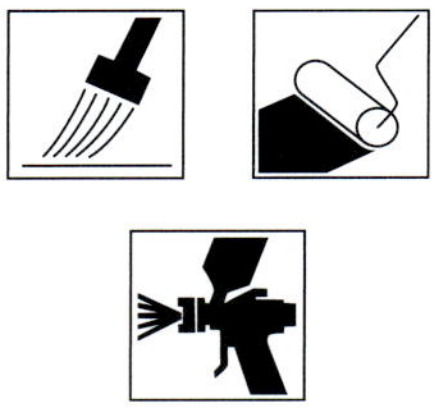

Schlussbeschichtungsstoffe, z. B. Dispersionsfarbe und Lacke, eingesetzt. Dadurch wird die Schichtdicke erhöht, die z. B. bei Rostschutzanstrichen bis zu drei Zwischenbeschichtungen nötig macht. Bei pigmentierten Anstrichen werden oft die Zwischenbeschichtungen bereits im Farbton des Schlussanstriches abgetönt und damit ein gleichmäßiges Decken erreicht. Der Zwischenanstrich hat zudem die Aufgabe, durch gutes Füllen Unebenheiten auszugleichen.

Der Zwischenanstrich verbindet Grund- und Schlussanstrich, erhöht die Schichtdicke, verbessert die Deckkraft, sorgt für gutes Füllvermögen und für eine gleichmäßige und glatte Fläche.

Der Zwischenschliff beseitigt Unebenheiten, Verschmutzungen und unerwünschte Pinselstriche.

Nach dem Trocknen des Zwischenanstrichs muss der Untergrund glattgeschliffen werden. Durch den **Zwischenschliff** nach der Vorlackierung wird ein gleichmäßiger Verlauf der Schlusslackierung erzielt. Das wiederum ist die Grundlage für eine glatte Fläche und damit für eine Hochglanzlackierung.

Aufgaben der Schlussbeschichtung
- Schützen
- Verschönerung (Farbe/Struktur)

Der **Schlussanstrich**, auch **Deckanstrich** genannt, obwohl diese Bezeichnung mit der Deckkraft nichts zu tun hat, ist die letzte Anstrichschicht eines Anstrichaufbaus. Die Schlussbeschichtung hat die Aufgabe, die darunter liegenden Schichten zu schützen und dem Beschichtungssystem die geforderten Eigenschaften zu geben. Dazu gehören das gewünschte Aussehen und die gewünschten Oberflächeneigenschaften.

10.4 Wasserverdünnbare Grundanstrichstoffe

Primer ist die englische Bezeichnung für Grundanstrichstoffe.

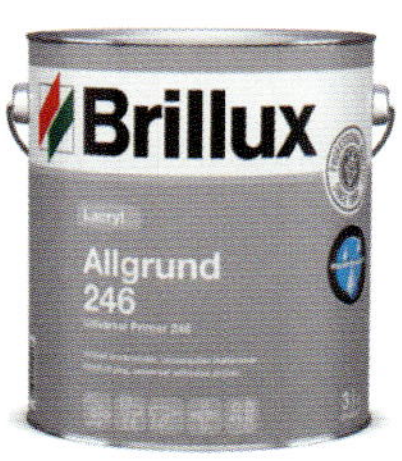

Bindemittel/Art	Eigenschaften	Verwendung
Kunststoffdispersion – Tiefgrund – Grundierfarbe	feinteilig und dünnflüssig, leicht bis schwer verseifbar, hohes Eindringvermögen, gut festigend, Saugfähigkeit ausgleichend, absperrende Wirkung, geruchsneutral und lösemittelfrei, farblos oder pigmentiert	für alle saugenden Untergründe, innen und außen, innen keine Geruchsbelästigung; pigmentierte Grundierungen werden eingesetzt, damit der Schlussanstrich besser deckt, dadurch kann oft ein Zwischenanstrich eingespart werden
– Acrylhaftprimer – Dispersionsvorlack	auf Acryllackbasis, wetterbeständig, hohes Haftvermögen, gut füllend und deckend, leicht schleifbar, umweltschonend und geruchsarm	für haftvermittelnde Grundanstriche auf alte Lackierungen, Holz, Zink und Hartkunststoffe, für gut füllende Zwischenanstriche, vor nachfolgenden Lackierungen
Kaliwasserglas Silikatgrund (Fixativ oder Konzentrat)	reagiert stark alkalisch, ausgezeichnet festigend, gutes Eindringvermögen, besonders umweltfreundlich, weil emissions- und lösemittelfrei, in jedem Verhältnis mit Wasser verdünnbar	für alkalische Untergründe, die mit 2K-Silikatfarben, Dispersionssilikatfarben oder Silikatputzen beschichtet werden; zum Verdünnen von Silikatfarben
Polymerisatharz Acrylgrund	pigmentierter Grundanstrichstoff mit aktivem Rostschutz (mit aktiven Pigmenten), isolierend gegen wasserlösliche Holzinhaltstoffe	Universalgrundierung für außen und innen auf allen Holzarten, Metallen, Hartkunststoffen und Acrylaltlackierungen

Verarbeitung

Wasserverdünnbare Grundanstrichstoffe dürfen nicht unter 5 °C verarbeitet und müssen frostsicher gelagert werden. Sie sind sehr umweltschonend, meistens lösemittelfrei und deshalb gut für den Inneneinsatz geeignet. Die Werkzeuge sind sofort nach Gebrauch mit Wasser zu reinigen.

10.5 Reversible und irreversible Beschichtungen

Man unterscheidet umkehrbare und nicht umkehrbare Beschichtungen. **Die reversiblen Beschichtungen** bestehen aus Anstrichstoffen mit physikalisch trocknendem Bindemittel. Sie **sind nach der Trocknung wieder löslich** und können deshalb schlecht überstrichen werden, z. B. Leimfarben und Spirituslacke. **Irreversible Beschichtungen** beinhalten dagegen chemisch trocknende Bindemittel. Diese **sind nach der Trocknung** durch das Lösemittel der nachfolgenden Beschichtungsstoffe **nicht wieder lösbar**. Sie können deshalb bedenkenlos überstrichen werden, z. B. Dispersionsfarben und Kunstharzlacke.

Beispiele für **Beschichtungssysteme** sind:

- Neuanstrich (auf Putz, Beton, Metall oder Kunststoff)
- Renovierungsanstrich (auf alten, tragfähigen Anstrichschichten)
- Rostschutzanstrich (auf Stahl- und Eisenmetallen)
- Putzbeschichtung (auf Mauerwerk oder Beton)

reversibel = **umkehrbar** (wieder lösbar)

irreversibel = **nicht umkehrbar** (nicht wieder lösbar)

Beschichtungssysteme bestehen aus mehreren Schichten, die als **Grund-, Zwischen- und Schlussbeschichtung** verschiedene Aufgaben haben.

Aufgaben

1. *Benennen Sie die Schichten eines üblichen Anstrichaufbaus.*
2. *Erklären Sie den Begriff „Beschichtungssystem“.*
3. *Was versteht man unter dem Begriff „Eintopfsystem“?*
4. *Welche Aufgaben hat ein Grundanstrich?*
5. *Wie werden Grundanstrichstoffe nach Umweltgesichtspunkten eingeteilt?*
6. *Wie kann man Grundanstrichstoffe zusammenfassend beschreiben?*
7. *Welche wasserverdünnbaren Grundanstrichstoffe werden meist verarbeitet?*
8. *Beschreiben Sie wichtige Eigenschaften von Dispersionsgrundierfarben.*
9. *Welche Verwendung haben Silikatgrundiermittel?*
10. *Nennen Sie wichtige lösemittelverdünnbare Grundanstrichstoffe.*
11. *Welche Verwendung haben pigmentierte Epoxidharzgrundanstrichstoffe?*
12. *Nennen Sie drei Arten von Alkydharzgrundanstrichstoffen.*
13. *Was sind die besonderen Eigenschaften eines Ventilationsgrundiermittels?*
14. *Welche Streichwerkzeuge benötigt man für die Grundierung mit Tiefgrund?*
15. *Beschreiben Sie wichtige Vorteile von lösemittelverdünnbarem Tiefgrund.*
16. *Welche Nachteile haben lösemittelverdünnbare Grundanstrichstoffe?*
17. *Beschreiben Sie die Aufgaben des Zwischenanstrichs.*
18. *Welche Aufgaben hat der Schlussanstrich?*
19. *Was versteht man unter einem Zwischenschliff?*
20. *Beschreiben Sie den Aufbau eines vollständigen Korrosionsschutzanstrichs.*
21. *In welcher Maßeinheit wird die Schichtstärke eines Anstriches gemessen?*
22. *Beschreiben Sie die Vorteile von „irreversiblen Beschichtungen“.*

11 Spezialwerkstoffe

Lernsituation 11

Arten und Einsatzgebiete von Spezialwerkstoffen zum Thema: „Spezialwerkstoffe“

Situationsdarstellung:
Die Profilbretter an der Unterseite des Holzvordaches sollen laut Kostenangebot mit Holzschutzlasur neu vor Witterung und UV-Strahlen geschützt werden. Der Auszubildende soll sich mithilfe eines Technischen Merkblattes 8, S. 227 über diese Spezialwerkstoffe informieren.

Holzschutzlasuren gehören durch ihre Inhaltsstoffe zu den Gefahrstoffen. Durch die Erarbeitung der folgenden Arbeitsaufträge können sie auch andere Spezialwerkstoffe kennen lernen und wichtige Kenntnisse erwerben.

Arbeitsaufträge

1. *Wozu werden **spezielle Werkstoffe** und **Hilfsstoffe** benötigt?*
2. *Zählen Sie **verschiedene Spezialwerkstoffe** auf.*
3. *a) Beschreiben Sie **Absperrmittel, Imprägniermittel** und **Fluate**.*
   *b) Notieren Sie die **Verwendung** der drei Spezialwerkstoffe.*
4. *Beschreiben Sie **Holzschutzmittel**.*
5. *Nennen und beschreiben Sie **Werkstoffe** für **vorbeugenden Holzschutz**.*
6. *Beschreiben Sie **Schutzmaßnahmen** beim Umgang mit Holzschutzmittel.*
7. *a) Erklären Sie den Begriff **„Holzschutzlasur“**.*
   *b) Unterscheiden Sie zwischen **Holzschutz- und Holzlasuren**.*
8. *Beschreiben Sie Eigenschaften und Verwendung von **Dünnschicht-, Dickschicht-** und **Dispersionslasuren**.*
9. *Beschreiben Sie **Brandschutzmittel** und nennen Sie deren Aufgaben.*
10. *a) Nennen Sie **Eigenschaften** von **Dichtstoffen**.*
    *b) Beschreiben Sie die **Dichtstoffarten** und ihre **Verwendung**.*
11. *Zählen Sie die verschiedenen **Gipssorten** auf.*
12. *a) Beschreiben Sie den Begriff **„Spachtelmasse“***
    *b) Beschreiben Sie zwei **Gruppen** von Spachtelmassen.*
13. *Nennen Sie **Arten und Beispiele** der im Fachhandel angebotenen Spachtelmassen.*
14. *a) Beschreiben Sie den **Begriff „Bronzen“**.*
    *b) Nennen Sie die verschiedenen **Bronzenarten**.*
15. *a) Nennen Sie die verschiedenen **Blattmetallsorten**.*
    *b) Beschreiben Sie die **Blattmetallsorten** und ihre **Verwendung**.*

11.1 Übersicht über Spezialwerkstoffe

Spezielle Werkstoffe dienen dem Holz- oder Feuerschutz, aber auch der Untergrundvorbereitung, z. B. durch Absperren, Imprägnieren und Glätten.

Hilfsstoffe benötigen Maler/-innen und Lackierer/-innen zur Untergrundvorbereitung, z. B. zum Reinigen, Entfetten oder Entfernen alter Beschichtungen. Es sind Stoffe, die für die Vorarbeiten benötigt werden und eine Beschichtung ermöglichen, aber kein Beschichtungsmarterial sind.

Ein **tragfähiger und sauberer Untergrund** ist die Voraussetzung für eine **dauer hafte Beschichtung** mit der gewünschten Oberfläche. Deshalb ist die Vorbehandlung des Untergrundes sorgfältig und fachgerecht auszuführen. Dazu stehen Maler/-innen und Lackierer/-innen eine große Auswahl von speziellen Werk- und Hilfsstoffen zur Verfügung:

- **Absperrmittel** (Fluate, lösemittelhaltige und lösemittelfreie Grundiermittel)
- **Imprägniermittel** (Holzschutzmittel, Siliconharzlösungen, Grundiermittel)
- **Fluate** (Säure als Neutralisationsmittel für alkalische Untergründe)
- **Bleichmittel** (chemische Stoffe zum Aufhellen und Verändern von Holz)
- **Holzbeizen** (Farbstoff- und chemische Beizen)
- **Holzschutzmittel** (wasserlösliche Holzschutzsalze, ölige Holzschutzmittel)
- **Holzschutzlasuren** (Dünn- und Dichtschichtlasuren mit Wirkstoffen)
- **Holzlasuren** (Dispersionslasuren ohne Wirkstoffe für innen)
- **Brandschutzmittel** (Schaumschichtbildner)
- **Dichtstoffe** (Bitumen, Silicone und Acrylate)
- **Blattmetalle** (Blattgold und -silber, Schlagmetall)
- **Bronzelacke** (Silber-, Aluminium- und Goldbronzen)
- **Spachtelmassen** (Gips-, Lack- und Dispersionsspachtel, 2K-Spachtel)
- **Baugipse** (Stuckgips, Ansetzgips, Fugengips und Maschinenputzgips)
- **Streichmakulatur** (selbstanzusetzende, wässrige Tapetenunterlage)
- **Tapetenwechselgrund** (wasserverdünnbare Spezialgrundierung)
- **Tapetenschutz** (lösemittelfrei, macht Tapeten und Farben abwaschbar)

Hier sind die gebräuchlichsten Spezialwerkstoffe etwas genauer beschrieben. **Ab sperrmittel, Imprägniermittel** und **Fluate** sind dünnflüssige Werkstoffe, die im Streich- oder Sprühverfahren aufgetragen werden und tief in das Kapillarsystem des Untergrundes eindringen, um dort zur Wirkung zu kommen.

Werkstoff	Beschreibung	Verwendung
Absperrrmittel	verhindern schadhafte Einwirkungen des Untergrundes auf den neuen Anstrich, z. B. Durchschlagen von Flecken	Grundiermittel zum Absperren von Putzausblühungen, Nikotin-, Ruß-, Teer- und Wasserflecken.
– lösemittelhaltige Absperrmittel	farblose und leichtpigmentierte Polymerisatharzgrundier- und Anstrichfarben	speziell für mineralische Untergründe wie Beton und Putz
– wässrige Absperrmittel	Fluate und Dispersionsabsperrfarben	auf mineralischen Untergründen, Fluate nicht für Gipsputz
– feste Absperrmittel	spezielle Gewebe, Glasfaservliese, Metall- und Kunststofffolien	als Unterlagsstoffe bei Tapezierarbeiten, z. B. Kunststofffolie als Dampfsperre

Isolierung z. B. von Salzausblühungen

Foto: Osmo

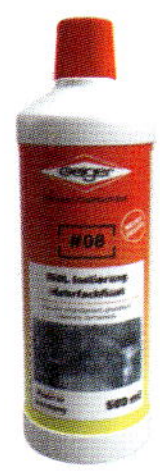

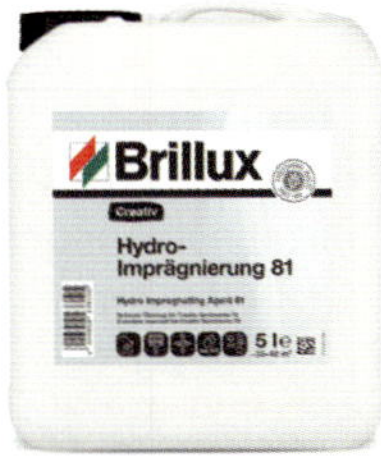

Imprägniermittel: Hydrophobierungsmittel machen Fassaden und andere Außenflächen wasserabweisend

Fluate neutralisieren alkalische Untergründe wie Kalk- und Zementputze

Werkstoff	Beschreibung	Verwendung
Imprägniermittel – Siliconharzlösungen – Holzschutzmittel – Imprägnierlacke – Vinylharzdispersionen – Fluate u. a.	sind farblos, dünnflüssig und wasserabweisend (hydrophob), sie sollen durch tiefes Eindringen in den Untergrund die Saugfähigkeit mindern (Siliconharze sind sehr wetter-, alkali- und alterungsbeständig)	zum Hydrophobieren (wasserabweisend machen) von mineralischen Untergründen wie Putz und Beton, auch für Sichtmauerwerk und Sichtbeton als Erstbehandlung von Holz, Holzschutz gegen Insekten- und Pilzbefall
Fluate (Mehrfachfluate) – wasserlösliche Pulver – gebrauchsfertige Fluate	entstehen durch Auflösen von reinem Quarzsand in Flusssäure und Zusatz von Metallsalzen starke, ätzende Säure, die je nach Zusatz bestimmter Metallsalze (Aluminium, Blei, Zink oder Magnesium) spezielle Eigenschaften haben	zum Neutralisieren und Festigen von kalkhaltigen, alkalischen Untergründen (Kalk-, Zementputze und Beton), nicht für Gipsputze, zum Absperren von Wasser- und Nikotinflecken, heute sind Fluate weitgehend durch Imprägniermittel ersetzt

Holzbeizen sollen die Holzoberfläche einfärben, ohne dass dabei die Holzstruktur verloren geht. Dazu verwendet man keine Anstrichstoffe, sondern Farbstofflösungen, die in die oberste Zellschicht des Holzes eindringen bzw. Chemikalien, die an der Holzoberfläche Farbreaktionen hervorrufen.

Wir unterscheiden drei Arten von Holzbeizen:

- **Farbstoffbeizen:** Der physikalische Beizvorgang ergibt ein **negatives Beizbild.**
- **Chemische Beizen:** Der chemische Beizvorgang ergibt ein **positives Beizbild.**
- **Kombinationsbeizen:** Kombination zwischen Farbstoff- und chemischen Beizen

positives Beizbild

negatives Beizbild

Heute wird die Beiztechnik fast nur noch vom Schreiner für die Veredlung von Holzoberflächen ausgeführt. Für Maler/-innen und Lackierer/-innen wurde die Beiztechnik weitgehend durch das Auftragen von Lasuranstrichstoffen ersetzt.

11.2 Unpigmentierte Holzschutzmittel

Holz ist einer der ältesten und beliebtesten Baustoffe. Holz muss aber vor Zerstörung durch Witterungseinflüsse, durch pflanzliche oder tierische Lebewesen und durch Feuer geschützt werden. Die Anwendung von Holzschutzmitteln durch die Maler/-innen und Lackierer/-innen verzögert die Holzzerstörung. Holzschutzmittel müssen vor jeder anstrichtechnischen Holzbehandlung aufgetragen werden.

Holzschutzmittel sollen das Holz vor Pilz-, Bakterien- und Insektenbefall schützen. Es handelt sich hierbei um Holzschutzgrundierungen und Imprägnierungen, die Umwelt und Gesundheit schädigen können.

In der Bundesrepublik Deutschland dürfen nur amtlich geprüfte und zugelassene Holzschutzmittel angewendet werden. Die Holzschutzmittel werden vom Institut für Bautechnik in Berlin zugelassen und bekommen ein **Prüfzeichen**. Es befindet sich, zusammen mit den Verarbeitungshinweisen der Hersteller, auf den Gebinden und Technischen Merkblättern. Das Prüfzeichen informiert in Form von **Kurzzeichen** über wichtige Eigenschaften des Holzschutzmittels.

Holzschutzmittel und Prüfzeichen

Die Tabelle zeigt die wichtigsten Kurzzeichen und Bewertungen der Holzschutzmittel:

Kurzzeichen	Eigenschaften und Schutzwirkung
P	Fungizide: wirksam gegen Pilze, Fäulnisschutz
Iv	Insektizide: vorbeugend wirksam gegen Insekten
Ib	Insektizide: bekämpfend wirksam gegen Insekten
S	geeignet zum Streichen, Spritzen und Tauchen
St	geeignet zum Streichen und Tauchen von Bauholz sowie zum Spritzen in stationären Anlagen
W	geeignet auch für Holz, das der Witterung ausgesetzt ist
E	geeignet für Holz, das extremer Beanspruchung ausgesetzt ist, z. B. in Erdkontakt oder fließendem Wasser
F	geeignet zum Brandschutz (Feuerschutzanstriche) von Holz und Holzwerkstoffen
B	Fungizide: Geeignet für Nadelholz gegen Bläuepilz, (bläuliche Verfärbung des Holzes)

Biozide (Gifte) sind fungizide und insektizide Wirkstoffe.

Holzschutzmittel haben unterschiedliche Schutzwirkungen

Ein Universal-Holzschutzmittel gibt es nicht, deshalb muss immer nach der Art der Gefährdung oder des Befalls das richtige Mittel ausgewählt werden.

Gefährdungsklassen für innen und außen verbautes Holz

Gefährdungsklassen	für innen und außen verbautes Holz
0	innen verbautes Holz, das ständig trocken ist (Luftfeuchtigkeit <70%, Holzfeuchtigkeit < 20%) Bedingungen, die Befall durch holzzerstörenden Insekten ausschließen **Es ist kein chemischer Holzschutz erforderlich.**
1	innen verbautes Holz, das ständig trocken ist (Luftfeuchtigkeit <70%, Holzfeuchtigkeit < 20%) Bedingungen, die Befall durch holzzerstörenden Insekten nicht ausschließen. **Es ist ein insektenvorbeugender Holzschutz erforderlich.**
2	für Holz, das vorrübergehender Befeuchtung, aber ohne Erdkontakt, direkter Bewitterung oder Auswaschung ausgesetzt ist. **Es ist insektenvorbeugender und pilzwidriger (Iv und P) Holzschutz nötig.**
3	für der Witterung oder Kondensatzion ausgesetztem Holz, aber ohne Erdkontakt. **Hier ist witterungsbeständiger, insektenvorbeugender und pilzwidriger (Iv, P, W) Holzschutz notwendig.**
4	für Holz mit dauernden Erdkontakt und/oder ständiger, starker Befeuchtung. **Hier ist witterungsbeständiger, insektenvorbeugender pilzwidriger und fäulniswidriger, (Iv, P, W, E) Holzschutz notwendig.**

Kennzeichnung der staatlichen Prüfstellen

Gütezeichen	Bedeutung
	**Zugelassene Biozid-Produkte nach Verordnung** (EU) **528/2012** Eingehend geprüft und bewertet nach ihrer Wirksamkeit und ihres Einflusses auf Mensch, Tier und Umwelt. Europäisch zugelassene **Produkte sind** bei ordnungsgemäßer Verwendung **sicher.**

Prüfzeichen
helfen bei der Auswahl von geeigneten Holzschutzmittel

RAL = Deutsches Institut für Gütesicherung und Kennzeichnung e. V.

Gütezeichen	Bedeutung
RAL GÜTEZEICHEN IMPRÄGNIERTE HOLZBAUELEMENTE	**Holzschutzmittel für Holzbauteile in hoher Qualität** Kesseldruck-Imprägnierung. Lange Lebensdauer der Holzbauteile und ein Höchstmaß an Sicherheit für alle. Der Einsatz von amtlich geprüften Holzschutzmitteln wird durch fachkompetente Sachverständige überwacht.
BLAUER ENGEL DAS UMWELTZEICHEN	**Holzlacke für Schutz, Versiegelung und optische Verschönerung** Es sind schadstoffarme Lacke (DE-UZ 12a), die sowohl chemisch als auch physikalisch erhärten. Die Lacke sind emissions- und lösemittelarm mit wenigen Schadstoffen. Der **Blaue Engel** wird nach Rezepturbewertung oder Emissionsprüfung vergeben.

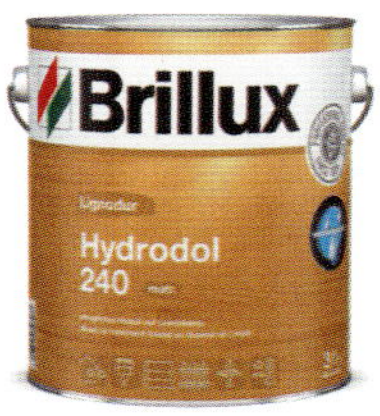

Bei der amtlichen Überwachung und Bewertung geht es um die **Wirksamkeit gegen Holzschädlinge** und um die **Umweltverträglichkeit,** dabei wird eine vorschriftsmäßige Verarbeitung der Holzschutzmittel vorausgesetzt. Vom Prüfzeichen wird dagegen die Qualität des Holzschutzmittels, z. B. Wetterschutz und Verarbeitungseigenschaften, nicht bewertet. Über die Qualität eines Holzschutzmittels informiert die Produktbeschreibung des Herstellers.

Holzschutzgrundierungen

Holzschutzimprägnierungen (farbloser Holzschutzilmprägniergrund) mit hoher Eindringtiefe zum Schutz gegen Schimmel, Bläue und holzzerstörende Pilze

Gefährdete Holzbauteile benötigen einen wirksamen, **vorbeugenden Holzschutz**. Vor allem gegen den Befall von holzverfärbenden Pilzen (Bläuepilze), die besonders beim Nadelholz (Fenster und Türen) vorkommen. Zur vorbeugenden Behandlung setzt der Maler Holzschutzgrundierungen und Holzschutzimprägnierungen (**Bläueschutzgrund**) ein. Sie schützen Holzbauteile, die mit farblosem, lasierendem oder deckendem Material überstrichen werden sollen. Sie bestehen aus unpigmentierten, dünnflüssigen Ölen und Kunstharzen, denen biozide Wirkstoffe beigefügt sind. Sie können tief in das Holz eindringen und bieten den nachfolgenden Anstrichen einen guten **Haftgrund**.

Die Tabelle gibt einen Überblick über **wichtige Holzschutzmittel**:

Arten	Eigenschaften und Verwendung
wässrige Holzschutzmittel – Holzschutzsalze Wirkung: P, Iv, S, W	Holzschutzsalze werden in Wasser gelöst und dienen als vorbeugende Behandlung gegen Pilze und Insekten; wässrige Holzschutzmittel werden **für nicht maßhaltiges Holz** zum Tauchen und für die Trogtränkung, z. B. von Dachlatten, Brettern und Schindeln, verwendet. Eine anstrichtechnische Nachbehandlung ist nicht üblich, aber möglich.
– Acrylholzschutzgrund Wirkung: P, Iv, Ib, S, W	wasserverdünnbares, gebrauchsfertiges Holzschutzmittel mit hoher Eindringtiefe zum Imprägnieren von **nicht maßhaltigen Holzbauteilen** im Außenbereich gegen Fäulnis- und Bläuepilze; Acryl-Holzschutzmittel werden meistens im Streich- oder Spritzverfahren aufgetragen.
ölige Holzschutzmittel Wirkung: P, Iv, Ib, S, W	sind lösemittelverdünnbar und **gebrauchsfertig im Handel**; sie dienen zur vorbeugenden Behandlung gegen holzzerstörende Pilze und Insekten **bei maßhaltigen und nicht maßhaltigen Holzbauteilen** im Außenbereich; ölige Holzschutzmittel werden überwiegend im Streich- und Spritzverfahren verarbeitet; Teerölholzschutzmittel (Karbolineum) sind meist nicht mit anderen Anstrichstoffen überstreichbar, weil sie durchschlagen.
Bekämpfungsmittel (z. B. Holzwurmtod)	sind **Holzschutzsalze oder ölige Holzschutzmittel**; sie werden zur Bekämpfung von holzzerstörenden Insekten, z. B. bei Holzwurmbefall in Möbeln, Kunstgegenständen oder Dachstühlen, eingesetzt; sie enthalten keinen Wetterschutz und sind **sehr gesundheitsschädlich.**

Gesundheits- und Umweltschutz

Die Holzschutzmittel enthalten zum Teil sehr gesundheitsschädliche Stoffe. Neben den organischen Lösemitteln enthalten Holzschutzmittel auch **biozide** (**bio** = leben; **zid** = tötend) **Wirkstoffe**. Deshalb müssen Maler/-innen und Lackierer/-innen bei der Verarbeitung folgende **Schutzmaßnahmen** beachten:

- Die in den Herstellerangaben genannten **Sicherheitsmaßnahmen** sind vorzunehmen!
- Holzschutzmittel für Kinder und Tiere unerreichbar aufbewahren!
- Holzschutzmittel **nicht in Trinkflaschen einfüllen** sowie von Lebens- und Futtermitteln fernhalten!
- Bei der Arbeit **Berührungen mit Haut und Augen vermeiden,** deshalb sind Schutzhandschuhe und Schutzbrille zu tragen!
- Holzschutzmittel nur **bei guter Belüftung und geöffneten Fenstern** verarbeiten, ansonsten ist ein Atemschutz zu tragen!
- **Bei der Arbeit mit Holzschutzmitteln nicht trinken, essen oder rauchen,** da sonst die Schadstoffe leicht in den Körper gelangen können.
- **Sofort nach der Arbeit müssen Hände und Gesicht** mit Wasser und Seife oder einem speziellen Reinigungsmittel **gewaschen werden!**
- **In Wohnräumen, Saunaanlagen und Stallungen keine Holzschutzmittel einsetzen!**
- Flüssige Holzschutzmittelreste nicht in den Abfluss oder Gewässer gießen, sondern als Sondermüll entsorgen!

Giftige und verbotene Holzschutzmittel:
PCP Pentachlorphenol (Bakterizid und Fungizid)
Lindan (Insektizid)
DDT Dichlordiphenyltrichlorethan (Insektizid)

11.3 Holz- und Holzschutzlasuren

Soll bei einer Beschichtung auf Holz die Holzmaserung sichtbar bleiben, so sind nichtdeckende Anstrichstoffe wie Klarlacke und Lasuren einzusetzen. Holzlasuren haben wenig Pigmente, sind transparent und sollen Holzuntergründe schützen und verschönern. Holzlasuren gibt es in vielen Holzfarbtönen, z. B. Eiche, Nussbaum und Kiefer, und anderen Farben wie Weiß, Grün und Gelb. Im Außenbereich muss das Holz gegen Holzschädlinge und Witterungseinflüsse geschützt werden.

Holzlasuren sind schwach pigmentierte Anstrichstoffe, die bis zu 3 mm in den Holzuntergrund eindringen. Je dünnflüssiger dabei die Holzlasur, desto größer ist die Eindringtiefe.

An Holzlasuren für den Innen- und Außenbereich werden folgende Anforderungen gestellt:

- **Gute Imprägnierung** (Schutz vor Holzschädlingen, z. B. Bläueschutz)
- **Wetterbeständigkeit** (Schutz vor Regen, Frost oder Hitze)
- **UV-Beständigkeit** (gegen holzzerstörende UV-Strahlen)
- **Diffusionsfähigkeit** (Wasserdampfdurchlässigkeit)
- **Eindringvermögen** (Eindringen in die Holzoberfläche)

Nach den notwendigen Umweltschutzanforderungen werden die Lasuren in zwei Gruppen eingeteilt:

Holzlasuren (für den Innenbereich)	**dienen der Holzveredelung und** sind frei von bioziden Wirkstoffen. Holzlasuren wirken gegen Flecken, Schmutz und Staub.
Holzschutzlasuren (für den Außenbereich)	**dienen dem Holz- und Wetterschutz** und enthalten im Allgemeinen biozide Wirkstoffe. Sie wirken gegen Holzschädlinge, Nässe (Fäulnis) und Sonne.

Farblos
Untergrund voll sichtbar

Lasierend
Untergrund durchscheinbar

Deckend
Untergrund nicht sichtbar

Die Wirkungsweise von Dickschicht- und offenporiger Holzlasur

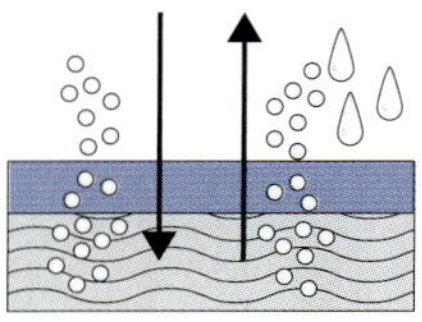

Offenporiger Anstrich lässt Wasserdampf ausdiffundieren.

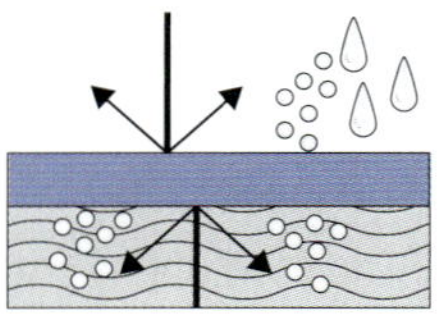

Filmbildender Anstrich lässt Wasserdampf nicht ausdiffundieren.

Nicht maßhaltige Holzbauteile: z. B. Verbretterungen, Zäune, Balken

Begrenzt maßhaltige Holzbauteile: z. B.
- Fenster
- Türen

Man unterscheidet zwischen **Dünn- und Dickschichtlasuren**. Die **Dünnschichtlasuren sind offenporig,** bilden fast keinen Film und werden wegen ihres guten Eindringvermögens in Holz auch **Imprägnierlasuren** genannt. Das bedeutet, sie lassen den Wasserdampf durch, was zur Folge hat, dass das Holz seine Form ändert. **Offenporige Holzschutzlasuren** sind deshalb nur **für nicht maßhaltige Holzbauteile** geeignet.

Die **Dickschichtlasuren** verfügen über einen höheren Festkörpergehalt (Bindemittel und Pigmente), der zwischen 30 % und 50 % liegt. Sie bilden einen Film mit größerer Schichtdicke und werden deshalb auch als **Lacklasuren** bezeichnet. Außerdem sind Dickschichtlasuren oft thixotrop (tropfgehemmt) eingestellt und lassen sich gut auch über Kopf verarbeiten.
Dickschichtlasuren bieten einen guten Schutz vor eindringender Feuchtigkeit und sind deshalb **ideal für die Beschichtung von maßhaltigen Holzbauteilen** im Außenbereich.

Die **Holzlasuren** können in drei Gruppen eingeteilt werden:

Arten/Bindemittel	Eigenschaften und Verwendung
Dünnschichtlasuren (Imprägnierlasuren) – Alkydharze und Dispersionsacrylat	**sehr dünnflüssig** (Festkörper unter 30%), daher besonders gutes Eindringvermögen, gut wasserdampfdurchlässig, mit bioziden Wirkstoffen, vorbeugend gegen Insekten, Nachteile: wenig Feuchtigkeitsschutz und geringere Haltbarkeit, für **nicht und begrenzt maßhaltige Holzbauteile** im Freien
Dickschichtlasuren (Lacklasuren) – Alkydharze und Dispersionsacrylat	**dickflüssiger,** daher geringeres Eindringvermögen, größere Schichtdicken möglich (50 bis 60 µm), bilden einen **lackähnlichen Anstrichfilm,** sehr guter Feuchtigkeitsschutz, daher besonders für **maßhaltige Holzbauteile** (z. B. Fenster) geeignet, längere und bessere Haltbarkeit (viele Jahre)
Dispersionslasuren (wässrige Lasuren) – Acrylharze (auch Alkydharze)	**dickflüssiger** (Festkörper zwischen 30 und 50 %), deshalb geringeres Eindringvermögen, meist tropfgehemmt und dadurch gut verarbeitbar, geruchsarm, weil unter 10 % organische Lösemittel, deshalb sehr **umweltfreundlich** und besonders für Innenräume geeignet, **gewinnen an Bedeutung**

Die Dünnschichtlasur ist eine offenporige, meist lösemittelhaltige Holzschutzlasur mit weniger Bindemittel, die tief in das Holz eindringen kann. Die Dickschichtlasur enthält mehr Binde-mittel, bildet einen Anstrichfilm auf der Holzoberfläche und somit einen guten Wetterschutz.

Dispersionslasuren sind auf Acrylatbasis, **wasserverdünnbar** und es gibt sie als Dünn- und Dickschichtlasuren für innen und außen. Sie sind **umweltfreundlich** (emissions- und schadstoffarm), blockfest und für alle Holzbauteile (auch maßhaltige) geeignet.

Wegen ihrer einfachen Verarbeitung und Umweltverträglichkeit gewinnen Holz(schutz) lasuren auf Wasserbasis immer mehr an Bedeutung.

Werkstoffart

Die **Unterschiede** von **Dickschicht- und Dispersionslasuren** werden in den folgenden Schemazeichnungen aufgezeigt.

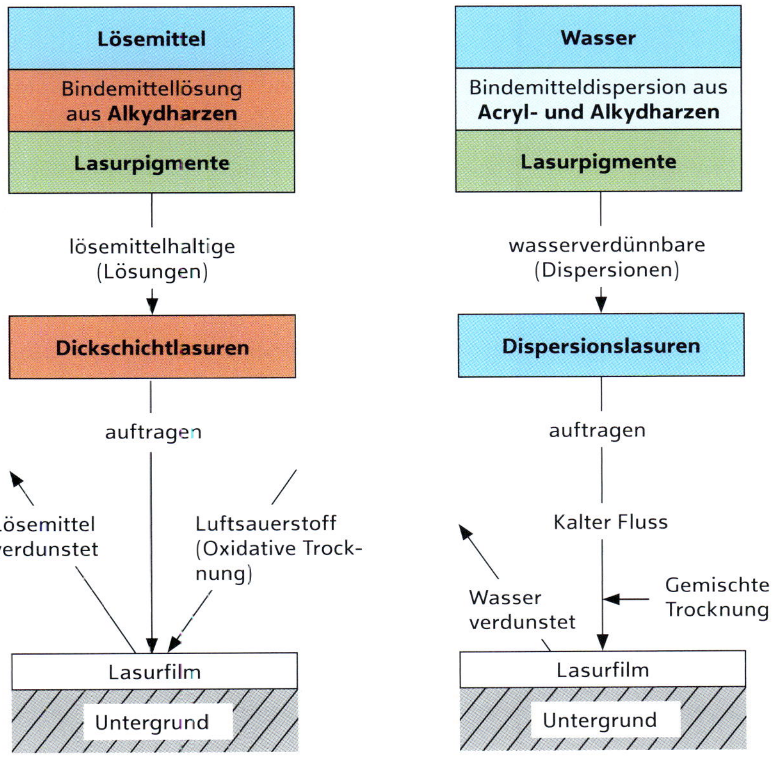

Wichtiger Hinweis: Einen optimalen Holzschutz im Außenbereich bieten lasierende Beschichtungen nur dann, wenn sie mit ausreichender Pigmentierung und Schichtdicke aufgetragen werden. Sie können dann die schädlichen UV-Strahlen abschirmen und das Holz vor Vergrauung schützen. Durch eine farblose oder zu gering pigmentierte Holzlasur dringen UV-Strahlen hindurch und zerstören die Holzoberfläche.

Untergrundvorbehandlung

Der Untergrund muss fest, tragfähig, trocken und sauber sein. Nicht tragfähige Beschichtungen sind restlos zu entfernen. Alte intakte Lasuranstriche sind – am besten mit Schleifvlies – gründlich anzuschleifen. Nach **DIN 18363** für Anstricharbeiten darf die **Holzfeuchtigkeit** für maßhaltige Bauteile bei **Nadelholz 15 %,** bei **Laub- und tropischem Holz 12 %** nicht übersteigen.

Die Verarbeitung erfolgt bei Holzlasuren überwiegend mit dem Pinsel. Dispersionslasuren sollten wie Dispersionslacke mit Acryllackierpinsel (Orel) gestrichen werden. Zum Werkzeugreinigen nach Gebrauch wird bei Dispersionslasuren Wasser und bei Dünn- und Dickschichtlasuren Terpentinersatz verwendet.

Anstrichaufbau

Untergründe	Imprägnierung	Grundierung	Zwischen- und Schlussanstrich
Holz außen (maßhaltig) z. B. Türen und Fenster	1x Holzimprägniergrund	1x Holzschutzlasur	2x Dickschichtlasur
Holz außen (nicht maßhaltig) z. B. Zäune, Verbretterungen			1x Dickschichtlasur

Wirkungsweise von Dickschicht- und offenporiger Holzlasur:

Offenporige Holzlasur dringt in die Poren ein.

Dickschichtlasur bleibt an der Holzoberfläche.

Holzlasuren schützen vor den holzschädigenden UV-Strahlen.

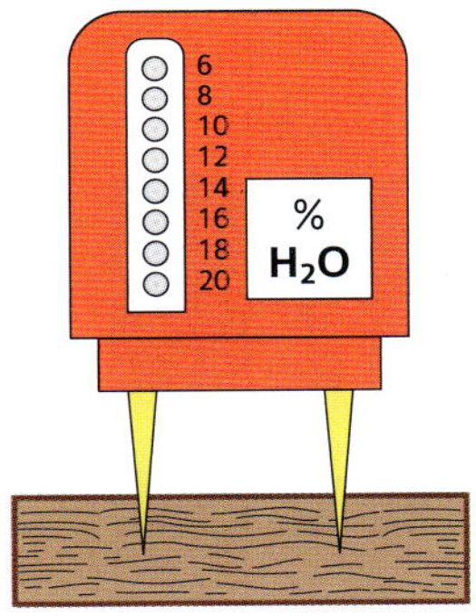

Messen der Holzfeuchtigkeit

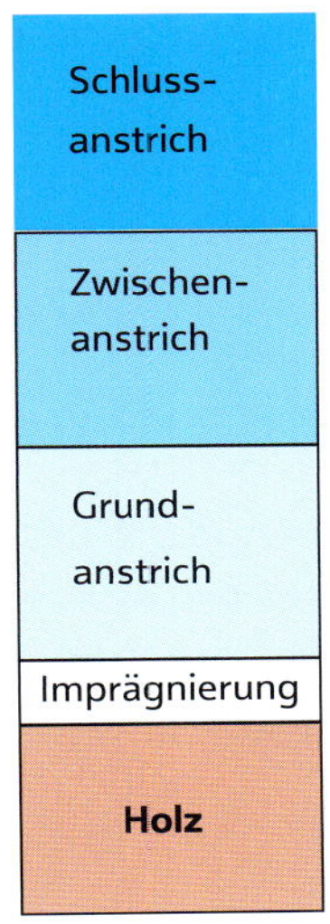

Anstrichaufbau eines deckenden Lackanstrichs auf Holz (Schichtdicke 150 µm); ein Dickschicht-Lasuranstrich ist nur 60 µm stark

Untergründe	Imprägnierung	Grundierung	Zwischen- und Schlussanstrich
Holz innen z. B. Fußleisten, Regale, Türen und Vertäfelungen			1–2x Dickschicht-lasur
Altanstriche	wie vorgenannte Untergründe		wie vorgenannte Untergründe

Besonders bewährt hat sich die Anstrichkombination von Dünnschichtlasur und anschließender zweimaliger Dickschichtlasur.

11.4 Brandschutzmittel

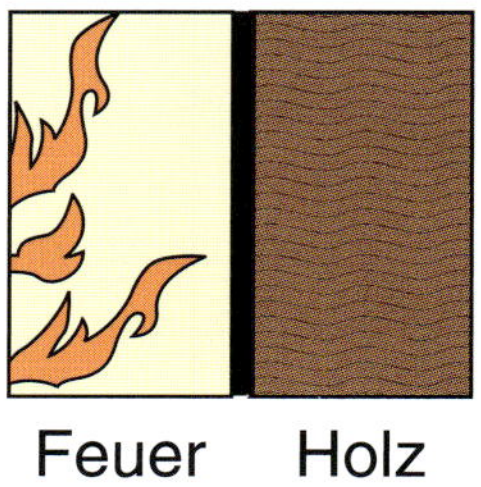

feuerhemmender Anstrich vor dem Aufschäumen

Brandschutzmittel, auch Feuerschutzmittel genannt, schützen Baustoffe und Bauteile gegen Zerstörung durch Feuer. Es handelt sich hierbei um **feuerhemmende Anstrichstoffe** auf Dispersions- und Lösemittelbasis für Holz- und Metalluntergründe.

Feuerhemmende Beschichtungen auf Holz oder Stahl können Brände verhindern oder verzögern. Dadurch kann Zeit zum Löschen oder Retten gewonnen werden.

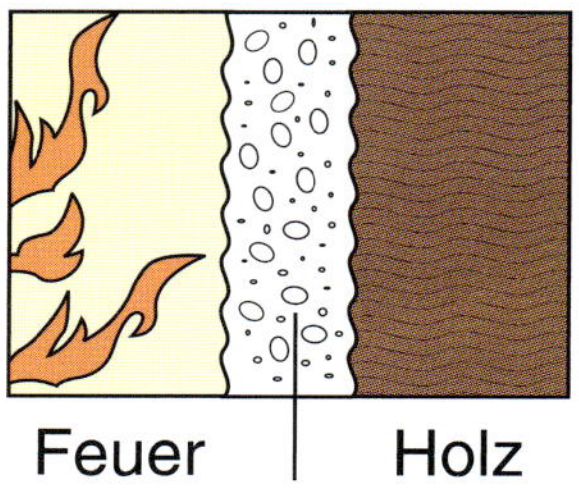

Kohleschaumschicht schützt das Holz

Die Brandschutzmittel enthalten **Dämmschichtbildner**, die im Brandfall durch die Hitze Kohlenschaum bilden. Diese dicke Schaumschicht hat eine schlechte Wärmeleitfähigkeit und schützt somit den Untergrund vor Hitze und Entzündung.

Brandschutzmittel sollen

- **Holzbaustoffe schwerentflammbar** machen (B1) und
- die **Feuerwiderstandsdauer von Stahl** erhöhen.

Der **Brandschutz** ist nach **DIN 4102** genormt (Brandverhalten von Baustoffen und Bauteilen).

Brandschutzanstrich auf Stahlträger

Brandschutzmittel müssen vom Institut für Bautechnik zugelassen sein, mit entsprechendem **Prüfbescheid**

Teil 1 Baustoffklassen

Teil 1 beurteilt Baustoffe nach ihrem Brandverhalten:

Baustoffklasse A	nicht brennbare Baustoffe	z. B. Stahl
Baustoffklasse B1	schwerentflammbare Baustoffe	mit Brandschutzmittel beschichtete Baustoffe
Baustoffklasse B2	normalentflammbare Baustoffe	z. B. dickeres Holz
Baustoffklasse B3	leichtentflammbare Baustoffe	z. B. dünneres Holz

Holz wird im Allgemeinen in die Baustoffklasse B2 eingereiht. Es kann durch die Behandlung mit Brandschutzmitteln in die Baustoffklasse B1 eingestuft werden.

Teil 2 Feuerwiderstandsklassen

Wie lange kann ein Bauteil bei Brand seine Funktion noch erfüllen?

Die Feuerwiderstandsklasse F 30 bedeutet, dass ein Bauteil dem Feuer 30 Minuten widersteht

Feuerwiderstandsklasse	Feuerwiderstandsdauer	Bauaufsichtliche Benennung
F 30	> 30 Minuten	feuerhemmend
F 60	> 60 Minuten	feuerhemmend
F 90	> 90 Minuten	feuerbeständig

Stahl verliert bei Temperaturen oberhalb 550 °C seine Tragfähigkeit. Durch Behandlung mit Brandschutzmitteln kann die Feuerwiderstandsklasse F 30, F 60 und F 90 erreicht werden.

Brandschutzmittel gibt es in verschiedenen Anstrichsystemen:

Brandschutzsysteme	Verwendung
– deckend oder farblos auf Dispersionsbasis – deckend auf Lösemittelbasis	für Vollholz und Holzwerkstoffe
– deckend auf Lösemittelbasis	für Metall, z. B. Stahl

Ein Brandschutzsystem besteht aus aufeinander abgestimmten Anstrichschichten:

1. **Grundierung** (bei Holz Dämmschichtgrundierung und bei Stahl Rostschutzgrundierung)
2. **Brandschutzmittel** (Dämmschichtbildner)
3. **Schlusslack** (schützt den Dämmschichtbildner vor Feuchtigkeit und Beschädigung)

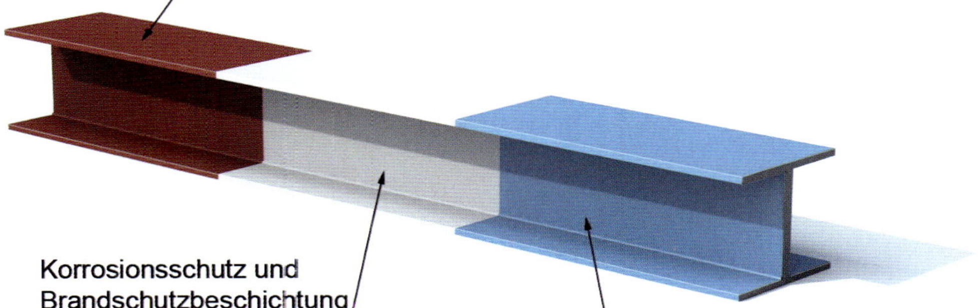

Brandschutzmittel müssen nach den Verarbeitungshinweisen der Hersteller verarbeitet werden!

11.5 Dichtstoffe

Dichtstoffe (Abdichtungsmassen) werden im Innen- und Außenbereich zum Verschließen von Spalten und Fugen verwendet. Sie dichten offene Baufugen ab und verhindern somit Bauschäden durch eindringende Feuchtigkeit. Dichtstoffe kommen dort zum Einsatz, wo verschiedene Bauteile und Baustoffe aneinanderstoßen.

Dichtstoffe sind zähflüssige (pastöse) und meiste aushärtende Werkstoffe zum Abdichten von Fugen, Risse, Spalten und Löcher. Am Bau sind diese Abdichtungen auch Bewegungen ausgesetzt und deshalb benötigen Dichtstoffe eine gewisse Elastizität.

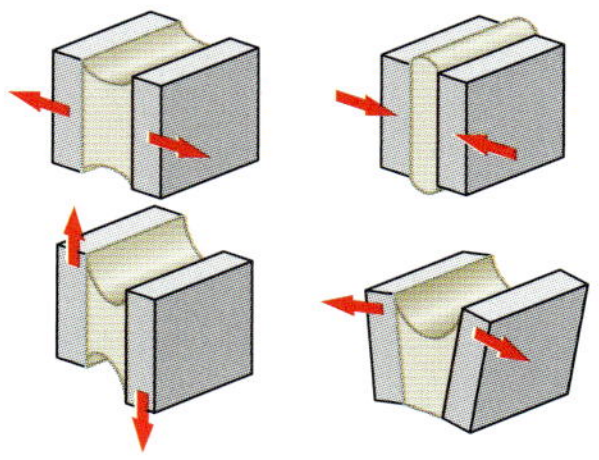

Bewegungsbeanspruchungen von Dichtstoffen am Bau

Wir unterscheiden zwei verschiedene Fugenarten:

Fugenarten	Beispiele
Anschlussfugen	Fugen zwischen Fenstern und Wänden, Fugen zwischen Fensterrahmen und Glasscheiben, Fugen zwischen Fensterbank und Fensterrahmen
Dehnungsfugen	Fugen zwischen verschiedenen Betonbauteilen, Fugen zwischen Wänden und Decken beim Trockendachausbau mit Gipskartonplatten, baudynamische Fassadenrisse

Qualitativ gute **Dichtstoffe** erkennt man an folgenden Eigenschaften:

- Sie müssen witterungs-, alterungs- und lichtbeständig sein.
- Sie müssen widerstandsfähig gegen chemische Einwirkungen sein.
- Sie sollten sich mit den abzudichtenden Baustoffen und deren Beschichtungen vertragen.

Geeignete Dichtstoffe:
- **Silikon** (aus Silicium)
- **Acryl** (Acrylatdispersion)
- **Polymere** (Polyetherbasis)
- **Kunststoff** (Polyurethan)
- **Bitumen** (Mineralölprodukt)

Elastische Dichtstoffe sind die wichtigsten und gebräuchlichsten Dichtstoffe

Die **Dichtstoffe** lassen sich folgendermaßen einteilen:

Dichtstoffarten	Eigenschaften	Verwendung
Erhärtende Dichtstoffe – Leinölkitt – Bitumen	Ölkitte verspröden mit der Zeit, gehen vom plastischen Zustand in den harten Zustand über	Ölkitt wird für Verglasungen verwendet und muss überstrichen werden. Bitumendichtstoffe dürfen nicht überstrichen werden
Plastische Dichtstoffe – Polyacrylat – Butylkautschuk	sie sind gut alterungsbeständig, bleiben plastisch, d. h. sie machen eine Bewegung mit und bleiben dann in dieser Form bis zu einer neuen Formänderung	für Bauwerksfugen mit geringen Veränderungen, z. B. Anschlussfugen und Putzrisse, sie können überstrichen werden, Herstelleranweisung beachten!
Elastische Dichtstoffe – Silicon – Polysulfid – Polyurethan	sie bleiben dauerelastisch, sie gehen vom plastischen in den elastischen Zustand über, nicht überstreichbar	meist für Dehnungsfugen, dürfen nicht überstrichen werden, bis 1 mm über Dichtstoffrand beschneiden, Acryldichtstoff meist für innen
MS Polymer (Hybriddichtstoff)	lösemittelfrei (fast geruchlos), lösemittel- und wetterbeständig temperaturbeständig bis 180 °C, transparent oder eingefärbt, überstreich- und überlackierbar, relativ formstabil (schrumpfen nur wenig)	Einsatz auf dem Bau: Steine, Fliesen, Metalle, Holz und Kunststoffe können miteinander verklebt und abgedichtet werden, auch als Flächenklebstoff
Dichtungsfüllschaum – Polyurethan	der Füllschaum wird fest und verklebt mit den Fugenrändern, er wirkt wärmedämmend, bleibt elastisch, reißt und bröckelt nicht	zum Auffüllen von breiten und tiefen Anschlussfugen, z. B. beim Tür- und Fenstereinbau, kann geschnitten, geschliffen und beschichtet werden

Dachreparaturdichter

Verarbeitung

Dichtstoffe müssen sauber verarbeitet werden. Besonders bei Silicondichtstoffen ist darauf zu achten, dass keine **Siliconrückstände** auf die angrenzende Anstrichfläche gelangen, weil dies zu **Anstrichschäden** führt.

Dichtstoffe sind **in luftdichten Ausspritzkartuschen** farblos und in vielen Farbtönen erhältlich. Sie werden von Malerinnen und Malern meistens mit einer **Handdruckkartuschen** pistole verarbeitet.

Anschlussfalz abdichten

Abdichtung von Eckfugen

Abdichtung von Fensterrahmen und Fensterbank

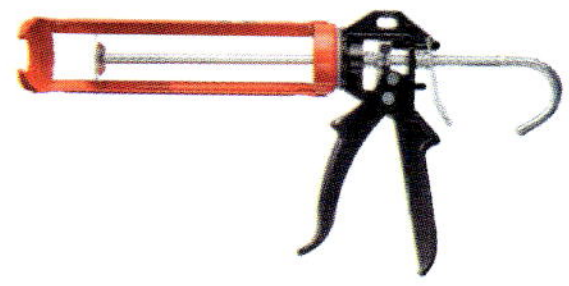
Kartuschenpistole

11.6 Baugipse

Rohgips wird als Gipsstein in Steinbrüchen gebrochen. Durch Brennen bei 120 bis 200 °C wird aus Gipsstein Gips hergestellt. Dabei entweicht das im Gipsstein enthaltene Kristallwasser und es entsteht der sogenannte Stuckgips.

Baugips ist ein Sammelname für Gips-Bindemittel, die vor allem für Putz-, Stuck und Estricharbeiten verwendet werden. Auch bei der Herstellung von Gipsbauplatten wird Gips verwendet.
Baugipse werden im Baubereich für verschiedene Anwendungen eingesetzt.

Stuckgips erhärtet nach dem Einstreuen in Anmachwasser in durchschnittlich 30 Minuten. In dieser Zeit nimmt der Gips das beim Brennen abgegebene Wasser wieder auf und bindet es chemisch ein. Dadurch entsteht aus dem Stuckgips wieder der ursprüngliche Gipsstein.

Gips erhärtet sehr schnell unter Wärmezugabe, an der Luft und unter Wasser.

Durch unterschiedliche Brenntemperaturen und Zugabe von Hilfsstoffen können verschiedene Gipssorten hergestellt werden.

Gipssorten	Verwendung/Beschreibung
Stuckgips	für Innenputze (Gipsputz, Gipskalkputz und Kalkgipsputz), für Stuckornamente (Formarbeiten) als Wand-, Decken- und Fassadenstuck
Putzgips	für Innenputz (Gipsputz und Gipssandputz), wird als Hand- und Maschinenputz verwendet, härtet nicht so schnell wie Stuckgips und kann deshalb länger verarbeitet werden
Mörtelgips	Durch die Beimischung von Verzögerern wird die Verarbeitungsdauer verlängert. Wird beispielsweise für die Befestigung von Elektrosteckdosen verwendet.
Maschinenputzgips	für Innenputze unter Einsatz von Putzmaschinen, enthalten Zusätze, die ein maschinelles Verputzen ermöglichen
Fertigputzgips	für Innenputze, versteift langsam, besondere Verarbeitungseigenschaften durch Zusatzmittel
Haftputzgips	hat eine besonders gute Oberflächenhaftung, für Innenputze auf schwierigen Untergründen, Zusätze zur Haftverbesserung, auch Füllstoffe dürfen zugesetzt werden. Als Montagegips wird er für Befestigung von Kabeln, Dosen und Schalter eingesetzt.
Ansetzgips	zum Ansetzen (Kleben) von Gipskartonplatten als Wand- und Trockenputz, Zusätze für langsames Versteifen und gute Haftung
Fugengips	zum Verbinden (Verspachteln) der Gipskartonplattenstöße, also zum Ausfugen von Bauplatten und Rissen. Zusätze für langsames Versteifen
Spachtelgips	zum Verspachteln von Gipskartonplatten und Ausbessern von kleinen Löchern und Unebenheiten auf Wandflächen, Zusätze für langsameres Versteifen und spachtelmäßiges Verarbeiten
Anhydritgips	für Fußbodenestrich und nach Sandzusatz für Innenputz, wasserfreier Gips mit Zusätzen von Zement- oder Branntkalkpulver

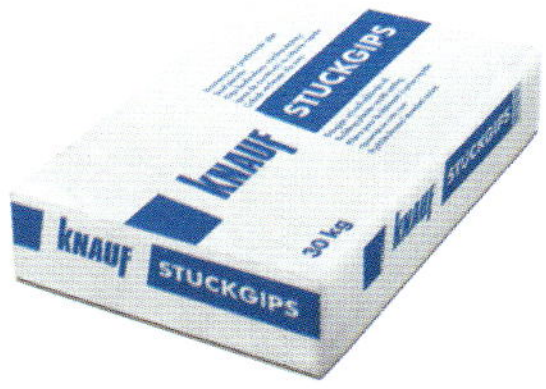

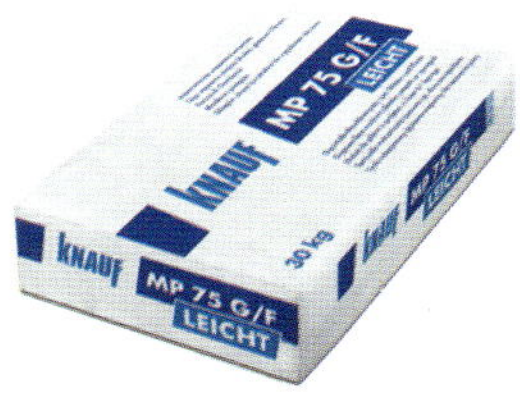

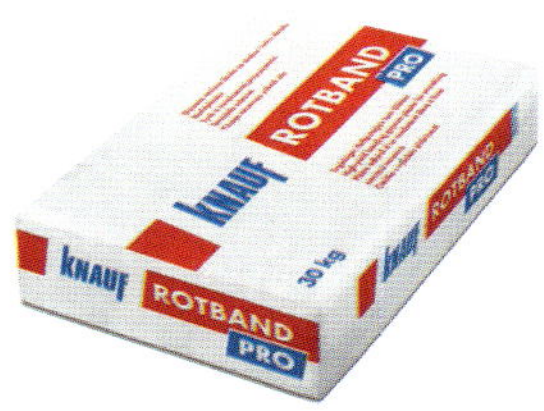

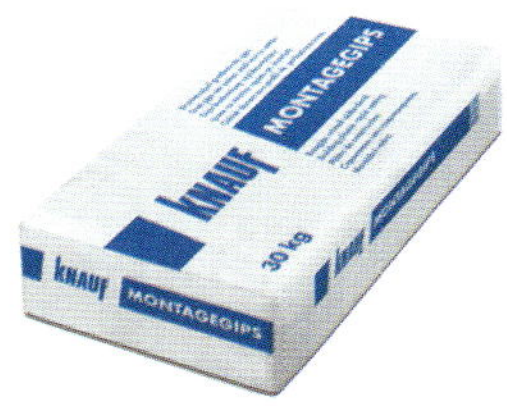

Gipsbecher und Malerspachtel

Baugipse gibt es anmischfertig als Sackware von der Baustoffindustrie. Sie müssen trocken gelagert werden, denn sie haben eine starke Neigung Wasser aufzunehmen.

Verarbeitung von Gips

Zum Anrühren wird der Gips gleichmäßig in das Anmachwasser gestreut. Erst wenn sich auf der Wasseroberfläche eine Insel bildet, darf der Gips angerührt werden. Dabei ist darauf zu achten, dass sich keine Klumpen bilden, da diese ungebundenen Gips enthalten. Der Gips muss dann in einer bestimmten Zeit verarbeitet werden, weil er sehr schnell erhärtet.

11.7 Spachtelmassen

Erhöhung und Vertiefungen des Untergrunds erfordern Spachtelarbeiten.

Untergründe sind oft nicht ausreichend glatt und eben. Sie haben **Erhöhungen,** z. B. durch Körnungen von Strukturputzen, oder **Vertiefungen,** wie Löcher, Risse und Poren. Diese Untergrundmängel müssen vor einer weiteren Beschichtung durch Auftragen von Spachtelmasse beseitigt werden.

Spachtelmassen sind meist pigmentierte und hochgefüllte, pastöse Werkstoffe, die Beschichtungsuntergründe ausgleichen, füllen und glätten.

Bezeichnung der Spachtelmassen nach Verwendungszweck:
- Wandspachtel
- Fassadenspachtel
- Betonspachtel
- Fußbodenspachtel
- Autospachtel
- Holzspachtel
- Lackspachtel
- Wärmedämmspachtel

Spachtelmassen können bei der Herstellung zieh-, streich- oder spritzbar eingestellt werden. Deshalb werden sie auch als **Zieh-, Streich-** oder **Spritzspachtel** bezeichnet. Die getrocknete Spachtelschicht muss sich gut schleifen lassen und wird gewöhnlich weiter beschichtet. Sie ist also meistens eine Beschichtung zwischen der Grundierung und dem Zwischenanstrich.

Spachtelmassen sind Beschichtungsstoffe, die aus Bindemitteln, Füllstoffen, Pigmenten, Lösemitteln und Zusatzstoffen bestehen. Durch den großen Füllstoffanteil besitzen Spachtelmassen weniger Elastizität. Deshalb sind Spachtelungen auf Holz- oder Kunststoffuntergründen problematisch. **Spachtelmassen** werden meistens **nach dem Bindemittel bezeichnet** z. B. Ölspachtel, weil es ihre **Eigenschaften** (Haftung, Trocknung) und ihren **Einsatzbereich** bestimmt.

Zwei Gruppen von Spachtelmassen werden unterschieden:

organisch gebundene Spachtelmassen	sind lösemittelhaltig und enthalten als Bindemittel Alkyd-, Epoxid-, Acryl- und Nitrozellulosekombinationsharze sowie Polyester
mineralisch gebundene Spachtelmassen	sind wässrige Spachtelmassen und enthalten als Bindemittel Gips, Kalk und Zement mit Kunststoffzusätzen

Die Tabelle zeigt eine Übersicht über die im Fachhandel angebotenen Spachtelmassen:

Arten	Eigenschaften	Verwendung
wässrige Spachtelmassen – Gipsspachtel – Zementspachtel – Dispersionsspachtel – Silikatspachtel	Gips- und Zementspachtel (in Pulverform) haben oft Dispersionszusätze, sie trocknen hydraulisch durch Abbinden mit Wasser und lassen sich in dicken Schichten auftragen	überwiegend auf mineralischen Untergründen, Gipsspachtel ist nur für den Innenbereich geeignet, Gips- und Zementspachtel müssen mit Wasser angerührt werden

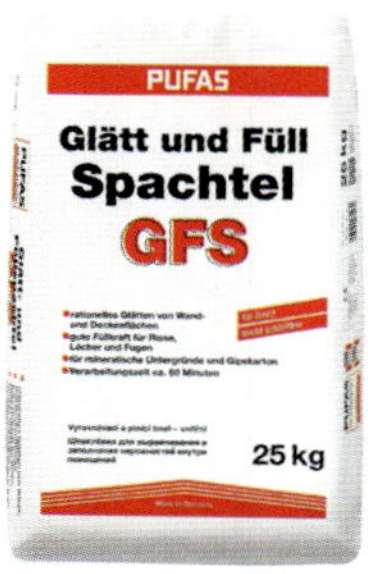

Glättspachtel

Arten	Eigenschaften	Verwendung
Einkomponenten-lackspachtel – Ölspachtel – Alkydharzspachtel – Nitrokombispachtel – Acrylspachtel	gibt es gebrauchsfertig im Handel, sie trocknen physikalisch und/ oder chemisch, sie sind meist pigmentiert und durchgetrocknet gut schleifbar Acrylspachtel auf Wasserbasis ist geruchsarm, schnell trocknend und gut schleifbar.	unter nachfolgenden Lackschichten, auf allen Untergründen außer Holz im Außenbereich, Nitrokombispachtel in der Fahrzeuglackierung Acrylspachtel ist mit allen Alkyd- oder Acryllacken überstreichbar.
Zweikomponenten-lackspachtel – Epoxidharzspachtel – Polyesterspachtel	müssen vor Gebrauch mit Härterpaste angerührt werden, sie trocknen schnell durch chemische Reaktion der beiden Bestandteile, gute Haftung und sehr hart, Polyesterspachtel braucht man für große Schichtdicken	Epoxidharzspachtel besonders für Betonuntergründe Polyesterspachtel für Metalluntergründe, z. B. direkt auf Stahl in der Fahrzeuglackierung

Holz-Lack-Spachtel ist ein gebrauchsfertiger Holzspachtel. Er eignet sich besonders zum Feinglätten von unbehandelten oder gestrichenen Holzuntergründen vor einer neuen Lackierung.

Für alte Techniken des Malerhandwerks wie Glätte- und Marmoriertechniken gibt es gebrauchsfertige **Spezialspachtelmassen** im Fachhandel. Es sind Glättespachtelmassen sowohl auf Dispersions- als auch auf Kalkbasis und teilweise noch mit Effektpimenten vergütet. Diese porzellanglatten Wandbeschichtungen werden für repräsentative Empfangshallen in Banken und Hotels, aber auch für exklusiv gestaltete Privaträume eingesetzt. Die **Spachtel- bzw. Glättetechnik** wird in der Fleckspachteltechnik mit Japan- oder Doppelblattflächenspachteln ausgeführt. Dagegen bezeichnet man eine Spachteltechnik mit Sumpfkalk auch als **Kalkpresstechnik**. Durch druckvolles Spachteln mit einer **Venezianer-Glättkelle** wird eine edle, marmorähnliche Oberfläche erzielt.

Verarbeitung

Je nach Untergrundbeschaffenheit ist eine **ganzflächige Spachtelung** oder ein **Ausflecken** von einigen Fehlstellen erforderlich. Wenn auf Altanstrichen gespachtelt werden soll, ist vorher die Tragfähigkeit zu prüfen und anzuschleifen. Poröse, saugende Untergründe müssen vor dem Spachteln grundiert werden. Bei wässrigen Spachtelmassen muss die Temperatur bei Verarbeitung über 5 °C liegen.

Zum Aufziehen der Spachtelmasse sind **spezielle Spachtelwerkzeuge** erforderlich. Für kleinere Flächen eignen sich **Japanspachtel**. Für größere Flächen wie Türblätter sind **Doppelblattflächenspachtel** geeignet. Zur Abglättung großer Wand- und Fassadenflächen sind **Glättekellen** oder Fassadenspachtel ideal. Bei großen Unebenheiten sollten **mehrere dünne Schichten** aufgespachtelt werden, was eine bessere Durchtrocknung bewirkt. **Spritzspachtel** werden nicht nur bei Fahrzeuglackierungen eingesetzt: **Spachtelschichten** lassen sich damit gleichmäßig auftragen, was die Schleifarbeit verkürzt.

11.8 Bronzen

Bronzen sind **echte Metallpulver,** die metallischen Glanz bringen. Es handelt sich dabei um schuppen- oder blättchenförmige **Metalleffektpigmente.**
Bronzen nennt man aber auch **fertige Anstrichstoffe**, bei denen Bronzepulver in Bindemittel angerührt ist.

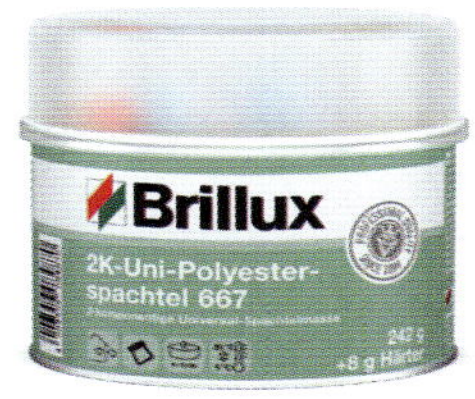

2K-Spachtel

Mineralische Glättspachtelmasse besteht aus Sumpfkalk, Marmormehl, Wasser und Zusatzstoffen

Venezianer Glättkelle

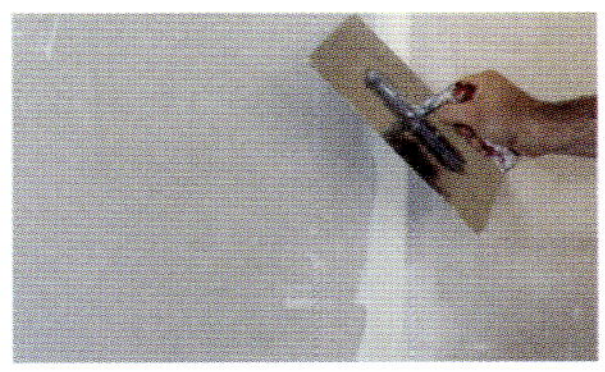

Spachteln

Bronzefarben und Bronzelacke sind Anstrichstoffe, die aus Bindemittel, Bronzepulver (Metalleffektpigmenten) und Lösemittel bestehen.

Bronzepulver werden z. B. in der Porzellan- und Glasmalerei verwendet oder können, in frischen Lack gestreut, metallische Effekte erzielen. Für wetterbeständige Anstriche mit metallischem Aussehen gibt es Bronzelacke mit geeignetem Bindemittel. Bronzelacke können durch Streichen oder Spritzen aufgetragen werden.

Es gibt verschiedene Arten von Bronzen:

- **Echte Goldbronze** (wetterbeständiges Pulver- oder Pudergold)
- **Silberbronzen** (reines Silber oder Silbernickellegierung)
- **Goldbronzen** (nicht wetterbeständiges Messingpulver)
- **Aluminiumbronzen** (wetterbeständiges Aluminiumpulver)
- **Kupferbronzen** (reines Kupferpulver)

11.9 Blattmetalle

Foto: mit freundlicher Genehmigung von Giusto Manetti Battiloro

Blattgoldsorten:

Ewiggold	(24 Karat)
Rosenoblegold	(23¾)
Dukatengold	(23–23½)
Orangengold	(22–22½)
Zitronengold	(18 Karat)
Grüngold	(16 Karat)

Blattsilber muss zum Schutz vor Oxidation sofort **einen Lacküberzug erhalten**, z. B. mit Schellack oder Zaponlack.

Blattmetalle sind **besondere Werkstoffe**, die für Vergolderarbeiten in der Denkmalpflege und in der Werbung eingesetzt werden. Blattmetalle sind hauchdünn gewalzte und von Hand geschlagene Metallfolien. Sie können auf alle Untergründe geklebt werden und verleihen ein metallisches Aussehen.

Sorten	Beschreibung	Verwendung
Blattgold	als reines Gold (24 Karat) oder Goldlegierung, als Blattgold 80 x 80 mm oder als Pulvergold, für außen (mind. 23 Karat) auch als Transfergold (Sturmgold), das ist auf Seidenpapier gepresstes Blattgold	Für **Ölvergoldungen** (mit Anlegeöl geklebt) im Außenbereich, **z. B. Turmspitzen und Metalltore, im Innenbereich auch für Hinterglasvergoldungen (Werbung), für Polimentvergoldungen (Innenvergoldungen) in Kirchen, für Figuren, Möbel u. a.**
Blattsilber	reines geschlagenes Silber, im gleichen Format, aber dicker als Blattgold, muss mit einem farblosen Lacküberzug geschützt werden, weil es sehr schnell oxidiert und sich verfärbt	meist in der Denkmalpflege, bei der Polimentversilberung, bei der Versilberung mit Mixtion und Anlegemilch, nur für Versilberungen im Innenbereich
Blattaluminium	reines gewalztes Aluminium, Format wie Blattgold, aber auch in größeren Schlägen (140 x 140 mm), wetter- und farbbeständig	wird als Ersatz für Blattsilber verwendet
Kompositionsgold bzw. Schlagmetall	aus Messing (Legierung von Kupfer und Zink) hergestellter Blattgoldersatz auch in Pulverform, in größerem Format lieferbar, muss vor Oxidation durch einen Lacküberzug geschützt werden	für unechte Vergoldungen in Innen räumen oder als Goldpulver, für Oberfl ächeneff ekte bei Lack techniken

Vergolderwerkzeug

Goldstärken:
- Einfachgold 1/9000 mm
- Doppelgold 1/4500 mm
- Dreifachgold 1/3000 mm

Bei der **Herstellung** wird Blattgold zuletzt in Handarbeit geschlagen, weil durch eine maschinelle Produktion die Materialstärke von 1/9000 mm bis 1/10000 mm nicht erreicht werden kann. Echtes Blattgold wird in Form von quadratischen Blättchen geliefert, die meist 80 · 80 mm groß sind. Nach ihrer Stärke unterscheidet man **Einfach, Doppel** und **Dreifachgold**. Blattgold gibt es auch als **Rollengold** in 20 m langen Streifen und mit Breiten von 5–30 mm für Profile und Leisten.

In den Handel kommt das Blattgold in Seidenpapierheftchen. In jedem Heft befinden sich 25 Blatt. Die Heftchen sind zu Büchern zusammengefasst. Jedes

Buch enthält 10 Heftchen, ingesamt also 250 Blatt. Für die Vergoldung von 1 m^2 Fläche benötigt man etwa 180 Blatt.

Vergolden

Je nach Vergoldungsart und gewünschter Wirkung wird spezielles Klebemittel aufgebracht. Das Blattgold wird dann mit einem Anschießerpinsel auf den Untergrund übertragen.

1. **Aufnehmen eines Goldblattes:** Das Blattgold wird vorsichtig über die Klinge geblasen und auf die freie Kissenfläche gezogen.
2. **Zerteilen des Goldblattes:** Das Vergoldermesser muss fettfrei und sauber geschliffen sein, damit das Gold beim Zerteilen nicht daran hängen bleibt (Abb. 1).
3. **Aufnehmen des Goldblattes:** Damit das Gold daran haften bleibt, muss der Anschießer zunächst durch Reiben (z. B. an den Haaren) elektrostatisch aufgeladen werden (Abb. 2).
4. **Anschießen des Blattgoldes:** Bei senkrechten Arbeiten arbeitet man von unten nach oben, damit herabfallende Goldreste nicht auf den benetzten Flächen haften bleiben.

Abb. 1

Abb. 2

Die Ölvergoldung ist die haltbarste Vergoldertechnik für den Innen- und Außenbereich. Das Anlegemittel (Ölmixtion oder Acryl-Anlegemilch) ist der Klebstoff, um Blattgold auf lackierte Oberflächen aufzubringen.

Foto: mit freundlicher Genehmigung von Giusto Manetti Battiloro

Lieferform
1 Heftchen = 25 Blatt
1 Buch = 10 Heftchen
= **250 Blatt**

Vergoldungsarten:

Matt- oder Ölvergoldung
(mit Anlegemittel – kann nicht poliert werden)

Glanzvergoldung
z. B. Polimentvergoldung auf Kreidegrund, Poliment (Träger des Blattgoldes). Als Kleber wird Netze aus destillierten Wasser und Alkohol verwendet.

Hinterglasvergoldung
Das Blattgold wird auf die Rückseite des Glases mit Klebemittel, z. B. Gelatine, Anlegeöl, Anlegemilch oder UV-Klebstoff aufgebracht.

Aufgaben

1. *Nennen Sie fünf wichtige Spezialwerkstoffe.*
2. *Beschreiben Sie die Aufgaben von Absperrmitteln.*
3. *Welche Verwendung haben Imprägniermittel?*
4. *Welche Verwendung haben Fluate?*
5. *Nennen Sie Unterschiede zwischen Farbstoffbeizen und chemischen Beizen.*
6. *Welche Aufgaben haben Holzschutzmittel?*
7. *Was bedeuten die Kurzzeichen „Iv“ und „Ib“ bei Holzschutzmitteln?*
8. *Erklären Sie den Begriff „Biozide“.*
9. *Was hat die amtliche Überwachung und Bewertung der Prüfzeichen für eine Aufgabe?*
10. *Welche Aufgaben haben Holzschutzimprägnierungen?*

11. Beschreiben Sie drei wichtige Schutzmaßnahmen bei der Verarbeitung von Holzschutzmitteln.
12. Welche optischen Wirkungen haben Holzlasuren?
13. Welche Anforderungen werden an Holzlasuren gestellt?
14. Beschreiben Sie den Unterschied zwischen Holzlasuren und Holzschutzlasuren.
15. Welchen Unterschied gibt es zwischen Dünn- und Dickschichtlasuren?
16. Was sind maßhaltige Holzbauteile?
17. Warum ist ein guter UV-Schutz für Holz besonders wichtig?
18. Wie hoch darf die Holzfeuchtigkeit bei maßhaltigen Holzbauteilen sein?
19. Beschreiben Sie einen Lasuranstrichaufbau auf Holztüren im Außenbereich.
20. Welche Aufgaben haben feuerhemmende Beschichtungen?
21. Wie schützen Brandschutzmittel Holzbauteile vor Zerstörung durch Feuer?
22. Welche Bedeutung hat die Feuerwiderstandsklasse F30?
23. Welche Arten von Brandschutzsystemen gibt es?
24. Welche Aufgaben haben Dichtstoffe?
25. Beschreiben Sie die wichtigsten Eigenschaften der Dichtstoffe.
26. Welche Dichtstoffarten unterscheiden wir?
27. Wie werden Dichtstoffe verarbeitet?
28. Nennen Sie fünf wichtige Baugipse.
29. Welche Verwendung hat Fugengips?
30. Welche Aufgabe haben Spachtelmassen?
31. Warum werden Spachtelmassen meistens nach dem Bindemittel benannt?
32. Was sind mineralisch gebundene Spachtelmassen?
33. Beschreiben Sie die Eigenschaften der wässrigen Spachtelmassen.
34. Welche zwei Bedeutungen hat der Begriff „Bronzen“?
35. Welche Bronzearten werden unterschieden?
36. Welche Verwendung hat Blattgold?
37. Beschreiben Sie den Unterschied zwischen Blatt- und Kompositionsgold.
38. Welche Blattgoldstärken gibt es und wie stark sind sie?
39. Warum muss man beim Aufnehmen des Blattgoldes sehr vorsichtig sein?
40. Was versteht man unter dem Fachbegriff „Anschießer“?

12 Hilfsstoffe

Lernsituation 12

Arten und Einsatzgebiete von Hilfsstoffen und -mitteln zum Thema: „Hilfsmittel/Hilfsstoffe“

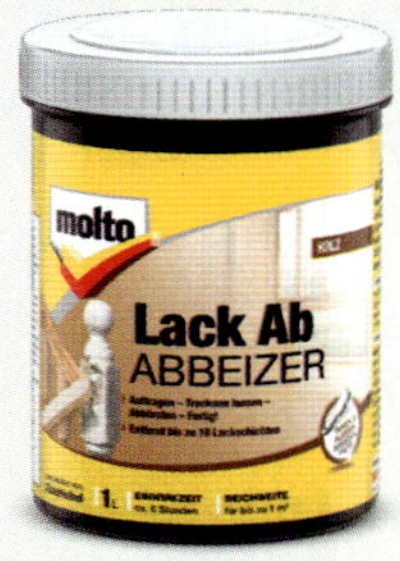

Situationsdarstellung:
Maler/-innen und Lackierer/-innen benötigen Hilfsstoffe zur Untergrundvorbereitung, z. B. zum Reinigen, Entfetten oder Entfernen alter Beschichtungen. Der Meister weist die Auszubildende daraufhin, dass eine sorgfältige Untergrundbearbeitung die Voraussetzung für eine gute Beschichtungsarbeit ist.

Sie sollten Informationen über Hilfsstoffe einholen und notwendige Kenntnisse erwerben. Um die verschiedenen Hilfsstoffe und ihre Einsatzgebiete kennen zu lernen, ist es hilfreich, die folgenden Arbeitsaufträge zu bearbeiten.

Arbeitsaufträge

1. *Notieren Sie die wichtigsten **Hilfsstoffe** mit zugehörigen Beispielen.*
2. *Nennen Sie **Reinigungsmittel** und ihre Verwendung.*
3. *Erklären Sie den Begriff „**Pinselreiniger**“ und seine Verwendung.*
4. *Was sind „**Tapetenlöser**“ und welche Aufgaben haben sie?*
5. *a) Erklären Sie den Begriff „**Abbeizmittel**“.*
   *b) Nennen und beschreiben Sie **verschiedene Abbeizmittel**.*
   *c) Beschreiben Sie die **Verwendung** der Abbeizmittel aus b.*
6. *Nennen Sie andere gesundheitsschonende **Entschichtungsverfahren**.*
7. *Nennen und beschreiben Sie verschiedene **Klebstoffarten**.*
8. *a) Nennen Sie verschiedene **Tapetenkleisterarten** mit ihren Eigenschaften.*
   *b) Ordnen Sie den Kleisterarten ihre **Verwendung** zu.*
9. *a) Erklären Sie den Begriff „**Dispersionskleber**“.*
   *b) Nennen Sie verschiedene **Dispersionsklebersorten** und ihre Verwendung.*
10. *a) Nennen Sie Abdecksysteme und diverse **Abdeckbänder**.*
    *b) Erklären Sie den Begriff „**Klebeband**“.*
    *c) Notieren Sie Klebebänder für **verschiedene Einsatzgebiete**.*
11. *a) Erklären Sie den Begriff „**Schleifmittel**“.*
    b) Nennen und beschreiben Sie die verschiedenen Schleifmittel.
12. *a) Beschreiben Sie den **Aufbau von Schleifmittel**.*
    *b) Nennen Sie **Schleifmittelunterlagen** und ihre Verwendung.*
    *c) Unterscheiden Sie die **Bindungsarten von Schleifpapier**.*
13. *a) Nennen Sie **Schleifkornmaterialien**, Härte und Einsatzbereich.*
    *b) Beschreiben Sie den Zusammenhang von **Korngröße** und der **P-Nummerierung**.*
14. *a) Nennen Sie **Vorteile** von Schleifvliesen.*
    *b) Notieren Sie **Schleifvliesformen** und ihre Anwendung.*
15. *a) Nennen Sie **Möglichkeiten** für **staubfreies Schleifen**.*
    *b) Nennen Sie **Aufgaben des Schleifens**.*
16. *a) Nennen Sie **Maßnahmen gegen Schleifstaub**.*
    *b) Welche **Sicherheitshinweise** sind bei Schleifarbeiten zu beachten?*

12.1 Arten von Hilfsstoffen

Zu den Hilfsstoffen gehören unterschiedliche Mittel:

- **Reinigungsmittel** (Alkali- und Phosphatgemische mit Netzmittel, Lösemittel und Fluaten)
- **Abbeizmittel** (Laugen und lösemittelhaltiges Abbeizfluid)
- **Schimmelentferner** (Antischimmelspray, auch chlorfrei)
- **Klebstoffentferner** (für Klebstoff- und Bodenbelagsrückstände)
- **Tapetenablöser** (hochkonzentriertes Netzmittel)
- **Pinselreiniger** (Lacklöser, wasseremulgierbar, biologisch abbaubar)
- **Entrostungsmittel** (Rostumwandler)
- **Klebstoffe** (Kleister, Dispersionskleber, Kontaktkleber)
- **Schleifmittel** (Schleifpapier, Schleifvliese, Schleifpasten und -pulver)

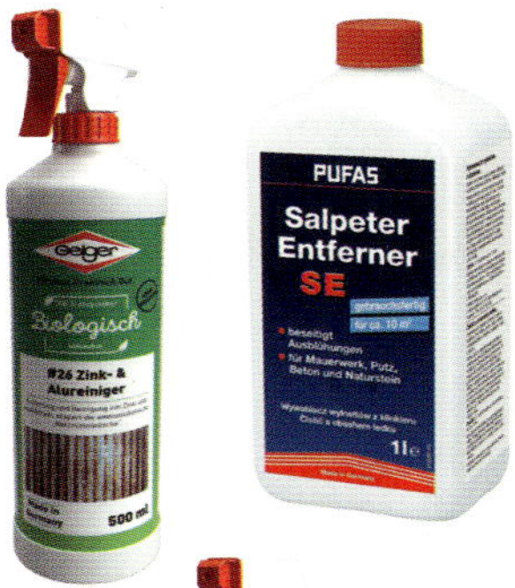

Heute sind viele **Hilfsstoffe** umweltfreundlich und biologisch abbaubar.

Maler/-innen und Lackierer/-innen sollten biologisch abbaubare Hilfsstoffe verwenden. Sie schonen die Umwelt und die Gesundheit der verarbeitenden Personen. Solche Produkte dürfen in Gewässer oder Böden gelangen, weil sie durch Organismen natürlich zersetzt werden.

12.2 Reinigungsmittel

Reinigungsmitel werden zur Beseitigung von Schmutz, Staub, Fett, Schmierstoffen und Flecken benötigt. Es gibt eine Vielzahl von Reinigungsmitteln im Handel. Man unterscheidet **Spezialreinigungsmittel** für besondere Aufgaben, z. B. Kunststoffreiniger und **Allzweckreiniger**.

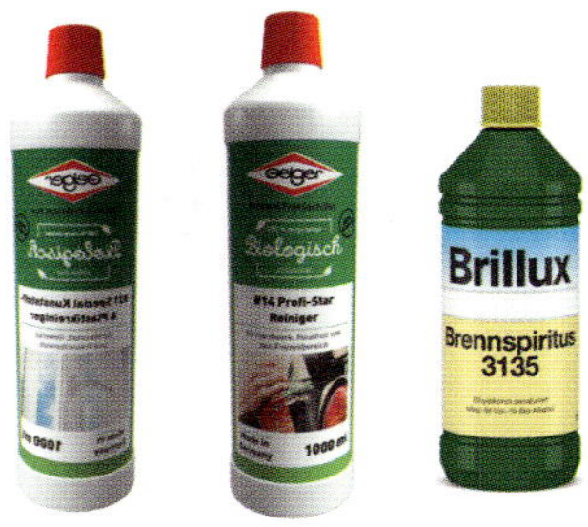

Wir unterscheiden folgende Reinigungsmittel:

Art	Beispiele	Verwendung
Löse- und Entfettungsmittel	– Metallreiniger (z. B. Zink- und Aluminiumreiniger) – Kunststoffreiniger – Pinsel- und Handreiniger – Universalreiniger – Farblöser und diverse Reiniger (**biologisch abbaubar**)	Entfetten von Metallen (z. B. für Netzmittelwäsche bei Zink), Reinigen von Kunststoffen, Pinselreinigen und für Farb- und Lackrollen, Reinigen von Untergründen allgemein, z. B. als Fassadenreiniger und Schimmelentferner
alkalische Reinigungsmittel (Laugen)	– Ammoniak (Salmiakgeist) – Natronlauge – Haushaltsreiniger	für die Netzwäsche von verzinkten Flächen, zum Anlaugen von alten Lackschichten vor dem Neuanstrich
saure Reinigungsmittel (Säuren)	– Fluate – Haushaltsreiniger (Essigreiniger)	als Fassaden- und Steinreiniger; für Ziegelmauerwerk, Natursteine, Kalk- und Zementputze sowie Beton

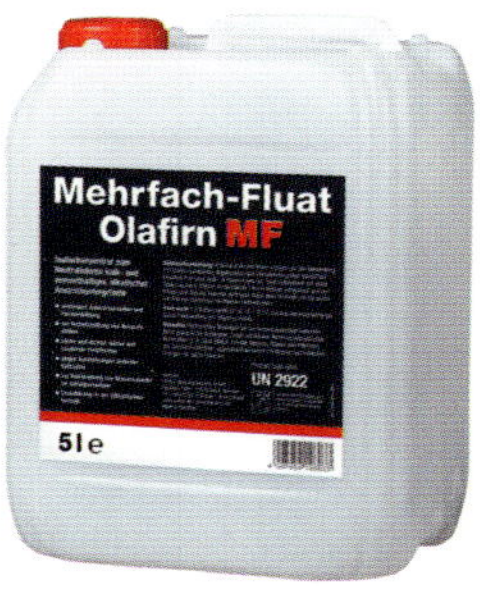

Lösemittel verdunsten, die anderen Reinigungsmittel müssen durch Nachwaschen restlos beseitigt werden, damit sie nicht den nachfolgenden Anstrich beschädigen.

Pinselreiniger

Pinselreiniger (Farblöser) sind **spezielle Reinigungsmittel** zum **Auswaschen** von **Streich- und Rollwerkzeugen**. Sie lösen gut, schonen Borsten und Farbrollerbezüge und sind wasseremulgierbar, d. h., sie machen lösemittelhaltige Farbreste mit Wasser mischbar.

Pinselreiniger und Farblöser emulgieren Lacke, Dispersionen, Fette und Öle. Sie sind heute meist biologisch abbaubar und frei von Konservierungsmitteln. Außerdem haben sie eine geringe Verflüchtigung der Reinigungsflüssigkeit in offenen Reinigungsgefäßen. Daher sind diese Pinselreiniger umwelt- und verarbeiterfreundlich.

Anwendung

Pinselreiniger entfernen Farbreste (Lacke und Dispersionen) aus Pinseln, Streichbürsten und Farbrollen. Sie eignen sich ebenfalls zum Entfernen von Fett, Teer und Ölflecken.

Verarbeitung

Pinsel oder Farbroller sofort nach Gebrauch in Pinselreiniger eintauchen und anschließend gründlich mit Wasser auswaschen. Hart gewordene Pinsel einweichen. Pinselreiniger nicht als Verdünnung oder zum Hautreinigen verwenden.

12.3 Tapetenablöser

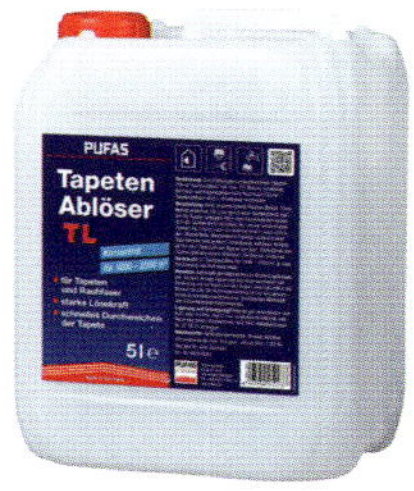

Tapetenablöser wird zum leichten Ablösen der Tapeten **dem Einweichwasser zugegeben**. Mit diesem nichtschäumenden Ablöswasser lassen sich die Tapeten gut benetzen. Dadurch wird ein schnelles Durchweichen des Papiers und die Auflösung des Kleisters erreicht. Bei gestrichenen Tapeten, z. B. Raufaser, sollten diese vorher mit der Igelwalze perforiert (gelöchert) werden. Durch die Löcher kann dann das Ablöswasser den Kleister befeuchten und anlösen, damit sich die Tapeten gut abziehen lassen.

12.4 Abbeizmittel

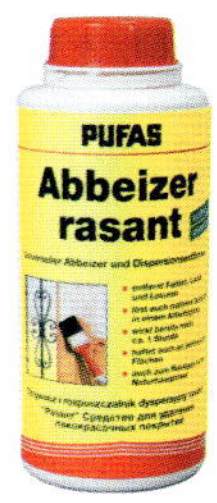

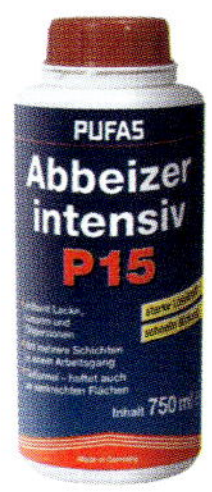

Abbeizmitel sind Hilfsstoffe, mit denen **Altanstriche abgelaugt oder abgelöst** werden können. Sie werden flüssig, pastenförmig oder als Pulver (zum Auflösen in Wasser) geliefert. Den Abbeizmitteln werden Verdickungsmittel zugesetzt, damit sie auch auf senkrechten Flächen nicht ablaufen und ihre Wirkung entfalten können.

Wir unterscheiden alkalische **Ablaugmittel** und lösende **Abbeizfluide**:

Abbeizmittel	Beschreibung	Verwendung
Ablaugmittel – Salmiakgeist – Natronlauge – Kalilauge	(chemisches Verfahren) Laugen lösen ölhaltige Bindemittel durch Verseifung auf. Vorsicht ätzende Stoffe! Gerbsäurehaltige Hölzer, z. B. Eiche, werden dunkel und können durch Säuren wieder aufgehellt werden.	nur für ölhaltige Lacke und Lackfarben, z. B. Alkydharzlack; keine Streichwerkzeuge mit Naturborsten verwenden! Nach ein- bis zweistündiger Einwirkzeit Verseifung abwaschen und mit Wasser nachwaschen!
Abbeizfluide (gebrauchsfertig)  	(physikalisches Verfahren) enthalten starke Lösemittel, z. B. Methylenchlorid. Das sind **Chlorkohlenwasserstoffe (CKW)**, die sehr umwelt- und gesundheitsschädlich sind. Atemschutzhauben (Filtermasken reichen nicht) und das Tragen von speziellen Schutzhandschuhen sind dringend erforderlich!	zum Entfernen von alten Lackfarben, Dispersions- und Latexfarben sowie alten Beschichtungen wie Plastiken und Kunstharzputzen **Sollten nicht in geschlossenen Räumen verarbeitet werden!** enthält Emulgatoren, dadurch ist ein Nachwaschen mit Wasser möglich

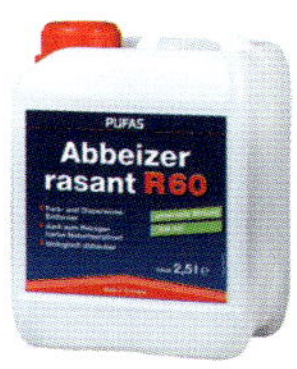

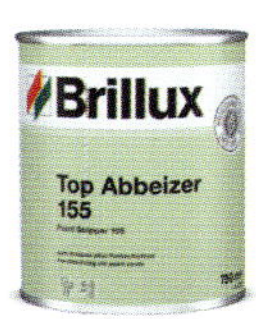

Abbeizer (CKW- und **NMP**-frei) NMP (N-Methyl-2-pyrrolidon) ist ein chemisch kritischer Stoff, der gesundheitliche Schäden verursacht. Er kann zu Haut-, Augen- und Atemweg-Reizungen führen.

Abbeizmittel	Beschreibung	Verwendung
	CKW-freie Abbeizfluide enthalten auch organische Lösemittel, sind aber **biologisch abbaubar** und somit umwelt- und gesundheitsschonender. Heute gibt es CKW-freie Produkte, die gleiche Arbeitsergebnisse (bei längerer Einwirkzeit) bringen. Atemschutzmaske (Gasfilter) und Schutzhandschuhe sollten getragen werden.	für alle gängigen Farben und Lacke, z. B. Alkydharz-, Öl-, Acryl-, Polyurethanlacke sowie Dispersionsfarben. **Sollten in geschlossen Räumen nur mit Schutzausrüstung verwendet werden!**
Abbeizpulver	Abbeizpulver wird in Wasser angemischt. Es entsteht eine teigige Masse, die mit dem Spachtel aufgetragen wird; 2 bis 4 Stunden Einwirkzeit.	zum porentiefen Abbeizen von Alkydharz- und Öllacken auf Holz entfernt mehrere Lackschichten in einem Arbeitsgang, z. B. auf Möbeln

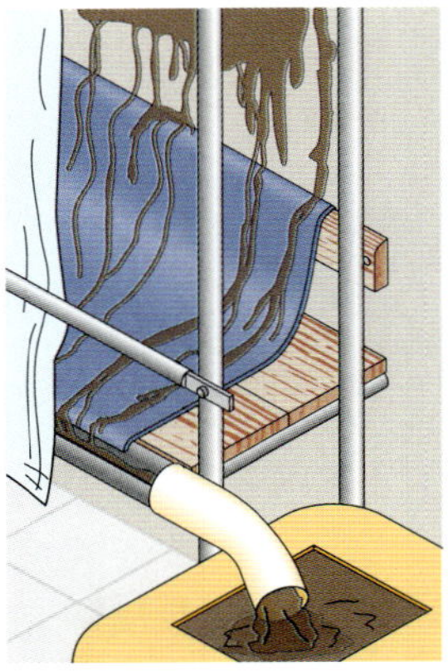

Auffangwanne für Abbeizschlamm von der Fassade

Verarbeitung

Beim Abbeizen sind die **Verarbeitungshinweise** der Hersteller zu beachten! Die Abbeizmittel werden mit lösemittelbeständigen Streich- und Rollwerkzeugen (mit Kunst- oder Fibermaterial) satt aufgetragen. Nach der Einwirkzeit wird die aufgelöste Beschichtung mit dem Spachtel oder an der Fassade mit dem Wasserstrahl eines Hochdruckreinigers entfernt. Dazu wird je nach Untergrund und Abbeizer mit Lösemittel oder Wasser gründlich nachgewaschen. Die **Abbeizreste bzw. der Abbeizschlamm** müssen als **Sondermüll** entsorgt werden. Dabei sind die örtlichen Entsorgungsvorschriften zu beachten.

Abbeizen einer Lackschicht auf Holzuntergrund

Aus Umweltgründen sollen biologisch abbaubare Abbeizmittel, die frei von Chlorkohlenwasserstoffen (CKW) sind, verwendet werden. Diese Abbeizmittel sind umweltfreundlicher und schonen die Gesundheit. Bei Abbeizarbeiten muss stets die Persönliche Schutzausrüstung (Schutzhandschuhe und Schutzbrille) benutzt werden.

Beim **Ablaugen** sind Augen und Haut mit Schutzbrille und Schutzhandschuhen zu schützen. Bei Verätzungen muss sofort mit Wasser gespült werden.
Beim **Abbeizen** muss die Haut durch Schutzhandschuhe geschützt werden. In geschlossenen Räumen wird Atemschutz benötigt.

Maler/-innen sollten immer prüfen, ob Beschichtungen nicht auf andere Weise entfernt werden können, z. B. durch

- **mechanisches Entschichten** (z. B. mit der Schleifmaschine) oder
- **thermisches Entschichten** (z. B. mit dem Heißluftföhn).

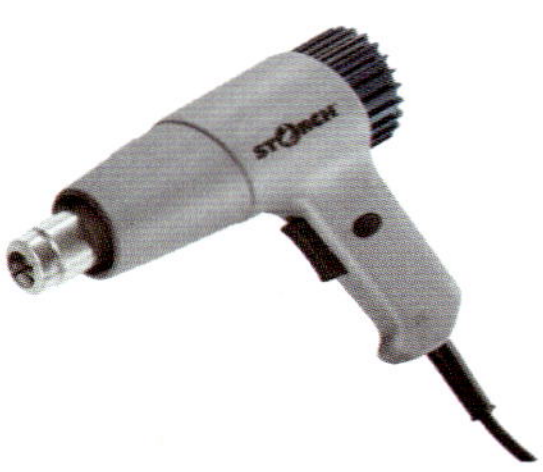

Diese Entschichtungsverfahren sind gesundheitsschonender und die dabei anfallenden Farbreste müssen nicht zum Sondermüll.

12.5 Klebstoffe

Klebstoffe haben die Aufgabe, Werkstoffe miteinander durch Haftung (Adhäsion) und innere Festigkeit (Kohäsion) zu verbinden. So vielfältig wie die Anwendungsbereiche der Klebstoffe, so groß ist auch das Angebot.

Klebstoffe gibt es in fester Form (Schmelzklebstoffe), als plastische Klebstoffe (Klebkitte) und im flüssigen Zustand (Flüssigklebstoffe).

Da im Mal- und Lackierhandwerk nur flüssige Klebstoffe verarbeitet werden, beschränkt sich die folgende Darstellung auf diese Klebstoffart.

Flüssige Klebstoffe lassen sich nach der Lösung oder Löslichkeit unterteilen.

Leimlösungen = in Wasser gelöster Klebstoff (z. B. Methylzelluloseleim oder Kleister)	**Dispersionskleber** = feinste Dispersion wasserunlöslicher Kunststoff- oder Kunstharzteilchen	**Lösemittelkleber** = Lösung organischer Grundstoffe in flüchtigen organischen Lösemitteln

Leimlösungen sind **Leime und Kleister auf Wasserbasis** und somit für die Gesundheit und Umwelt unbedenklich. Früher verarbeiteten Maler/-innen Haut-, Leder-, Knochen- und Stärkeleime (bzw. -kleister); heute überwiegen Methylzelluloseleime und -kleister. Spezialkleister werden noch zusätzlich mit Kunststoffdispersionen verstärkt. Kleister benötigen Maler/-innen zum Kleben von Tapeten und Makulaturpapier. Der Kleisterauftrag erfolgt mit der Kleisterbürste oder dem Kleistergerät.

Tapetenkleister bestehen meistens aus Methylzellulose mit chemischen Zusätzen, wie z. B. Kunstharz, zur Verstärkung der Klebekraft und Fungiziden zum Schutz vor Pilzbefall. Sie dienen zum Ankleben von Tapeten auf dem Untergrund und je nach Tapetenart werden unterschiedliche Kleistersorten verwendet.

Die Tabelle zeigt einen Überblick über die **Tapetenkleister**:

Arten	Eigenschaften	Verwendung
Tapetenkleister (Normalkleister aus reiner Methylzellulose)	– hohe Klebkraft – hohe Anfangshaftung bei guter Korrekturmöglichkeit (Verschiebbarkeit) – leichte Verarbeitung – temperaturbeständig – alkalibeständig	**für alle Papiertapeten,** z. B. Leimfondtapeten, einlagige Prägetapeten u. a. **Ansatzverhältnis:** Vorkleistern 1:80 leichte Tapeten 1:70 normale Tapeten 1:60 schwere Tapeten 1:50
Spezialkleister (Methylzellulose mit Kunstharzzusatz)	– hohe Klebkraft, klebkraftverstärkt – ansonsten alle Eigenschaften wie Normalkleister	**für alle schweren Tapeten,** z. B. Raufaser, Prägetapeten, Vinyl-, Struktur-, Naturwerkstoff- und Textiltapeten **Ansatzverhältnis:** Vorkleistern 1:40 Tapeten und Raufaser 1:20
Tapeziergeräte-kleister (Methylzellulose mit Kunstharzzusatz)	– für alle Kleistergeräte – leichtes Durchziehen der Bahnen – klebkraftverstärkt – optimale Kleisterverteilung – rationelles Arbeiten	**zum Tapezieren** von Tapeten und Raufaser **mit dem Kleistergerät** **Ansatzverhältnis:** Vorkleistern 1:70 Tapeten und Raufaser 1:35
Textil-, Vlies- und Glasgewebe-(tapeten)kleister (Methylzellulose mit Kunstharz und klebeverstärkenden Zusätzen)	– hochwertiger Kleber, klebkraftverstärkt – hohe Anfangshaftung – mit allen Eigenschaften wie vorher	**für Textil- und Strukturtapeten,** für Glasgewebe- und Vliestapeten, Textil-, Vinyl- und Gewebetapeten, Raufaser u. a. schweren Tapeten **Ansatzverhältnis:** für Auftrag auf die Tapeten 1:14 für Auftrag auf die Wand 1:12

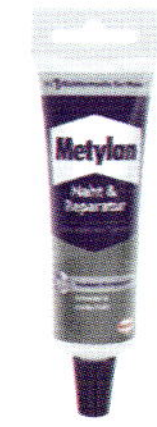

Naht- und Reparaturkleber

Montagekleber

Kleistersorten:
- Normalkleister
- Spezialkleister
- Vliestapetenkleister
- Textiltapetenkleister
- Maschinenkleister (Tapeziergerätekleister)
- Dispersionskleber
- Bordürenkleber

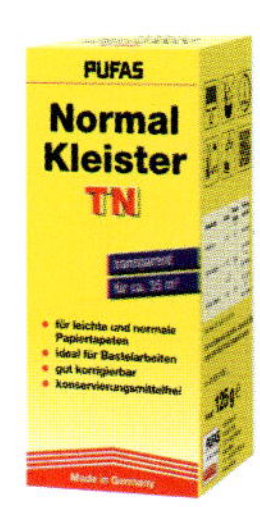

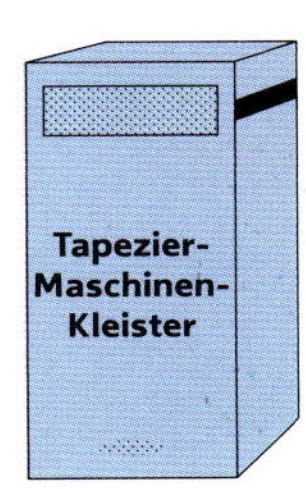

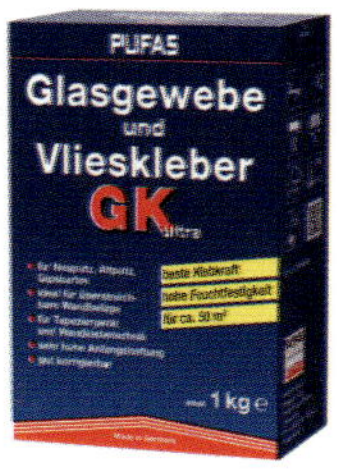

1. Wasser abmessen

2. In Bewegung versetzen

3. Unter Rühren einschütten

4. Weiterrühren

Es gibt auch **Pulverdispersionskleber**, die wie Kleister angerührt werden.

Arten	Eigenschaften	Verwendung
Granulatkleister (Methylzellulose mit Kunstharz und klebeverstärkenden Zusätzen)	– hohe Klebkraft – hohe Anfangshaftung – spritzbar (Airless) – staubreduziert – portionierbar	für alle Standardverklebungen in der **Wandklebetechnik** und ideal für Tapeziergeräte für Verklebungen mit **hoher Klebekraft**, z. B. Glasgewebe, Strukturvlies, Raufaser

Kleister ansetzen

Vor dem Ansetzen des Tapetenkleisters müssen Maler/-innen die **Verarbeitungshinweise** (auf der Packung) beachten. Je nach Verarbeitungszweck und Tapetenart ist das richtige Ansatzverhältnis auszuwählen.

Ansatz und Ergiebigkeit eines normalen Tapetenkleisters sind der Tabelle zu entnehmen:

Verwendungszweck	Ansatz	Packungsinhalt in Liter Wasser	Reichweite in m^2	für ca. Rollen
Vorkleistern	1:80	10	100	–
leichte Papiertapeten	1:70	8½	50	10
normale Papiertapeten	1:60	7½	40	8
schwere Papiertapeten	1:50	6¼	30	6

Die **Ansatztabelle** gibt für normale Papiertapeten ein Ansatzverhältnis von 1:60 an. Das bedeutet, dass der Packungsinhalt in 7½ Liter Wasser eingerührt werden muss. Die Ergiebigkeit beträgt 40 m^2 bzw. 8 Tapetenrollen. So können Maler/-innen ihren Kleisterbedarf genau ausrechnen.

Zum **Ansetzen von Kleister** nur klares, kaltes Wasser und saubere, nicht rostende Gefäße (Plastikeimer) bzw. Arbeitsgeräte verwenden. Wasser mit Rührstock in kreisende Bewegung bringen. Kleister zügig einschütten, unterrühren und noch kurze Zeit weiterrühren. Anschließend den Kleister ca. 20 bis 30 Minuten (bei Instant-Kleister drei Minuten) ziehen lassen. Nach kurzem und kräftigem Durchschlagen ist der Kleister gebrauchsfertig.

Dispersionskleber

Die wässrigen Dispersionskleber sind umweltfreundliche Werkstoffe und werden überwiegend von Maler/-innen und Raumausstatter/-innen verarbeitet. Sie werden für die Verklebung von Bodenbelägen, Tapetenunterlagsstoffen sowie für schwere Tapeten eingesetzt. Es gibt inzwischen zahlreiche Dispersionskleber für viele verschiedene Aufgaben.

Dispersionskleber sind meist gebrauchsfertig und werden unverdünnt zum Kleben von Boden-, Wand- und Deckenbelägen sowie für Plattenbaustoffe verwendet.

Neben den allgemeinen Eigenschaften von Kunststoffdispersionen sind KD-Kleber alterungsbeständig und bakterienfest. Es handelt sich um dickflüssige Werkstoffe, die teilweise auch als Kleisterzusatz verwendet werden.

Die Tabelle enthält eine Übersicht über **Dispersionskleber**:

Sorten	Verwendung
Wandbelagskleber	Universalkleber für Untertapeten aus Styropor, Kork und PVC, Deckenplatten aus Styropor, Decken- und Wandbekleidungen aus Hart-PVC oder Kunststofffolien, Keramikfliesen u. a.
Textiltapetenkleber	für Textil-, Gewebe-, Vlies- und Vinyltapeten, Glasgewebe und Glasgewebetapeten, PVC-Wandbekleidungen u. a. als Zusatz (20 %) zum Kleister (80 %)

Sorten	Verwendung
Styroporkleber	für Styropor-Deckenplatten, Untertapeten aus Styropor und Korkuntertapeten
Glasgewebekleber	für Glasgewebe ohne Trägermaterial und Glasgewebetapeten
Korkkleber	für Korkplatten und Korkwandbekleidungen
Bordürenkleber	für Bordüren aus Papier, Gewebe, Vinyl auf Tapeten und Wandbekleidungen
Montagekleber	für Zierprofile, Gipsstuckprofile, Dekorbalken und -platten, Paneele u. a.
Naht- und Reparaturkleber	für die Verklebung von Tapeten im Naht-(Stoß) und Anschlussbereich
Bodenbelagskleber	für PVC-, Teppich- und Korkfußböden sowie für Fliesen
Teppichboden-fixierung	zur Befestigung von Teppichböden mit Schaumrücken, die Fixierung kann bei der Renovierung wieder gelöst werden

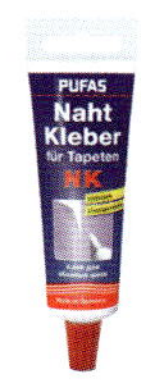

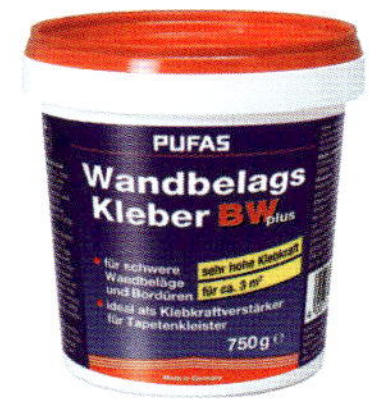

Verarbeitung

Zur Verarbeitung sind die **Hinweise auf den Gebinden** zu beachten. Dispersionskleber sind meist gebrauchsfertig; es gibt aber auch Kleber in Pulverform, die wie Tapetenkleister angerührt werden. Diese Pulverdispersionsklebstoffe sind leicht zu verarbeiten und haben viele Vorteile.

Der **Auftrag von Dispersionskleber** kann mit dem Farbroller, mit kurzer Deckenbürste oder mit einem Zahnspachtel erfolgen. Der Kleber wird dabei immer in Bahnbreite auf den Untergrund aufgetragen. Die Beläge sind nach einer bestimmten Ablüftzeit in das Klebstoffbett einzulegen und anzudrücken.

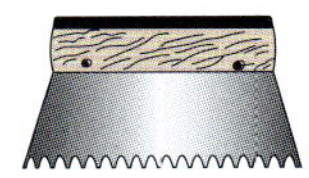

Lösemittelkleber

Lösemittelhaltige Kleber enthalten organische Lösemittel, die in einer angegebenen Ablüftzeit fast vollständig verdunsten. Innerhalb der Verarbeitungs- oder Einlegezeit ist der Belag in das Klebstoffbett einzulegen. Lösemittelkleber besitzen eine hohe Anfangs- und Endklebekraft und ergeben stark klebende und elastische Klebefilme. **Zweikomponentenklebstoffe** sind kurz vor der Verarbeitung in einem bestimmten Mischungsverhältnis genau anzusetzen und ebenfalls in der Topfzeit zu verarbeiten.

Lösemittelkleber werden im Malhandwerk meist als Bodenbelagsklebstoffe verwendet. Maler/-innen sollten möglichst nur umweltschonende Dispersionskleber verwenden.

Wichtige **Lösemittelklebstoffe** sind:

- **Kunstharzlösemittelkleber** (für extreme Belastungen sowie für Textil- und PVC-Beläge)
- **Kunstkautschuklösemittelkleber** (als Kontaktkleber für PVC, Gummi, Linoleum und Korkbeläge in Bahnen und Fliesen)
- **Zweikomponentenkleber** (für Gummibeläge, Kunstrasen und textile Beläge in Sporthallen)

Kontaktkleber kommen zur Anwendung, wenn eine sehr hohe Anfangsklebkraft erforderlich ist, z. B. bei der Belegung von Treppen. Kontaktklebstoffe werden zweiseitig, also sowohl auf der Belagrückseite als auch auf dem Untergrund aufgetragen. Nach ausreichender Ablüftzeit von 10 bis 20 Minuten kann der Belag passgenau angedrückt werden. Die Klebung ist nach dem Kontakt von Belag und Untergrund nicht mehr veränderbar. Lösemittelhaltige Kontaktkleber bilden gesundheitsgefährliche und **explosive Dämpfe**. Deshalb sollten sie nur noch dann eingesetzt werden, wenn ihr Einsatz aus technischen Gründen unbedingt erforderlich ist.

Lösemittelhaltige Kontaktklebstoffe sind gefährliche Arbeitsstoffe.

Abdecksysteme und diverse Abdeckbänder:

- Langzeitabdeckband
- für raue Oberflächen
- Standardabdeckband
- für randscharfe Kanten
- Tapetenabdeckband
- Putzabdeckband
- Allzweckgewebeband
- Antirissfugenband
- Konturenband
- Schablonenband
- Abdeckpapier und -folien
- Stand- u. Handabdeck-geräte

12.6 Klebebänder und Abdeckmaterial

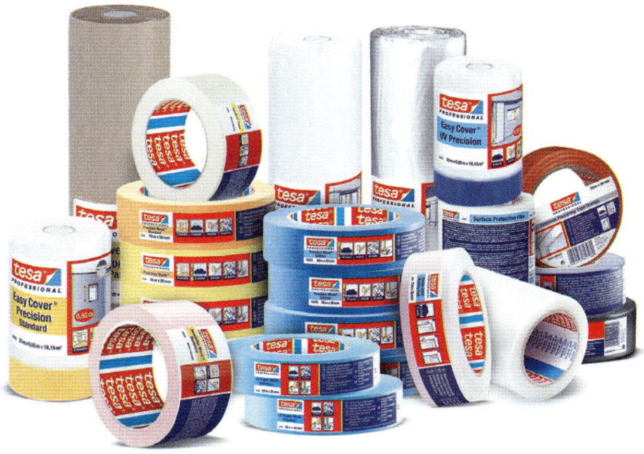

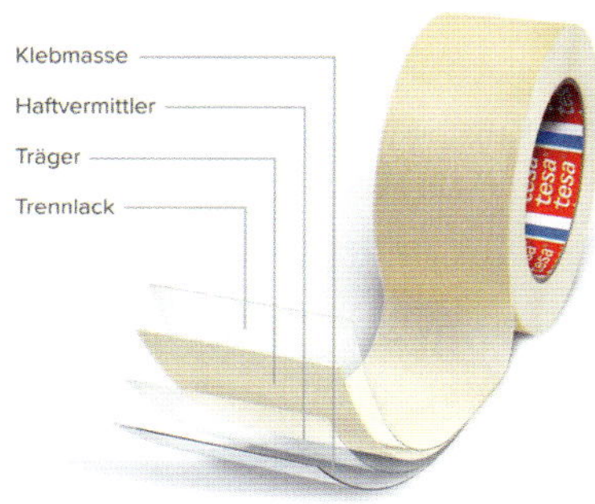

Klebebänder sind **Abdeckbänder** in Form von Selbstklebematerial auf Rollen. Klebebänder gibt es in verschiedenen Breiten und unterschiedlichen **Trägermaterialien**, z. B. **Papier** (glatt oder gekreppt), **Kunststofffolien** und textile **Gewebe**. Auf dem Trägermaterial ist die **Klebemasse** aufgetragen, die je nach Untergrundbeschaffenheit eine geringe, mittlere oder hohe Klebkraft haben kann. Die **Rückseitenlackierung** dient zur farbigen Kennzeichnung, ist auch Trennschicht und UV-Schutz. Der Haftvermittler fördert eine bessere Verbindung von Träger und Kleber.

Für **Abklebe- und Abdeckarbeiten** benötigen Maler/-innen und Lackierer/-innen **Klebebänder** und **Abdeckmaterialien**. Sie dienen dem Schutz von Oberflächen und der Begrenzung von Bearbeitungsflächen sowohl im **Neu- und Altbau** als auch im **Innen- und Außenbereich**. Aufgrund der unterschiedlichen Untergründe und der verschiedenen Einsatzzwecke der Abdeckmaterialien ist es notwendig, das jeweils geeignete Klebeband bzw. Abdeckmaterial einzusetzen.

Klebebänder sind selbstklebende Abdeckbänder auf Rollen zum Abdecken oder Abgrenzen bestimmter Flächen oder Teile, die nicht beschichtet werden sollen, z. B. Fensterscheiben und Zierleisten.

Bei der **Klebebandauswahl** ist auf Folgendes zu achten:

Untergrundbeschaffenheit	Verklebung	Klebebandeigenschaften
– glatt, rau, strukturiert – Tragfähigkeit des Untergrundes – Putzmaterialien, Dichtstoffe, Beschichtungsstoffe – chemische und mechanische Einflüsse	– Innen- und Außenanwendung – vollflächig oder nur im Randbereich – Haftung am Untergrund	– Art des Trägermaterials und der Klebemasse – Temperaturbeständigkeit – Feuchtigkeits- und Kälteresistenz – Wärme- und UV-Beständigkeit – Dauer der Verklebung

Im Fachhandel gibt es **Universal- und Spezialabdeckbänder**. Sie werden je nach Einsatzgebiet, für innen und außen, in verschiedenen Sorten und unterschiedlicher Kleberbeschichtung hergestellt.
Kautschukkleber sind nicht lange UV-beständig, Kunstharz- und Acrylatkleber sind im Allgemeinen UV-beständig und für höhere Temperaturen geeignet.

Hinweise und Tipps beim Abkleben

Bei der Auswahl des richtigen Klebebandes müssen Maler/-innen viele Punkte beachten.

Wenn das Klebeband genau auf die Anwendung abgestimmt wird, dann gelingt ein perfektes Ergebnis. So können unnötige Nacharbeiten vermieden werden.

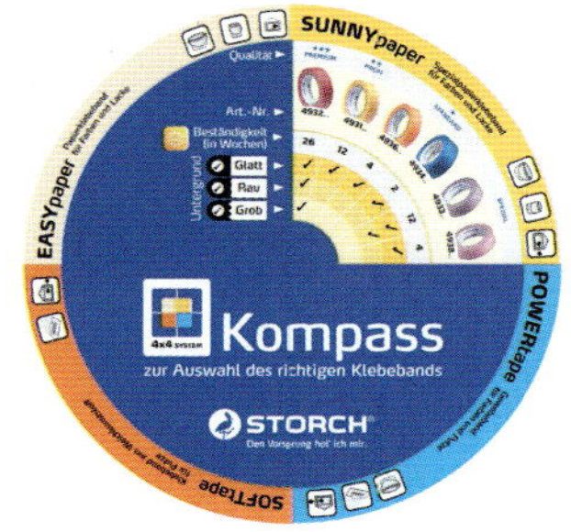

Klebeband-Kompass
Damit finden Maler/-innen das richtige Klebeband für die aktuelle Anwendung.

Maler/-innen greifen nicht einfach zum Standard-Krepp-Klebeband. Sie müssen auch den Untergrund, das Klebeband-Trägermaterial, die Klebekraft und den Beschichtungsstoff berücksichtigen.

Bei der Auswahl des richtigen Klebebandes muss Folgendes beachtet werden:

- die Innen- oder Außenanwendung (Einsatzgebiet)
- die verarbeiteten Werkstoffe, z. B. Farben, Lacke, Spachtelmassen und Putze
- Ist der Untergrund (Beschaffenheit) empfindlich, rau oder glatt?
- Wie lange bleibt das Klebeband auf dem Untergrund?
- Soll das Klebeband Untergründe schützen oder werden scharfe Konturen gewünscht?
- Welche Belastungen wirken mechanisch oder wetterbedingt auf das Klebeband ein?
- Soll gleichzeitig eine Oberfläche abgedeckt werden?

Probeklebung
an einer nicht sichtbaren Stelle verhindert unnötige Nacharbeiten.

	Papierklebebänder sind für den Einsatz im **Innenbereich** geeignet. Sie ermöglichen einfaches Abkleben und sind problemlos vom Untergrund entfernbar. Auch sind sie beständig gegen Wasser und lösemittelhaltige Farben und Lacke.
	**Präzisionsklebeband,** aus dünnen Spezialpapier, sehr nassfest und bis zu 6 Monate lang **UV-beständig**. Das Papierklebeband ermöglicht besonders scharfe Farb- und Lackkanten auf glatten bis leicht rauen Untergründen im **Innen- und Außenbereich**.
	**Gewebeklebebänder,** kunststoffbeschichtet, für den **Außeneinsatz,** ist gut geeignet bei hohen mechanischen Belastungen und auf rauen Untergründen. Es ist anschmiegsam und bis zu acht Wochen rückstandslos abziehbar.
	**Kunststoffklebebänder,** formstabil und UV-beständig, aus PVC oder PE und langfristig einsetzbar. Es ist **als Putzband** im Fachhandel und wird speziell **bei Verputzarbeiten im Außenbereich** zum Abkleben eingesetzt.

Präzisionsklebeband
für Innen und Außenanwendung aus dünnem, reißfestem Papierträger mit Acrylatklebemasse; geeignet für flache, präzise und randscharfe Farb- und Lackkanten

Putzklebebänder
(Verputzer-Bänder) sind UV-beständig, langlebig, halten außen bis zu 6 Wochen und können dann noch gut abgezogen werden.

Papier- oder **Folien-Maskenband** zum Abdecken und Abkleben in einem Arbeitsgang für große Oberflächen

Abdecksaugvlies

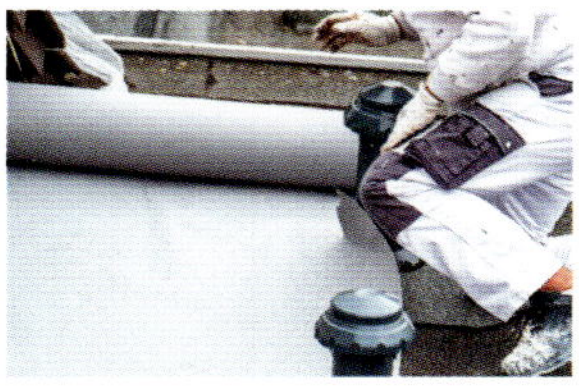

Abdeckpapier

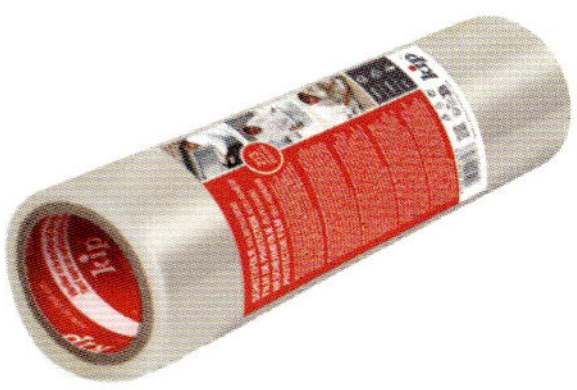

Selbstklebende Schutzfolie

Staubschutzwand mit Folie

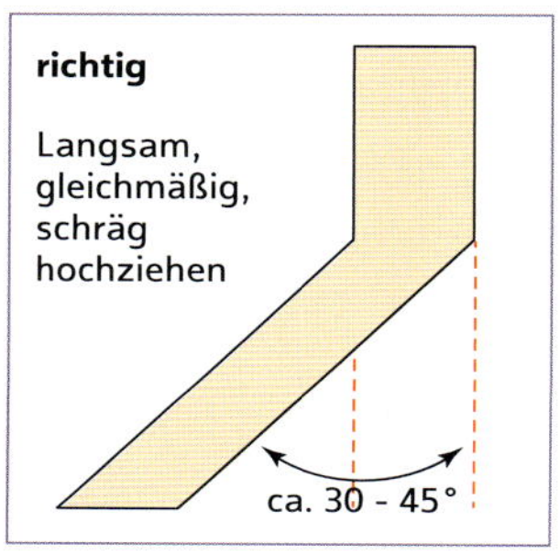

Klebebänder für verschiedene Einsatzgebiete:

- **Papierabdeckbänder** für Maler/-innen und Lackierer/-innen, universal für innen und außen
- **Papierabdeckbänder** speziell für außen, wetterbeständig mit UV-beständiger Klebmasse
- **Kunststofffolienband** für Putzarbeiten im Außenbereich, auch beidseitig klebend
- **Papiermaskenband** ist Abdeckpapier mit Selbstklebestreifen für größere Flächen, z. B. Deckenbalken
- **Kunststofffolienband** für dünne und exakte Farb- und Lackstreifen, z. B. Zierleisten und als Kurvenband
- **Selbstklebe-Schablonenmaterial** aus Papier oder Kunststoff für Fahrzeugbeschriftung oder Schildermalerei

Klebebänder haben unterschiedliches Trägermaterial für die verschiedensten Anwendungsbereiche. Z. B. muss ein Klebeband für den Innen- und Außeneinsatz einen UV-stabilen Träger haben und ein Klebeband für Fensteranschlüsse einen überputzbaren Vliesträger.

Weitere **Abdeckmaterialien** sind:

- **Gewebegitterband** (zum Überbrücken von Rissen und Spalten auf Putzen)
- **Teppichverlegeband** (beidseitig klebendes Gewebeband zum Fixieren)
- **Packklebeband** (braunes oder transparentes Verpackungsband aus Polyproylen)
- **Baustellenabsperrband** (extrem reißfeste PE-Folie zur Absicherung von Baustellen)
- **Abdecksaugvlies** (Abdeckmaterial für Fußböden mit Antirutschbeschichtung)
- **Oberflächenschutzfolie** (für Glasscheiben und andere empfindliche Oberflächen)
- **Abdeckpapier** krepp oder glatt (Universal-Abdeckmaterial für vielerlei Oberflächen)
- **Abdecktuch** aus Baumwolle, waschbar und reißfest (für Möbel und andere Gegenstände)
- **Abdeckplane** aus Polyethylen, hoch reiß- und wasserfest (für diverse Gegenstände)
- **Milchtütenpapier** (zum Abdecken bei Verputz- und Malerarbeiten im Außenbereich)

Um eine ausreichende Verklebung zu gewährleisten, muss die Verklebungsfläche trocken, staubund fettfrei sein. Im Zweifelsfall ist eine gründliche Reinigung mit Industriereiniger vorzunehmen.

Bei **Selbstklebebändern** ist die Einhaltung folgender Regeln wichtig:

- Immer von der Farb- bzw. Lackkante weg abziehen!
- Immer schräg, langsam und gleichmäßig im 45°-Winkel abziehen!
- Erst nach Farbantrocknung, jedoch nicht nach Farbdurchtrocknung entfernen!
- Bänder auf Naturkautschuk-Klebemasse-Basis nie einer UV-Belastung aussetzen!
- Klebebänder bei Raumtemperatur und trocken lagern sowie vor Sonneneinstrahlung schützen!
- Klebebänder auf Naturkautschuk-Klebemasse-Basis nicht über einen längeren Zeitraum erhöhten Temperaturen über 50 °C aussetzen!

12.7 Schleifmittel

Schleifmittel sind Hilfsstoffe, die von Hand oder mit Werkzeugen und Maschinen zum Schleifen eingesetzt werden. Dabei hängen Schleifleistung und Schleifqualität hauptsächlich von den verwendeten Schleifmitteln ab.

Früher wurden zum Schleifen meistens feste, natürliche Schleifmittel verwendet, wie z. B. Sand- oder Bimssteine. Heute verwenden Maler/-innen und Lackierer/-innen überwiegend **flexible Schleifmittel** in Form von Bögen, Streifen, Bändern und runden Scheiben. Schleifvliese, -schwämme und -pads gewinnen immer mehr an Bedeutung. All diese Schleifmittel sind biegsam und formbar, sie passen sich der Oberflächenstruktur des Untergrundes gut an.

Schleifpapier und Schleifleinen
in Bögen von 28 cm x 23 cm
in Streifen von 28 cm x 11,5 cm

Schleifmittel sind flexible Hilfsstoffe zum Schleifen von Untergründen, Anstrich- und Spach- telschichten. Sie bestehen aus Schleifkornträger, Schleifkornbindemitteln (Kleber) und Schleifkörnern.

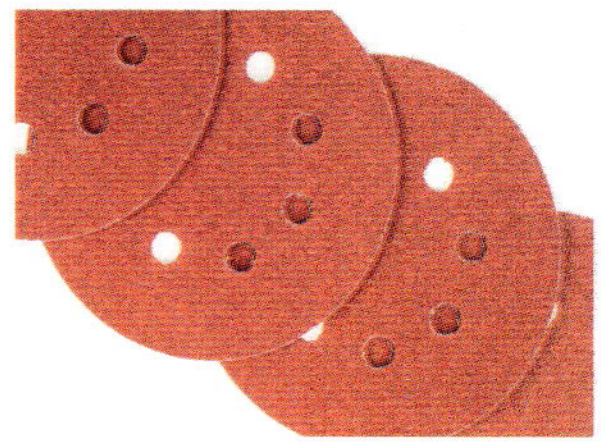

Schleifscheiben (Discs)
in den Größen 11,5 cm bis 17,8 cm Ø

Es gibt unterschiedliche Formen von Schleifmitteln:

- **Schleifpapiere** (als Trocken- und Nassschleifpapiere)
- **Schleifscheiben** (als Fiberdiscs für Winkel- und Exzenterschleifer)
- **Schleifgitter** (als Schleifpapierersatz, beidseitig verwendbar)
- **Schleifvliese** (als Bogen und Scheibenmaterial, beidseitig verwendbar)
- **Schleifpads** (sehr flexible Schleifmatten mit Schaumstoffträger)
- **Schleifpasten** (feine Schleifkörner in zähen Flüssigkeiten, z. B. Paraffin)
- **Schleifpulver** (Quarz- oder Bimssteinpulver, für Feinschliff)
- **Schleifstein** (z. B. ein Stück Bimsstein zum direkten Schleifen)
- **Poliermittel** (hochfeine Schleifpasten)
- **Stahlwolle** (Knäuel von Stahldrähten für groben Handschliff)

Klett-Schleifgitter Scheiben
für optimale Staubabsaugung

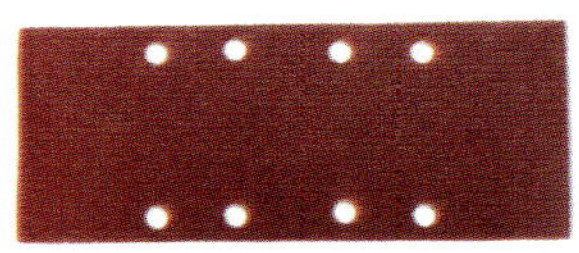

Aufbau der Schleifmittel

Schleifpapiere, Schleifgewebe und Schleiffiber sind gleich aufgebaut und nach ihrem unterschiedlichen Trägermaterial benannt. Sie bestehen aus den **Schleifkörnern**, die mit dem **Grund- und Deckbinder** auf dem **Schleifkornträger** verklebt sind.

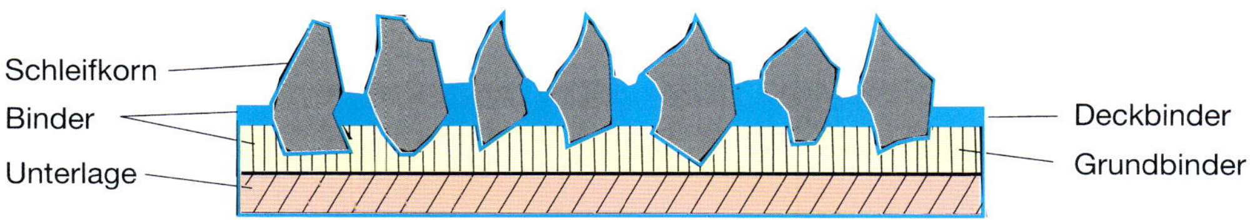

Schleifpapiere und **Schleifscheiben** werden nach Körnung, Streuung, Material der Schleifkörner und Trägerwerkstoff unterschieden.

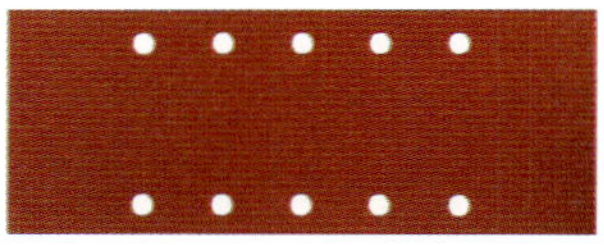

Papiergewicht:
A-Papier = 75 g/m²
B-Papier = 100 g/m²
C-Papier = 125 g/m²
D-Papier = 150 g/m²
E-Papier = 225 g/m²

Handelsformen wichtiger Schleifmittel

- **Nassschleifpapier**: in Bögen von 23 x 28 cm Körnung von P60–P1200
- **Trockenschleifpapier**: in Rollen, Bögen und Streifen von 11,5 x 28 cm (Schwingschleiferplatte), Körnung von P24–P500
- **Schleifscheiben**: mit Durchmesser von 11,5; 15 und 18 cm, Körnung von P16–P120

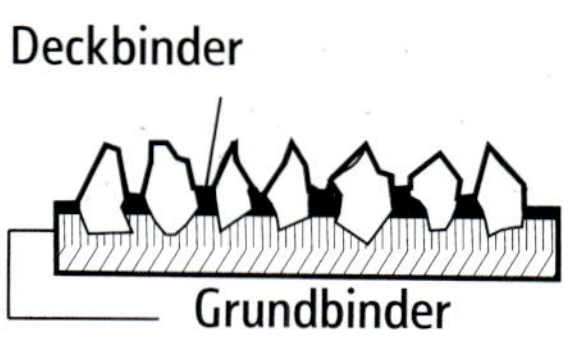

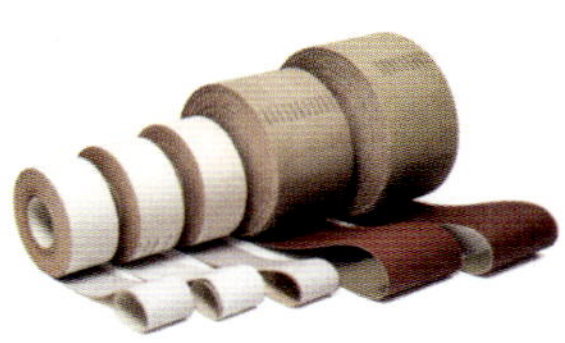

Moderne Schleifmittel
Siliziumcarbid (dunkles Aussehen)
Korund (helles Aussehen)

Schleifkornträger

Als Unterlage für Schleifmittel wird in der Regel Papier in unterschiedlichen Qualitäten (Papiergewicht) eingesetzt. Dabei gilt:

Je schwerer das Papier ist, desto höher ist seine Festigkeit, aber umso geringer ist auch seine Flexibilität.

Hohe Reißfestigkeit bietet Trägermaterial aus **Baumwoll- oder Polyestergewebe**. Besonders harte Unterlagen ergeben **Fibermaterial** aus speziell bearbeiteter Zellulose. Durch chemische Behandlung können fast alle Unterlagen steifer, geschmeidiger und – eigens für den **Nassschliff** – wasserfest gemacht werden.

Unterlage	Kennbuchstabe	Eigenschaften	Verwendung
Papier	A B C	75 g/m2 = sehr dünnes Papier 100 g/m2 = dünnes Papier 125 g/m2 = mittleres Papier	für Handschleifarbeiten, als Nass- und Trockenschleifpapier
	D E	150 g/m2 = dickes Papier 225 g/m2 = sehr dickes Papier	für maschinellen Grobschliff mit Trockenschleifpapier
Leinen	J X	leichtes, flexibles Gewebe schweres, steifes Gewebe	für maschinellen Fein- und Grobschliff, als Trocken- und Nassschleifpapier
Fiber		0,4 bis 0,8 mm, für starke Beanspruchung	für maschinellen Grobschliff, z. B. Rost und Metall
Kombination		Gewebe auf Papier oder auf Fibermaterial	Schleifscheiben für Winkel- und Exzenterschleifer

Ein **Schleifkornbindemittel** besteht aus zwei Schichten mit folgenden Aufgaben:

Grundbinder	Befestigung des Schleifkorns auf der Unterlage oder dem Schleifkornträger
Deckbinder	verbindet die Schleifkörner miteinander und gibt ihnen somit Halt

Neben der Ausrüstung des Papiers bestimmt die Verklebung der Schleifkörner, ob das Schleifpapier für den **Trocken- oder Nassschliff** geeignet ist.

Wir unterscheiden folgende **Bindungsarten:**

Trockenschleifpapiere	a) Grundbinder und Deckbinder = Hautleim b) Grundbinder = Hautleim Deckbinder = Kunstharz
Nassschleifpapiere	c) Grundbinder und Deckbinder = Kunstharz (Vollkunstharzverklebung = wasserfest)

Körnung und Schleifkorngröße

Früher bezeichnete man Schleifpapiere als **Sand- und Glaspapier**, weil sie Schleifkörner aus Quarzsand und Glas hatten. Heute haben Schleifkörner aus natürlichen Mineralien wie Quarz, Granat, Glas, Flint und Schmirgel keine Bedeutung mehr. Sie wurden von den künstlich hergestellten und viel härteren Stoffen **Korund** und **Siliziumcarbid** verdrängt. Die **Härte** und die **Korngröße** sind für die Wirkung der Schleifmittel verantwortlich. Dabei muss das Schleifmittel (Korn) immer härter sein als der zu schleifende Untergrund.

Schleifkorn	Härte	Einsatz
Flint (SiO_2)	7	Holz, Handschliff, Vorschleifen
Schmirgel	7,5–8	Bunt- und Edelmetall, Fein- und Polierschliff
Korund (Aluminiumoxid) (Al_2O_3)	8–9,2	meist für Grob- und Trockenschliff, Rost, Metall, Holz, Platten, Stahl, Lack, Farben, Spachtel, Füller
Siliziumcarbid (Si C)	9–9,8	für Grob-, Fein- und Nassschliff Lack, Füller, Spanplatten, Stein, Glas

Härtestufen:
(nach Mohs) Diamant ist der härteste Stoff mit der Härtestufe 10

Siliziumcarbid und Korund sind fast so hart wie Diamant!

Für die Feinheit des Schliffs ist die Korngröße hauptsächlich maßgebend. Die Körnung wird durch den Buchstaben P auf der Rückseite der Schleifpapiere, -gewebe und -fiber ausgedrückt. Die P-Numerierung ist genormt und deshalb für alle Schleifmittelhersteller verbindlich. Sie reicht von P12 (sehr grob) bis P1200 (sehr fein).

P220
KP31A

Je größer die Zahl auf dem Schleifpapier, Schleifgewebe oder Schleiffiber ist, desto feiner ist die Körnung und damit auch der Schliff.

Streuarten und Streuverfahren

Fast ebenso wichtig für die Qualität eines Schleifmittels ist die Menge der eingestreuten Schleifkörner auf den Schleifkornträger. Wir unterscheiden:

Offene Streuung 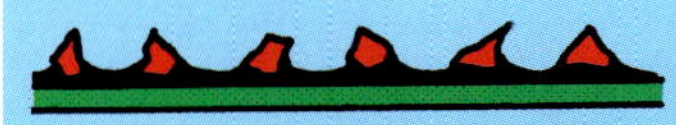 (wenig Schleifkörner)	Die Schleifkörner liegen mit einem bestimmten Abstand nebeneinander. Der Schleifkornauftrag beträgt hier 50 % bis 70 % der Trägerfläche.
Dichte Streuung  (viele Schleifkörner)	verbindet die Schleifkörner miteinander und gibt ihnen somit Halt

Elektrostatische Kornstreuung:

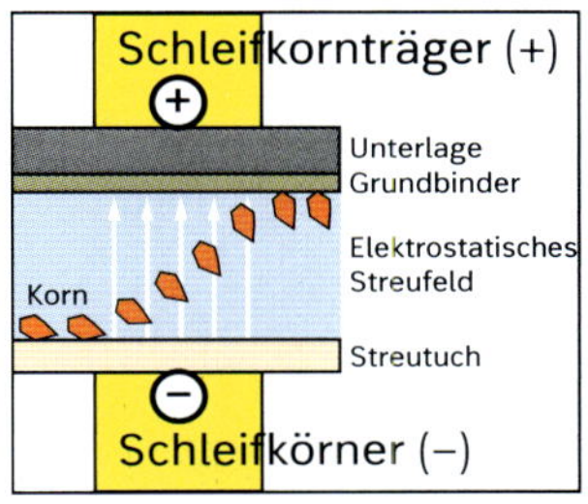

Streuung in den Grundbinder
spitze Körner stellen sich auf

Beide Streuarten haben ihre Vorteile und Einsatzbereiche. Bei dichter Streuung sind mehr Kornspitzen nebeneinander und erreichen somit eine höhere Abtragleistung. Eine offene Streuung empfiehlt sich dagegen, wenn weiche Materialien, wie z. B. Spachtelmassen, geschliffen werden, damit sich das Schleifmittel nicht zu schnell zusetzt. Eine **Antihaftschicht** über und zwischen den Schleifkörnern verhindert ebenfalls das Zusetzen des Schleifmittels. Auch gibt es **spezielle Schleifpapiere** für die weicheren und elastischen **Dispersionsacrylmaterialien**. Diese Schleifmittel bleiben auch länger offen und führen deshalb zu einer besseren Schleifleistung.

Für wässrige Dispersionslacke und -lackfarben gibt es **spezielle Schleifpapiere!**

Je nach Verwendungszweck werden Schleifmittel mit unterschiedlicher Körnung eingesetzt. Für den Grobschliff verwendet man gröbere Schleifmittel als für den Zwischen- und Feinschliff. Beim Schleifen einer Fläche wird auch zuerst mit gröberen und anschließend mit feineren Schleifmitteln geschliffen. Dadurch verhindert man tiefere Schleifspuren im Untergrund. Trocken- und Nassschleifpapiere zeigen auch bei gleicher Körnung verschiedene Schleifwirkung.

Maler/-innen und Lackierer/-innen schleifen fast nur mit Trockenschleifpapier.

Die Tabelle zeigt die Anwendung der Schleifmittel nach Körnung und Schleifsystem:

Verschiedene Schleifsysteme:
H = Handschliff
S = Schwingschleifer (Rutscher)
W = Winkelschleifer
TE = Exzenterschleifer (Tellerschleifer)

Anwendung	Körnung	Schleifsystem
Entrosten, Entgraten	P16–P160	W, S
Grober Schliff, Polyesterspachtel	P40–P120	W, S
Fein- und Lackspachtel	P120–P360	H, W, S
Grundierfüller, Vorlack	P400–P800 P120–P320 P120–P180	H S TE
Anschleifen von Altlackierungen	P180–P220	S, TE
Decklack	P400–P800	H
Ausschleifen von Lackläufen und Lackiermängeln	P600–P1200	H

Schleifvliese

Schleifvliese bestehen aus Nylonfasern und werden deshalb auch **Faservliese** genannt.

Schleifvliese sind moderne, hochflexible Schleifmittel, die zunehmend für Schleifarbeiten eingesetzt werden. Sie bestehen aus übereinander liegenden Nylonfasern, an denen Schleifkörner in Verbindung mit Harzen haften. Daraus ergibt sich ein dreidimensionales, sehr offenes Schleifvlies. Im Gegensatz zu Schleifpapieren sind die Schleifkörner nicht nur auf die Oberfläche gestreut, sondern im gesamten Vlies verteilt.

Schleifvliesrollen

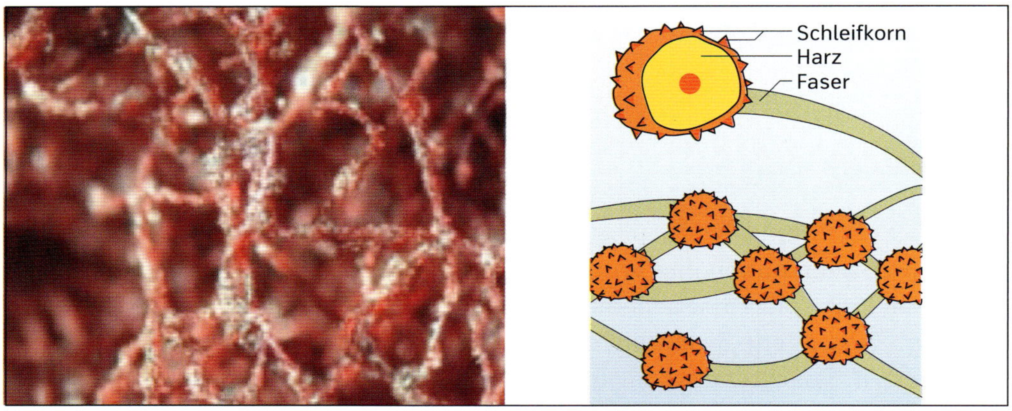

Beim Schleifen passen sich Schleifvliese jeder Oberfläche optimal an. Es ergibt sich eine federnde Schleifbewegung, wobei ständig neue Schleifkörner an die Schleiffläche gelangen. Faservliese sorgen somit für eine gleichmäßige Schleifwirkung und erzielen eine lange Lebensdauer.

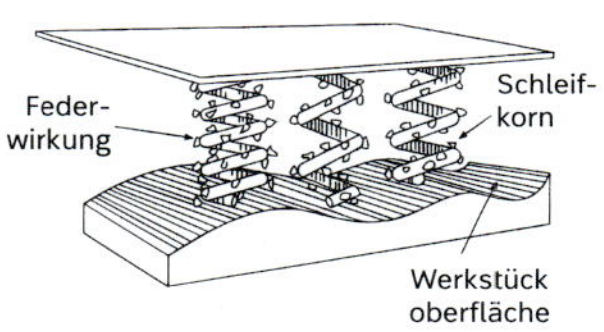

Faservlies wird nicht nach Kornstärke, sondern nach Kornart (A = Aluminiumoxid, S = Siliziumcarbid) und Feinheitsgraden unterschieden.

Vorteile von Schleifvliesen:
- hervorragende Reinigungswirkung
- gleichmäßige Oberfläche
- passt sich jeder Form an
- kein Zusetzen
- lange Lebensdauer
- rostet nicht
- nass und trocken einsetzbar

Nach der Kornart unterscheidet man zwei Schleifvliessorten:

Sorte	Kornart	Verwendung
Typ A rot/braun	Korund = **Aluminiumoxid**	je nach Feinheitsgrad zum Entrosten und Reinigen, Aufrauen von Aluminium
Typ S grau	**Siliziumcarbid**	bei Feinheitsgrad „fein" Aufrauen von Altlackierungen, Feinschliff vor dem Lackauftrag

Schleifvliese eignen sich für **Nass- und Trockenschliff** und wegen ihrer Flexibilität besonders für Rundungen und Profile.

Faservliese gibt es in verschiedenen Formen:

Formen	Anwendung
Rollen	können nach Bedarf zugeschnitten werden **für Handschliff und Schwingschleifer** (Rutscher)
Handpads	gibt es in vorgefertigten Abschnitten (158 x 224 mm) **für Handschliff und Schwingschleifer**
Scheiben	gibt es in verschiedenen Durchmessern (115 und 180 mm) **für Winkel- und Exzenterschleifer**

Schleifschwämme sind zugleich Schleifmittel und Schleifklotz (Schleifblock). Es gibt sie im Fachhandel in verschiedenen Ausführungen:

- flexibler, saugfähiger **Schaumstoffkern** mit hochwertiger **Schleifkornbeschichtung** mit zwei bis vier Schleifflächen und verschiedenen Körnungen
- eine **Kombination** von **Schwamm und Faservlies** mit einer Schleifvlies- und einer Schwammwischseite

Für das staubfreie Schleifen gibt es fabrikmäßig gelochte (perforierte) Schleifmittel für Schleifteller und Schleifplatten mit Staubabsaugung.

Schleifpapiere können auch nachträglich gelocht werden, indem man sie, auf die Maschine aufgespannt, auf eine Lochplatte drückt.

Schleifen

Das Schleifen ist eine wichtige Arbeit zur Vorbereitung von Untergründen. Deshalb sollten Maler/-innen und Lackierer/-innen geeignete Schleifgeräte und Schleifmittel ein- setzen. Schleifen ist ein mechanischer Vorgang mit verschiedenen Aufgaben, die in der folgenden Tabelle zusammengefasst sind.

Reinigen	Entfernen von Schmutz, Rost, losen Teilen und nicht tragfähigen Beschichtungen, z. B. Entrosten einer Stahloberfläche
Aufrauen	Mattschleifen eines glänzenden, glatten Untergrundes, z. B. Anschleifen einer Altlackierung oder Kunststoffoberfläche
Glätten	Egalisieren eines rauen und unebenen Untergrundes, z. B. Schleifen einer gespachtelten Fläche
Polieren	ein matter und rauer Untergrund wird durch Einsatz von Poliermittel wieder hochglänzend, z. B. Aufpolieren einer stumpf gewordenen Fahrzeuglackierung

Jede Oberfläche sieht, unter einem starken Mikroskop betrachtet, aus wie ein Querschnitt durch eine Gebirgslandschaft.

Um eine glatte, ebenmäßige Oberfläche zu erhalten, müssen die Unebenheiten abgetragen (geglättet) werden. Zu diesem Zweck wird die Oberfläche mit Schleifmitteln bearbeitet.

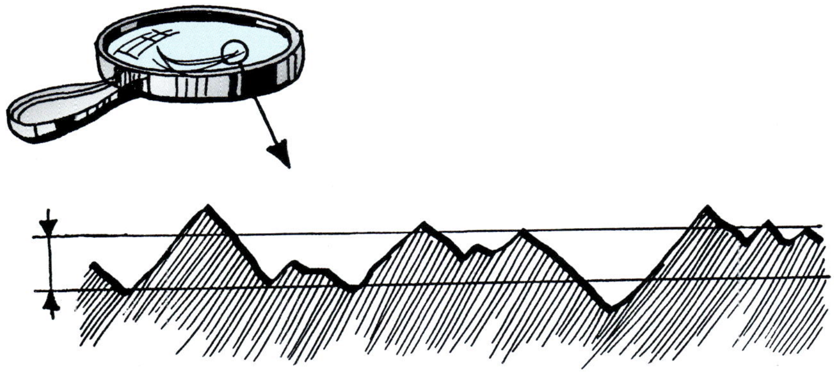

Schleifvliese gibt es als **Rollenware** und **Handpads** in den Größen:
- 158 x 224 mm
- 115 x 150 mm in verschiedenen Feinheitsgraden

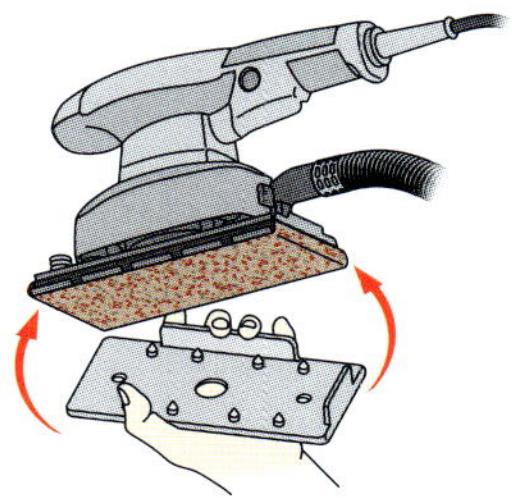

Lochplatte

Typische **Schleiffehler vermeiden:**
- **Kanten nicht durchschleifen** – besonders bei Maschinenschliff.
- **Untergrund nicht zu rau schleifen** – auf richtige Körnung achten.
- **Richtige Schleifmaschinen und Schleifmittel einsetzen.**
- **Beim Nassschliff was- serfestes Schleifpapier verwenden** – Trocken- schleifpapier weicht auf.
- **Schleifpapier setzt sich zu** – Papier mit offener Körnung einsetzen oder Untergrund durchhärten lassen.

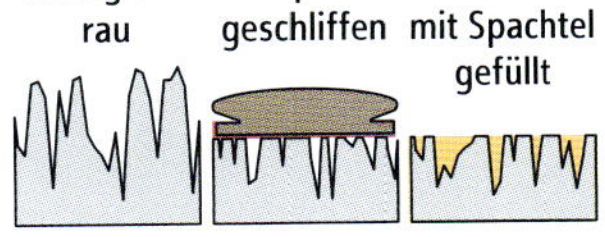

Schleifgiraffe mit Staubabsaugung für Decken und Wände

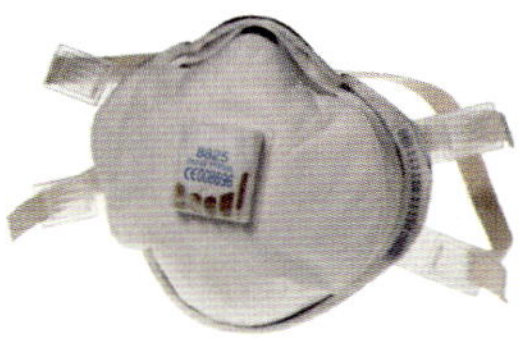

Exzenterschleifer

Exzenterschleifer mit Staubabsaugung

Zum Schleifen ebener, kleiner Flächen sollte man beim Handschliff unbedingt einen Schleifklotz verwenden. Damit wird ein gleichmäßiger Druck auf das flexible Schleifmittel ausgeübt. So erreicht man eine bessere Schleifwirkung und einen geringeren Schleifmittelverbrauch. Je nach Untergrund und Schleifmittel kann trocken oder nass geschliffen werden.

Trockenschleifen

Der überwiegende Anteil an Schleifarbeiten wird im Malerbereich trocken ausgeführt. Das Trockenschleifen sollte, wenn möglich, nur **mit Staubabsaugung** geschehen. In jedem Fall muss vor der Beschichtung der Schleifstaub gründlich entfernt werden.

Um staubfreie Lackierungen zu erreichen, sollten die Flächen zusätzlich vor dem Lackieren mit einem Staubbindetuch abgewischt werden.

Gesundheitsschutz und Unfallverhütung beim Schleifen

Schleifstaub kann die Gesundheit gefährden. Deshalb sollte bei umfangreichen Schleifarbeiten eine Atemschutzmaske getragen werden. Dies gilt besonders, wenn ohne Staubabsaugung geschliffen wird.

Als Atemschutzmaske gegen Schleifstaub können Filterhalbmasken oder die bequemeren Einwegmasken benutzt werden.
Einwegmasken gibt es als Grob- und Feinstaubmasken, die nach einer bestimmten Gebrauchsdauer weggeworfen werden.

Beim Schleifen besteht auch eine allgemeine Verletzungsgefahr. Deshalb sollten die folgenden **Sicherheitshinweise** beachtet werden:

- Für genügende Raumbelüftung und Staubabsaugung sorgen!
- Nicht in Räumen mit leicht entzündlichen Arbeitsstoffen schleifen – wegen Funkenflug und Entzündungsgefahr.
- Elektrische Maschinen, Leitungen und Steckeinrichtungen dürfen nicht beschädigt sein.
- Beim Nassschleifen nur elektrische Maschinen mit Schutztrenntransformator oder Niederspannung verwenden!
- Bleifarbenanstriche dürfen nicht trocken geschliffen werden – Vergiftungsgefahr!

CE	CE steht für **„Conformité Européenne“** Das CE-Zeichen ist kein Qualitäts- oder Gütezeichen, damit bestätigt der Hersteller selbst, dass sein Produkt die Anforderungen aller EU-Richtlinien erfüllt.
Id-Zeichen GS geprüfte Sicherheit	GS steht für **„Geprüfte Sicherheit“** Das GS-Zeichen ist ein Qualitätszeichen, das es nur in Deutschland gibt. Es kann freiwillig vom Hersteller beauftragt und von einer unabhängigen Prüf- stelle, z.B. vom TÜV, abgenommen werden.
DVE	Das **VDE Zeichen** ist ein nationales Sicherheitszeichen für elektrische Betriebsmittel. Sie werden darauf geprüft, dass die VDE Bestimmungen eingehalten werden. Die Prüfung erfolgt durch das Prüf- und Zertifizierungsinstitut des VDE (Verband Deutscher Elektrotechniker).

Aufgaben

1. *Nennen Sie fünf verschiedene Hilfsstoffe.*
2. *Für welchen Zweck benötigen Maler/-innen und Lackierer/-innen Reinigungsmittel?*
3. *Welche Arten von Löse- und Entfettungsmittel gibt es?*
4. *Zu welchem Zweck werden Tapetenlöser eingesetzt?*
5. *Beschreiben Sie die Verarbeitung von Pinselreiniger.*
6. *Welche Aufgaben haben Abbeizmittel?*
7. *Beschreiben Sie die Verwendung von Ablaugmitteln.*
8. *Warum sollten keine CKW-haltigen Abbeizer verwendet werden?*
9. *Welche Vorteile haben CKW-freie Abbeizer?*
10. *Was ist bei der Verarbeitung von Abbeizmitteln zu beachten?*
11. *In welcher Form kommen Kleber in den Handel?*
12. *Wie lassen sich flüssige Klebstoffe unterteilen?*
13. *Welche Arten von Tapetenkleister werden unterschieden?*
14. *Welche Verwendung hat normaler Tapetenkleister?*
15. *Welche besonderen Eigenschaften hat Spezialkleister?*
16. *Beschreiben Sie in Stichworten das Ansetzen von Tapetenkleister.*
17. *Welche Vorteile hat „Instantkleister" beim Ansetzen?*
18. *Welches Einsatzgebiet haben Dispersionskleber?*
19. *Nennen Sie fünf verschiedene Dispersionskleberarten.*
20. *Welche Verwendung haben Styroporkleber?*
21. *Mit welchen Werkzeugen werden Dispersionskleber aufgetragen?*
22. *Welche wichtigen Lösemittelkleber unterscheidet man?*
23. *Welche besondere Verarbeitung verlangen Kontaktkleber?*
24. *Erklären Sie den Begriff „Klebebänder".*
25. *Aus welchem Material werden Klebebänder hergestellt?*
26. *Erklären Sie den Begriff „Schleifmittel".*
27. *Nennen Sie fünf wichtige Schleifmittel.*
28. *Beschreiben Sie den Aufbau von Schleifpapier.*
29. *Welche Aussage kann über die Schleifpapierqualität gemacht werden?*
30. *Beschreiben Sie die Verwendung von Fibermaterial.*
31. *Welche Aufgaben haben Grund- und Deckbinder?*
32. *Wodurch unterscheiden sich Trocken- und Nassschleifpapier?*
33. *Welche Schleifkörner haben die größte Härte?*
34. *Welche Aussage lässt sich bezüglich der Körnung von Schleifmitteln machen?*
35. *Welchen Unterschied gibt es zwischen offener und dichter Streuung?*

36. Welche Vorteile haben Schleifmittel mit offener Streuung?
37. Welche Verwendung haben Schleifmittel mit der Körnung P16 – P160?
38. Mit welcher Körnung und welchem Schleifsystem kann Lackspachtel geschliffen werden?
39. Beschreiben Sie den Aufbau von Schleifvliesen.
40. Welche Schleifvliestypen werden unterschieden?
41. Welche Vorteile haben Schleifvliese?
42. In welchen Formen gibt es Schleifvliese im Fachhandel?
43. Warum werden Schleifmittel gelocht?
44. Nennen Sie die Aufgaben des Schleifens.
45. Beschreiben Sie den Unterschied zwischen Aufrauen und Glätten.
46. Beschreiben Sie zwei typische Schleiffehler.
47. Worauf ist beim Trockenschleifen zu achten?
48. Welche Schleifmittel werden zum Nassschleifen benötigt?
49. Wie schützen sich Maler/-innen und Lackierer/-innen vor Schleifstaub?
50. Nennen Sie zwei wichtige Sicherheitshinweise beim Schleifen.

13 Wandbekleidungen

Lernsituation 13

Arten von Wandbekleidungen, Tapezierwerkzeuge und -technik zum Thema: „Tapeten und Wandbeläge“

Situationsdarstellung:
Bei der Renovierung eines Jugendraumes wurde vom Malerbetrieb wegen seiner Strapazierfähigkeit Strukturvlies angeboten. Die Meisterin gibt dem Auszubildenden den Auftrag, sich über Wandbebekleidungen (Wandbeläge) allgemein und speziell über Tapeten zu informieren.

Sie sollten sich Informationen über fertige und zu behandelnde Wandbekleidungen einholen. Kenntnisse über Tapetenarten, Tapetenkennzeichnung und die Tapeziertechnik können Sie durch die Bearbeitung folgender Arbeitsaufträge erwerben.

Arbeitsaufträge

1. *a) Nennen Sie verschiedene **Wandbekleidungen**.*
   *b) Unterscheiden Sie zwischen **zwei Gruppen** von Wandbekleidungen.*
2. *Erklären Sie den Begriff „**Tapete**“.*
3. *Nennen Sie die verschiedenen Tapeten-**Drucktechniken**.*
4. *Notieren Sie **Gesichtspunkte**, die die Tapeten-Qualität beeinflussen.*
5. *a) Welche Maße hat eine **Europarolle**?*
   *b) Nennen Sie die Maße einer **Standardraufaserrolle**.*
6. *Welche Qualitätssicherheit bietet das **RAL-Gütezeichen**?*
7. *Nennen Sie die **acht Tapeten-Gruppen** nach der **DIN EN 235**.*
8. *Nennen und beschreiben Sie verschiedene*
   *a) **Papiertapeten**,* *c) **Naturwerkstofftapeten** und*
   *b) **Textiltapeten**,* *d) **sonstige** Tapeten.*
9. *Beschreiben Sie folgende zu behandelnde Wandbekleidungen:*
   *a) **Raufasertapeten*** *b) **Glasfasertapeten*** *c) **Strukturvlies***
10. *a) Nennen Sie die fünf Punkte der **Tapetenkennzeichnung**.*
    *b) Wie wichtig ist die **Anfertigungsnummer** beim Tapezieren?*
11. *a) Nennen Sie **Qualitätshinweise** für Reinigungsbeständigkeit.*
    *b) Nennen Sie **Qualitätshinweise** für Farbbeständigkeit.*
12. *Nennen Sie **Prüfrichtlinien***
    *a) **vor** dem Öffnen der Klarsichtverpackung und*
    *b) **nach** dem Öffnen der Klarsichtverpackung.*
13. *a) Auf welche **Mängel und Eigenschaften** sollen Tapezieruntergründe überprüft werden?*
    *b) Beschreiben Sie die **Behebung der Untergrundmängel**.*
14. *a) Nennen Sie **Aufgaben** der Untergrundvorbehandlung durch Grundieren.*
    *b) Beschreiben Sie andere **Vorarbeiten** und **Untergrundgegebenheiten**.*
15. *a) Nennen Sie flüssige und feste **Unterlagstoffe**.*
    b) Beschreiben Sie die wichtigsten festen Unterlagstoffe.
16. *a) Nennen Sie wichtige **Tapezierwerkzeuge** und ihre Verwendung.*
    *b) Nennen Sie wichtige **Tapeziergeräte** und ihre Verwendung.*

Verarbeitung von Wandbekleidungen durch:
- Bespannen
- Tapezieren
- Kleben

Die **DIN EN 235** unterteilt **Wandbekleidungen** in zwei Gruppen.

Rauhfasertapete ist eine Strukturwandbekleidung. Sie ist am meisten verbreitet und hat über 50 % Marktanteil.

Der Begriff **Tapete** kommt von Wandbedeckungen der Griechen = **Tapes**; Wandbehänge der Römer = **Tapetum**.

Tapeten werden tapeziert, **Beläge** werden verklebt

13.1 Arten von Wandbekleidungen

Wandbekleidungen sind Werkstoffe aus Papier, Kunststoff und Textilgewebe. Sie sind als fertige Materialien in Rollenform oder als Platten und Bögen im Handel erhältlich. Wandbekleidungen lassen sich auf Wänden, Decken und anderen Flächen durch Kleben oder Spannen befestigen. Die Herstellung erfolgt überwiegend in maschinellen Verfahren.

Wandbekleidungen dienen in erster Linie der Raumgestaltung (Verschönerung von Innenräumen) und weniger dem Schutz der Untergründe.

Verschiedene **Wandbekleidungen** sind:
- Tapeten
- Glasfasergewebe
- Schaumstoffbeläge
- Wandteppiche
- Fliesen
- Textilgewebe
- Vertäfelungen

Die europäische Norm für Tapeten, **DIN EN 235**, unterteilt „Wandbekleidungen in Rollen“ in **zwei Hauptgruppen:**
fertige Wandbekleidungen und **solche, die nachträglich beschichtet** werden. Nach dieser Einteilung sind alle Wandbekleidungen im Etikett, dem Beipackzettel, zu kennzeichnen.

fertige Wandbekleidungen	**benötigen** nach dem Tapezieren **keine weitere Bahndlung**, weil sie gebrauchsfertig auf den Markt kommen; hierzu zählen **Tapeten**, Wandteppiche, Fliesen und Vertäfelungen (Paneelen).
zu behandelnde Wandbekleidungen	**benötigen** nach der Verklebung **eine nachträgliche Beschichtung**, z. B. werden **Raufaser**, **Strukturvliese**, Prägepapiere und **Glasfasergewebe** noch überstrichen.

13.2 Tapeten

Die ersten Tapeten aus gewebtem Material und aus Leder kannte man schon im Mittelalter. Die Tapete, wie wir sie heute als bedrucktes oder geprägtes Rollenpapier kennen, stammt aus dem 18. Jahrhundert. Um 1760 entstanden die ersten Tapetenfabriken (Manufakturen). Durch größere Auflagen hielt die Tapete im 19. Jahrhundert Einzug in die Wohnungen der Bürger. Es wurde Mode, die Wände zu tapezieren, anstatt sie zu streichen oder zu tünchen.

Tapeten besitzen stets eine Unterlage aus tapezierfähigem Papier- oder Vliesträger. Ihre Oberflächen können aus bedrucktem Papier bzw. Vlies bestehen oder mit Textil, Naturwerkstoffen, Kunststoff- oder Metallfolien beschichtet sein.

Dagegen bestehen **Wandbeläge** aus Geweben, Kunststoffen, Holz oder Keramik ohne Papierunterlage. Bei Belägen spricht man vom Verkleben und nicht vom Tapezieren. Eine Ausnahme ist die **Raufasertapete**, die zwar auch zu den nachträglich zu behandelnden Wandbekleidungen gehört, aber wie eine Tapete behandelt wird. **Tapeten** brauchen keine Endbehandlung, weil sie als fertig gestaltete Wandbekleidung nach einem Arbeitsgang ihren Zweck erfüllen.

Für junge Maler/-innen ist es sehr wichtig, neben den praktischen Fertigkeiten beim Tapezieren auch Kenntnisse über die Herstellung, über die Arten und Qualitäten von Tapeten zu besitzen.

13.2.1 Herstellung von Tapeten

Die meisten Tapetenarten erhalten ihr endgültiges Aussehen durch den Druck des Musters. Die Tapeten werden im **Rotationsdruck**, d. h. in Endlosbahnen gedruckt. Zum Drucken werden Walzen bzw. Druckschablonen eingesetzt. Dabei handelt es sich um runde, geschlossene Druckformen, die **Endlosdrucke** erlauben. Jede Druckwalze druckt immer nur eine Farbe. Mehrere Druckgänge nacheinander ergeben das Gesamtbild. Ein Tapetenmuster kann aus zehn und mehr Farben bestehen.

Die **Herstellung** der **Tapeten** hat sich mit der Zeit geändert. **Neue Werkstoffe** und **Technologien** erfordern neue Produktionsverfahren. Die gebräuchlichen **Druckverfahren:**

Beim **Tapetendruck**, der mit speziellen Druckmaschinen erfolgt, gibt es **verschiedene Drucktechniken** bzw. Druckverfahren:

1. Tiefdruck	Druck durch die Vertiefungen der Druckwalze – Die Farbe wird vom Papier herausgesaugt.
2. Siebdruck	Mit der Rakel wird die Farbe von innen durch die Öffnungen des Rundsiebes gedrückt.
3. Prägedruck	Zwischen Positiv- und Negativwalzen wird die Papierbahn unter hohem Druck geprägt.
4. Digitaldruck	nach digitalisierter Vorlage, z. B. Foto; verschiedene Drucktechniken, z. B. Tintenstrahl, Laser und Elektrostatik

Tiefdruck

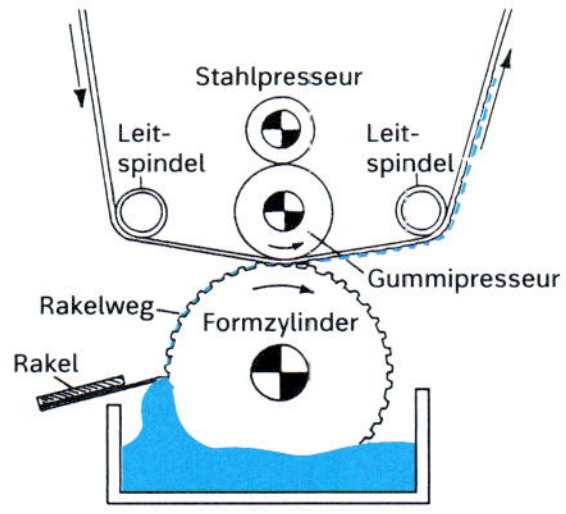

Siebdruck

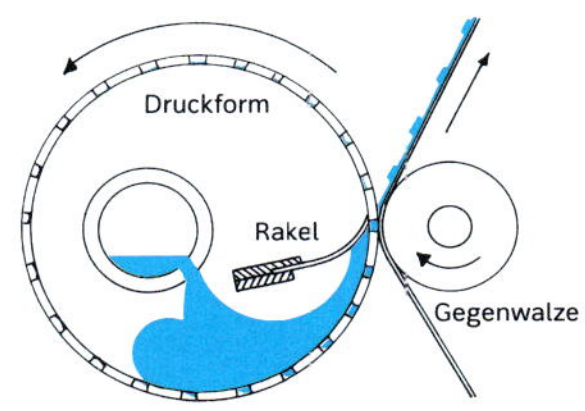

Prägedruck

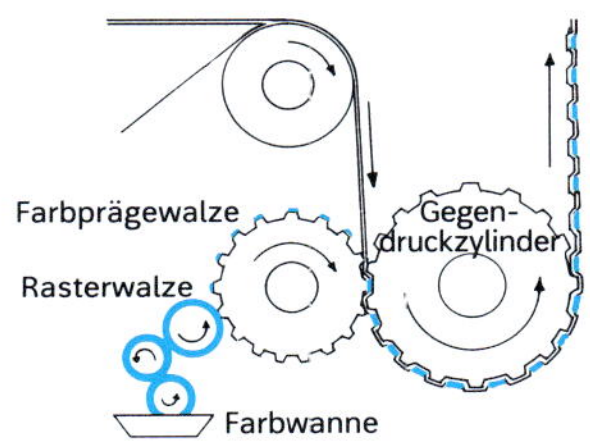

Digitaldruck

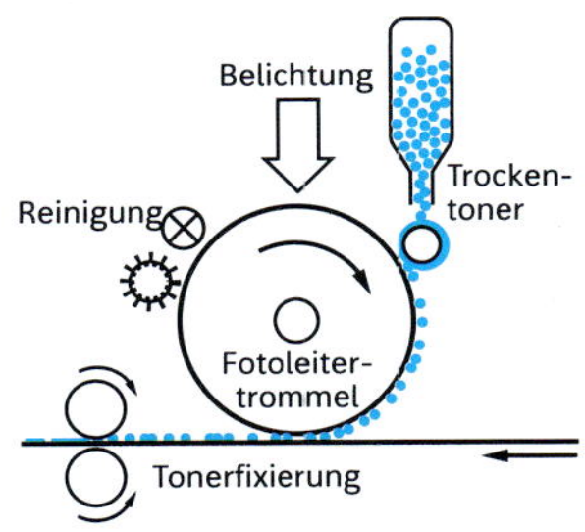

Das Angebot der Tapetenindustrie ist sehr groß. Es gibt verschiedene Tapetenarten, die in Preis und Qualität zum Teil erheblich schwanken. Aber auch in den unteren Preiskategorien gibt es schöne und geschmackvolle Tapeten.

Die **Qualität der Tapeten** wird wesentlich durch das verarbeitete Material beeinflusst:

- Art des Papiers, Zusammensetzung, Stärke und Gewicht
- Druckverfahren und Anzahl der Druckfarben
- Eigenschaften der Druckfarben, ihre Lichtbeständigkeit
- Bindung der Druckfarbe und Überzüge, z. B. waschbeständig
- Oberflächenstruktur und -behandlung, z. B. Lichtbeständigkeit
- Stripeffekt, beim Tapetenwechsel restlos und trocken abziehbar

Für preiswerte Tapeten wird leichtes Papier mit einfachen gebundenen Farben benutzt, z. B. Leimfarben, die durch einen Überzug wasserfest gemacht werden. Für wertvollere Tapeten werden stärkere Papiere und bessere Druckfarben verwendet. Heute wird auch Trägermaterial aus Zellstoff und Polyesterfolie für die formstabilen, glatten oder strukturierten Vliestapeten verwendet.

Je stärker das Trägermaterial und je besser die Druckfarben, desto hochwertiger und teurer sind die Tapeten.

Das benötigte **Papiergewicht** für Tapeten liegt bei **70 bis 180 g/m^2**.

Lieferformen von Tapeten

Eine normale Tapetenrolle, die sogenannte **Europarolle**, ist 0,53 m breit und 10,05 m lang. Tapetenrollen, die von diesem Normmaß abweichen, müssen besonders gekennzeichnet sein. Die **Standardraufaserrolle** gibt es im Handel in 0,53 m Breite und 33,50 m Länge. Außerdem gibt es Raufasertapeten auf **Großrollen**, die 0,75 m breit und 125 m lang sind.

Die häufigste Lieferform ist die **Europarolle** mit den Maßen 0,53 m x 10,05 m.

Nachhaltigkeit von Tapeten

Heute unterliegt die Tapetenproduktion unterschiedlichen **Qualitätsanforderungen**. Hierbei geht es um **Umweltverträglichkeit** bei der Herstellung und beim Einsatz von Tapeten, aber auch um **Verbraucherfreundlichkeit** für ein angenehmes Raumklima. Verschiedene Zertifikate bescheinigen den Herstellern die Unbedenklichkeit ihrer Produkte:

RAL steht für: Deutsches Institut für Gütesicherung und Kennzeichnung

Der **Blaue Engel** ist hier das Gütesiegel für das Papierrecycling.

FSC® = Forest Stewardship Council®, eine nichtstaatliche Organisation

DIN EN 15102 gilt für dekorative Wandbekleidungen in Rollen- und Plattenform

EN = **Euronormen** legen Maße und Qualitätsanforderungen fest.

Ökologische Kennzeichnungen	Beschreibung
RAL GÜTEZEICHEN TAPETEN	Nach der Erarbeitung der Güte- und Prüfbestimmungen und einem öffentlichen Anerkennungsverfahren hat RAL Deutsches Institut für Gütesicherung und Kennzeichnung e. V. das RAL Gütezeichen Tapeten (RAL-GZ 479) anerkannt. Es wird nach Überprüfung der Einhaltung der Güte- und Prüfbestimmungen durch die RAL Gütegemeinschaft Tapete e. V. an interessierte Unternehmen verliehen.
BLAUER ENGEL DAS UMWELTZEICHEN	Tapeten, die überwiegend (mind. 60 %) aus recyceltem Altpapier bestehen, können den Blauen Engel erhalten, wenn sie die Kriterien laut DE-UZ 35 erfüllen. Das Papierrecycling spart Rohstoffe und vermindert Umweltbelastungen
FSC®	Das FSC®-Symbol ist ein weiteres ökologisches Kennzeichen. FSC® Mix kennzeichnet Produkte, deren holzbasierte Inhaltsstoffe aus FSC®-zertifizierten Wäldern, Recyclingmaterial und kontrollierten Quellen stammen.
CE Tapetenmuster GmbH, Musterstraße 12, 123654 Musterstadt **2019 – DoP 2** **EN 15102** 0071 EN 13501-1: B-s1,d0	Tapetenrollen werden durch das CE-Kennzeichen nach DIN EN 15102, den EU-Richtlinien, beschrieben. Diese Produkte wurden vom Hersteller geprüft und erfüllen alle Anforderungen an Sicherheit, Gesundheits- und Umweltschutz.

Diese Gütebestimmungen werden ständig von neutralen Instituten überprüft. Die Siegel stehen für Nachhaltigkeit, geben Qualitätssicherheit und garantieren die gesundheitliche Unbedenklichkeit der ausgezeichneten Tapeten.

13.2.2 Tapetenarten

Papier duplex Präge

Papier Strukturprofil

Fertige Wandbekleidungen (Tapeten) gibt es in großer Vielfalt. Sie werden nach DIN EN 235 in acht Gruppen eingeteilt:

Gruppe	Beschreibung
Papiertapeten	alle Wandbeläge aus bedrucktem, geprägtem und geknittertem Papier
Kunststofftapeten (mit Papierträger)	z. B. die Flachvinyl- und die im Rotationssiebdruck auf Papierträger gefertigte Strukturprofiltapete
Kunststofftapeten (ohne Papierträger)	alle Tapeten auf Kunststoffbasis, die nicht auf einem Papierträger kaschiert sind
Vliestapeten	einseitig imprägniertes Vliesträgermaterial, bestehend aus Zellstoff- und textilen Fasern, die mit Bindemittel gefestigt sind

Gruppe	Beschreibung
Textiltapeten	Textilkettfäden oder Gewebebahnen sind auf Papier oder Vliesträger geklebt.
Velourstapeten	Das Muster wird mit Leim aufgedruckt und mit sehr kurzen Natur- oder Chemiefasern elektrostatisch beflockt.
Metalleffekttapeten	meist aus dünner Alufolie, die auf schweres Trägerpapier oder Vlies geklebt ist; den Metalleffekt bringt ein lasierender, farbiger Überzug.
Naturwerkstofftapeten	Nachbehandelte Naturmaterialien wie Gras, Blätter oder Kork bilden die lebhafte Oberfläche dieser Tapetenart.

Die **größte Tapetengruppe** stellen die **Papiertapeten**. Aber auch von den übrigen Gruppen gibt es verschiedene Sorten:

Die **Vliestapeten** besitzen wegen ihrer leichten Verarbeitbarkeit inzwischen einen Marktanteil von über 80 Prozent. **Papiertapeten** finden wir bei Prägetapeten, alle anderen Arten können einen Papier- oder einen Vliesträger haben. Bei Vliesträger kann der Kleister sowohl auf die Wand (Wandklebetechnik), als auch auf die Tapetenrückseite aufgetragen werden. Dagegen muss der Kleister bei einer Papiertapete immer auf die Tapete aufgetragen werden, d. h. die Tapete wird eingekleistert.

Weitere spezielle Tapetenarten

Fondtapeten	**Papiertapeten** der mittleren Preisgruppe. Sie erhalten vor dem Musteraufdruck einen ganzflächigen lichtechten Farbauftrag (Fond), daher sind sie lichtbeständig und vergilben nicht. Die Oberfläche kann glatt oder einfach geprägt sein. Das Muster wird nachträglich auf den Fond aufgebracht.
gaufrierte Tapeten (Papiertapeten)	**Papiertapeten** der mittleren und gehobenen Preisgruppe. Sie besitzen eine Untergrundprägung, im Gegensatz zur Musterprägung bei Prägetapeten. Bei doppelschichtigem Papier bleibt die zweilagige Prägung (auch als Gaufrage bezeichnet) wesentlich besser erhalten.
Duplex-Prägetapeten	**Papiertapeten** der gehobenen Preisgruppe. Dazu werden zwei stärkere Papierbahnen miteinander verklebt und in noch feuchtem Zustand mit Stahlwalzen unter hohem Druck geprägt. Bei Prägetapeten ist an Rückseite das Negativbild der Prägung zu sehen.
Struktur-Profiltapeten	Bei der Herstellung von **Papier- oder Vliesträgertapeten** entstehen durch Verwendung von expandiertem Kunststoff, reliefartige Muster mit plastischer Wirkung. Die dreidimensionalen Formen oder Strukturen werden auf PVC-Basis oder anderen polymeren Material aufgeschäumt. Solche PVC-freien Schäume sind frei von Weichmachern und anderen Schadstoffen.
Gewebetapeten	Es sind **Papier-** oder **Vliesträgertapeten**, bei denen Textilgewebe mit kreuzenden Fäden aufkaschiert sind. Kettfäden sind vertikal, also nur in Längsrichtung und Schussfäden horizontal, also quer mit dem Träger verklebt. **Textiltapeten haben heute kaum noch Bedeutung auf dem deutschen Markt.**
Unitapeten	**Papier-** oder **Vliesträgertapeten**, die musterlos und einfarbig sind, aber eine Prägestruktur oder einen plastischen Materauftrag haben können.
Fototapeten	**Spezialtapeten** mit großen Motiven, die fotografisch oder malerisch dargestellt sind. Es ist ein in einzelne Bahnen zerteiltes Großfoto, das heute meist aus Vliesmaterial besteht und mit Tintenstrahldruckern hergestellt wird. Durch den Digitaldruck sind auch Einzelanfertigungen, z. B. von eigenen Fotos preiswert realisierbar.
EMV-Tapeten	**Spezialtapeten, die** vor Elektrosmog schützen und insgesamt eine hohe Abschirmung gegen verschiedene Strahlenarten bieten. Sie besteht aus einer vollflächigen, elektrisch leitfähigen Schicht, die keine Metalle oder Schadstoffe enthält. Die Tapete ist wasserdampfdurchlässig, übertapezier- und überstreichbar.

Papier Metalleffekt

Vlies Strukturtapete

Vlies Vinyltapete

Präge- und Strukturprofiltapeten gewinnen immer mehr an Bedeutung und werden sehr oft tapeziert.

Anwendungsmöglichkeiten von Bordüren:

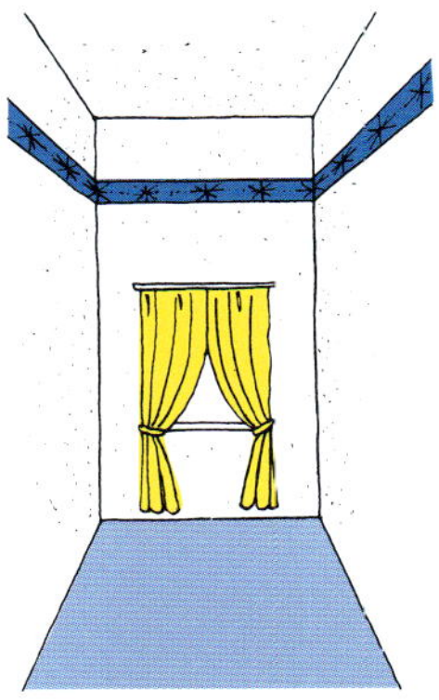

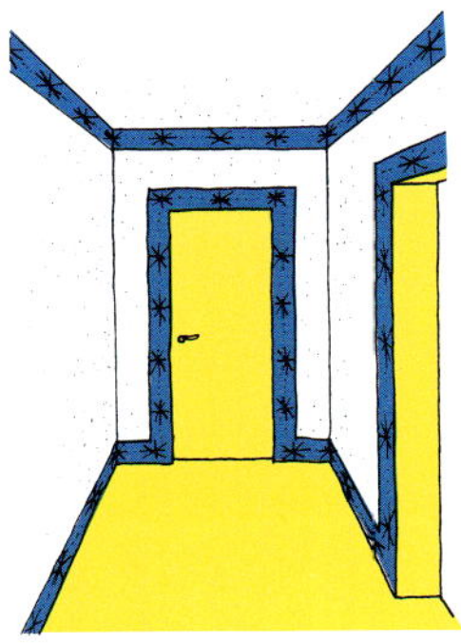

Mit **Borten** lassen sich **dekorative Akzente** setzen, d. h., bestimmte Räume oder Raumteile können so besonders betont werden.

Bordüren (auch: Borten) sind schmale Ornament- oder Musterstreifen, die passend für viele Tapeten angeboten werden. Ihre Muster stehen meistens im Kontrast zur dazugehörigen Tapete. Zu einer schwachgemusterten Tapete sollte eine auffällige Bordüre gewählt werden. Für Borten gibt es viele Anwendungsmöglichkeiten, z. B. an oder im Abstand unter der Decke, in Sockelhöhe und um Tür- oder Fensterausschnitte. Bordüren können mit speziellem Bordürenkleber oder mit dem jeweiligen Kleister geklebt werden.

Raufaser mit unterschiedlichen Strukturen

Überstreichbare Wandbekleidungen

Überstreichbare Wandbekleidungen können aus verschiedenen Materialien wie Papier, Glasfaser, Kunststoff oder Textilien bestehen. Sie sind halbfertige Produkte, die durch den Anstrich fertiggestellt werden.

Raufasertapeten	sind eigentlich keine Tapeten, sondern vielmehr **strukturierte Wandbekleidungen**, die nach dem Tapezieren einen Anstrich benötigen. Raufaser besteht aus zwei Papierschichten mit dazwischen eingestreuten Holzfasern. Die Größe und Art der Fasern ergeben die verschiedenen Körnungen und unterschiedlichen Strukturen. Raufaser gibt es auch mit Stripeffekt oder in spaltbarer Ausführung. Beim späteren Abziehen der alten Tapeten spaltet sich die Raufaser und eine Schicht bleibt als Makulatur auf der Wand.
Glasfasertapeten (Glasdekogewebe)	bestehen aus unbrennbaren, mineralischen Fasern. Sie sind in unterschiedlichen Strukturen und in Rollenware von 1 m Breite und 50 m Länge lieferbar. Die Verklebung erfolgt mit Dispersionskleber (Glasgewebekleber), dabei wird die trockene Tapete in die mit Kleber eingestrichene Wand eingelegt und angedrückt. **Glasfasertapeten benötigen wie Raufasern einen Anstrich.** Geeignet sind: Dispersions- und Latexfarbe, Acryllack, PU-Lack oder Silicatfarbe nach vorherigem Grundanstrich mit Silicatgrundiermittel. Glasfasertapeten eignen sich gut zur Rissüberbrückung in Innenräumen und für strapazierfähige und hygienische Wandflächen in Schulen, Kindergärten, Krankenhäusern, Arztpraxen, Großküchen und Treppenhäusern.
Glatt- und Strukturvlies	Sie haben ähnliche Strukturen wie Glasfaser und inzwischen auch eine Raufaserstruktur. Es gibt z. B. geometrische Formen, Streifen, Fischgrät- oder einfache Webstrukturen. Sie werden mit Innenfarben, z. B. Dispersionsfarben und Acryllacken überstrichen. Diese Wandbeläge bestehen, wie Vliestapeten, aus Zellulose- und Kunstfasern. Sie werden als trockene Tapetenbahnen, in die mit Spezialkleister eingekleisterte Wand (Wandklebetechnik) eingelegt und angedrückt. Glatt- und Strukturvliese sind **maß- und druckstabil**, rissüberbrückend, außerdem verarbeitungsfreundlich und erfordern deshalb **keine Weichzeit**.

Vorteile von Glasdekogewebe:
- aus reinem Quarzsand
- für gesundes und behagliches Wohnklima
- für sichere und extrem haltbare Wände
- strapazierfähig, stabil und belastbar
- nicht schmutz- und schimmelanfällig
- leicht zu reinigen und desinfizierbar
- feuerbeständig

Webstrukturen

Raufasertapeten werden wie gewöhnliche Tapeten tapeziert, d. h., sie werden eingekleistert und danach an die Wand geklebt. **Glasdekogewebe** und **Strukturvliese** dagegen lassen sich in der **Wandklebetechnik** verarbeiten, d. h., sie werden trocken in die mit Kleber eingekleisterte Wand eingelegt und angedrückt.

Überstreichbare Wandbekleidungen sind unfertige Erzeugnisse, weil sie nach dem Tapezieren noch einen Anstrich erhalten müssen. Es ist ein Vorteil dieser überstreichbaren Tapeten, dass sie mehrfach farblich aufgefrischt werden können, ohne neu zu tapezieren. Ein Klassiker dieser Tapetenart ist die Raufaser, die aber inzwischen an Glatt- und Strukturvlies ihren ersten Platz verloren hat.

Die **Verarbeitung von Glasfasertapeten** erfolgt in den folgenden Schritten:

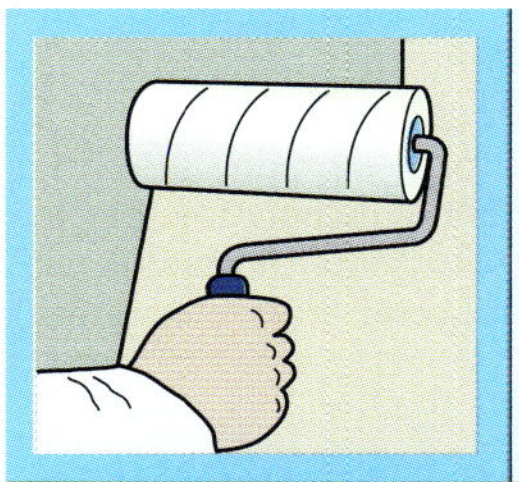

1. Kleister mit Streichroller direkt auf die Wand bringen

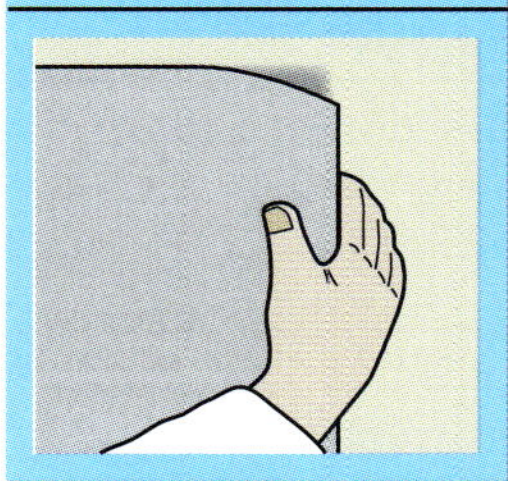

2. Glasfasertapetenbahn in den Kleister einlegen

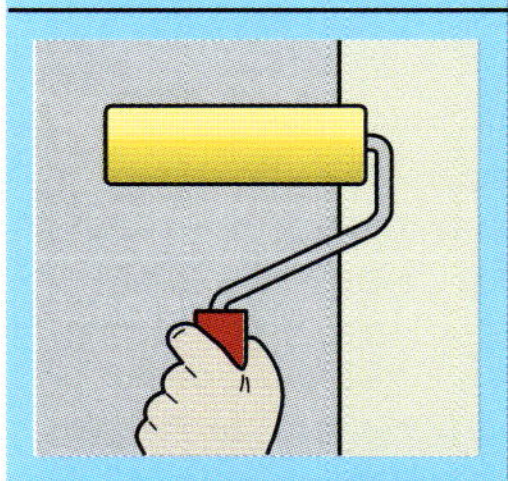

3. Andrücken der Glasfasertapete mit der Andrückrolle

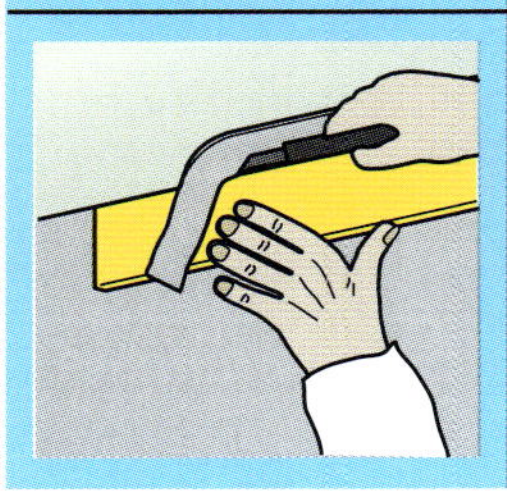

4. Kantenbeschneidung mit Spachtel und Cuttermesser an Decke und Fußbodenleiste

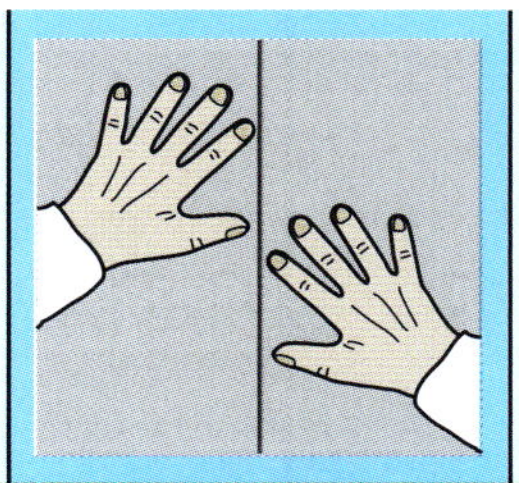

5. Nachfolgende Bahnen sind auf Stoß zu tapezieren

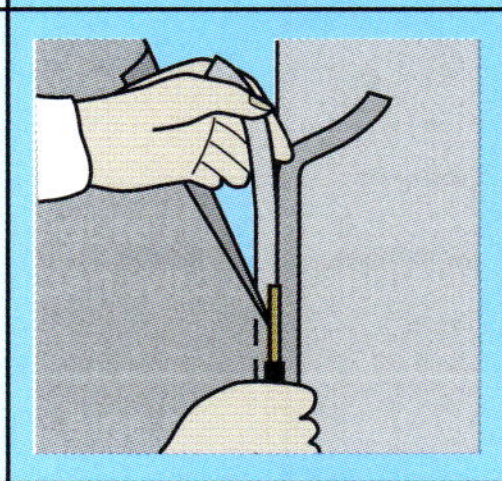

6. Überlappung bei Außen- und Innenecken mit Gleitfußmesser im Doppelnahtschnitt

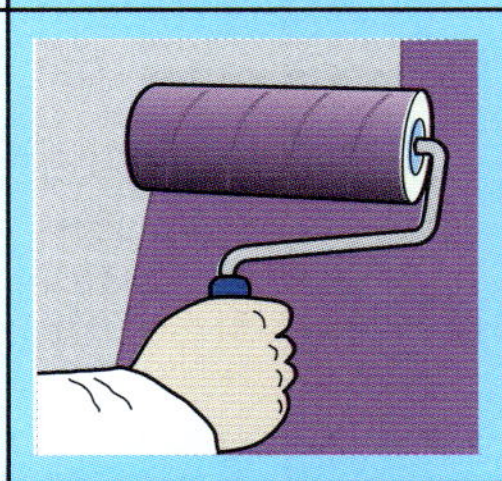

7. Nach dem Trocknen farbig überstreichen mit Dispersions-, Latex- oder Acryllackfarbe

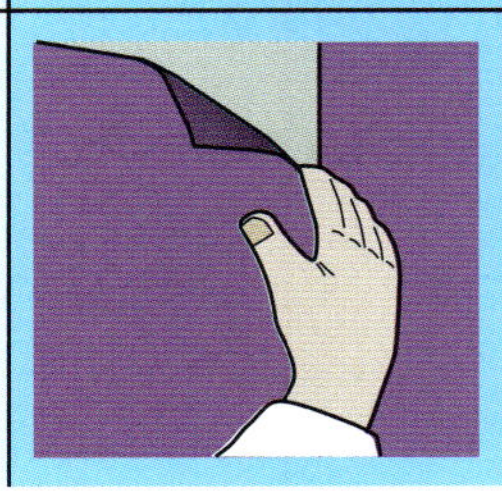

8. Bei Renovierung problemlos und restlos trocken abziehbar

verschiedene Glasfasergewebe

13.2.3 Kennzeichnung der Tapeten

Die Anfertigungskennzeichnungen auf dem Beipackzettel geben dem Verarbeiter wichtige Informationen über Abwaschbarkeit, Lichtbeständigkeit, Musteransatz und Rapport sowie Verarbeitung und richtige Methoden des Entfernens:

- **Anfertigungsnummer** (gleiche Nummer aus einer Druckserie)
- **Hersteller** (Angaben zur Tapetenfabrik)
- **Qualitätsgruppe** (Tapetenart und Oberflächenbeschaffenheit)
- **Rapportangabe** (Art des Ansatzes und Musterlänge)
- **Musterrichtung** (gleiche Richtung oder gestürztes Kleben)

Zum Tapezieren in einem Raum dürfen nur Tapetenrollen mit gleicher Anfertigungsnummer verwendet werden. Sie sind aus einer Druckserie und haben somit keine Farbtonabweichungen.

Tapetensymbole und Verarbeitungshinweise sollten vom Maler genau beachtet werden!

Tapetensymbole

Diese Symbole gelten europaweit und geben Hinweise auf die Qualität und Verarbeitung der Tapeten. Der **Beilegzettel** enthält oft noch zusätzliche Informationen, z. B. über die **Weichzeit** und **Kleisterart**. Die Beilegzettel sollten grundsätzlich bis zum Ende der Tapezierarbeiten aufbewahrt werden.

Nr. 7594-12

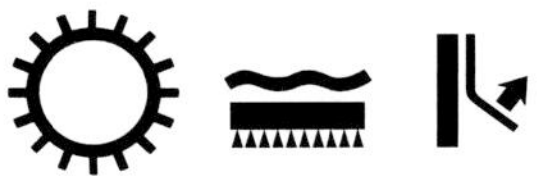

→|← 16 cm

Anfertigungsnummer und **Verarbeitungshinweise** finden sich auf dem Beilegezettel oder auf der Tapetenrückseite.

Qualitätshinweise werden durch folgende Symbole ausgedrückt:

	**wasserbeständig**	zum Zeitpunkt der Verarbeitung Frische Kleisterflecken können mit einem feuchten Schwamm abgetupft werden.
	**waschbeständig**	Leichte Verschmutzungen können mit einem feuchten Schwamm beseitigt werden.
	**hoch waschbeständig**	Verschmutzungen, außer von Ölen, Fetten usw., können mit leichter Seifenlauge und einem Schwamm entfernt werden.
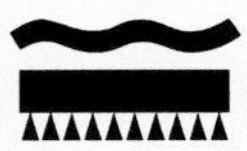	**scheuerbeständig**	Verschmutzungen, die wasserlöslich sind, können mit milder Seifenlauge oder mildem Scheuermittel mit Schwamm oder weicher Bürste gereinigt werden.
	**hoch scheuerbeständig**	Auch starke Verschmutzungen, einschließlich Öle und Fette, können durch intensive Behandlung entfernt werden.
	**ausreichend lichtbeständig**	Ausreichende (mäßige) Farbbeständigkeit, d. h., die aufgedruckten Farben verändern sich bei Lichteinwirkung mit der Zeit.
	**befriedigend lichtbeständig**	Befriedigende (relativ gute) Farbbeständigkeit, d. h., die aufgedruckten Farben verändern sich bei Lichteinwirkung nur gering.
	**gut lichtbeständig**	Gute Farbbeständigkeit, d. h., die aufgedruckten Farben verändern sich bei Lichteinwirkung kaum.
	**sehr gut lichtbeständig**	Sehr gute Farbbeständigkeit, d. h., die aufgedruckten Farben verändern sich bei Lichteinwirkung nicht.
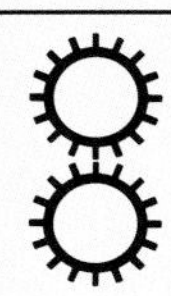	**ausgezeichnet lichtbeständig**	Ausgezeichnete Farbbeständigkeit, d. h., die aufgedruckten Farben verändern sich bei Lichteinwirkung in keiner Weise.

Tapeteneigenschaften sind nach DIN EN 235 mit Symbolen auf dem Beipackzettel gekennzeichnet. Anhand dieser Symbole sind Eigenschaften, Verarbeitung und Qualität der Tapeten gut erkennbar.

Verarbeitungshinweise (Ansatz des Musters und Verklebung) werden durch folgende Symbole dargestellt:

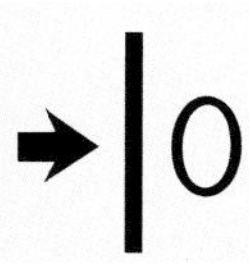	**ansatzfrei**	Das Muster braucht beim Zuschneiden und Kleben nicht beachtet zu werden.
	**gerader Ansatz**	Gleiche Muster werden in gleicher Höhe passend nebeneinander zugeschnitten und geklebt. Rapport ist in cm angegeben, z. B. 50 cm.
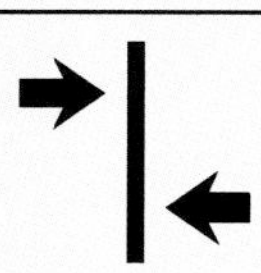	**versetzter Ansatz**	Das Muster auf der nachfolgenden Bahn jeweils um die Hälfte verschieben. Rapport und Versatz sind in cm angegeben (z. B. 50/25).
	**gestürztes Kleben**	Jede zweite Bahn muss auf den Kopf gestellt tapeziert werden, d. h., jede zweite Bahn muss gedreht werden.
	**Tapete einkleistern**	Hier wird, wie meistens üblich, die Tapetenrückseite mit der Bürste oder dem Kleistergerät eingekleistert.

Weitere Tapetensymbole:

z. B.

53 / 26,5

Zahlenangaben zum Rapport
Musterhöhe (hier: 53 cm) und Versatz der Bahnen zueinander (hier: 26,5 cm)

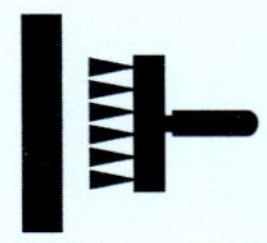	**Wand einkleistern**	Nicht die Tapetenrückseite, sondern der Untergrund wird mit Kleister oder Kleber eingestrichen.
	**vorgekleistert**	Die Tapetenrückseite ist mit Kleister vorbeschichtet und muss durch kurzes Wässern aktiviert werden, d. h., die Tapete wird in Wasser eingetaucht.

Spezielle Hinweise (für das Entfernen und Verschiedenes) erscheinen wie folgt:

	**restlos trocken abziehbar**	Die Tapete lässt sich beim Renovieren ohne Rückstände trocken von der Wand abziehen.
	**spaltbar trocken abziehbar**	Die Oberschicht der Tapete lässt sich trocken abziehen. Die Unterschicht bleibt als Makulaturpapier auf der Wand.
	**nass zu entfernen**	Die Tapete wird mit Wasser (+ Tapetenlöser) gründlich eingeweicht und mithilfe eines Spachtels entfernt.
	**duplierte Prägetapete**	Hochwertige Prägetapete aus zwei gegeneinander kaschierten Papierschichten. Die Prägung bleibt beim Tapezieren erhalten.
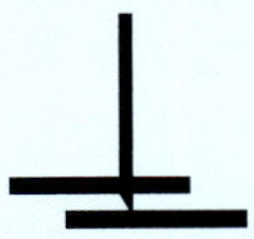	**Überlappung und Doppelnahtschnitt**	Bei ansatzfreien, schweren Tapeten und Belägen. Jede Bahn überlappt die vorherige um ca. 5–8 cm. In der Überlappung werden beide Bahnen mit dem Gleitfußmesser geschnitten.
	**Stoßfestigkeit**	Bezeichnung für besonders widerstandsfähige Spezialbeläge mit hartelastischer Oberfläche, z. B. Glasfasergewebe.

in Pfeilrichtung tapezieren (Muster nach oben)

horizontaler Ansatz
Tapezierung erfolgt horizontal

keine Weichzeit

schwer entflammbar

drei Papierlagen
Tapete besteht aus drei Papierlagen und ist besonders strukturstabil.

13.2.4 Prüfrichtlinien für Tapeten

Vor dem Tapezieren müssen die Tapeten nach verschiedenen Gesichtspunkten geprüft werden. Bei fehlerhafter Ware leisten Tapetenhersteller oder Händler nur dann Ersatz, wenn die folgenden Prüfrichtlinien eingehalten werden:

1. Vor dem Öffnen der Klarsichtverpackung

- **Kontrolle der Lieferung**
  Sind es die bestellten Tapeten mit der richtigen Musterung und dem richtigen Farbton?
- **Kontrolle der Liefermenge**
  Stimmt die Anzahl der Rollen mit der Bestellung überein und reichen die gelieferten Tapeten für die Tapezierung der Wandflächen?
- **Vergleich und Kontrolle der Anfertigungsnummer**
  Haben alle Tapetenrollen die gleiche Anfertigungsnummer? Bei unterschiedlichen Zahlen oder Buchstaben dürfen diese Rollen nicht auf gleichen Wandflächen verklebt werden.

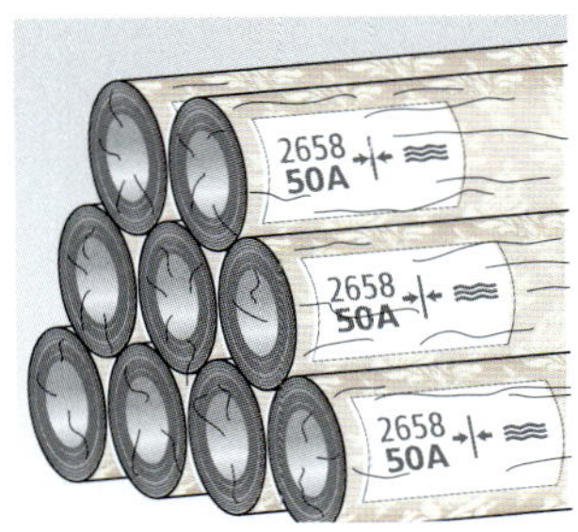

2. Nach dem Öffnen der Klarsichtverpackung

- **Kontrolle auf Seitengleichheit**
  Dazu werden zwei Rollen, die etwa 1,50 m aufgerollt sind, auf Stoß aneinander gehalten.
- **Kontrolle durch Fächerprobe**
  Dazu werden die Tapeten etwa einen Meter aufgerollt und die Rollen fächerförmig über den Tapeziertisch gelegt. So lassen sich Farbtonabweichungen erkennen.
- **Fehlerkontrolle**
  Während des Zuschneidens der Bahnen ist auf Fehlerfreiheit des Musterdruckes zu achten. Auch bei den jeweils tapezierten Bahnen sind die Tapeten noch auf Fehler zu prüfen.

Reststücke der Tapeten und der Beilegzettel sind bis zur Abnahme der Tapezierarbeiten unbedingt aufzubewahren.

13.3 Tapezieruntergründe

Für den Erfolg einer Tapezierung ist die Beurteilung und fachgerechte Vorbehandlung des Untergrundes notwendig.

Der Tapezieruntergrund muss trocken, neutral, fest, tragfähig, gleichmäßig saugend, sauber und frei von Unebenheiten sein.

Wischprobe

Untergrundprüfung

Tapezieruntergründe sind auf folgende Eigenschaften und Untergrundmängel zu überprüfen:

- **Feuchtigkeit** (durch Folienprobe oder optisch mit dem Auge)
- **Oberflächenfestigkeit** (Kratz- und Daumennagelprobe)
- **Tragfähigkeit** (Wischprobe mit der Hand oder Klebebandtest)
- **Saugfähigkeit** (Benetzungsprobe = mit Wasser benetzen)
- **Alkalität** (mit Indikatorpapier und destilliertem Wasser)
- **Pilzbefall** (optisch durch Anschauen)
- **Salzausblühungen** (optisch durch Anschauen)
- **Sinterschichten** (Kratz- und Benetzungsprobe)

Kratzprobe

Benetzungsprobe

Beseitigung der Untergrundmängel

Feuchtigkeit gut austrocknen lassen, bei aufsteigender oder durchschlagender Feuchtigkeit ist keine Tapezierung möglich; hier muss zuerst die Ursache beseitigt werden.

Oberflächenfestigkeit lässt sich durch Grundieren (d. h. Festigen) mit Tiefgrund erreichen.

Klebebandtest

Kreidende Altanstriche sind mit Wasser gründlich abzuwaschen oder mit Tiefgrund zu festigen. **Alte**, nicht tragfähige **Dispersionsfarbenanstriche** sind gegebenenfalls restlos zu entfernen oder ebenfalls zu festigen.

Schlecht oder **nicht saugende Untergründe** müssen angeschliffen oder angelaugt werden.

Alkalische Untergründe (Alkalität pH > 8) werden mit Fluaten (Säuren) neutralisiert.

Schimmelpilze sind mechanisch zu entfernen; der Untergrund muss mit einem pilzwidrigen Mittel behandelt werden.

Salzausblühungen entstehen durch aufsteigende Feuchtigkeit. Flächen trocken abbürsten und Ursache für die Feuchtigkeit beseitigen.

Sinterschichten können durch Abkratzen oder Abschleifen entfernt werden.

Alkalitätsprüfung mit neutralem Wasser und Indikatorpapier

Untergrundvorbereitung

Putze eignen sich bestens als **Tapezieruntergründe**. Neue Putze (z. B. Gipsputze) müssen gleichmäßig am Putzgrund, die einzelnen Schichten gut aneinander haften. Der Putz muss zur Tapezierung trocken sein und abgebunden haben. Zur **Egalisierung der Saugfähigkeit** ist mit verdünntem Tapetenkleister vorzukleistern. Bei Bedarf kann auch mit lösemittelfreiem Tiefgrund grundiert werden. **Raue Putze** (z. B. Kalkmörtelputze) werden mit einem Holzbrett abgerieben, wenn erforderlich gespachtelt und ebenfalls grundiert. **Alte Putze** müssen geprüft und, wenn sie sanden, mit Tiefgrund gefestigt werden.

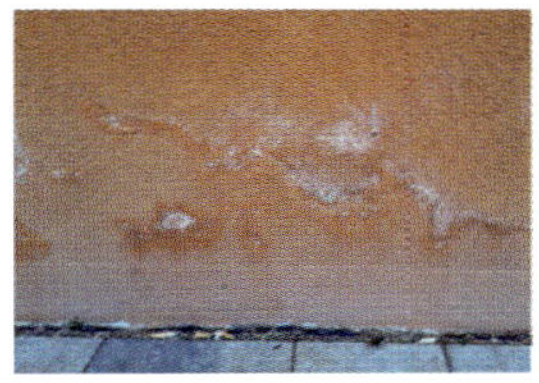

Ausblühungen

Gipskartonplatten sind ebenfalls **ideale Tapezieruntergründe**. Sie werden mit spezieller Fugenspachtelmasse im Stoßbereich der Platten gespachtelt. Nach der Trocknung werden die Spachtelstellen eben geschliffen und die gesamte Gipskartonfläche mit einer wässrigen Grundierung gestrichen. Je nach Farbtonunterschied zwischen Spachtelstellen und Kartonflächen kann weißer Tapetengrund gestrichen werden, um einen einheitlich hellen Untergrund zu erhalten.

Tapezieruntergründe:
- Putze
- Gipskartonplatten
- Gipsfaserplatten
- alte Wandanstriche
- alte Lackanstriche
- Polystyrolschaumuntertapeten
- Sichtbetonflächen
- Spanplatten
- Tischlerplatten

Alte Tapeten und Beläge müssen restlos entfernt werden. Tapetenlöser dem Wasser zusetzen, einwirken lassen (evtl. wiederholen) und Tapeten abziehen. Waschbeständige Tapeten vorher anschleifen oder mit der Igelwalze löchern (perforieren). Auf der Wand verbliebenes Trägerpapier von spaltbaren Tapeten nur übertapezieren, wenn es fest haftet.

Alte Anstriche, die nicht tragfähig sind, müssen ebenfalls restlos entfernt werden. Verunreinigungen oder Farbreste können durchschlagen und zu Gelbfärbungen auf der neu geklebten Tapete führen. Die Verwendung eines Sperranstriches, z. B. mit lösemittelhaltigem Tiefgrund, ist hier zweckmäßig. Unbedingt notwendig ist dagegen das Vorkleben einer zweilagigen Rollenmakulatur.

Öl- und Lackfarbenanstriche sowie Schalöle auf Beton eignen sich nicht als Tapeziergrund. Gerade bei stärkeren Tapeten können sich die Bahnkanten lösen, auch bei der Verwendung von Dispersionskleber. Solche festhaftenden Lackanstriche mit Anlaugmittel aufrauen und mit Wasser nachwaschen. Zusätzlich ist bei diesen Untergründen ein **Haftbrückenanstrich** und das Vorkleben einer Rollenmakulatur zu empfehlen.

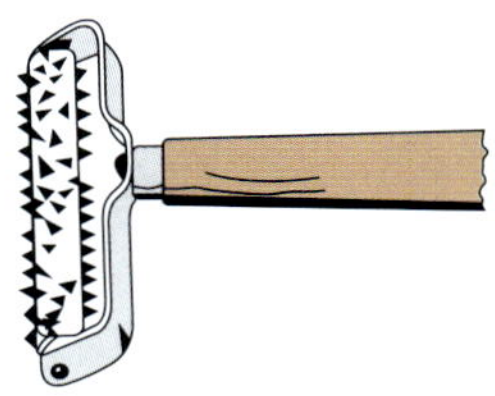

Igelwalze oder Stachelwalze

Untergrundvorbehandlung

Das Spachteln ist eine wichtige Voraussetzung für die fachgerechte Tapezierung, vor allem bei sehr glatten oder glänzenden Tapetenoberflächen.

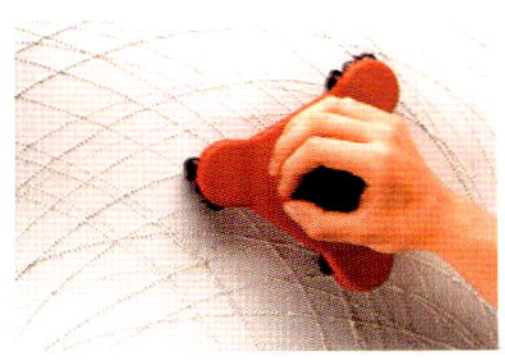

Tapetenperforierer

Genauso wichtig ist das **Grundieren der Tapezierflächen**. Dazu gelten folgende Grundregeln:
- Grundanstrichstoffe sollen in Untergründe eindringen, starke Saugfähigkeit mindern bzw. unterschiedliche egalisieren.
- Sie sollen für eine gute Haftung bei nachfolgenden Tapezier- und Klebearbeiten sorgen.
- Sie sollen leicht sandende Putze festigen und auf Gipskartonplatten ein Aufweichen der Oberfläche verhindern, damit sich später die Tapeten leichter ablösen lassen.

Haftbrücke: streichfähig eingestellter Dispersionsklebstoff mit Zuschlagstoffen zur Erhöhung der Griffigkeit

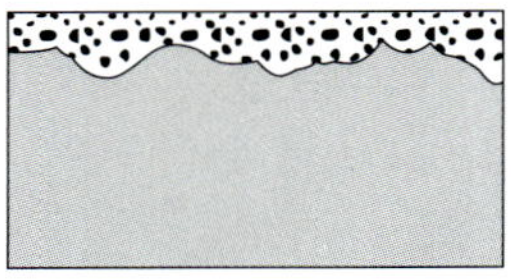

unebener Untergrund, mit Gipsspachtelmasse gespachtelt

Grundierung

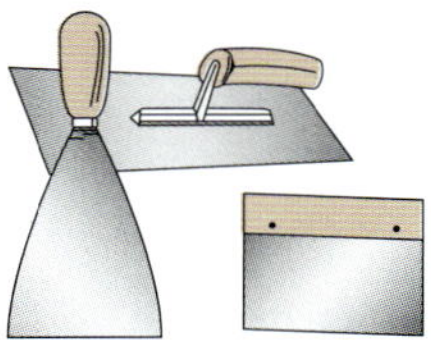

Rissarten an Wänden und Decken:
- **Oberflächenrisse** (Haar- und Netzrisse)
- **Putzträgerrisse** (Fugen- und Mauerwerksrisse)
- **baudynamische Risse** (Risse in Mauerwerk und Baukörper)

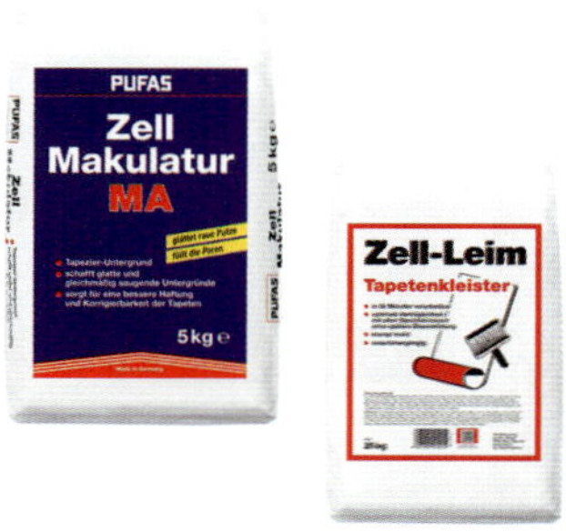

Flüssige Unterlagstoffe:
- Streichmakulatur
- Tapetenwechselgrund
- Tapetengrund (weiß pigmentiert)

Feste Unterlagstoffe:
- Rollenmakulatur
- Metallfolien
- Untertapete aus Polystyrolhartschaum
- Untertapete aus Latexschaum
- Korkuntertapete u. a.

- Grundanstrichstoffe sollen den Untergrund nicht absperren.
- Alle saugfähigen Untergründe sind aus Umweltgründen mit wässrigen Grundierungen zu behandeln.

Vorarbeiten	Beschreibung
Spachteln	Bei rauen Untergründen vorher lose Sand- und Putzkörner abschaben. Am besten sind gipshaltige, neutrale Spachtelmassen geeignet. Die Anzahl der Spachtelungen ist von der Unebenheit des Untergrundes abhängig.
Risse der Putzoberfläche	treten als Haar- und Netzrisse in der Oberputzschicht auf und können als Schwundrisse durch die gesamte Putzlage gehen. Diese feinen Risse sind durch ganzflächiges Spachteln zu beseitigen.
Risse vom Putzträger aus	treten meist an Stoß- und Lagerfugen auf. Der Verlauf entspricht den Mauerwerksfugen. Die Risse gehen meistens durch die gesamte Putzschicht. Zur Überbrückung werden Gewebe eingesetzt.
Baudynamische Risse	entstehen durch Bewegungen und Verformungen bzw. Setzungen im Bauwerk. Sie gehen oft bis in das Mauerwerk hinein. Darüber verklebte Tapeten können leicht reißen.
Vorkleistern	mit verdünntem Normal- oder Spezialkleister; empfiehlt sich bei glatten, tragfähigen, aber sehr saugfähigen Putzuntergründen. Nicht geeignet für sandende Putze.
Streichmakulatur	egalisiert bei leicht rauen Putzen die Struktur und die Saugfähigkeit. Ist nur für die Verklebung von leichten bis mittleren Papiertapeten geeignet.
Tapetenwechselgrund	bewirkt, dass Tapeten bei späteren Renovierungen trocken, bahnenweise abgezogen werden können. Gerade bei wasser- und waschbeständigen Tapeten ist seine Verwendung sinnvoll.
Wässriger Tiefgrund	dient zur Verfestigung der Oberflächen, z. B. sandender Putze. Er eignet sich für alle Untergründe, mit Ausnahme von Holzwerkstoffen.
Tapetengrund (weiß pigmentiert)	gleicht Farbtonunterschiede aus, z. B. bei Altbauputzen, Spachtelstellen auf Altanstrichen und Gipskartonplatten, bei gleichzeitiger Regulierung der Saugfähigkeit.
Absperrmittel	verhindern das Durchschlagen löslicher Bestandteile des Untergrundes auf die Tapete. Da sie dem Untergrund die Saugfähigkeit nehmen, werden sie nur bei kleineren Flächen eingesetzt.

Vorbehandlung mit Unterlagstoffen

Unterlagstoffe sind flüssige und feste Stoffe, die vor dem Tapezieren auf den Untergrund aufgebracht werden. Unterlagstoffe machen den Untergrund gleichmäßig saugend, wärme- und schalldämmend, wirken rissüberbrückend, egalisierend und sorgen für einen guten Abzieheffekt.

Die Tabelle zeigt einen Überblick über wichtige **feste Unterlagstoffe**:

Unterlagstoffe	Beschreibung
Rollenmakulatur	ist eine Tapetenunterlage aus Rohpapier. Sie ist erforderlich bei hochwertigen Tapeten, die große Trockenspannungen an der Wand aufbauen. Außerdem schafft sie einen gleichmäßig hellen, saugfähigen Untergrund, der bei allen durchscheinenden Tapeten nötig ist.
Spaltbare Rollenmakulatur	besteht aus zwei Schichten und ist gut geeignet für die Verklebung von schwer zu entfernenden Wandbekleidungen. Diese lassen sich bei späteren Renovierungen mühelos abziehen. Die untere Makulaturschicht bleibt als idealer Untergrund für die Neutapezierung an der Wand.

Unterlagstoffe	Beschreibung
Stripmakulatur	ist eine Makulaturunterlage mit einer speziellen kunststoffbeschichteten Oberfläche. Dadurch ist ein müheloses, mehrfaches Abziehen bei späteren Renovierungen möglich. Bei der Übertapezierung darf dem Kleister kein Kleber zugesetzt werden.
Untertapeten (z. B. Thermopete)	bestehen meist aus Polystyrolhartschaum, Kork und Latexschaum. Sie dienen der Wärme- und Schalldämmung oder werden gegen Schimmelpilzbefall an Innenseiten von Außenwänden eingesetzt. Untertapeten werden mit speziellem Dispersionskleber verklebt. Dieser wird mit einem Zahnspachtel oder einer Walze auf den Untergrund aufgebracht.

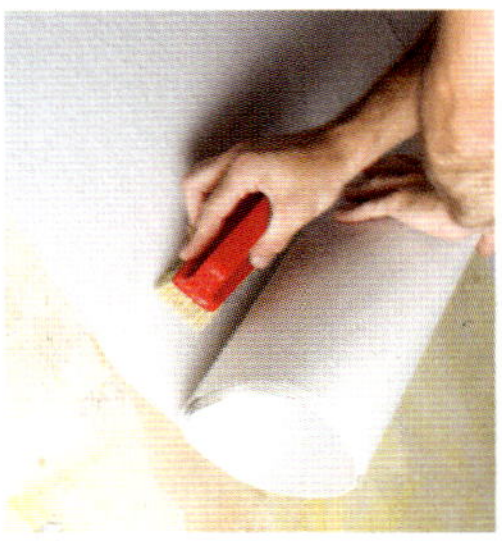

Tapezieren von Makulaturvlies in Wandklebetechnik

13.4 Ermittlung des Tapetenbedarfs

Der Maler muss vor dem Tapezieren den **Tapetenbedarf** ermitteln. Dazu muss er ausrechnen, wie viele Tapetenrollen benötigt werden. Eine normale Tapetenrolle (Europarolle) ist 0,53 m breit und 10,05 m lang. Sie reicht also für 5 m² Wandfläche.

Mit folgender Formel lässt sich der **Rollenbedarf** leicht ausrechnen:

$$\text{benötigte Rollenzahl} = \frac{\text{Raumumfang x Raumhöhe}}{5\ m^2}$$

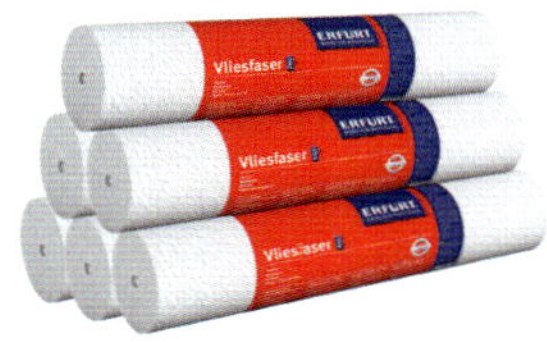

Formel für die Rollenbedarfsermittlung bei **Euro-Rollen** mit dem Maß 10,05 x 0,53 m

Bei dieser Rechnung sind Fenster und Türen als Wandfläche berücksichtigt. Dadurch ist genügend Verschnitt einkalkuliert, der sich bei großen Mustern (Rapport) ergeben kann. Ein Tapetenrest sollte nach dem Tapezieren immer aufbewahrt werden, falls später einmal eine Beschädigung ausgebessert werden muss. Bei komplizierten Raumformen, z. B. Flur und Treppenhaus, und hochwertigen Tapeten sollte der Tapetenbedarf genau errechnet werden.

Mit der folgenden **Tabelle** lässt sich der Tapetenbedarf für alle normalen Räume leicht ermitteln:

Raumumfang in Metern	Anzahl der Rollen bei einer Raumhöhe von:		
	2,10–2,35 m	2,40–3,05 m	3,10–4,00 m
8	3	4	5
10	5	7	9
12	6	8	11
15	8	10	14
18	9	12	17
20	10	14	19
24	12	16	23

In dieser Tabelle sind Türen und Fester ebenfalls berücksichtigt.

Nach der Tabelle werden z. B. für einen Raum mit einem Umfang von 8 m und einer Raumhöhe von 2,50 m vier Tapetenrollen benötigt.

Zur Ermittlung des Tapetenbedarfs gibt es noch eine **praktische Methode** für normal hohe Räume bis 2,50 m Raumhöhe: Man misst mit der Breite der Tapetenrolle die Bahnenzahl für den Raumumfang, indem die Rolle fortlaufend an die Wand gehalten wird. Die ermittelte Bahnenzahl wird dann durch vier geteilt, somit erhält man die Rollenzahl. Eine Rolle ergibt bis 2,50 m Raumhöhe vier Bahnen.

Tapezierwerkzeuge:
1. Kunststoffandrückspachtel
2. Tapezierbürsten
3. Moosgummirolle
4. Kleisterbürste und Eimer
5. Nahtroller (konisch)
6. Meterstab
7. Bleistift
8. Tapezierscheren
9. Cuttermesser
10. Malerspachtel
11. Lot (Senkel)
12. Tapezierschiene
13. Kantenschneideschiene
14. Tapeziermesser

Folgende **Tapezierwerkzeuge** werden benötigt:

Reinigung und Pflege

Tapezierwerkzeuge und Tapeziergeräte müssen, damit sie funktionsfähig bleiben, sofort nach Gebrauch mit warmem Wasser gereinigt werden. Der Kleister wird mit einem feuchten Schwamm oder Lappen abgewaschen.
Werkzeuge mit Stahlteilen müssen nach dem Reinigen mit einem Lappen trocken gerieben werden.

Arbeiten mit dem Kleistergerät:

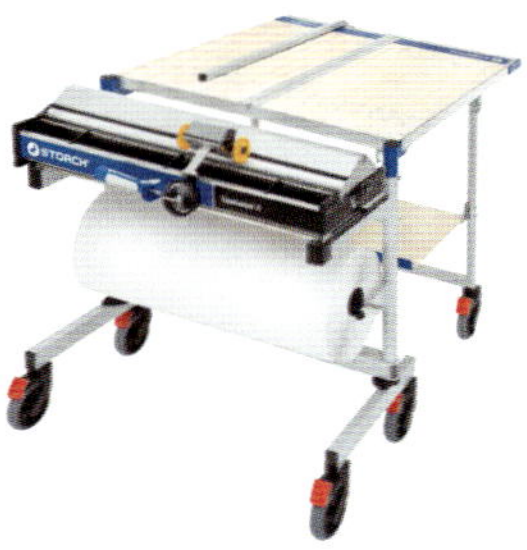

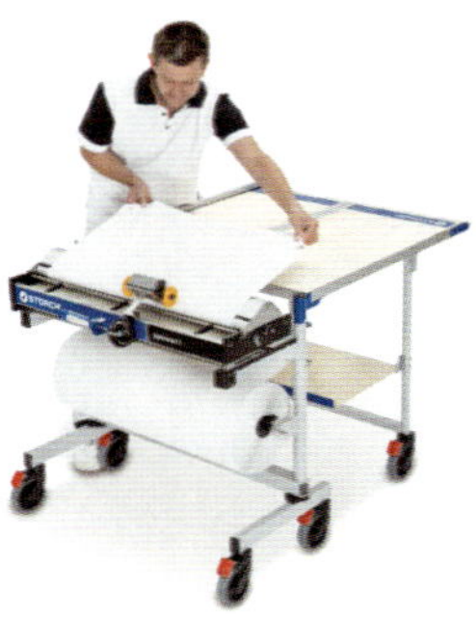

13.5 Tapezierwerkzeuge und -geräte

Neben den üblichen Tapezierwerkzeugen gibt es noch spezielle Werkzeuge und Geräte, die das Tapezieren wesentlich erleichtern.

Werkzeug	Beschreibung/Verwendung
Tapetenabreißer 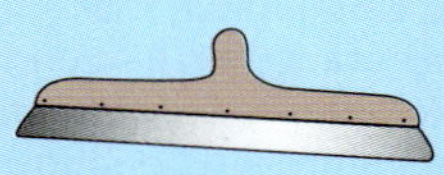	Ein rostfreies Stahlblech in einem Holzgriff befestigt. Mit dem Tapetenabreißer können trockene oder eingekleisterte Tapetenbahnen nach der Länge abgerissen werden.
Kantenwinkel-andrückroller 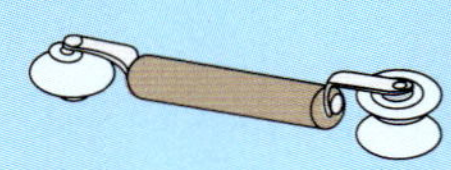	Die für Kanten und Winkel ausgebildeten Kunststoffrollen sind an einem Holzgriff befestigt. Zum Andrücken von Textil- und Kunststofftapeten in Ecken und Winkeln.
Tapetenmesser mit Stahlschiene 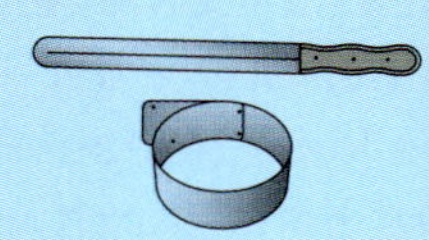	Das Tapetenschneidemesser aus rostfreiem Stahl steckt in einem Holzgriff. Zum Zuschneiden der Tapeten auf die richtige Breite. Dazu wird das Messer an der Stahlschiene entlanggedrückt.
Beschneidelineal 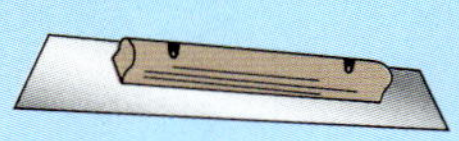	Eine dünne Stahlschiene an einem Holzgriff befestigt. An dem Beschneidelineal entlang werden mit dem Cuttermesser Tapeten und Beläge zugeschnitten.

Werkzeug	Beschreibung/Verwendung
Gleitfußmesser 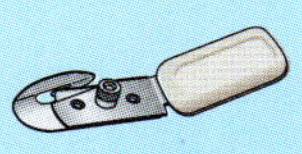	An einem Holz- oder Metallgriff ist ein abgewinkelter Gleitfuß mit einer auswechselbaren Klinge befestigt. Spezielles Messer für den Doppelnahtschnitt, d. h. zum überlappenden Schneiden von stärkeren Tapeten wie z. B. Strukturprofiltapeten.
Tapetenschneidegerät 	Das Schneidegerät gleitet in einer Führung auf einem Stahllineal entlang, dabei lässt sich die Schnitttiefe einstellen. Das Tapetenschneidegerät wird zum stoßgenauen Zuschneiden von Tapeten (in der Breite) und anderen Belägen eingesetzt.
Kleistergerät 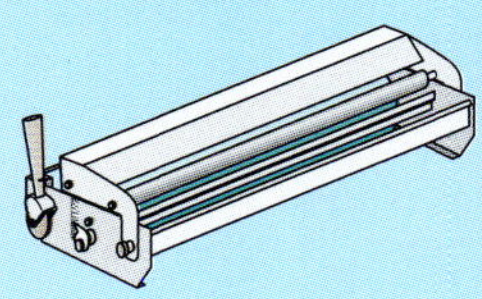	Kleistergeräte gibt es als Tisch- und Standgeräte in verschiedenen Arbeitsbreiten im Fachhandel. Der Kleister wird aus der Edelstahlwanne über eine Gummiwalze gleichmäßig auf die Tapete aufgebracht. Die Menge des Kleisterauftrags kann eingestellt werden. Die Tapeten lassen sich beim Durchziehen durch das Gerät auf der Rückseite gleichmäßig mit Kleister beschichten.
Tapeziertisch 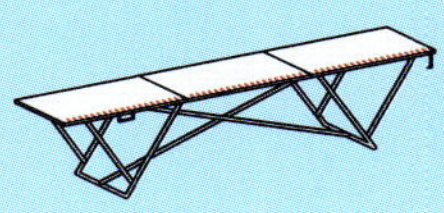	Ein klappbarer Holztisch, der auf Holz-, Stahl oder Aluminiumgestellen in verschiedenen Breiten und Längen im Handel ist. Ein Arbeitstisch, der zum Zuschneiden und Einkleistern der Tapeten und Beläge verwendet wird.

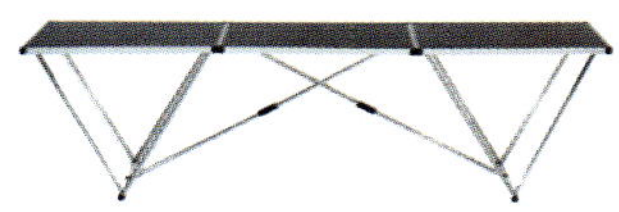

13.6 Tapeziertechnik

Nach der Ermittlung des Tapetenbedarfs und dem Zusammenstellen des Werkzeugs beginnt die praktische Arbeit. Hier einige Tipps, die Malerinnen und Malern die Tapezierarbeit erleichtern sollen:

1. **Tapeten zuschneiden**
- Rapport berücksichtigen.
- Oben und unten 5–10 Zentimeter zugeben.
- Rollenrest für kleine Flächen und Nischen zurücklegen.

2. **Tapeten einkleistern** (Abb. 2)
- Bahn nach hinten schieben, obere Hälfte von Hand einkleistern.
- Bahn nach vorne ziehen, untere Hälfte von Hand einkleistern.
- Alternativ: Bahnen mit dem Kleistergerät einkleistern.
- Eingekleisterte Bahn 2/3:1/3 zusammenlegen, nicht knicken (Abb. 3).
- Falls nötig, einrollen (Abb. 4).

3. **Tapeten weichen lassen**
- Vorgesehene Weichzeit einhalten.
- Tapetenbahnen gleich lange weichen lassen.
- Leichte Tapeten nur kurz weichen lassen.
- Dickere Sorten länger weichen lassen.
- Relieftapeten nicht überweichen.

1

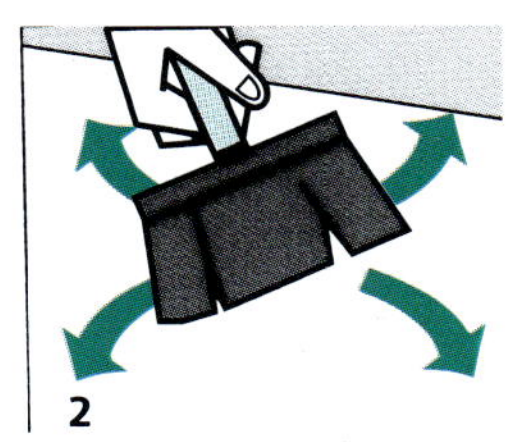

2

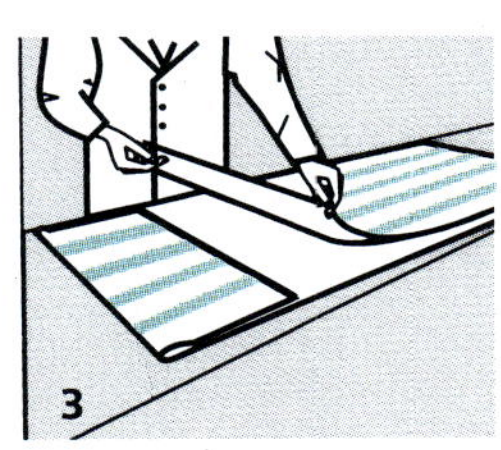

3

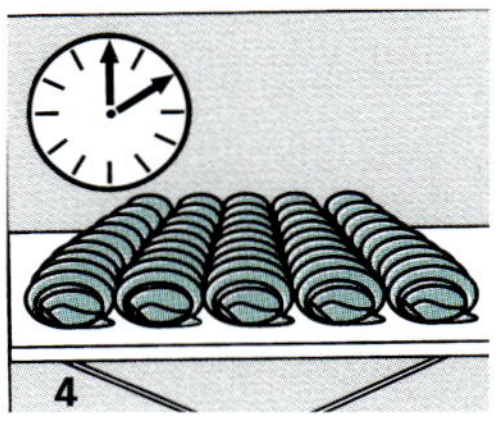

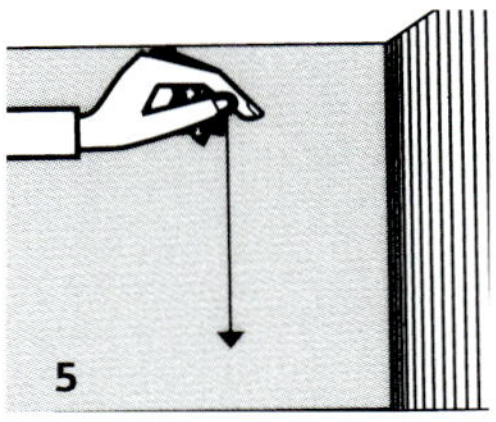

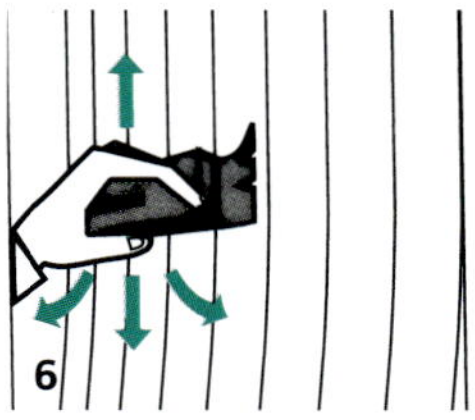

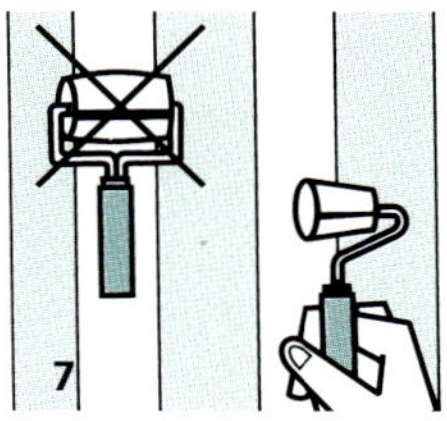

4. Tapeten kleben

- Von der natürlichen Lichtquelle (Fenster) her kleben.
- Bahn lotrecht anlegen (Abb. 5).
- Mit Tapezierrolle, Spachtel oder Bürste von oben nach unten und zu den Seiten hin andrücken (Abb. 6).
- Ecke mit Scherenrücken markieren und Streifen abschneiden.
- Unteres Drittel abziehen und ankleben.
- Nächste Bahn auf Stoß oder 1 bis 2 mm überlappt (abhängig von Papierstärke und Qualität) kleben.
- Nicht durch die Wandecke kleben, Tapete abschneiden und neu ansetzen.
- Bei Bildtapeten und großen Mustern in der Wandmitte beginnen.
- Darauf achten, dass kein Kleister aus den Stößen quillt.
- Nur glatten, konischen Nahtroller verwenden (Abb. 7).
- Trocknung bei Temperaturen von 18 bis 24 °C.
- Durchzug vermeiden.

5. Decken tapezieren

- Vorgang wie bei den Wänden.
- Nach Möglichkeit den kürzeren Weg wählen.
- Klebung auf Stoß.
- Bei Raufasern auf großen Flächen: Decke einkleistern, Raufaser vornässen und zusammenrollen, in Kleberbett einlegen und andrücken.

6. Reinigen der Werkzeuge und Geräte

- Mit kaltem oder warmem Wasser abwaschen.
- Mit Lappen trocken reiben und aufräumen.
- Verschmutzte Hände mit Handreiniger säubern.

Klebetechniken	Beschreibung
Kleistertechnik (Kleister wird auf die Rückseite der Tapete aufgetragen)	Die Tapeten werden mit Kleisterbürste oder Kleistergerät eingekleistert. Hier muss je nach Tapetenart der passende Kleister ausgewählt werden. Das gilt für alle Papiertapeten. Diese benötigen eine Weichzeit von 5 bis 10 Minuten.
Wandklebetechnik (Kleister wird auf den Untergrund aufgetragen)	Der Vliestapetenkleister wird mit einer Kleisterwalze aufgetragen. Die trockenen Tapeten können sofort (ohne Weichzeit) in den noch feuchten Kleister eingelegt und angedrückt werden. Das gilt für formstabile Tapeten wie Vliestapeten und manche Gewebetapeten.

Alle Papiertapeten benötigen eine Weichzeit. Dazu werden die Tapeten direkt eingekleistert. Vliestapeten benötigen keine Weichzeit und können in der Wandklebetechnik tapeziert werden.

Musteransatz

Ansatzfreie Mustertapeten können bahnenweise fortlaufend zugeschnitten werden, ohne Rücksicht auf Rapport.

Tapeten mit geradem Ansatz haben gleiche Bahnen. Zum Zuschneiden der Bahnen wird jeweils Musterfigur auf Musterfigur gelegt.

Tapeten mit versetztem Ansatz haben zwei verschieden lange Bahnen. Beim Zuschneiden wird jede zweite Bahn um einen halben Musterrapport verschoben.

Die 1., 3. und 5. Bahn sind also gleich, die 2., 4. und 6. Bahn ebenfalls. Durch Anlegen der versetzten Bahn an die anstoßende Seite kann der Rapport kontrolliert werden. Rückseitige Rapport-Markierungen erleichtern das Zuschneiden.

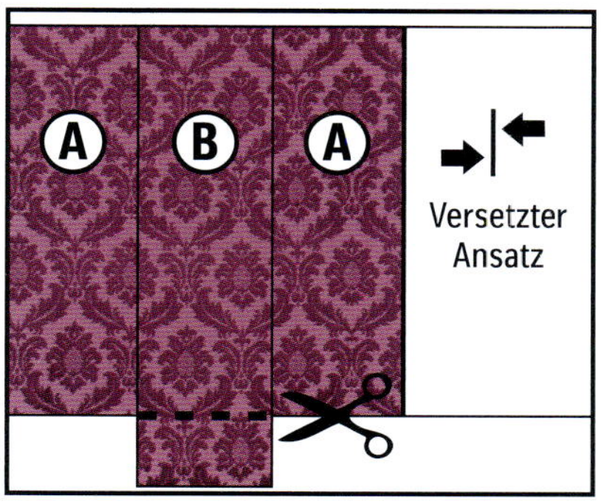

2. Bahn um 1/2 Rapport versetzt,
3. wie die 1., 4. wie die 2. usw.

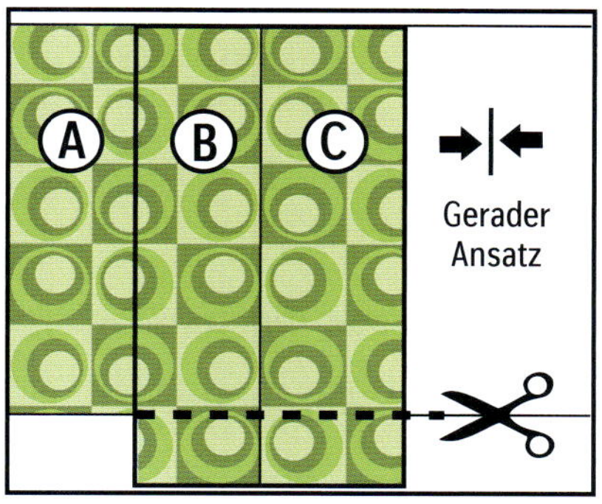

Muster auf Muster legen.
Alle Bahnen gleich schneiden.

Überstehende Tapeten lösen sich leicht von der Kante ab und stehen hoch.

Für das **Tapezieren** gelten folgende **Grundregeln**:

- Bei Anschlüssen an Türen, Fenstern, Fußleisten, Fliesen usw. darf die Tapete nur anstoßen und nicht überstehen.
- Hinter Öfen und Heizkörpern darf nicht tapeziert werden.
- Tapetenbahnen dürfen in der Länge nicht gestoßen werden.

Gestaltungsregeln mit Tapeten

Zu behandelnde Wandbeläge wie Raufaser, geprägte Glas- oder Vliesfaser mit ihren unterschiedlichen Strukturen und Glattvlies erweitern die Möglichkeiten zur Beeinflussung der Raumwirkung. Ebenso können mit fertigen Wandbekleidungen, z. B. mit Mustertapeten, Räume optisch verändert werden.

Raumsituation	Gestaltung	Optische Wirkungen
Räume mit niedriger Decke oder fehlender Raumtiefe	Wandbeläge mit Pastelltönen hell streichen	Räume erscheinen optisch größer.
Raum mit niedriger Decke	Decke heller als die Wände streichen und Strukturvlies mit senkrechtem Muster nutzen	Räume wirken optisch höher.
Räume mit hoher Decke	Decke mit Farbe oder Holz dunkel gestalten	Räume wirken niedriger und gedrungener.
Räume mit wenig Breite und großer Länge	Stirnwand dunkler als die Seitenwände und Decke	Räume wirken optisch breiter und weniger lang.
Räume mit großer Breite und wenig Länge	Längsseiten dunkler, mit heller Decke und Stirnseite	Räume wirken schmaler und weniger breit.
Räume die ungemütlich groß sind	Wandbeläge in kräftigen Farben streichen, da dunkle und warme Farben viel Licht verschlucken	Räume wirken optisch kleiner und gemütlicher.
Räume mit unebenen Wänden	Strukturierte Wandbeläge können Farbeffekte verstärken	Unebenheiten an Wänden werden kaschiert.

Wandbildtapete

Mustertapete
für die Stirnwand

Strukturvlies gestrichen

Die Raumgestaltung mit Tapeten richtet sich immer nach Trends und Mustern. Je nach Vorlieben und Raumsituation gibt es unterschiedliche Tapetenangebote. So kann z. B. eine Fototapete ein einzigartiges Panorama in die eigenen Wände zaubern.

Aufgaben

1. *Nennen Sie fünf verschiedene Wandbekleidungen.*
2. *Erklären Sie den Unterschied zwischen fertigen und zu behandelnden Wandbekleidungen.*
3. *Woraus bestehen Tapeten und wie sind sie aufgebaut?*
4. *Woran erkennt man eine hochwertige Tapete?*
5. *Nennen Sie die Maße einer Europarolle.*
6. *Welche Bedeutung hat das RAL-Gütezeichen auf Tapeten?*
7. *Nennen Sie die acht Tapetengruppen nach der Euronorm.*
8. *Welche Tapetenarten gehören zu den Papiertapeten?*
9. *Beschreiben Sie den Unterschied zwischen gaufrierten Tapeten und Prägetapeten.*
10. *Beschreiben Sie Vinyltapeten.*
11. *Welchen Unterschied gibt es zwischen Kettfäden- und Gewebetapeten?*
12. *Was sind Bordüren oder Borten?*
13. *Zu welcher Gruppe von Wandbekleidungen gehören die Raufasertapeten?*
14. *Für welchen Einsatz eignen sich Glasfasertapeten?*
15. *Beschreiben Sie den Unterschied zwischen Glatt- und Strukturvlies.*
16. *Welchen Unterschied gibt es bei der Verarbeitung von Raufaser- und Vliestapeten?*
17. *Welche fünf Informationen stehen auf dem Einlegezettel oder Stempel auf der Tapetenrollenrückseite?*
18. *Warum dürfen innerhalb eines Raumes nur Tapetenrollen mit gleicher Anfertigungsnummer verwendet werden?*
19. *Welche zusätzlichen Informationen auf dem Beilegzettel sind wichtig?*
20. *Welche Hinweise geben die Tapetensymbole?*
21. *Was bedeutet das Tapetensymbol „hoch waschbeständig“?*
22. *Beschreiben Sie das Tapetensymbol „ausgezeichnet lichtbeständig“.*
23. *Welche Verarbeitungshinweise geben die Tapetensymbole?*
24. *Was bedeutet das Tapetensymbol „gestürztes Kleben“?*
25. *Was bedeutet das Tapetensymbol „spaltbar trocken abziehbar“?*
26. *Benennen Sie die Prüfrichtlinien für Tapeten vor dem Öffnen der Klarsichtverpackung.*
27. *Benennen Sie die Prüfrichtlinien für Tapeten nach dem Öffnen der Klarsichtverpackung.*
28. *Wie muss ein tapezierfähiger Untergrund beschaffen sein?*
29. *Auf welche Mängel und Eigenschaften muss ein Tapezieruntergrund geprüft werden?*
30. *Nennen Sie fünf wichtige Tapezieruntergründe.*
31. *Wie müssen Gipskartonplatten zum Tapezieren vorbereitet werden?*
32. *Wie müssen alte Tapetenuntergründe zum Tapezieren vorbereitet werden?*
33. *Nennen Sie drei Grundregeln zum Grundieren von Tapezierflächen.*

34. Welche Rissarten gibt es?

35. Wie können Haar- oder Netzrisse an Innenwänden beseitigt werden?

36. Welche Aufgabe hat ein Anstrich mit Tapetenwechselgrund?

37. Welche flüssigen Unterlagstoffe gibt es?

38. Nennen Sie fünf feste Unterlagstoffe.

39. Wann sollte Rollenmakulatur geklebt werden?

40. Welche Arten von Untertapete gibt es?

41. Welche Aufgaben haben Untertapeten?

42. Nennen Sie die Formel zur Ermittlung des Rollenbedarfs.

43. Welche praktische Methode zur Ermittlung des Rollenbedarfs kennen Sie?

44. Nennen Sie 10 wichtige Tapezierwerkzeuge.

45. Für was benötigen Maler/-innen ein Gleitfußmesser?

46. Welche Aufgabe hat ein Tapetenschneidegerät?

47. Beschreiben Sie den Einsatz eines Tapetenkleistergerätes.

48. Beschreiben Sie die Reinigung der Tapezierwerkzeuge und -geräte.

49. Nennen Sie vier wichtige Arbeitsschritte beim Tapezieren.

50. Welche Grundregeln sind beim Tapezieren einzuhalten?

51. Welche zwei Klebetechniken werden unterschieden?

52. Beschreiben Sie die Verwendung der Kleister- und Wandklebetechnik.

53. Wie kann die optische Wirkung bei einem Raum mit niedriger Decke verändert werden?

54. Wie kann ein schmaler und langer Raum optisch verbessert werden?

55. Wonach richtet sich die Raumgestaltung mit Tapeten?

14 Bodenbeläge

Lernsituation 14

Anforderungen an Bodenbelägen, Arten, Kennzeichnungen, Verlege-Werkzeugen und Untergründe zum Thema: „Bodenbeläge verlegen“

Situationsdarstellung:
Eine Kundin möchte für ihr Wohnzimmer einen neuen Fußbodenbelag. Sie wünscht sich anstelle des alten Teppichbodens einen Laminat-Fußboden. Die Malermeisterin fragt den Auszubildenden, welche Vorteile der Laminatbelag gegenüber dem Teppichboden hat.

Sie sollten sich über die verschiedenen Bodenbeläge informieren. Kenntnisse über die Anforderungen, Arten, Materialien und die Verlegepraxis können Sie durch die Bearbeitung folgender Arbeitsaufträge erwerben.

Arbeitsaufträge

1. *a) Notieren Sie drei wichtige Anforderungen an Bodenbeläge.*
   b) Was bedeutet die Eigenschaft „Langlebigkeit“?
2. *Was bedeutet die Anforderung „Einfache Verarbeitung“?*
3. *a) Welche Arten von Bodenbelägen werden unterschieden?*
   b) Nennen Sie vier wichtige elastische Bodenbeläge.
4. *Beschreiben Sie den Unterschied zwischen Massivholz- und Fertigparkett.*
5. *Was sind ökologische und schadstofffreie Bodenbeläge?*
6. *Benennen Sie Untergrundprüfungen für Bodenbelag-Untergründe.*
7. *Welche Estrich-Untergründe werden unterschieden?*
8. *a) Nennen Sie Vorsichtsmaßnahmen beim Verlegen.*
   b) Nennen Sie wichtige Verlegewerkzeuge.
9. *Wie werden Linoleum-Bodenbeläge verlegt?*
10. *Welche Verlegearten gibt es bei Parkettböden?*

14.1 Bodenbeläge

Zum Berufsbild der Maler/-innen und Lackierer/-innen gehört auch das Verlegen von Fußböden. Deshalb sollten Maler/-innen die verschiedenen **Bodenbeläge** kennen.

Anforderung an einen guten Bodenbelag

- **Langlebigkeit** (robustes, widerstandsfähiges Material, z. B. rollstuhlgeeignet)
- **pflegeleicht** (geringer Aufwand bei Reinigung und Pflege für längeres gutes Aussehen)
- **Schallreduzierug** (Oberflächen sollen einen großen Teil des Tritt- und Gehschalls schlucken)
- **Einfache Verarbeitung** (Klicksystem-Bodenbeläge lassen sich einfach verlegen)
- **wasserunempfindlich** (für Feuchträume und Bäder geeignet, z. B. teilweise auch Vinylböden)
- **weichmacherfrei** (Bodenbeläge sollen keine chemischen Weichmacher enthalten)

Fußbodenarten	Beschreibung
Teppichböden 	Es gibt eine **große Zahl von verschiedenen Materialien**, Oberflächenstrukturen, Design- und Farbmöglichkeiten. Die Teppichqualität ist an Flor und Rücken (Grundgewebe) erkennbar. ***Qualitätsmerkmale werden mit Sternen belohnt.*** Wir unterscheiden: **Webteppiche, Tuftingteppiche, Nadelfilz und Nadelvlies**
Elastische Bodenbeläge 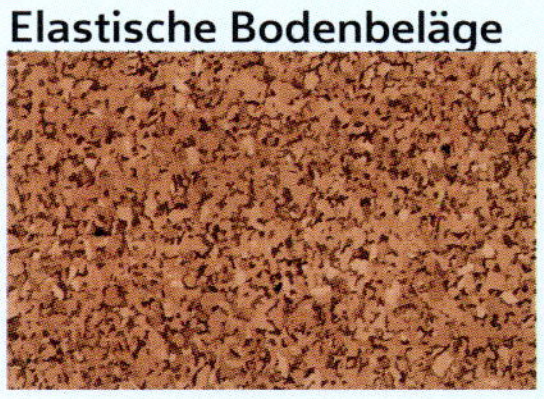 	**Korkböden** werden meistens in Plattenform und in verschiedenen Mustern, naturbelassen oder versiegelt angeboten. Sie haben eine gute Wärme- und Trittschalldämmung. **Linoleum:** Das Materialgemisch wird auf Jutegewebe gepresst und ist in Bahnen Form lieferbar. Linoleum ist wärme- und schalldämmend, keimtötend, einfach zu reinigen und zu pflegen. **Kunststoffbeläge:** Aus gesundheitlichen Gründen ist PVC ein problematischer Baustoff. Es gibt homogene Ein- und Mehrschichtbeläge, z. B. Vinyl-Verbundbeläge, CV-Struktur-Schaumbeläge **Kautschukbeläge** sind unempfindlich gegen Chemikalien, Lösemittel und Fette.
Parkettböden 	Parkettboden wird entweder auf einen Blindboden aus Brettern, Verlege-Platten verdeckt genagelt oder auf Estrich geklebt. Es gibt Massivholz-, Mehrschicht- und Fertigparkett. Es gibt Fertigparkett zum Klicken oder Parkettdielen, die schon versiegelt sind. **Massivholz-Parkett** muss nach dem Verlegen geschliffen und **beschichtet** (versiegelt) werden.
Laminatböden 	Bestehen im Kern aus **hochverdichteten Holzfaserplatten**. Die Oberfläche ist beschichteter Kunststoff, bedruckt mit der Maserung edler Holzsorten. Es gibt **Parkett- und Dielenpaneele.** **Laminate** sehen Holz sehr ähnlich und bilden oft teure Bodenbeläge wie z.B. Parkett nach.

Teppichböden gibt es aus tierischen, pflanzlichen und künstlichen Fasern (Flor). Fasermischungen verbessern die Materialeigenschaften. Teppichböden für **Fußboden-Heizungen** haben immer einen Textilrücken.

Die **Korkplatten** bestehen aus gepresstem **Naturkork** **Linoleum** wird aus natürlichen Rohstoffen wie Leinöl, Harz, Korkmehl, Pigmenten und Füllstoffen hergestellt **Kunststoff Beläge** werden meistens aus PVC hergestellt **Kautschuk Beläge** bestehen aus abriebfesten, künstlichen Kautschuk.

Ein Bodenbelag als **Massivparkett** aus Vollholz, in den Holzarten Eiche, Buche, Ahorn, Esche und Kiefer. **Fertigparkett** hat ein dünne Nutzschicht aus Vollholz und mehreren verleimten Schichten.

Laminate sind mehrschichtig aufgebaute Verlegeplatten. Die Oberfläche besteht aus einer hochabriebfesten Melaminharzschicht. Sie sind meist **nicht wasserdicht.**

Elastische Bodenbeläge besitzen meist Weichmacher und **sind** deshalb **wenig gesundheitsschonend.**

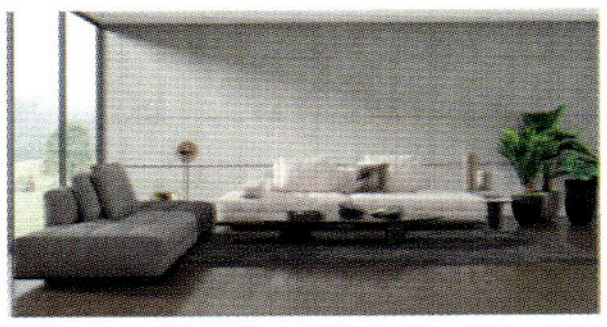

Ökologische und schadstofffreie Bodenbeläge sind Naturstein, Massivholzparkett, Kork und reine Wollteppiche bzw. Naturfaserteppiche. Es gibt aber heute auch noch einige künstlich hergestellte Bodenbeläge, die garantiert ökologisch unbedenklich sind.

Auskunft über Teppichsiegel und Symbole

Das **„Gut-Siegel"** ist inzwischen weit verbreitet und hilft beim Kauf von Teppichböden.

Es wird von der **Gemeinschaft umweltfreundlicher Teppichböden e. V.** vergeben. Die so geprüften **Produkte** sind **schadstofffrei** und enthalten kein Formaldehyd und Vinylchlorid.

Teppichsymbole für Zusatzeignungen sind:

Bedeutung:
- **Treppen**
- **Stuhlrollen**
- **Feuchtraum**
- **Antistatisch**
- **Fußbodenheizung**

CE-Kennzeichnung von Laminatböden nach einheitlicher EU-Norm **DIN EN 14041**

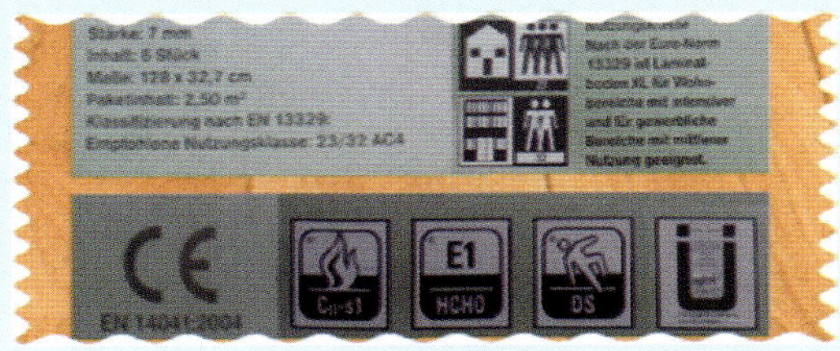

Untergrundprüfungen vor Bodenverlegearbeiten

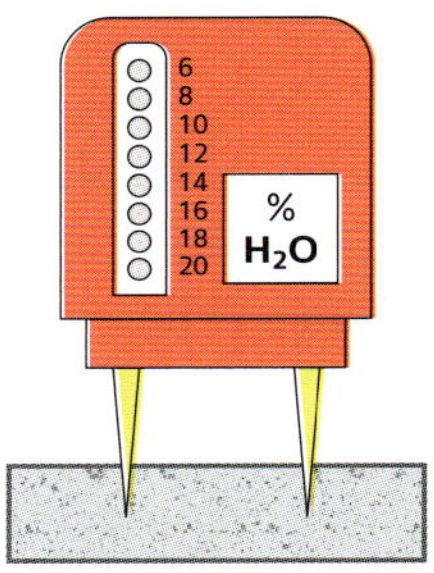

Bevor **Bodenbelagsarbeiten** auszuführen sind, müssen Maler/-innen den Untergrund prüfen. Wenn Mängel erkennbar sind, müssen Maler/-innen diese dem Kunden schriftlich mitteilen.

Prüfung auf	Prüfmethoden
Feuchtigkeit	Augenschein, Folienprobe, Feuchtigkeitsmessung mit einem Feuchtigkeitsmessgerät (Hydrometer)
Festigkeit und Tragfähigkeit	Klebebandtest, Abrieb-, Nagel-, Kratz- und Klopfprobe
Risse	Augenschein, Benetzungsprobe

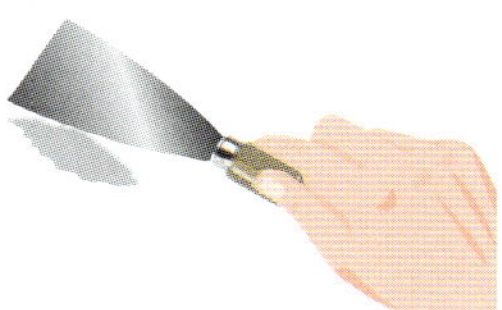

Untergründe für Bodenbelagsarbeiten

Untergründe: Estrich, Gussasphalt-Estrich, Fliesen, Trockenestrich (Gipsfaserplatten), Linoleum, Holzfaserplatten, Spanplatten, alte Holzdielen, altes Parkett,

Oft haben Untergründe Mängel, wie Risse, Löcher und Unebenheiten, die zuerst beseitigt werden müssen: Der Untergründ muss bei Boden-Verlegearbeiten fest, sauber, trocken und rissfrei sein.

Unebenheiten in Estrichböden werden wie folgt beseitigt:

- durch **Spachtelmassen** bei kleinen Unebenheiten
- mit **Ausgleichsmasse** bei mittleren Unebenheiten
- durch eine **Glätte- und Nivelierschicht** bei Löchern und großen Unebenheiten

Wir unterscheiden folgende Estrich-Untergründe unterschieden: Zementgebundener-, Anhydrit-, Magnesia- und Gussasphaltestrich

14.2 Verlegen von Bodenbelägen

Bodenbeläge sollen immer so verlegt werden, dass die Stöße, auch Nähte genannt, zum Lichteinfall (Lichtquelle) verlaufen. In einem Raum ist das meistens die Hauptfensterwand.

Es werden folgende Verlege-Techniken für Bodenbeläge unterschieden:

Fußbodenarten	Verlegetechniken
Teppichböden	**Loses Verlegen:** nur für eine kurzzeitige Nutzung, nicht für die Dauernutzung. **Verkleben mit doppelseitigem Klebeband:** auch nur für eine begrenzte Nutzung **Vollflächiges Verkleben:** gute Haftung, führt nicht zur Wellenbildung **Verspannen:** Teppichboden wird an Randleisten oder Klettbändern befestigt.
Korkböden	**Vollflächige Verklebung:** eine haltbare Befestigung mit nachträgliches Versiegeln **Schwimmende Verlegung:** die Platten werden in der Nut verleimt oder geklickt **Nass- oder Kontaktklebeverfahren:** Korkfliesen werden immer geklebt
Linoleum	**Vollflächige Verklebung:** mit lösemittelhaltigen Kunstharz-Kleber oder mit wässrigen **Kunststoff-Dispersionskleber**. Linoleum und Kunststoff Beläge werden mit schweren Walzen angedrückt
Kunststoffbeläge	**Vollflächige Verklebung:** PVC-Beläge können mit Dispersionskleber, mit 2-Komponenten-Kleber oder auch mit Kontaktkleber befestigt werden.
Kautschukböden	**Vollflächige Verklebung:** mit 2-Komonenten Epoxidharz- oder Polyurethankleber
Parkettböden	**Vollflächige Verklebung:** wird meistens mit Dispersionskleber auf Estrich aufgeklebt **Schwimmende Verlegung:** die Dielen werden nur in Nut und Feder verklebt. Darunter wir eine Trittschalldämmung verlegt, z. B. dünne Korkbahnen oder Filzmatten
Laminatböden	**Vollflächige Verklebung:** mit Dispersionskleber auf ebenen Untergrund, z. B. Estrich **Schwimmende Verlegung oder im Klick-System:** die einzelnen Platten werden in der Nut verklebt oder nur zusammengesteckt

Vorsichtsmaßnahmen, die beim Verlegen zu beachten sind

Lösemittelhaltige Kleber sind Gefahrstoffe und somit feuer- und explosionsgefährlich. Rauchen, offenes Feuer und Heizstrahler-Benutzung sind verboten!

Bodenlegerwerkzeuge und Geräte

			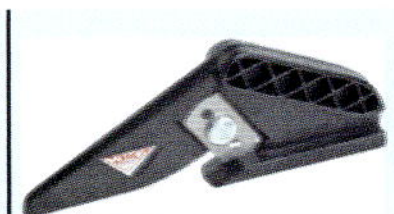	
Fußbodenschaber	**Zahnspachtel**	**Zahnkelle**	**Gleitfußmesser**	**Teppichmesser**
Entfernt alte Teppich- und PVC Beläge und Kleberreste	Auftragen und verteilen von Fußbodenkleber	Großflächiges Auftragen und Verteilen von Fußbodenkleber	für den Doppelnahtschnitt, bei akkuraten Bahnen Stößen	zum Zuschneiden von elastischen Bodenbelägen beim Verlegen

Foto: Multistripper Vario, www.gulvmaskiner.dk

Fußbodenstripper
zum Entfernen alter Bodenbeläge und Klebereste

Aufgaben

1. *Welche Anforderungen werden an Bodenbeläge gestellt?*
2. *Welche Arten von Bodenbelägen werden unterschieden?*
3. *Welche Teppichböden werden unterschieden?*
4. *Nennen Sie vier elastische Bodenbeläge.*
5. *Aus welchen Rohstoffen wird Linoleum hergestellt?*
6. *Was ist der Unterschied zwischen Massivholz- und Fertigparkett?*
7. *Welche Besonderheiten haben Laminatböden?*
8. *Beschreiben Sie Bodenbelags-Symbole nach ihrer Bedeutung.*
9. *Welche Untergrundprüfungen werden bei Boden-Verlegearbeiten ausgeführt?*
10. *Welche Untergründe für Bodenbeläge lassen sich unterscheiden?*
11. *Wie werden PVC-Bodenbeläge verlegt bzw. befestigt?*
12. *Welche Verlege Arten gibt es bei Parkettböden?*
13. *Welche Vorsichtsmaßnahmen sind bei Boden-Verlegearbeiten zu beachten?*
14. *Nennen Sie fünf unterschiedliche Bodenleger-Werkzeuge.*
15. *Welche Verwendung hat ein Fußbodenstripper?*

15 Untergründe

Lernsituation 15a

Einteilung und Eigenschaften von Untergründen, Prüfung und Vorbereitung zum Thema: „Untergründe allgemein“

Situationsdarstellung:

Bei der Renovierung des Kindergartens und Jugendhauses sind verschiedene Untergründe vorzubereiten und zu beschichten. Der Meister verlangt von der Auszubildenden, sich über Untergründe allgemein sowie über Untergrundprüfung und -vorbereitung zu informieren.

Sie sollten sich Informationen zum Thema Untergründe einholen. Fachwissen zu diesem Themenbereich können Sie durch die Bearbeitung folgender Arbeitsaufträge erwerben.

Arbeitsaufträge

1. *a) Erklären Sie, was unter dem Begriff „**Untergründe**“ zu verstehen ist.*
   *b) Nennen Sie verschiedene **Untergründe** mit **Beispielen**.*
2. *Nehmen Sie eine **Einteilung der Untergründe** vor.*
3. *Benennen Sie zwei **Untergrundarten** mit Beispielen.*
4. *Nennen Sie die **Eigenschaften** von **Grundanstrichstoffen** bei*
   a) porösen Untergründen und
   b) dichten Untergründen.
5. *Welche **Eigenschaften** müssen Untergründe vor einer Beschichtung aufweisen?*
6. *Warum müssen Anstrichuntergründe sorgfältig geprüft und vorbereitet werden?*
7. *a) Nennen Sie fünf wichtige Untergrund-Prüfverfahren.*
   b) Welche Untergrundeigenschaften lassen sich mit den Prüfverfahren feststellen?
8. *Beschreiben Sie eine Benetzungsprobe.*
9. *Beschreiben Sie die Alkalitätsprüfung.*
10. *Nennen Sie zwei wichtige Vorarbeiten mit Beispielen zur Untergrundvorbereitung.*

15.1 Arten von Untergründen

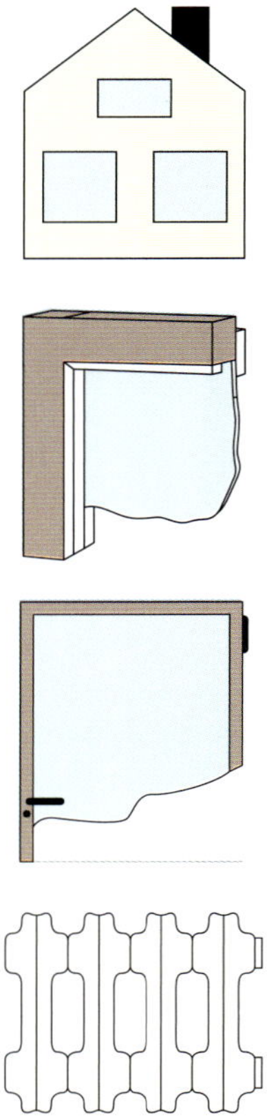

Anstrichuntergründe

Untergründe sind Träger für Anstriche und Beschichtungen. Um eine haltbare Beschichtung zu erreichen, ist es wichtig, dass die Maler/-innen und Lackierer/-innen die Untergründe genau kennen. Nach der Art und der Beschaffenheit des Untergrundes können dann die geeigneten Beschichtungsstoffe ausgewählt werden.

Untergründe werden auch als Anstrich- und Beschichtungsträger bezeichnet. Es sind also Flächen oder Gegenstände, die einen Anstrich oder eine Beschichtung zum Schutz oder zur Verschönerung erhalten.

Früher waren Mauerwerk, Kalkputz, Vollholz, Eisen und Stahl die häufigsten Untergründe. Heute haben Maler/-innen und Lackierer/-innen eine Vielzahl von Untergründen zu bearbeiten.

Untergründe	Beispiele
Mauerwerk	Natursteine, Kunststeine
Putze	Kalk-, Zement- und Gipsputz, Kunstharzputz
Metalle	Eisen, Stahl, Kupfer, Zink, Aluminium
Holz	Vollholz, Spanplatten, Sperrholz, Holzfaserplatten
Kunststoffe	Plexiglas, PVC, Polystyrol (Styropor), Textilien
Altanstriche	Lackierungen, Wand- und Fassadenanstriche
andere	Beton, Bauplatten, Glas, Leder, Tapeten, Karton, Gewebe

15.1.1 Einteilung der Untergründe

Einteilung der Untergründe in:
- anorganische und organische
- poröse und dichte

Die Untergründe können nach verschiedenen Gesichtspunkten eingeteilt werden. Eine gebräuchliche, allgemein übliche Einteilung ist die in **anorganische und organische Untergründe**, weil sie die Auswahl der Beschichtungssysteme erleichtert.

Untergründe

anorganische Untergründe		organische Untergründe	
mineralische	Metalle	Holz	Kunststoffe
– Natursteine – Kunststeine – Beton – Putze – Glas	– Eisen – Stahl – Zink – Aluminium – Kupfer	– Vollholz – Sperrholz – Spanplatten – Hartfaserplatten	– Plexiglas – PVC – Styropor – Textilien

Ebenfalls üblich ist die Einteilung in **poröse und dichte Untergründe**, weil sie für die Auswahl und Verdünnung der Grundiermittel von Bedeutung ist.

poröse Untergründe

poröse Untergründe

- Holz- und Holzwerkstoffe
- mineralische Untergründe, z. B. Putz, Beton, Steine

dichte Untergründe

- Metalle
- Kunststoffe
- Glas
- die meisten Anstriche, z. B. Lackierungen

Poröse Untergründe sind mehr oder weniger saugfähig. Durch einen Grundanstrich kann die Saugfähigkeit verringert werden. Dichte Untergründe können glatt oder rau sein und lassen ein Eindringen von Grundanstrichstoffen nicht zu.

Grundanstrichstoffe benötigen für poröse und für dichte Untergründe unterschiedliche Eigenschaften und müssen spezielle Aufgaben erfüllen.

poröse Untergründe 	Grundanstrichstoffe sollen gut in den Untergrund eindringen und zudem – dünnflüssig und unpigmentiert sein, – nicht zu schnell trocknen, – keinen dichten Film bilden.
dichte Untergründe 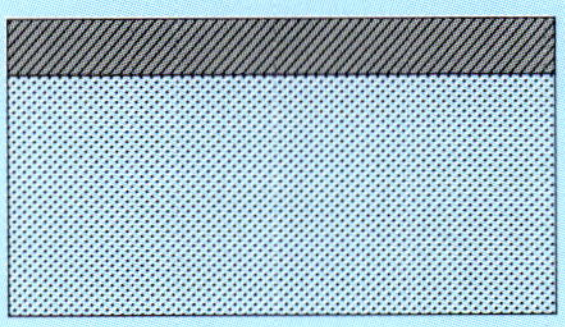	Grundanstrichstoffe sollen besonders gut haften, d. h. eine gute Adhäsion besitzen, und zudem – gut gebunden und pigmentiert sein, – in höheren Schichtdicken aufgetragen werden. – Sie können auch dickflüssiger und schnell trocknend sein.

dichte Untergründe

15.1.2 Zerstörung von Untergründen

Sind Untergründe (Stoffe) ungeschützt der Witterung ausgesetzt, werden sie unterschiedlich schnell zerstört. So werden Holz und Eisenmetalle schnell angegriffen, während Kunststoffe, Nichteisenmetalle und bestimmte Anstriche sich nur langsam verändern. Schnell verwitternde Stoffe können durch Anstriche, die langsam verwittern, geschützt werden.

Nichteisenmetalle = z. B. Kupfer, Aluminium, Zink

Untergründe werden durch physikalische, chemische und biologische Einwirkungen angegriffen und zerstört.

Einwirkungen	**Beispiele**	
physikalische	– Feuchtigkeit (Regen) – Wärme – Kälte – Abrieb (Scheuern)	
chemische	– Luftsauerstoff – Abgase – Säuren/Laugen – UV-Strahlen	
biologische (Organismen)	– Insekten (Holzwurm) – Pilze (Schimmelpilze) – Moos und Algen – Fäulnisbakterien	

Abrieb = z. B. durch Greifen bei Geländerhandläufen

Untergründe sollten deshalb durch Anstriche vor Zerstörung geschützt werden. Allerdings werden die Anstriche ebenfalls mit der Zeit durch die oben genannten Einflüsse angegriffen. Es ist deswegen wichtig, die Anstriche rechtzeitig zu erneuern, um die Untergründe lange zu schützen.

Anstriche schützen Untergründe!

Für einen dauerhaften Schutz müssen für die verschiedenen Untergründe geeignete Anstrichstoffe verwendet werden.

Außenanstriche müssen wetterbeständig sein und eine bessere Qualität haben als Innenanstriche. So schützen spezielle Pigmente vor den anstrich- und

Qualitätsstufen von Anstrichstoffen:
- wetterbeständig
- scheuerbeständig
- waschbeständig
- wischbeständig

untergrundzerstörenden UV-Strahlen, z. B. in Holzschutzlasuren. Auch gegen die Luftverschmutzung (saure Abgase) gibt es beständige Anstrichstoffe, z. B. Silikatfarben und Kunststoff- bzw. Kunstharzlacke.

Prüfungsmethoden:

Klopf- und Hörprobe
Ausbesserungsstellen feststellen

Benetzungsprobe
Prüfung der Saugfähigkeit

Alkalitätsprüfung
Mit neutralem Wasser und Indikatorpapier

15.1.3 Eigenschaften der Untergründe

Anstrichuntergründe müssen sorgfältig geprüft und vorbereitet werden. Das ist eine wichtige Voraussetzung für einen haltbaren Anstrich. Ein Anstrich kann also nur so gut sein wie der Untergrund. Vor Beginn der eigentlichen Beschichtungsarbeiten müssen alle Schäden und Mängel fachgerecht beseitigt werden. Untergründe müssen folgende Eigenschaften aufweisen:

- **trocken**
- **eben** (ohne Löcher)
- **sauber** (frei von Staub und Schmutz)
- **fest und tragfähig**
- **rostfrei** (metallisch blank entrosten)
- **fett- und ölfrei** (Betonschalöl, Wachse)
- **rissfrei** (Setz- und Haarrisse)
- **frei von Bewuchs** (Pilze, Moos, Algen)
- **frei von Salzausblühungen**
- **frei von Nikotin- und Wasserflecken**
- **nicht zu stark saugend**

15.1.4 Untergrundschäden

Untergrundschäden:
- Feuchtigkeit
- Ausblühungen
- Moos und Algen
- Farbabplatzungen
- Putzrisse
- Abwitterungen

Stark durchfeuchtete Fassade mit Putzabplatzungen

Prüfung der Hausfassade und Dokumentation der Ergebnisse

15.1.5 Prüfen der Untergründe

VOB = Verdingungsordnung für Bauleistungen

Die Beschaffenheit der Untergründe muss nach der VOB DIN 18 363 (Mal- und Lackierarbeiten) durch durch die Maler/-innen (Auftragnehmer/-innen) überprüft werden. Mängel wie zu hohe Feuchtigkeit, Ausblühungen, Schimmelbildung und andere Schäden sind dem Auftraggeber schriftlich mitzuteilen.

Anstrichuntergründe müssen sorgfältig geprüft und vorbereitet werden. Das ist eine wichtige Voraussetzung für einen haltbaren Anstrich. Vor Beginn der eigentlichen Beschichtungsarbeiten müssen alle Schäden und Mängel fachgerecht beseitigt werden.

Wichtige Untergrundprüfungen

Viele Prüfungen können durch Anschauen (Augenschein) oder Anfassen vorgenommen werden, z. B. bei Unebenheiten, Kreiden, Rost, Salzausblühungen und Bewuchs. Andere Eigenschaften müssen durch geeignete Prüfverfahren festgestellt werden.

Eigenschaften	Prüfverfahren	Beschreibung
Haftfestigkeit **Tragfähigkeit** (feste, haftfähige, elastische Untergründe)	Kratzprobe 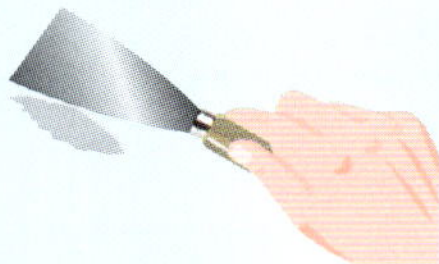	grobe Überprüfung mit festem, kantigem Gegenstand oder dem Fingernagel
	Gitterschnitt 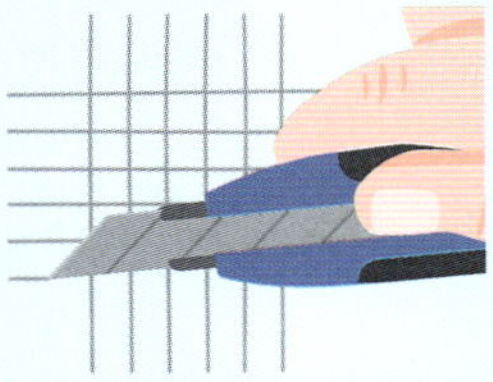	auf harten, ebenen Untergründen (**Altlackierungen**), durch je 6 parallele, kreuzweise Schnitte, gleichmäßig im rechten Winkel, mit einem Gitterschnittprüfgerät oder scharfem Messer (Cuttermesser)
	Klebebandtest 	Ein Klebebandstreifen wird auf den Anstrich gedrückt und dann ruckartig abgezogen. Der Klebebandtest ist auch in Verbindung mit der Kratzprobe und dem Gitterschnitt sinnvoll.
Saugfähigkeit (poröse, rissige, fettige und ölige Untergründe)	Benetzungsprobe 	Der Untergrund wird mit Wasser benetzt. Je nach Untergrundbeschaffenheit perlt das Wasser ab oder wird aufgesaugt.
Sinterschicht (geringe Saugfähigkeit durch Oberflächenglanz)	Benetzungsprobe 	Der Putzuntergrund wird mit der Malerspachtel angekratzt oder auch angeschliffen. Bei der anschließenden Benetzungsprobe färben sich die Kratzspuren dunkel und auf der Sinterschicht perlt das Wasser ab.
Alkalität (bei kalk- und zementhaltigen Untergründen)	Alkalitätsprüfung 	Der Untergrund wird mit Wasser angefeuchtet und ein Streifen Indikatorpapier hineingehalten.

15.1.6 Untergrundvorbereitung

Die nötige Vorbereitung hängt vom Zustand des Untergrundes und der geplanten Beschichtung ab. Durch eine geeignete Vorbehandlung müssen Untergründe gut auf die nachfolgende Beschichtung vorbereitet werden. Dazu sind zunächst Vorarbeiten auszuführen.

Kratzprobe
Prüfung der Oberflächenfestigkeit

Schnittabstand:
je nach Schichtdicke 1–5 mm

Gitterschnittprüfung
nach DIN EN ISO 2409

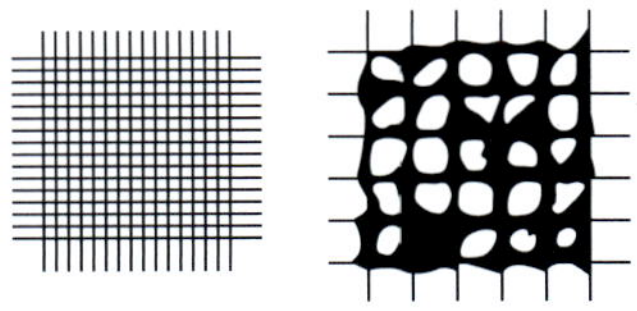

Gitterschnittkennwerte:
Gt 0 (Schnittränder sind glatt)
bis
Gt 5 (abgeplatzte Flächen > 65 %)

Keine Abplatzungen = **Haftfestigkeit** „sehr gut“, d. h., die Altbeschichtung ist **tragfähig**.

Bei Ausplatzungen = **Haftfestigkeit** „schlecht“, d. h., die Altbeschichtung **muss entfernt** werden.

Sinterschicht
ist eine dünne, glasartige und spröde Schicht an der Oberfläche von mineralischen Putzen. Sie **besteht aus reinem Kalkstein** (Bindemittel).

Ausgleich von Unebenheiten

Entfernen von Moos und Algen

Vorarbeiten	Beispiele
Untergrund reinigen	– Schmutz abkehren bzw. abwaschen – Staub absaugen oder abspritzen – Mörtelspritzer entfernen
Schadstoffe entfernen	– Ausblühungen auf mineralischen Untergründen – Moos, Algen und Pilzbewuchs – Rost und andere Korrosionsschichten
beschädigte Untergründe erneuern	– schadhafte Putze und Steine – schadhaftes Holz und Holzwerkstoffe – schadhafte Dichtstoffe
Schadensursache beseitigen lassen	– aufsteigende Feuchtigkeit – Wassereinwirkung durch ein undichtes Dach – zu scharfe Holzkanten bei Fenstern
chemische Vorbehandlung	– Anlaugen von alten, tragfähigen Lackierungen – Fluatieren von alkalischen Untergründen – Anätzen von dichten, mineralischen Untergründen, z. B. Beton
Grundanstriche	– Haftvermittlung bei Nichteisenmetallen – Rostschutzgrundierung bei Stahl – Putzgrundiermittel zur Verfestigung der Putzoberfläche und Verminderung der Saugfähigkeit

Aufgaben

1. *Erklären Sie den Begriff „Untergründe“.*
2. *Nennen Sie sechs verschiedene Untergrund-Gruppen.*
3. *Wie werden Untergründe üblicherweise eingeteilt?*
4. *Wie können Untergründe noch eingeteilt werden?*
5. *Nennen Sie je 2 poröse und 2 dichte Untergründe.*
6. *Welche unterschiedlichen Eigenschaften haben Grundanstrichstoffe für poröse und für dichte Baustoffe?*
7. *Durch welche Einwirkungen werden Untergründe zerstört?*
8. *Welche wichtigen Eigenschaften müssen Untergründe haben?*
9. *Auf welche Mängel müssen Untergründe geprüft werden?*
10. *Nennen Sie je ein Beispiel für die Untergrund-Prüfungen: „Anschauen und Anfassen“.*
11. *Auf welche Eigenschaften werden Untergründe von Maler/-innen und Lackierer/-innen geprüft?*
12. *Nennen Sie Prüfverfahren zur Ermittlung der Haftfähigkeit von Altbeschichtungen.*
13. *Was ist ein Gitterschnitt und bei welchen Untergründen wird er angewendet?*
14. *Beschreiben Sie eine Benetzungsprobe.*
15. *Nennen Sie vier wichtige Vorarbeiten zur Untergrundvorbereitung.*

15.2 Mineralische Untergründe und ihre Beschichtung

Lernsituation 15b

Arten, Eigenschaften und Beschichtung von mineralischen Untergründe zum Thema: „Mineralische Untergründe“

Situationsdarstellung:
Bei der Renovierung des Kindergartens und Jugendhauses ist die Fassade neu zu beschichten. Die Altbeschichtung ist eine Silikatfarbe auf Kalkputz der Mörtelgruppe P II. Der Meister verlangt vom Auszubildenden, speziell über diesen Untergrund Informationen einzuholen.

Sie sollten sich über mineralische Untergründe informieren. Kenntnisse zu diesem Thema können Sie durch die Bearbeitung der folgenden Arbeitsaufträge erwerben.

Arbeitsaufträge

1. *a) Erklären Sie, was **mineralische Untergründe** sind.*
   *b) Erklären Sie den Begriff „**Mineralien**“.*
2. *Nehmen Sie eine **Einteilung der mineralischen Untergründe** vor.*
3. *a) Beschreiben Sie **Merkmale von mineralischen Untergründen**.*
   *b) Nennen und beschreiben Sie **Eigenschaften** mineralischer Untergründe.*
4. *Beschreiben Sie folgende mineralische Untergründe:*
   *a) **natürliche Baustoffe** (Natursteine)*
   *b) **gebrannte Baustoffe***
   *c) **gebundene Baustoffe***
5. *Bearbeiten Sie zum Thema **Mörtelgruppen** folgende Fragen:*
   *a) Welche **Mörtelarten** werden unterschieden?*
   *b) Was versteht man unter dem Begriff „**Putze**“?*
   c) Wie lautet die DIN für Putzmörtel?
6. *Beschreiben Sie die **Zusammensetzung von Putzmörtel**.*
7. *a) Benennen Sie die **Mörtelgruppen** mit Beispielen.*
   b) Beschreiben Sie Eigenschaften und Verwendung der Mörtelgruppen.
8. *Notieren Sie die allgemeinen **Aufgaben der Putze**.*
9. *Benennen und beschreiben Sie **Putzschäden**.*
10. *Bearbeiten Sie folgende Fragen über **Putzrisse**:*
    *a) Benennen und beschreiben Sie die **Rissarten**.*
    *b) Welche **Möglichkeiten der Beseitigung** gibt es?*
11. *a) Beschreiben Sie, was ein **Armierungssystem** ist.*
    *b) Beschreiben Sie den **Aufbau** einer Kunststoff -Gewebearmierung.*
12. *a) Nennen Sie mögliche **Voranstriche** auf Putzuntergründe.*
    *b) Nennen Sie mögliche **Deckanstriche** auf Putzuntergründe.*
13. *Beschreiben Sie **Anstrichsysteme für Mörtelgruppen**.*
14. *Nennen Sie fünf Untergründe für Bodenbeschichtungen.*
15. *Welche Anforderungen werden an Fußboden-Beschichtungen gestellt?*

15.2.1 Übersicht und Einteilung

Mineralien = Bestandteile der Erde, z. B. Metalle und Metallverbindungen (Oxide), Silikate, Salze, Kalkstein, Quarz, Kreide und Kohle

Mineralische Untergründe gehören zu den am häufigsten vorkommenden Beschichtungsträgern der Maler/-innen und Lackierer/-innen. Um die mineralischen Untergründe fachgerecht zu beschichten, müssen die Eigenschaften dieser Baustoffe bekannt sein. „Mineralische Untergründe" ist eine **Sammelbezeichnung** für **Natur- und Kunststeine**, **Beton**, **Putze**, **Platten** und **Glas**. Also für Baustoffe, die ihren Ursprung in der Erde (Mineralien) haben.

Mineralische Untergründe gibt es als natürliche, gebundene und gebrannte Baustoffe.

Sandsteine

Mineralische Untergründe		
natürlich	**gebunden**	**gebrannt**
Kalkstein Sandstein Schiefer Granit Basalt Bims	Kalksandstein Leichtbetonsteine Gasbeton/Gipsstein Beton/Putz Gipskartonplatten Faserzementplatten	Ziegelstein (Mauerziegel) Klinker Poroton

Mineralische Untergründe können erkannt bzw. unterschieden werden anhand ihres Aussehens und ihrer physikalischen und chemischen Eigenschaften.

Gasbetonsteine

Nach folgenden Merkmalen wird unterschieden: Farbton, Oberflächenstruktur, Festigkeit, Härte, Saugfähigkeit, Wetterbeständigkeit, Wärmedämmfähigkeit und Alkalität.

Mineralische Untergründe sind überwiegend porös und saugen demzufolge unterschiedlich stark. **Je enger** die **Kapillaren** (**Haarröhrchen**) sind, **desto größer** ist die **Saugwirkung**. Mineralische Untergründe sind sowohl alkalisch, etwa Beton, als auch neutral, z. B. Ziegelsteine.

Ziegelsteine

Eigenschaften

Durch die sehr unterschiedlichen Eigenschaften der mineralischen Untergründe werden die Vorarbeiten und das Beschichtungssystem bestimmt.

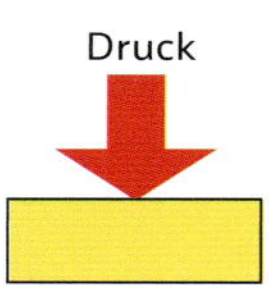

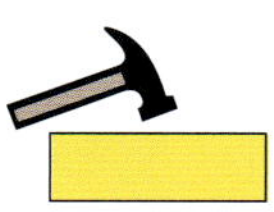

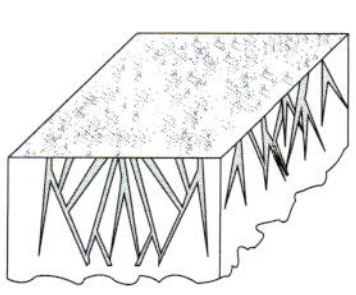

Eigenschaften	Beschreibung	Untergrundprüfung
Festigkeit	Mineralische Baustoffe haben eine unterschiedliche Festigkeit, z. B. sind Mauerwerk und Putze nur druckfest, während Stahlbeton sowohl druck- als auch zugfest ist.	durch Kratz- oder Nagelprobe
Härte/Dichte	Die Härte von mineralischen Baustoffen ist sehr unterschiedlich. Sie hängt hauptsächlich von den Bindemitteln, den Zuschlagstoffen und der Dichte ab. So ist Gasbeton ein weicher und Stahlbeton ein harter Baustoff.	durch die Klangprobe *Je härter ein Baustoff, desto heller klingt er!*
Oberflächenstruktur	Viele mineralische Untergründe, wie z. B. Putze und Mauerwerk, haben raue Oberflächenstrukturen. Sie bieten eine gute Haftung für Beschichtungen. Der Materialverbrauch ist allerdings höher als bei glatten Untergründen.	durch Anschauen *Je rauer die Oberfläche, desto besser ist die Haftung!*
Saugfähigkeit/ Kapillarität	Mineralische Untergründe verfügen über mehr oder weniger hohe Kapillarität. Putze und Gasbeton haben eine hohe Saugkraft, während Klinker und Beton fast dicht sind. Hohe Wasseraufnahme kann zu Schäden am Bauwerk oder zu Beschichtungsschäden führen.	durch Benetzungsprobe *Je poröser ein Baustoff, umso größer ist das Saugvermögen!*

Eigenschaften	Beschreibung	Untergrundprüfung
Alkalität	Die Alkalität ist bei kalk- und zementgebundenen Untergründen in frischem Zustand hoch. Sie nimmt mit zunehmendem Alter bis zur Neutralisation ab. Durch Fluatieren können alkalische Untergründe neutralisiert werden.	durch Indikatorpapier pH-Werte: 1 bis 6 = sauer 7 = neutral 8 bis 14 = alkalisch
Wetterbeständigkeit	Durch chemische Reaktionen von Wasser mit Schwefel- oder Kohlendioxid in der Luft entsteht saurer Regen. Er greift mineralische Baustoffe an und zerstört sie. Besonders Natursteine sind ungeschützt starkem Zerfall ausgesetzt.	durch Anschauen *Feuchte Baustoffe sind nicht frostbeständig!*
Wärmedämmung	Poröse Baustoffe, z. B. Gasbeton, leiten die Wärme schlecht ab. Dagegen sind dichte Baustoffe, z. B. Beton, gute Wärmeleiter. Schlechte Wärmeleiter sind aber gute Wärmedämmer. Es darf keine Feuchtigkeit in das Wärmesystem kommen, weil dadurch das Dämmvermögen vermindert wird.	durch Anschauen *Je feuchter der Baustoff, umso geringer die Wärmedämmung!*

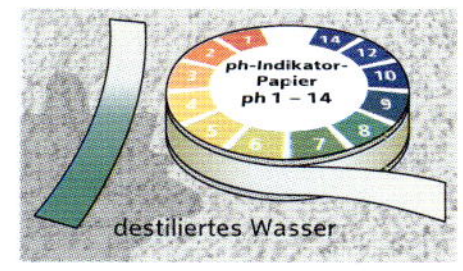

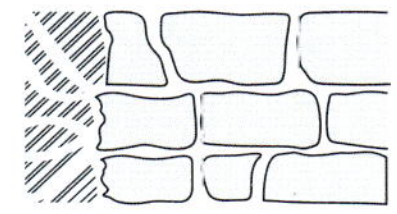
Zerfall durch Abgase

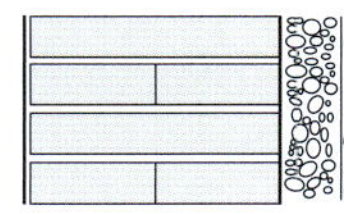

Natürliche Baustoffe

Untergründe aus Natursteinen werden von Malerinnen und Malern meistens als Mauerwerk im Außenbereich behandelt. Im ländlichen Bereich und bei denkmalgeschützten Bauwerken findet man überwiegend Natursteinmauerwerk. Es wird durch die heutigen Umweltbelastungen stark angegriffen und zerstört.

Natursteinmauerwerk

Behandlung von Natursteinen

Um Natursteinmauerwerk vor weiterem Zerfall zu schützen, muss es gereinigt, bei Bedarf ausgebessert und imprägniert werden.

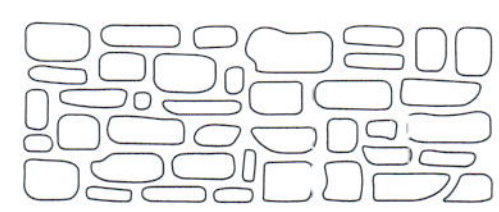
Bruchsteinmauerwerk

Reinigung	Die Steine werden von Hand (mit der Bürste), mit dem Hochdruckreiniger oder dem Dampfstrahler von Schmutz und Ablagerungen porentief befreit. Hierzu werden spezielle Steinreinigungsmittel verwendet.
Ausbesserung	Nur das Notwendigste sollte mit speziellen Steinkitten ausgebessert werden, damit die Ausbesserungsstellen nicht auffallen. Größere Schäden müssen Steinmetze und Maurerinnen reparieren.
Imprägnierung (Hydrophobierung)	Durch Auftragen von Siliconimprägnierung werden die Steine wasserabweisend (hydrophob) und vor Witterungseinflüssen geschützt. Der Auftrag der Imprägnierung erfolgt durch Streichen oder Sprühen.

Vorsicht!
Siliconharze sind ätzende Stoffe.

Natursteine sollen **nicht filmbildend (deckend)** beschichtet werden. Vielmehr muss durch eine farblose Imprägnierung die Atmungsfähigkeit der Steine erhalten bleiben.

Gebrannte Baustoffe

Mauerziegel, Dachziegel, Klinker und Hohlblockziegel sind Baustoffe, die aus Lehm oder Ton gebrannt werden. Als gebrannter Baustoff kommen für Beschichtungen durch Maler/-innen nur Hohlblock- oder Mauerziegel in Betracht:

Ziegelmauerwerk

Mauerziegel	– als Sichtmauerwerk für Imprägnierungen – als Untergrund für deckende Anstriche – als Putzträger für mineralische Putze
Hohlblockziegel	als Putzträger für mineralische Putze

Eigenschaften von Ziegelsteinen:
- druckfest
- porös
- diffusionsfähig
- wärmedämmend
- schalldämmend
- frostbeständig

Ziegelbaustoffe zeichnen sich durch **viele gute Eigenschaften** aus. Sie sind wegen ihrer Dampfdurchlässigkeit sehr diffusionsfähig. Als poröse Baustoffe sind sie gut schall- und wärmedämmend und haben deshalb auch eine gute Wärmespeicherfähigkeit. Darüber hinaus haben sie eine hohe Druckfestigkeit. Klinker sind sehr hart gebrannte Ziegelsteine. Sie sind frostbeständig und brauchen wegen ihrer dichten, wasserabweisenden Oberfläche keine Beschichtung.

Die guten Eigenschaften von Ziegelmauerwerk dürfen nicht durch Beschichtungen vermindert werden. Ziegelmauerwerk im Außenbereich muss nicht, kann aber aus gestalterischen Gründen beschichtet werden.

Vor einer möglichen Beschichtung müssen Untergrundmängel, z. B. Ausblühungen, beseitigt werden!

Deckende Beschichtungen sind: Zement-, Silikat-, Dispersionssilikat- und Dispersionsfarben, lösemittelverdünnbare Polymerisatharzfarben.

Farblose Beschichtungen sind: Siliconharzimprägnierung, Polymerisatharzlösungen und Kieselsäureimprägniermittel.

Mauerwerk wird normalerweise verputzt und anschließend gestrichen. Je nach Bedarf kann es auch einen Vollwärmeschutz erhalten. Nicht verputztes Mauerwerk aus Natur- und Kunststeinen soll als sogenanntes **Sichtmauerwerk** wirken. Außer Klinkermauerwerk muss jedes Sichtmauerwerk durch eine Imprägnierung vor Witterungseinflüssen geschützt werden. Auf Ziegelmauerwerk kann auch ein deckender Schlämmanstrich aufgebracht werden.

Ziegelsteinsichtmauerwerk

Gebundene Baustoffe

Gebundene Baustoffe bestehen aus den Bestandteilen **Bindemittel** (Zement, Kalk, Gips), **Zuschlagstoffe** (Sand, Kies, Schotter) und **Anmachwasser**. Durch Mischen erhält man Mörtel, der als Putz aufgetragen, als Beton gegossen oder zu Steinen oder Platten geformt werden kann. Je nach Art der Bindemittel und Zuschlagstoffe entstehen Baustoffe mit verschiedenen Eigenschaften. Gebundene Baustoffe werden, je nach Eignung, im Innen- und im Außenbereich verarbeitet.

Gebundene Baustoffe:
- Kalksandsteine
- Hohlblocksteine
- Leicht- und Schwerbetonsteine
- Gipssteine
- Gasbetonsteine
- Beton
- mineralische Putze
- Gipskartonplatten
- Zementfaserplatten
- Holzwolleleichtbauplatten

Mörtel besteht aus einem Gemisch von Bindemittel, Zuschlagstoffen und Wasser. Nach der Mischung der drei Bestandteile erhärtet der Mörtel steinartig.

Die **Mörtelbindemittel** Kalk, Zement und Gips sind mineralische Stoffe, die durch Aktivierung mit Wasser die Zuschlagstoffe dauerhaft verbinden.

15.2.2 Putze und Mörtel

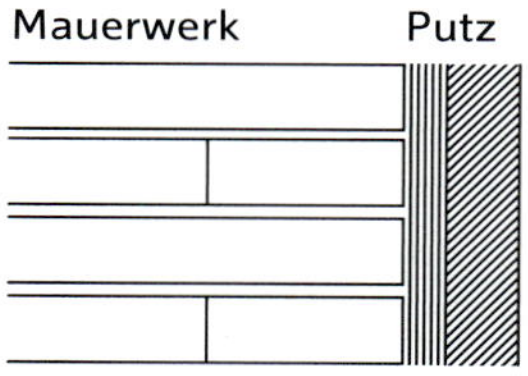

einlagig → innen
zweilagig → innen und außen

Nach der Verwendung werden Mörtel in **Mauer-**, **Putz-** und **Estrichmörtel** eingeteilt, nach der Art des Bindemittels und der Zusammensetzung in Mörtelgruppen und Mörtelarten, z. B.:
- **Mauermörtel** (zum Vermauern von Bausteinen)
- **Putzmörtel** (für mineralische Putze innen und außen)
- **Estrichmörtel** (für Fußbodenestriche im Baubereich)
- **Trockenmörtel** (trocken vorgemischt, in Säcken oder Silos lieferbar)
- **Fertigmörtel** (wird verarbeitungsfertig auf die Baustelle geliefert)

Für Maler/-innen und Lackierer/-innen ist nur der **Putzmörtel** von Bedeutung, der heute überwiegend als Trockenmörtel auf die Baustelle kommt. Dort wird er mit Wasser angemischt und mit der Putzmaschine oder von Hand ein- und zweilagig verarbeitet.

Putze sind auf Wand- und Deckenflächen aufgebrachte, getrocknete Mörtelbeläge für außen und innen.

Die europäische Norm **DIN EN 998-1** „für Putzmörtel" wurde am 01.02.2005 eingeführt. Für Gipsmörtel gilt bisher noch die alte Norm **DIN 18550**.

Nach **DIN 18558** werden die organischen Putze (Kunstharzputze) nach ihrem Anwendungsbereich in zwei Gruppen eingeteilt.

- **Org. 1 – Außen- und Innenputze**
- **Org. 2 – Innenputze**

Die organischen Putze werden als Fertigputze, d. h. verarbeitungsfertig, meist in Eimern geliefert, während mineralische Putze als Trockenmörtel zum Einsatz kommen.

Zusammensetzung von Putzmörtel

Bindemittel	⇨	Kalk, Zement, Gips
+		
Zuschlagstoffe	⇨	feiner oder grober Sand
+		
Anmachwasser	⇨	sauberes Wasser
=		
Putzmörtel	➡	**Kalk-, Zement- und Gipsmörtel**

Mineralische Putze sind kalk-, zement-, gips- oder kalkzementgebundene Putze für innen und außen. Sie sind als Mörtelpulver in unterschiedlichen Korngrößen und Strukturen lieferbar. Neben den traditionellen mineralischen Putzen gibt es heute noch **Silikat-** und **Siliconharzputze**. Silikatputze zeichnen sich durch hervorragende physikalische Eigenschaften aus. Siliconharzputze haben eine große wasserabweisende Wirkung und sind zudem hoch diffusionsfähig.

Mörtelgruppen

Nach **DIN 18550** werden die mineralischen Putze in **Mörtelgruppen** (**MG**) von **P I** bis **P V** eingeteilt. Der Buchstabe P steht dabei für Putzmörtel.

Mörtelgruppe	Bindemittel	Eigenschaften und Verwendung
P I	– Luftkalke – Wasserkalke – hydraulische Kalke	trocknen durch Kohlendioxid (CO_2) aus der Luft, gut diffusionsfähig (dampfdurchlässig), elastisch, sehr stark saugend, alkalisch, geringe Festigkeit. Putz für innen und außen
P II	– hochhydraulische Kalke – Putz- und Mauerbinder – Kalkzementgemische	erhärten hydraulisch durch Aufnahme von Wasser (H_2O); gut diffusionsfähig, stark saugend, sehr alkalisch, große Festigkeit Putze für innen und außen, speziell als Unterputz und für Keller- und Sockelbereich

Unterputz wird aufgespritzt

Unterputz wird aufgekämmt (wegen der Haftung)

Oberputz wird aufgetragen

Kratzputzstruktur

Rillenputzstruktur

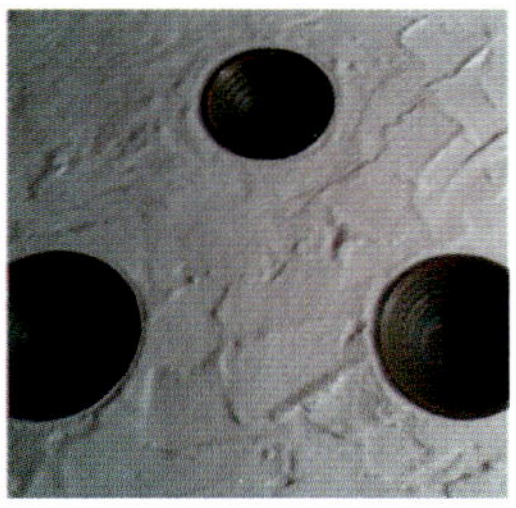

Modellierputzstruktur

Verschiedene Putzstrukturen:

- Kratzputz
- Rillenputz
- Modellierputz
- Spritzputz
- Rollputz
- Buntsteinputz
- Streichputz

Vorsicht!
Alle kalk- und zementhaltigen Putze sind sehr ätzend.

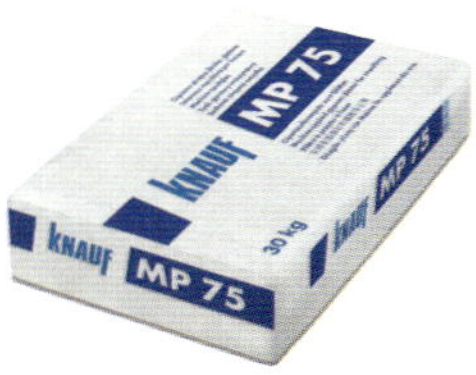

Mörtelgruppe	Bindemittel	Eigenschaften und Verwendung
P III	Zemente	erhärten hydraulisch durch Wasseraufnahme, nur gering diffusionsfähig, saugen wenig, hochalkalisch, große Dichte, Festigkeit und Härte für wassersperrende Putze innen und außen, in Keller- und Feuchträumen und für Sockelbereiche
P IV	Baugipse mit und ohne Anteil von Baukalk	erhärten hydraulisch, mit Kalkanteilen trocknen sie zusätzlich durch CO_2 aus der Luft, gut diffusionsfähig, nicht wasserbeständig, stark saugend, unterschiedliche Festigkeit nur für den Innenbereich, meist für einlagige Innenputze im Wohnbereich
P V	Anhydritbinder ohne und mit Anteilen an Baukalk	erhärtet genauso wie Gips, dampfdurchlässig, besitzt eine größere Festigkeit als Gips für Innenputz und schwimmende Fußbodenestriche

Aufgaben der Putze

Putze können am Bau unterschiedliche Aufgaben erfüllen. Dementsprechend haben sie auch unterschiedliche Zusammensetzungen und werden in verschiedenenen Techniken aufgetragen.

Oberputze dienen dem Wetterschutz und der Gestaltung.

	Schutz gegen Witterung
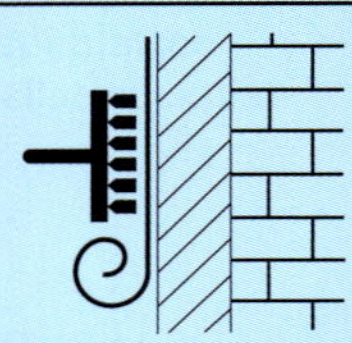	Untergrund für Anstriche und Tapeten
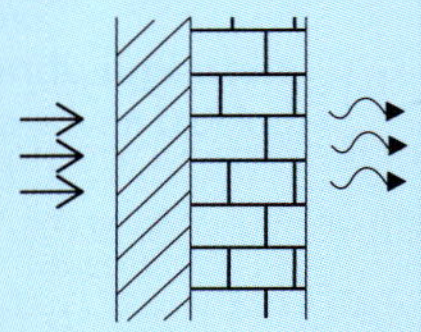	Feuer-, Schall- und Wärmedämmung
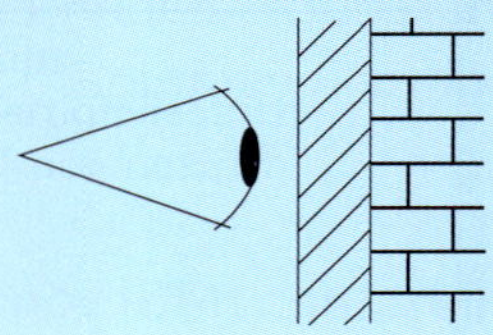	Gestaltung und Verschönerung

Tapezierung auf Gipsputzuntergrund

Putz schützt im Außen- und Innenbereich den Untergrund, z. B. das Mauerwerk. Putze dienen der **Gestaltung** von Fassaden- und Wandflächen, der Feuchtigkeitsregulierung und dem Witterungs- und **Wärmeschutz**. Außerdem soll die Putzfläche auch gut als **Anstrichuntergrund**, zum Tapezieren und zum Aufkleben von Fliesen geeignet sein.

Die **Auswahl des Putzes** richtet sich nach dem jeweiligen Untergrund und ist auf diesen abzustimmen. Von **Außenputzen** wird vor allem Wetterbeständigkeit, von **Innenputzen** Wasserdampfdurchlässigkeit und gutes Saugvermögen verlangt. Abriebfestigkeit und Oberflächenbeschaffenheit (Putzstrukturen) sollten nach der Putzanwendung ausgewählt werden.

Es werden folgende Putzmörtelarten (Putze) unterschieden:
- Armierungsputz
- Edelputz
- Leichtputzmörtel
- Normalputz
- Sockelputz
- Sanierputz
- Wärmedämmputz

Qualitätsstufen für Innenputzflächen nach DIN 18550

Die unterschiedlichen **Putzflächen** werden aufgrund ihrer Oberflächenbeschaffenheit in vier **Qualitätsstufen** (**Q-Stufen**) unterschieden und eingeteilt.

Q-Stufe	abgezogene Putzoberflächen	geglättete Putzoberflächen	gefilzte/abgeriebene Putzoberflächen
Q 1	geschlossene Putzflächen		
Q 2 Standard	– dekorative Oberputze – Wandbeläge aus Keramik, Natur- und Kunststein	– dekorative Oberputze – mittel bis grob strukturierte Wandbekleidungen – matte gefüllte Anstriche/Beschichtungen mit grober Lammfell-/Strukturrolle auftragen	– matte, nicht strukturierte Beschichtungen – abgeriebene Putzoberfläche, auch für grob strukturierte Wandbekleidungen
Q 3	– dekorative Oberputze – Wandbeläge aus Feinkeramik – großformatige Fliesen, Glas, Natur- und Kunststein	– dekorative Oberputze – fein strukturierte Wandbekleidungen – matte, fein strukturierte Anstriche und Beschichtungen	matte, nicht strukturierte Anstriche und Beschichtungen
Q 4		– glatte oder strukturierte Wandbekleidungen mit Glanz (Metall-, Vinyl-, Seidentapeten, Lasuren, Spachtel- und Glättetechnik)	Qualitätsstufe wird durch Aufbringen einer zusätzlichen Lage aus Dekor-Filzputz erreicht

Im **Trockenbau** wird auch nach DIN 18180/EN 520 die Q-Stufen-**Verspachtelung für Gipsplatten-Oberflächen angewendet. Dort sind die Q-Stufen den speziellen Erfordernissen angepasst.**

Putzschäden

Vor einer Beschichtung müssen Putzschäden beseitigt werden, weil sie zu Bau- und Anstrichschäden führen.

Putzschäden	Beschreibung und Beseitigung
Sinterschichten	Eine Sinterschicht ist eine feste, glasähnliche Schicht an der Putzoberfläche. Sinterschichten sind nicht benetzbar, d. h., es gibt für Anstrichstoffe keine Haftung. Deshalb müssen sie mechanisch, z. B. durch Abkratzen, Abschleifen oder Abstrahlen, entfernt werden.
Ausblühungen	Durch Feuchtigkeit im Mauerwerk werden wasserlösliche Salze an die Putzoberfläche geschwemmt, die als weiße Kristalle sichtbar werden. Ausblühungen müssen vollständig austrocknen, danach können die Salzkristalle abgebürstet werden. Anschließend sollte der Putz fluatiert und somit neutralisiert werden.
Putzrisse	Risse im Innen- und Außenputz gehören zu den häufigsten Putzschäden. Risse können durch rissüberbrückende Anstrichstoffe, Gewebearmierung oder Fugenabdichtung geschlossen werden.
Putzabplatzungen	Die Ursache für diese Schäden liegt oft am Putzträger, weil die Haftung ungenügend ist. Auch können im Bauteil unterschiedliche Wärmedehnungen oder chemische Reaktionen der Materialien auftreten. Ebenso eine zu starke Sonneneinstrahlung beim Verputzen oder eine falsche Mörtelmischung führen zu Wechselwirkungen im Putz oder zwischen den Putzschichten.

Salzausblühungen auf Putz und Mauerwerk

Die Ursache für **aufsteigende Feuchtigkeit** muss beseitigt werden, sonst kommt es immer wieder zu Ausblühungen!

Abplatzungen sind nicht nur ein optischer Mangel, denn solche Putze können ihre **Schutzfunktion** nicht erfüllen.

Für die **Sanierung einer schadhaften Putzoberfläche** ist es hilfreich, wenn die Ursache möglichst frühzeitig entdeckt wird. Dann muss eine geeignete Sanierungsmaßnahme zur dauerhaften Wiederherstellung einer einwandfreien Putzfläche gefunden werden. Bei der Bearbeitung eines Putzschadens kommt meistens ein hydrophober Sanierputz zum Einsatz. Er besteht aus wasserabweisenden Materialien, sodass Feuchtigkeit gar nicht erst in den Putz eindringen kann.

Putzrisse und ihre Auswirkungen

Durch die Kapillarwirkung der Risse gelangt Feuchtigkeit in den Baukörper, wodurch die Bausubstanz zerstört wird. Feuchtigkeit in Außenputz und Mauerwerk verringert die Wärmedämmung und bringt große Heizenergieverluste. Zu hohe Feuchtigkeit führt an den Innenwänden zu Schimmelpilz und damit zu einem schlechten Wohnklima.

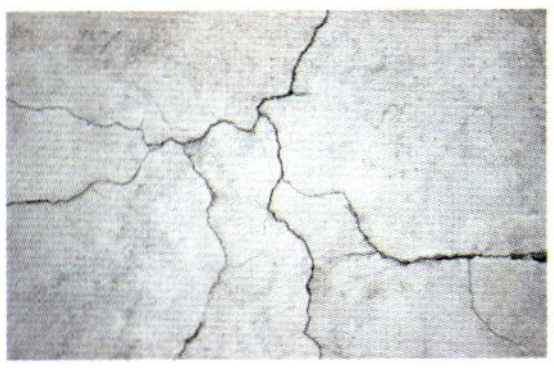
Putzoberflächenrisse

Stoß- und Lagerfugenrisse

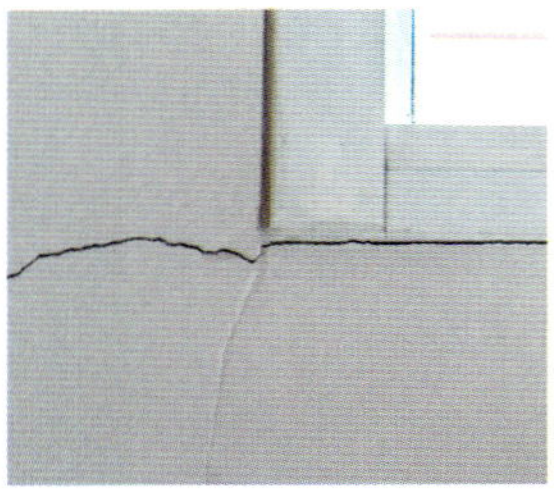
Risse durch Formveränderung

Einbetten von Armierungsgewebe

Rissarten

Risse im Innen- und Außenputz können baudynamisch bedingt sein, vom Putzträger ausgehen oder mörtel- und putztechnische Ursachen haben.

Rissarten	Beschreibung und Beseitigung
Risse der Putzoberfläche 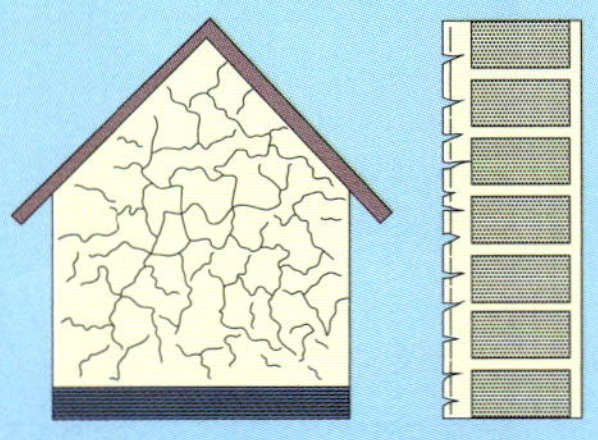	Es sind feine Putzrisse, die auch als **Haar- und Netzrisse** bezeichnet werden. Sie können durch zu schnelle Trocknung und falsche Zusammensetzung des Mörtels entstehen. – Beschichtung mit plastoelastischen oder faserhaltigen Anstrichstoffen – Gewebearmierung, d.h. Überbrückung mit Kunststoffgewebe
Risse vom Putzträger aus 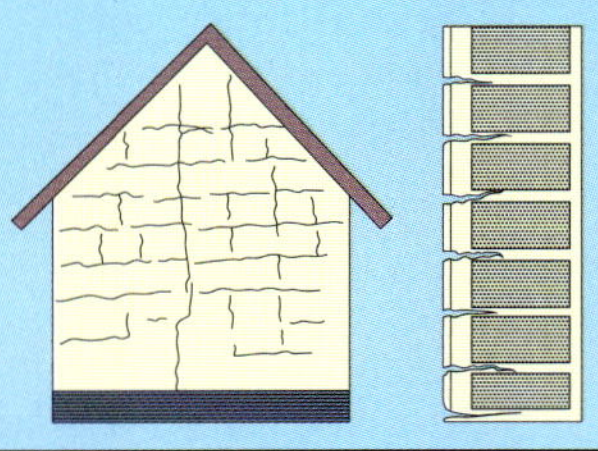	**Fugen- und Mauerwerksrisse** sind Risse, die an Stoß- und Lagerfugen der Bausteine auftreten. Sie entstehen meistens durch Verputzen von noch feuchtem, schlecht durchgetrocknetem Mauerwerk. – Beschichtung mit rissüberbrückenden, faserhaltigen Anstrichstoffen – Rissüberbrückung durch Gewebearmierung
baudynamische Risse 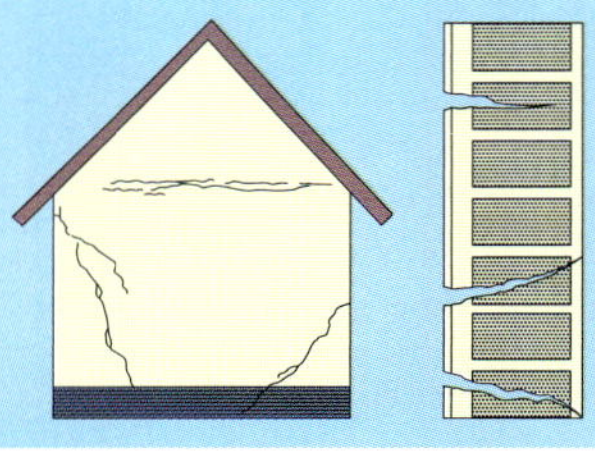	Es sind **Einzel- oder Setzrisse**, die zwischen Bauteilen durch Baugrundabsetzung oder Erschütterung des Baukörpers entstehen. Es sind auch sogenannte **statische Risse**, weil sie oft durch das gesamte Mauerwerk reißen. – Anstrichtechnisch sind baudynamische Risse nicht zu beheben. – Einarbeitung von dauerelastischen Fugendichtstoffen oder Fugendichtungsprofilen – Rissüberbrückung mit Gewebearmierung

Aufbau einer Kunststoff-Gewebearmierung:
1. Untergrund reinigen
2. Risse keilförmig öffnen
3. Grundierung aufstreichen
4. Risse auffüllen
5. Statische Risse mit Streifen vorarmieren
6. Spachtel auftragen und Gewebe einlegen
7. Mit verdünntem Spachtel überstreichen
8. Nach Durchtrocknung Schlussbeschichtung mit plastoelastischer Armierungsfarbe

Armierungssysteme

Armierungen auf gerissenen Putzflächen sollen die Risse dauerhaft überbrücken und Anstrichschäden vermeiden. Rissarmierung ist die Überbrückung von Rissen mit Gewebe oder faserhaltigen Anstrichstoffen. Dazu müssen Maler/-innen geeignete Armierungssysteme auswählen und die Materialien fachgerecht, nach Herstellervorschrift verarbeiten.

Das gesamte Armierungsmaterial muss aufeinander abgestimmt sein, deshalb darf nur Material von einem Hersteller und von einem Armierungssystem verwendet werden.

Armierungssysteme werden gewöhnlich auf Dispersionsbasis hergestellt. Je nach Rissart und Belastung werden drei Systeme unterschieden:
- mit plastoelastischen Dispersionsanstrichstoffen
- mit faserhaltiger Dispersionsarmierungsfarbe
- Armierung mit Kunststoffgewebebahnen

Anstriche auf Putzflächen

Putzflächen haben Kapillare (Haarröhrchen), die dem Putz eine große Saugfähigkeit verleihen. Durch eine Tiefgrundierung wird das Saugvermögen vermindert und alte, sandende Putze werden wieder fest. So entstehen tragfähige, feste Anstrichuntergründe. Eine fachgerechte Grundierung ist die Voraussetzung für haltbare Qualitätsanstriche.

Tiefgrundieren des Putzuntergrundes mit der Streichbürste

1. Mögliche Voranstriche

- **Dispersionsgrund** (für alle tragfähigen Putzflächen)
- **lösemittelhaltiger Tiefgrund** (für außen und schwierige Putzflächen)
- **Fluate** (zum Neutralisieren von alkalischen Putzflächen)
- **Silikatgrund** (für alle kalkhaltigen Putzflächen)

2. Mögliche Deckanstriche

- **Dispersionsfarben** (für alle neutralen Putzflächen)
- **Silikatfarben** (für alle kalkhaltigen Putzflächen)
- **Siliconharzfarbe** (für alle mineralischen Putzflächen)

Für die Putze der verschiedenen Mörtelgruppen gibt es jeweils geeignete Anstrichstoffe und **Anstrichsysteme**, die nachfolgend beschrieben werden.

Mörtelgruppe	Bindemittel	Anstrichsysteme
P I	– Luftkalke (P Ia) – Wasserkalke (P Ib) – hydraulische Kalke (P Ic)	**Kalkfarbe** (MG P Ia, Ib und Ic) **Reinsilikatfarbe** (MG P Ia und Ib) **Dispersionssilikat- und Siliconharzfarbe** (MG Ic) Die Anstriche müssen CO_2-durchlässig sein und dürfen keinen Film bilden.
P II	– hochhydraulischer Kalkputz – Putz- und Mauerbinder – Kalkzementgemische	**Kalk-, Dispersions-, Dispersionssilikat-, Reinsilikat-, Siliconharz- und Polymerisatharzfarben** **Anstrichaufbau bei Außendispersionsfarben** – lösemittelhaltiger Tiefgrund für Imprägniergrundierung – Zwischen- und Schlussanstrich mit wetterbeständiger Reinacrylatdispersionsfarbe **Anstrichaufbau bei Dispersionssilikatfarben** – Dispersionssilikatgrundierung (transparent) – Zwischen- und Schlussbeschichtung mit wetterbeständiger Dispersionssilikatfarbe **Anstrichaufbau bei Siliconharzfarbe** – Siliconharztiefgrund oder Siliconharzgrundfestiger – Zwischen- und Schlussanstrich mit Siliconfassadenfarbe
P III	Zemente	**Kalk-, Dispersions-, Dispersionssilikat-, Reinsilikat-, Siliconharz- und Polymerisatharzfarben** **Anstrichaufbau bei Reinsilikatfarben** – Grundierung mit Silikatgrund (Fixativ) – Zwischen- und Schlussanstrich mit Reinsilikatfarbe
P IV	Baugips mit und ohne Anteil an Baukalk	**Dispersionsfarbe** **Dispersionssilikatfarbe (nur mit Haftbrücke)** **Anstrichaufbau bei Innendispersionsfarben** – wässriger Dispersions- oder Putzgrund – Zwischen- und Schlussanstrich mit Kunststoffdispersionsfarbe (Nassabriebgruppe 1, 2 oder 3)
P V	Anhydritbinder ohne und mit Anteilen an Baukalk	

farbiger Strukturputz

Anstriche auf Fußböden

Bodenbeschichtungen sind Tätigkeiten, die zunehmend mehr von Malbetrieben angeboten und ausgeführt werden. Dazu gehören Beschichtungen von Fußböden mit unterschiedlichen Nutzungen im gewerblichen und auch privaten Bereichen, wie z. B. **Fabrik- und Lagerhallen, Werkstätten, Büros, Keller- und Wohnräumen, Balkone, Terrassen und Garagen.**

Fußboden-Beschichtungen sollen mechanischen, chemischen und physikalischen Belastungen standhalten und müssen auch Vorschriften der Arbeitssicherheit und des Umweltschutzes erfüllen.

15.3 Untergründe für Bodenbeschichtungen

Jeder Boden besteht aus einer Tragschicht, z.B. Estrich und einer Nutzschicht, z. B. der Belag oder die Beschichtung. Damit der Boden dauerhaft funktionsfähig ist, müssen beide Schichten gut miteinander verbunden sein. Deshalb ist der jeweilige Untergrund vor einer Beschichtung immer zu prüfen um das Grundmaterial zu erkennen.

Folgende Untergründe werden unterschieden:

- **Beton** (für Versiegelungen und Beschichtungen im Innen- und Außenbereich)
- **Zement-Estrich** (häufigste verwendete Estrich-Art)
- **Magnesia-Estrich** (spannungsarmer Fließestrich für den Innenbereich)
- **Anhydrit-Estrich** (Fließestrich auf Folientrennlage für den Innenbereich)
- **Guss-Asphalt** (thermoplastisch, wasser- und fast dampfdiffusionsdicht).

Die **Untergrundprüfung** ist wichtig für eine gute Beschichtung. Die **Bodenfeuchte** wird dazu mit einem **CM-Gerät** (Feuchtigkeitsmessgerät) genau gemessen.

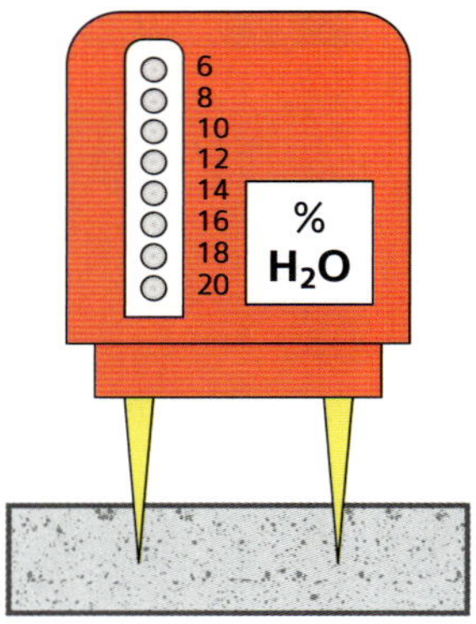

Untergrund-material	Beton	Zement-Estrich	Magnesia-Estrich	Anhydrit-Estrich	Guss-Asphalt
Farbton	grau oder leicht bläulich	grau	naturweiß oder eingefärbt	naturweiß/ beige	schwarz
Feuchtigkeit	< 4 %	< 4 %	< 12 %	< 0,5 %	-
Trockenzeit	3 bis 8 Wochen	3 bis 8 Wochen	ca. 3 Wochen	ca. 4 Wochen	2 bis 3 Stunden
Oberfläche	glatt bis rau	geglättet oder besenrau	glatt, oder nachbehandelt	glatt	glatt, abgesandet

Vorbereitung der Untergründe

Die Voraussetzung für eine gut haftende Beschichtung ist ein **trockener, fester, fettfreier** und **griffiger Untergrund**. Je höher die Bodenbelastung und aufwendiger die Beschichtung, desto gründlicher sollte die Vorarbeiten ausgeführt werden. **Schmutz, Staub, Öle, Fette, Abrieb, nicht tragfähige Altbeschichtungen und sonstige Verunreinigungen sind vollständig zu entfernen.** Dies gilt ebenso für sandende Oberflächen, Sinterschichten und Zementschlämme. Kleine Flächen können durch **Schleifen** oder maschinell rotierenden **Bürsten** aufgeraut werden und danach ist die Fläche abzusaugen. Bei hochverdichteten Betonflächen, die mit Dickschichtsystemen behandelt wurden, sind **Fräsen** und **Kugelstrahlen** die richtigen Vorarbeiten.

Das Kugelstrahl-Verfahren (Blastrac-Verfahren) ist überwiegend staubfrei, dabei werden die Stahlkugeln durch ein Rad auf den Boden geschleudert. Der Abtrag wird wieder aufgesaugt und die Stahlkugeln werden in das Schleuderrad zurückgeführt.

Nach der Arbeitsstättenverordnung und der **UVV** ist es Pflicht, dass **Fußbodenflächen in Arbeitsbereichen** und -räumen **rutschhemmend** ausgeführt werden. Hierzu ist es erforderlich, in die Bodenbeschichtung **Quarzsand** einzubringen bzw. einzustreuen. Für den Grad der Rutschhemmung, gibt es nach der BG-Regel 181, **Rutschhemmklassen**.

Bodenbeschichtungssysteme bestehen aus Grundierungen, Versiegelungen sowie Dünn- und Dickbeschichtungen. Wenn sie dies Beschichtungsstoffe auf den jeweiligen Anwendungsbereich abgestimmt sind, ergeben sie einen perfekten Beschichtungsaufbau.

Bei den Bodenbeschichtungen wird zwischen **Versiegelungen** und **Beschichtungen** unterschieden.

Beschichtungssysteme	Versiegelungen	Beschichtungen
Unterschiede	bei deckender Beschichtung werden die Poren verschlossen	Dünnbeschichtungen und selbst verlaufende Dickbeschichtungen
Verwendung	in Wohnräumen, Balkone, Terrassen, Kellerräumen, Büros, Laden und Verkaufsräume Für die Bodengestaltung können Pigmente zugeben oder Dekochips eingestreut werden.	überwiegend im gewerblichen Bereichen, für Fabrik-, Lager- und Ausstellungshallen, Werkstätten, Parkhäusern und Tiefgaragen
Anstrichstoffe	Kunstharzdispersionen, Reaktionsharze auf Wasser- und Lösemittelbasis, mineralische Spachtelböden	Reaktionsharze auf Wasser- und Lösemittelbasis, Epoxidharz vergilbt bei längerer UV-Einstrahlung.
Auftragsverfahren	Streichen und Rollen (mehrere Streich- und Rollaufträgen)	Rollen und selbst verlaufende (selbstnivellierende) Dickbeschichtungen
Schichtdicken	zwischen 0,1 bis 0,3 mm	zwischen 0,3 und 5 mm
Reinigungsfähigkeit	vermindert die Staubbildung und den Verschleiß bei Verschmutzungen	gut bis sehr gut
Chemikalienbeständigkeit	ist gut	Ist gut bis sehr gut
mechanische Belastungen	die Eignung in gewerblichen Räumen ist nur begrenzt, niedrige Belastbarkeit	gute Eignung in gewerblichen Räumen, hohe Belastbarkeit und Schutzwirkung

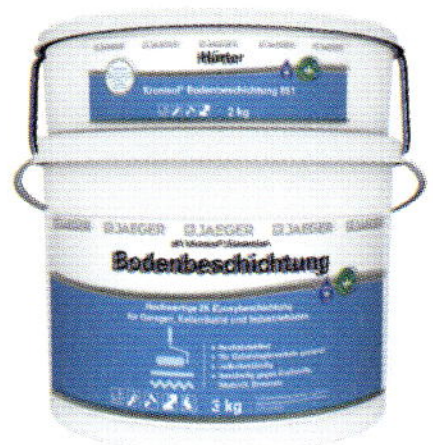

Die häufigsten Bodenbeschichtungen sind: Acrylharz, Epoxidharz- (EP-), Polyurethan- (PUR-), Polyaspartic- und Polymethylmethacrylat- (PMMA), Beschichtungsstoffe und mineralische Spachtelböden.

Vorteile der folgenden Boden-Beschichtungsstoffe

Epoxidharz ist gut für den Industriebereich geeignet, langlebig und hat haftet sehr gut.
Polyaspartic hat eine schnelle Aushärtung und spart Arbeitszeit und Kosten. Es ist UV-stabil und durch seine größere Schichtdicke werden nur zwei Arbeitsgänge benötigt.
Polyurethan ist hitzebeständig (schwer entflammbar) und sehr gut lichtbeständig.

Polyaspartic ist die schnellste und sicherste Beschichtung für Fußböden.

2K-PU-Fliesen-Beschichtung ist die optimale Lösung für intensiv genutzte Fliesenböden

Systemaufbau als Dünnbeschichtung im Rollauftrag

Untergrund	Grundierung	Kratzspachtelung	Zwischenbeschichtung	Schlussbeschichtung
Beschichtungsaufbau	vorbehandelter Zement-Estrich oder Beton	2K-Epoxi-Grund LF gefüllt mit Quarzsand	2K-Epoxi-Dickschicht, abgestreut mit Quarzsand	2K-Epoxi-Dickschicht
Rutschhemmung	Nach dem Auftrag mit Quarzsand abstreuen.	Nach dem Auftrag mit Quarzsand abstreuen.	Nach dem Auftrag mit Quarzsand abstreuen.	

Nach der Trocknung ist der lose aufliegende Sand zu entfernen.

Die Bodenbeschichtungen bekommen als „fugenlose Oberfläche", im Wohnungsbau, in der Industrie und im gewerblichen Bereich eine immer größere Bedeutung.

Aufgaben

1. *Nennen Sie fünf mineralische Untergründe.*
2. *Welche wichtigen Eigenschaften haben mineralische Untergründe?*
3. *Wie werden Natursteine vor Witterungseinflüssen geschützt?*
4. *Welche gebrannten Baustoffe kommen für Beschichtungen in Betracht?*
5. *Nennen Sie wichtige Eigenschaften von Ziegelbaustoffen.*
6. *Welche Beschichtungen sind auf Ziegelsteinen möglich?*
7. *Nennen Sie fünf gebundene Baustoffe.*
8. *Aus welchen Bestandteilen bestehen gebundene Baustoffe?*
9. *Welche Mörtelarten werden unterschieden?*
10. *Erklären Sie den Begriff „Putze".*
11. *Welche mineralischen Putze werden unterschieden?*
12. *Nennen Sie die Mörtelgruppen von P I bis P IV.*
13. *Welches Einsatzgebiet haben Gipsmörtel?*
14. *Nennen Sie sechs Untergründe für Bodenbeschichtungen.*
15. *Welche Anforderungen werden an Fußboden-Beschichtungen gestellt?*
16. *Welche vier Aufgaben haben die Putze?*
17. *Warum müssen Putzschäden, z. B. Ausblühungen, vor einer Beschichtung beseitigt werden?*
18. *Welche Auswirkungen haben Putzrisse?*
19. *Benennen Sie die drei verschiedenen Putzrissarten.*
20. *Erklären Sie den Begriff „Rissarmierung".*
21. *Was versteht man unter einem „Armierungssystem"?*
22. *Nennen Sie mögliche Voranstriche auf Putzflächen.*

23. Welche Deckanstriche auf Putzflächen sind möglich?

24. Welche Anstrichsysteme eignen sich für hochhydraulische Kalkputze?

25. Beschreiben Sie ein Anstrichsystem auf Gipsputz.

26. Welche Untergründe unterscheiden wir bei Bodenbeschichtungen?

27. Wie hoch darf die Bodenfeuchtigkeit bei den verschiedenen Untergründen sein?

28. Nennen Sie die richtigen Vorarbeiten für hochverdichtete Betonflächen vor einer Beschichtung.

29. Wie lassen sich Fußbodenbeschichtungen rutschhemmend ausführen?

30. Nennen Sie die Bestandteile von Bodenbeschichtungssysteme.

31. Welches sind die häufigsten Bodenbeschichtungen?

32. Welche Vorteile haben Epoxidharz- und Polyurethanharz-Bodenbeschichtungen?

Lernsituation 15c

Zusammensetzung, Eigenschaften und Instandsetzung zum Thema: „Beton und Stahlbeton“

Situationsdarstellung:
Bei der Renovierung des Kindergartens und Jugendhauses ist auch der schadhafte Beton-Ringanker im oberen Bereich des Gebäudes sanierungsbedürftig. Dazu sollen gemäß Leistungsbeschreibung die fortgeschrittenen Betonschäden wieder instand gesetzt werden. Die Meisterin verlangt von der Auszubildenden, sich über den Baustoff Beton und über Betoninstandsetzung zu informieren.

Sie sollten sich Informationen über Betonschäden und Betoninstandsetzung besorgen. Fachwissen zu diesem Thema können Sie sich durch die Bearbeitung folgender Arbeitsaufträge aneignen.

Arbeitsaufträge

1. *a) Erklären Sie, welche **Betonarten** unterschieden werden.*
   *b) Erklären Sie die **Zusammensetzung von Beton**.*
2. *a) Erklären Sie den Begriff „**Stahlbeton**“.*
   *b) Erklären Sie den Begriff „**Sichtbeton**“.*
3. *Notieren Sie die wichtigsten **Betoneigenschaften**.*
4. *Beschreiben Sie folgende Eigenschaften:*
   *a) **Druck- und Zugfestigkeit***
   *b) **Alkalität***
   *c) **Porosität und Kapillarität***
5. *Benennen Sie **Betonmängel**, ihre Ursachen und deren Beseitigung.*
6. *Nennen Sie verschiedenen **Ursachen** und **Einwirkungen** auf ungeschützten Beton.*
7. *Beschreiben Sie, wie Betonbauten vorbeugend geschützt werden können.*
8. *Beschreiben Sie die **Ursachen für Betonschäden**.*
9. *Beschreiben Sie die **Betonalterung** und **Schadenstufen**.*
10. *Beschreiben Sie zur **Betonüberprüfung** den Betonzustand anhand von zwei Gesichtspunkten (Kriterien).*
11. *Beschreiben Sie die **Arbeitsschritte der Betoninstandsetzung**.*
12. *Nennen Sie die Aufgaben folgender **Beschichtungssysteme** auf Beton:*
    *a) **Farblose Anstriche** (Imprägnierungen)*
    *b) **Lasierende Anstriche***
    *c) **Deckende Anstriche** oder Putzbeschichtung*
13. *Beantworten Sie folgende Fragen zum **Betonschutz**:*
    *a) Nennen Sie **Mindestanforderungen** an guten Betonschutz.*
    *b) Nennen Sie mögliche **Beschichtungsstoffe** für guten Betonschutz.*

Zusammensetzung von Beton

Beton ist ein gebundener Baustoff, der im Hoch- und Tiefbau vielseitig eingesetzt wird. Für Maler/-innen und Lackierer/-innen ist Beton ein oft zu beschichtender Untergrund. Die flüssige Betonmischung ist ähnlich zusammengesetzt wie Zementmörtel, enthält jedoch gröbere Zuschlagstoffe. Je nach der Dichte der Zuschlagstoffe entsteht **Leicht, Normal- oder Schwerbeton**. Zusatzmittel werden nur bei Bedarf in kleinen Mengen zugegeben.

Betonbauwerk

Mischungsverhältnis:
Zement: 1 Teil
Zuschlag: 3 Teile
Wasser: 1/2 Teil

Zusammensetzung der Betonmischung

Bindemittel	+	Zuschlagstoffe	+	Anmachwasser	+	Zusatzmittel
Zement		Kies Splitt Schotter Bimsstein u. a.		sauberes Wasser		Dichtungsmittel Erstarrungsbeschleuniger und -verzögerer

Beton wird flüssig verarbeitet und lässt sich so in jede gewünschte Form bringen. Dazu wird das Betongemisch meistens in eine formgerecht gebaute **Holzverschalung** gegossen. Durch eine vorher eingebrachte Stahlbewehrung entsteht der besonders stabile **Stahlbeton**. Damit sich die Verschalung wieder vom erhärteten Beton löst, wird sie mit Schalöl als **Trennmittel** eingestrichen. **Sichtbeton** hat eine aus gestalterischen Gründen von der Schalung vorgegebene Oberflächenstruktur.

Beton ist ein chemisch nicht stabiler Baustoff. Die **Beständigkeit** von Beton kann durch innere und äußere Einflüsse beeinträchtigt werden.

Unbewehrter Beton ist ein künstlicher Stein, der druckfest und deshalb für nicht tragende Bauteile, wie z. B. Betonestrich geeignet ist. Stahlbeton ist dagegen auch zugfest und ermöglicht erst große Bauten und Konstruktionen, wie z. B. Hochhäuser, Türme und Brücken.

Betoneigenschaften

Beton ist im erhärteten Zustand **alkalisch, hart, fest,** schwer, **druck- und zug fest**, auch **porös**, meistens aber sehr **dicht** und damit **wasserdampf-** und **wasser- undurchlässig**. Ein dichter Baustoff ist ein guter Wärmeleiter, aber ein **schlechter Wärmedämmer, frost-** und **chemikalienbeständig**.

Eigenschaften	Beschreibung
Druck- und Zugfestigkeit 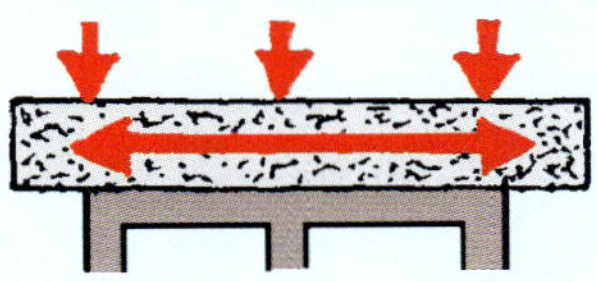	Beton besitzt eine große Druckfestigkeit. Durch das Einlegen von Bewehrungsstahl wird er auch zugfest (Stahlbeton).
Alkalität 	Beton hat als zementgebundener Baustoff eine hohe Alkalität (pH-Wert ca. 12). Die Alkalität des Betons schützt den Bewehrungsstahl vor Rost.
Porosität und Kapillarität 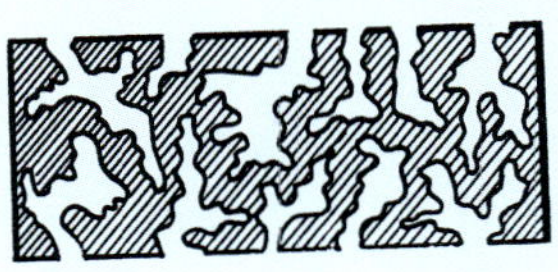	Je mehr Wasser einer Betonmischung zugegeben wird, desto mehr Poren und Schwindrisse bilden sich. Dadurch nimmt die Saugfähigkeit zu, die Folge ist eine erhöhte Aufnahme von Schadgasen und Wasser.

Betonbrücke

Betonbewehrung auf Baustelle

Betonmängel

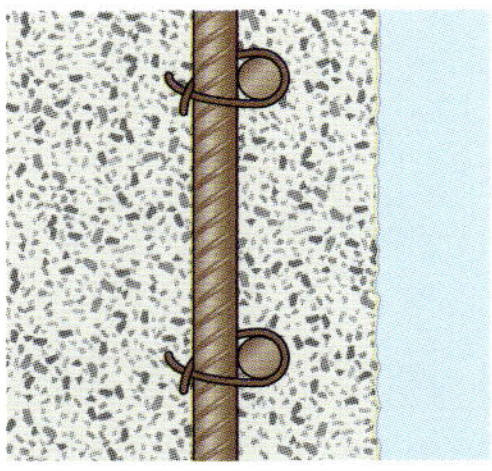

Betonbauwerk

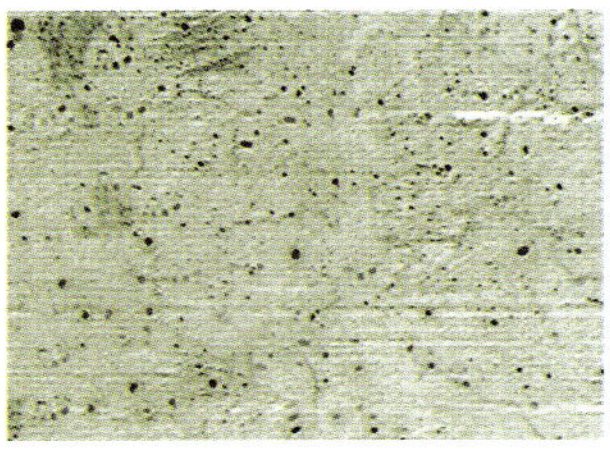

Poren, Lunker

Kiesnester

Beton kann Schäden aufweisen, die vor einer Beschichtung unbedingt beseitigt werden müssen. Die Feststellung der Mängel an der Betonoberfläche erfolgt durch Betrachten, Befühlen, Kratzen, Schaben, Klopfen, durch Benetzungsproben und den Einsatz von Prüfgeräten.

Betonmängel	Ursachen	Beseitigung
Trennmittelrückstände und andere Verschmutzungen	– Öl oder Wachs auf Schaltafeln – Flecken, Staub, Ablagerungen und Anhaftungen	Oberfläche mit Hochdruck- oder Dampfstrahlgerät reinigen. Als Hilfsmittel wird spezieller Betonreiniger eingesetzt oder bei Schalöl auch eine Ammoniaknetzmittelwäsche durchgeführt.
Risse und Betonabsprengungen	– durch Qualitätsunterschiede – durch zunehmende Neutralisation	Beschichtung mit rissüberbrückenden Anstrichstoffen oder Rissarmierung. Betoninstandsetzung und anschließende Beschichtung mit Fassadenfarbe oder Kunstharzputz.
Schimmelpilze, Moos- und Algenbewuchs	– Feuchtigkeit und Schmutz	Abschaben und Abbürsten, mit bioziden Wirkstoffen behandeln, danach mit Hochdruckstrahler reinigen.
Poren, Lunker und Kiesnester	– mangelnde Betonqualität – schlechte Betonverdichtung	Verspachteln der Poren und Lunker mit Beton-Feinspachtel. Dadurch wird eine ebene Oberfläche für eine gleichmäßige Beschichtung erreicht.

Vorbeugender Betonschutz

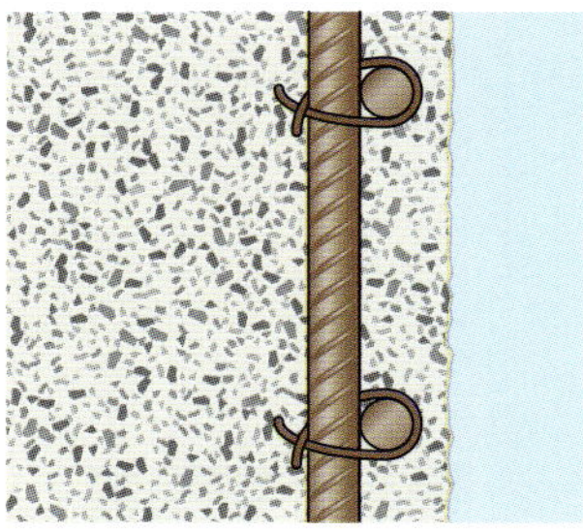

ungenügende Überdeckung

Sanieren heißt: „gesund machen“

Saurer Regen ist eine Verbindung von Kohlendioxid (CO_2) und Schwefeldioxid (SO_2) in der Luft mit Regenwasser.

Nach dem Erhärten ist Beton sehr fest und widerstandsfähig. Der ungeschützte Beton wird allerdings durch verschiedene **Ursachen** und **Einwirkungen** stark angegriffen:

- mangelnde Qualität der Betonmischung (ergibt Spannungsrisse)
- schlechte Verdichtung bei der Betonierung (ergibt Kiesnester)
- ungenügende Überdeckung der Stahlbewehrung (mindestens 2 cm)
- Witterungseinflüsse und Temperaturschwankungen (Hitze, Regen)
- Wasser, Salze und Gase in der Luft (Schwefel- und Kohlendioxid)

Vorbeugender Betonschutz verhindert, dass Betonoberflächen durch äußere Einwirkungen geschädigt werden. Neue Betonflächen sollten nach der Erhärtung durch **spezielle Beschichtungen** geschützt und farbig gestaltet werden. Auch ältere Betonbauten können vorbeugend geschützt werden, wenn sie noch schadensfrei sind.

Wichtig ist dabei die **Abdichtung der Betonoberfläche** gegen das Eindringen von **Schadgasen** (CO_2 und SO_2) und Säuren in Form von **saurem Regen**.

Betonschutz ist die Möglichkeit, Betonbauwerke vor äußeren Einflüssen wie Feuchtigkeit, Sauerstoff und anderen Luftschadstoffen wie Kohlen- und Schwefeldioxid abzuschirmen. Deshalb muss die Stahlbewehrung im Beton durch geeignete Beschichtungen vor Alkalitätsverlust geschützt werden.

Ursachen von Betonschäden

Abplatzungen über der Bewehrung

Die Hauptursache von Betonschäden und Zerstörungen ist die Korrosion der Stahlbewehrung. Neuer Beton ist hochalkalisch (pH-Wert 12), dadurch werden die Stahleinlagen vor Korrosion geschützt. Sinkt die Alkalität durch äußere Einflüsse (CO_2, SO_2 u. a.) unter einen pH-Wert von 9,5, so beginnt die Stahlbewehrung in Anwesenheit von Feuchtigkeit und Sauerstoff zu rosten. Durch die Volumenvergrößerung beim Rost wird die Betonüberdeckung abgesprengt. Eine weitere Zerstörung lässt sich nur verhindern, wenn die Korrosion des Betonstahls gestoppt wird.

Bewehrungsstahl wird vor Korrosion geschützt durch:

- **Überdeckung des Stahls mit Beton**
  (von in der Regel 20 bis 50 cm Beton-überdeckung)
- **pH-Wert des Betons**
  (über pH-Wert 10 bildet sich auf dem Stahl eine Passivierungsschicht)

Durch die Überdeckung des Stahls mit akalischem Beton wird die **Karbonatisierung des Stahl gehemmt oder unterbrochen**. Bei der Karbonatisierung wandelt der Kohlenstoff in der Luft die alkalischen Bestandteile des Betons in Calciumcarbonat und Wasser um und bewirkt somit die Abnahme der Alkalität. Unter pH-Wert 10 wird die Passivierungsschicht aufgelöst und das führt zur Rostbildung des Bewehrungsstahls und damit zum Verlust der Haltbarkeit einer Betonkonstruktion.

Passivierung bedeutet in der Chemie etwas **chemisch passiv** oder inaktiv **machen**: Hier soll der Stahl nicht mehr mit Sauerstoff reagieren und damit nicht rosten.

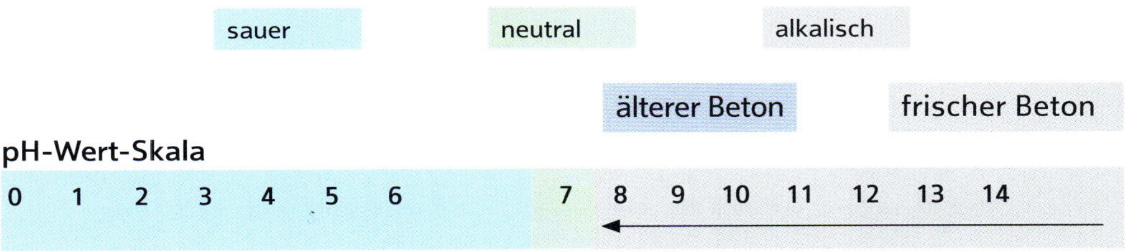

Schadensentstehung bei Beton

Die schematische Darstellung zeigt die Betonalterungs- und -zerstörungsphasen durch Einwirkung von Luftschadstoffen:

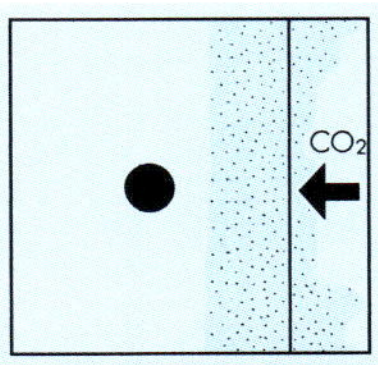

Kohlendioxid (CO_2) aus der Luft dringt in den Beton ein. Die gegen Rost schützende Alkalität wird abgebaut. Die Eindringung ist in die Tiefe fortgeschritten (**Carbonatisierung**).

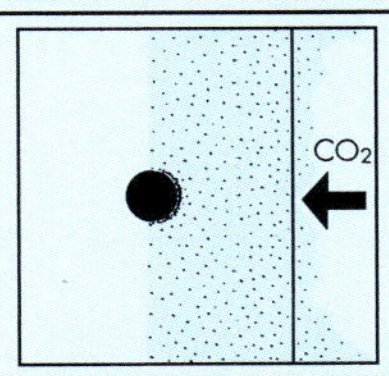

Die **Carbonatisierung** hat die am weitesten außen liegende Stahlbewehrung erreicht, das führt je nach Betongüte und Überdeckung in 5 bis 20 Jahren zur Rostung.

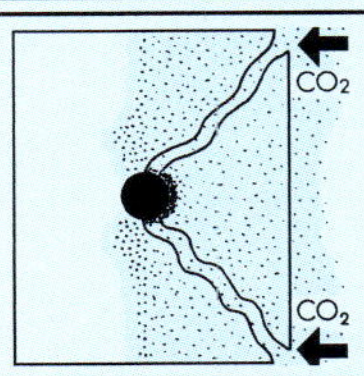

Der Rost sprengt durch sein größeres Volumen den überdeckenden Beton auf, das führt zur **Rissbildung**. Über die Betonrisse dringt CO_2 ein, dadurch wird die Carbonatisierung in die Tiefe beschleunigt.

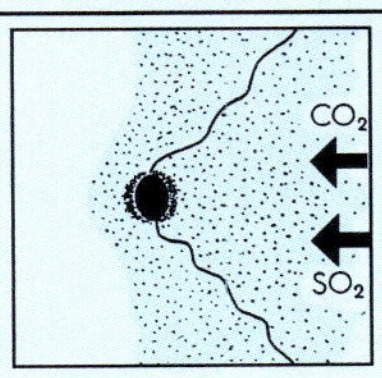

Durch Rostung wurde der **Beton abgesprengt** und die Stahlbewehrung weitgehend zerstört. Schwefeldioxidgase (SO_2), Wasser und andere Schadstoffe bilden Säuren, welche die Zerstörung beschleunigen.

- Alkalischer Beton schützt den Stahl vor dem Rosten.
- Der Stahl sollte eine Betonüberdeckung von wenigstens 2 cm besitzen.
- CO2 und SO2 verbinden sich mit Wasser zu Säuren → saurer Regen.
- Säuren neutralisieren den Beton (Carbonatisierung).
- Das führt zur Rostbildung des Stahls → Absprengung von Beton.

Betonschäden
Risse, Abplatzungen

Betonrisse führen zu Abplatzungen und zur Korrosion der Eisenbewehrung

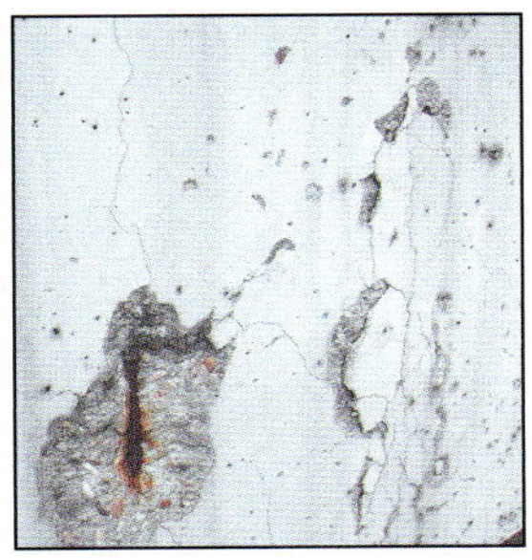

Als Indikatorlösung wird zur Betondiagnose **Phenolphthalein** eingesetzt.

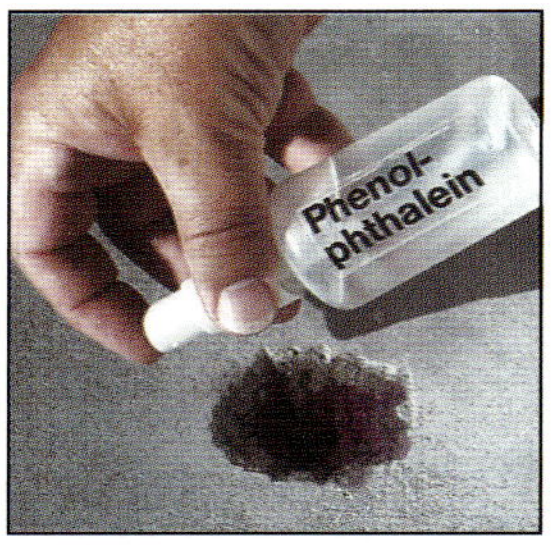

Betonüberprüfung

Für die Bewertung des Betonzustandes sind zwei Gesichtspunkte wichtig:

- **Messung der Betonüberdeckung** → mit einem Metallmessgerät
- **Messung der Carbonatisierungstiefe** → mit Indikatorlösung

Zur Messung der Carbonatisierungstiefe wird der Beton ca. 3 cm tief geöffnet, mit Meißel, Trennscheibe oder Bohrkern. Nach Aufbringen der Indikatorlösung färbt sich der noch alkalische Beton rotviolett.

Maßnahmen zum Schutz und zur Instandsetzung von Beton sind:

	Betonüberprüfung	
Betonschutz		Betoninstandsetzung
	Schutzbeschichtung	

Eine **Betonsanierung** darf nicht vom Malerhandwerk ausgeführt werden, weil hier bauliche Maßnahmen nötig sind. Solch umfangreiche Arbeiten werden von Spezialfirmen erledigt. Doch im Bereich der **Betoninstandsetzung** und vor allem bei der **Betonbeschichtung** können die Malerbetriebe tätig werden.

Betoninstandsetzung und **-beschichtung** sind Tätigkeitsfelder für den Maler/-innen und Lackierer/-innen

Bewehrungsstahl durch **Sandstrahlen** oder maschinell **metallisch blank** entrosten

Betoninstandsetzung

	Losen Beton entfernen durch Freimeißeln und Abklopfen. Metall blank entrosten durch Sandstrahlen oder Einsatz von Nadelpistole, Winkelschleifer u. a.
	Entrosteten Baustahl mit Rostschutzmittel 2x streichen. Danach wird zur besseren Haftung Quarzsand in die frische Rostschutzfarbe eingestreut.
	Grundierung der freigelegten Betonfläche, als Haftbrücke evtl. Haftschlämme aufbringen.
	Ausfüllen der Ausbruchstellen mit Kunstharzmörtel und anschließendes Überziehen mit kunststoffvergütetem Zement- mörtel als Feinspachtel.
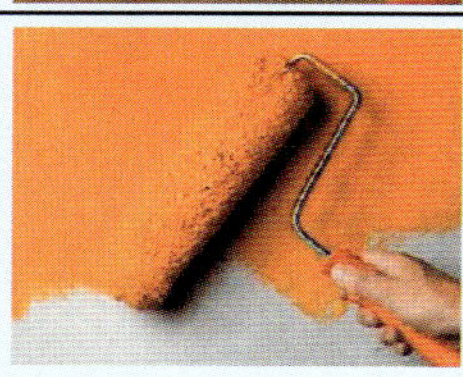	Nach der gründlichen Austrocknung gesamte Betonfläche mit Spezialbeschichtung zur Abdichtung behandeln. Dazu gibt es folgende Beschichtungssysteme: Imprägnierung, Lasuren, deckende Anstriche und Kunstharzputze.

Für die Betoninstandsetzung sind folgende Materialien notwendig:
– Korrosionsschutz (durch organisches oder anorganisches System)
– Betonersatzmörtel (zum Ausfüllen der Ausbruchstellen, auch als Spritzbetonmörtel)
– Feinspachtel (zum Egalisieren von Betonoberflächen)
– Beschichtungsstoffe (als Imprägnierung, Lasur, deckender Anstrich oder Putzüberzug)

Betoninstandsetzungssysteme

Systeme	Beschreibung
Korrosionsschutz durch 2K-Epoxidharz (organisches System)	Die entrostete Bewehrung wird mit reaktionshärtenden Epoxidharz-Rostschutz zweimal behandelt. Zur besseren Haftung des Betonersatzmörtels wird die Korrosionsschutzbeschichtung mit Quarzsand abgesandet. **Nachteil:** Zwei **verschiedene Materialien** von Korrosionsschutz und Reparaturmörtel (Betonersatzmörtel)
Korrosionsschutz zementgebunden (mineralisches System)	Die entrostete Bewehrung wird mit einer Zementschlämme als Haftbrücke vollständig behandelt. Anschließend sind die Ausbruchstellen mit Reparturmörtel aufzufüllen. **Vorteil: Arbeitszeitverkürzung** und geschlossene Bewehrungsbeschichtung aus zementgebundenen Material

Schutzbeschichtungen für Beton

Bei der Beschichtung von Betonflächen wird zwischen vorbeugendem Betonschutz und Oberflächenschutz für instand gesetzten Beton unterschieden. Durch geeig- nete Beschichtungen kann Beton langfristig vor Neutralisation geschützt werden:

Beschichtungssysteme	Aufgaben	Beschichtungsstoffe
Farblose Anstriche (Imprägnierungen)	Die farblose Beschichtung wirkt wasserabweisend (hydrophob) und verhindert so das Eindringen von Feuchtigkeit und gefährlichen Gasen. Außerdem erhält sie die Sichtbetonwirkung.	– Silikatimprägniermittel (ohne Dispersionszusatz) – Siliconharzlösungen (mit wässrigen und organischen Lösemitteln) – Polymerisatharzlösungen
Lasierende Anstriche	Anstriche mit Betonlasur erhalten die natürliche Betonstruktur und schützen die Betonoberfl äche. Sie helfen auch Farbtöne an anderen Betonfl ächen auszugleichen.	– Reinsilikatlasurfarbe – Dispersionssilikatlasur – Dispersionslasurfarbe – Polymerisatharzlasurfarbe
Deckende Anstriche und Putze	Sie verbinden farbliche Gestaltung mit dem wirksamen Schutz vor frühzeitigem Alkalitäts verlust (Carbonatisierung). Kunst harzputze bieten außerdem viele Strukturmöglichkeiten.	– Weißzementfarbe – Reinsilikatfarbe – Dispersionssilikatfarbe – Dispersionsfarbe – Polymerisatharzfarbe – 2K-Systeme (z. B. Epoxidharzlack) – Putze (mineralisch/organisch)

Wichtige Regel für die Betoninstandsetzung:
Nur Produkte von einem Hersteller verwenden, weil sie aufeinander abgestimmt sind

Es gilt der Grundsatz:
Vorbeugen ist billiger als Instandsetzen!

vorher – nachher

Farblose Anstriche (Bild 1)
Lasierender Anstrich (Bild 2)

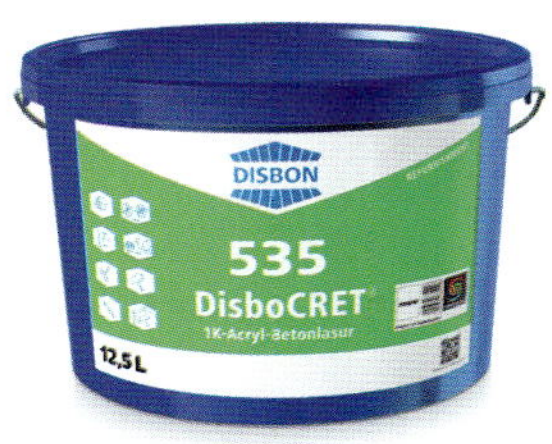

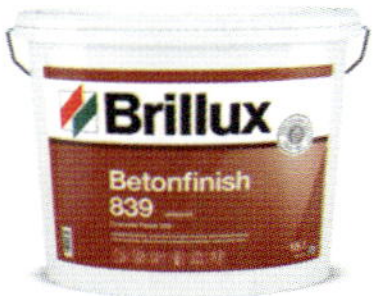

Deckender Anstrich (Bild 3)
Putzbeschichtung (Bild 4)

3

4

Beschichtungsaufbau

Ein deckendes Beschichtungssystem besteht aus einer **Grundbeschichtung**, einer oder mehreren **Zwischenbeschichtungen** (evtl. mit Gewebeeinbettung) und einer **Schlussbeschichtung**. Die verschiedenen Beschichtungssysteme sind nach Herstellerangaben anzuwenden.

Mindestanforderungen an guten Betonschutz:
- Feuchteschutz
- Carbonatisierungsbremse
- Wasserdampfdurchlässigkeit
- Rissüberbrückung

Die Mindestanforderungen an einen guten Betonschutz in ausreichender Schichtdicke werden nur von folgenden Beschichtungsstoffen erreicht: Spezialdispersionsfarben, 2K-Acrylatfarben, Polymerisatharzfarben, 2K-Epoxidharzfarben und Polyurethanlacken.

Aufgaben

1. Wie ist eine Betonmischung zusammengesetzt?

2. Erklären Sie die Druck- und Zugfestigkeit von Beton.

3. Nennen Sie drei wichtige Eigenschaften von Beton.

4. Welche Betonschäden müssen vor einer Beschichtung beseitigt werden?

5. Durch welche Einwirkungen wird Beton angegriffen?

6. Erklären Sie die Schadensentstehung von Beton.

7. Wie wird der Betonzustand überprüft?

8. Nennen Sie vier Maßnahmen zum Schutz von Beton.

9. Welche Arbeitsschritte sind bei der Betoninstandsetzung nötig?

10. Welche Materialien werden bei der Betoninstandsetzung gebraucht?

11. Nennen Sie zwei Systeme der Betoninstandsetzung.

12. Welche Regel ist bei der Betoninstandsetzung zu beachten?

13. Nennen Sie Mindestanforderungen für guten Betonschutz.

14. Nennen Sie vier Beschichtungssysteme auf Beton.

15. Welche Beschichtungssysteme sind für guten Betonschutz geeignet?

16 Trockenbau mit Gipsplatten

Lernsituation 16

Trockenbau mit Gipskartonplatten
zum Thema: „Gipskartonplatten als Trockenputz“

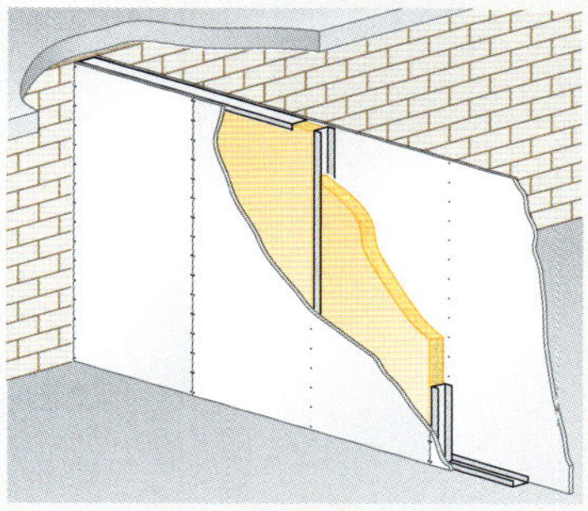

Situationsdarstellung:
Bei der Innenrenovierung werden verschiedene Zwischenwände als Metallständerwände im Trockenbau errichtet und mit Gipskartonplatten verkleidet. Außerdem werden Gipskartonplatten als Trockenputz an unebene Wände geklebt, um gleichmäßige Putzuntergründe zu erhalten. Der Meister verlangt von der Auszubildenden, sich über dieses Thema zu informieren.

Sie sollten Informationen über Trockenbau und Gipskartonplatten (Trockenputz) einholen. Fachwissen zu diesem Thema können Sie durch die Bearbeitung der folgenden Arbeitsaufträge erwerben.

Arbeitsaufträge

1. *Beschreiben Sie in Kurzform Naturgips und REA-Gips.*
2. *a) Schreiben Sie die Arten der Trockenbauplatten auf.*
   b) Welche Verwendung haben die Akustikplatten?
3. *a) Erklären Sie den **Aufbau** einer Gipskartonplatte.*
   *b) Welche **Vorteile** haben Gipskartonplatten als Trockenputz?*
4. *a) Benennen und beschreiben Sie die drei **Hauptplattenarten**.*
   b) Welche weiteren Gipskartonplattenarten gibt es außerdem im Handel?
5. *Nennen Sie verschiedene **Gipsplatten-Kantenausbildungen**.*
6. *Welche **Gipskartonplatten-Formate** werden unterschieden?*
   *a) **Längen*** *b) **Breiten*** *c) **Stärken***
7. *Beschreiben Sie die **Lagerung** von Gipskartonplatten.*
8. *Nennen Sie zwei verschiedene **Verarbeitungstechniken**.*
9. *a) Welche **Beschichtungsmöglichkeiten** gibt es auf Gipskartonplatten?*
   *b) Was ist beim **Tapezieren von Gipskartonplatten** zu beachten?*
10. *a) Beschreiben Sie eine **Q-Stufen-Verspachtelung** für Gipsplatten.*
    *b) Beschreiben **Sie die Q-Stufen von** 1 bis 4 durch Informationen, die Sie sich aus dem Internet holen.*

16.1 Gipsplatten

Bei der Herstellung werden als Gipsmaterial häufig Naturgipse (Gips und Anhydrit) verwendet, die im Bergbau gewonnen werden. Daneben werden auch REA-Gipse eingesetzt. REA-Gips ist ein Abfallprodukt, das in Braunkohlekraftwerken abfällt. Die beiden Materialien sind gleichwertig, doch sind Platten aus REA-Gips etwas leichter. Naturgips ist dagegen flexibler und bruchfester, er ist besonders für Platten mit besonderen Biegeeigenschaften besser geeignet. Da aufgrund des Kohleausstiegs bis 2038 die Produktion von REA-Gips stetig sinkt, muss man sich bei der Gipsherstellung nach Alternativen umschauen.

Naturgipsabbau

Feuerschutzplatten (blauer Karton oder blaue Beschriftung) sind faserverstärkte Gipskartonplatten für den Brandschutz

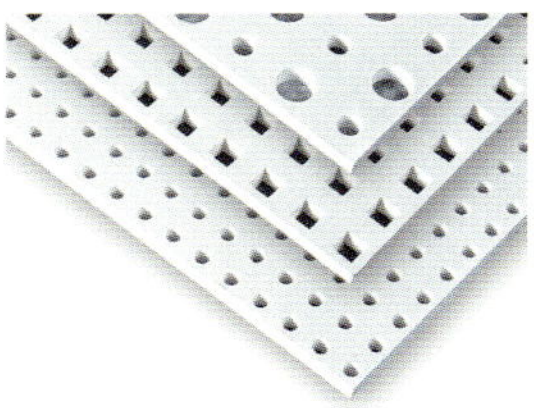

Akustikplatten für den Schallschutz

Fertigteil-Trockenestrich, verklebt als schwimmender Fußboden-Estrich-Unterkonstruktion

Aufbau von Gipskartonplatten

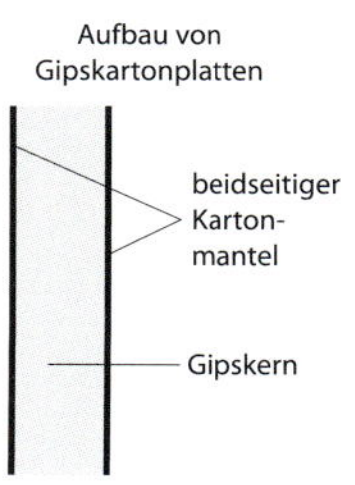

Trockenbauplatten

Arten	Aufbau	Verwendung
Gipsplatten (Gipskartonplatten)	Gipsplatten haben einen beidseitigen Kartonmantel und dazwischen einen Gipskern (Gipsfüllung). **Der Kartonmantel gibt die Stabilität**	**Zur Beplankung** von Leichtbau- bzw. Ständerwänden, als Standard-, Feuerschutz- und Feuchtraumplatten
Gipsfaserplatten (Mineralfaserplatten)	Sie benötigen keine Kartonummantelung, da sie im Inneren Zellulosefasern z. B. aus recycelten Papier haben. **Die Zellulosefasern wirken als Bewehrung und geben Stabilität.**	**Zur Beplankung** von Leichtbau- bzw. Ständerwänden
Verbundplatten (Gipsplatten mit Wärm- und Schalldämmung)	Gipsplatten **mit einseitiger Dämmung**, z. B. mit expandiertes Polystyrol (EPS) oder Mineralwolle. Evtl. auch mit einer dampfsperrenden Schicht (Dampfbremse)	Einsatz **auf Wänden und Dachschrägen** zur Innendämmung
Akustikplatten (Schallschluckplatten)	Gipsplatten mit aufgerauter, gelochter oder geschlitzter Oberfläche und rückseitigem Faservlies. Die Bearbeitung der Gipsplatten sorgt für eine **Schallabsorption und bessere Raumakustik**.	Meist zur Deckenmontage auf Unterkonstruktionen aus Metallprofilen zum Schallschutz.
Gips-Wandbauplatten (massiver Trockenbau)	Massive Bauelemente mit Nut und Feder aus Stuck- oder Porengips. **Bevorzugte Plattenmaße sind:** Größe 666 x 500 mm, Dicke 60, 80 der 100 mm	Für **Trennwände** im Mauerwerksbau **im Innenbereich**. Die Platten werden mit Gipskleber, ohne Unterkonstruktion, auf den Untergrund verklebt.
Gips-Fertigteilestrich (Trockenestrich)	**Gipsfaserplatten** für Trockenestrich-System-Elemente als Fußbodenaufbau. Die Elemente werden im Verbindungsbereich verklebt oder verschraubt. **Vorteile: das geringe Gewicht** und der **trockene und schnelle Einbau**.	Einsatz **im Neubau** und in der **Altbausanierung**. Für Hohl- und Doppelböden und sie können mit allen üblichen Bodenbelägen belegt werden.
Calciumsilikatplatten (Raumklima- oder Antischimmelplatten)	Die **Bauplatte** aus **Siliziumdioxid, Calciumoxid und Wasser** mit einer Armierung aus Zellulose- und Glasfasern, ist **rein mineralisch**. Die **Platten** werden unter hohem Druck und Wasserdampf gehärtet und sind deshalb **sehr formstabil**.	Spezielle Bauplatte für die **Schimmelsanierung, Innen-Wärmedämmung** und **Brandschutz**

Aufbau von Gipskartonplatten

Gipskartonplatten bestehen aus einem Gipskern, dessen Flächen und Längskanten mit **saugfähigem Karton** ummantelt sind. Sie werden heute als sogenannter Trockenputz an Innenwänden eingesetzt. Gipskartonplatten sind durch den beidseitigen Kartonmantel stabil, biegefest und im Trockenbau gut zu verarbeiten. Es gibt sie in verschiedenen Größen und Stärken und mit unterschiedlicher Kantenausbildung.

Gipskartonplatten als Trockenputz ergeben gleichmäßige, ebene Untergründe für Beschichtungen und Tapeten. Sie verkürzen die Bauzeit und lassen sich sauber verarbeiten.

Arten und Verwendung

Gipsplatten werden nach Beschaffenheit und Verwendungszweck unterschieden: Die alte DIN 18180 „Gipskartonplatten" wurde durch die neue **DIN EN 520 „Gipsplatten"** (Typen: A, D, E, F, H, I, R, P) ersetzt.

Plattentypen nach DIN EN 520		Plattenarten nach DIN 18180	
A	**Standardgipsplatten** Farben und Aufdrucke wie bei DIN 18180	GKB	**Standardgipskartonbauplatten** Kartonfarbe weißlich oder gräulich, Aufdruck blau
Gleiche Verwendung wie die alte Standartplatte GKB		*Für Wand- und Deckenbekleidungen, zur Beplankung von Leichtbau- und Montagewänden, zum Ansetzen von Wandtrockenputz*	
DF	**Gipsplatten** mit verbessertem Gefügezusammenhalt bei hohen Temperaturen	GKF	**Feuerschutzplatten** Kartonrückseite grau, Aufdruck rot
DFH2	**Feuerschutzplatten** imprägniert Farben und Aufdrucke wie bei DIN 18180	GKFI	**Feuerschutzplatten** imprägniert Kartonfarbe grünlich, Aufdruck rot
Feuerschutzplatten; nach deutschem Standard muss eine Feuerschutzplatte zusätzlich den Anforderungen des Typs D (Dichte) genügen.		*Für Wand- und Deckenbekleidungen, ist jedoch schwer entflammbar und erfüllt die Anforderungen an den Brandschutz (Feuerwiderstandsdauer, F30, F60, F90 und F120)*	
H2	**Gipsplatten** mit reduzierter Wasseraufnahmefähigkeit (H1,H2 und H3) Farben und Aufdrucke wie bei DIN 18180	GKBI	**Gipskarton-Bauplatten**, imprägniert Kartonfarbe grünlich, Aufdruck blau
Die in Deutschland übliche Qualität (max. 10 % Wasseraufnahme) entspricht H2.		*Für Wand- und Deckenbekleidungen in Feuchträumen, z. B. Kellern, Bädern und Küchen*	
P	**Putzträgerplatten** Farben und Aufdrucke wie bei DIN 18180	GKP	**Putzträgerplatten** Kartonfarbe grau, Aufdruck blau/rot

Verschiedene Kantenausbildungen:

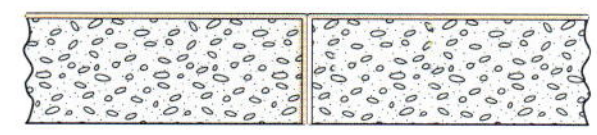

volle Längskante VK

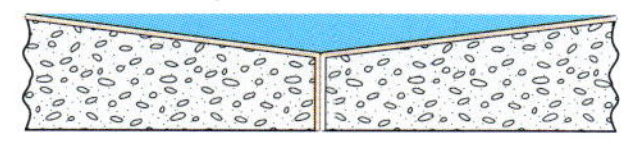

abgeflachte Längskante AK

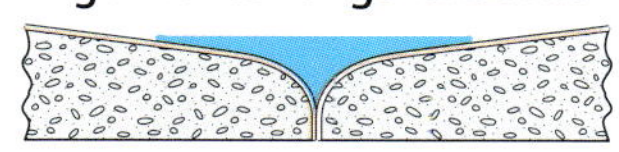

halbrunde abgeflachte Längskante HRAK

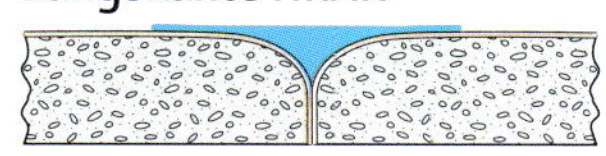

halbrunde Längskante HRK

Lochplatten und Zuschnittplatten nach DIN 18180 werden europäisch **nicht** in **DIN EN 520**, sondern in **DIN EN 14190 „Gipsplattenprodukte aus Weiterverarbeitung"** geregelt. Verbundplatten nach DIN 18184 werden europäisch in **DIN EN 13950 „Gips-Verbundplatten zur Wärme- und Schalldämmung"** geregelt.

Strahlenschutzplatten bestehen aus einer Gipsplatte GKF nach DIN 18180 und sind auf der Rückseite **mit Blei kaschiert**. Sie sind für Röntgeneinrichtungen im Trockenbau geeignet.

Transport und Lagerung von Gipsplatten

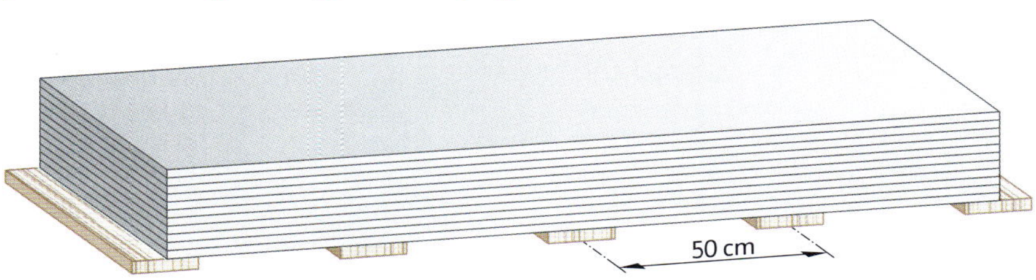

Gipskartonplatten sind trocken und vor **Witterungseinflüssen geschützt zu lagern,** weil der Gips und auch der Karton nicht wasserbeständig sind. Sie sollten deshalb eben auf einem Lattenrost gelagert werden, damit sie sich nicht verziehen.

Formate von Gipsplatten:
Länge: zwischen 200 und 400 cm
Breite: 125 cm
Dicke: zwischen 6,5 mm und 25 mm
Paneelplatten: sind 200 und 260 cm lang, 60 cm breit und 12,5 mm dick

Beim Tragen müssen Gipskartonplatten **hochkant** gehalten werden. Beim Absetzen sollen Kanten- und Eckbeschädigungen vermieden werden.

Verarbeitung

Für die Verarbeitung werden zwei verschiedene Techniken unterschieden:

1. Verlegen durch punktförmiges Auftragen des Ansetzbinders auf rohem, sauberem Mauerwerk
2. Montieren durch Schrauben oder Nageln auf einem Lattenrost oder einer Metallständer-Konstruktion.

Zur Befestigung werden Gipskartonplatten meist auf eine Unterkonstruktion aus Holz oder Metall verschraubt. Heute sind Metallständerwände, die aus Metallprofilen bestehen, Standard. Die Metallprofile sind verschieden geformt und genau aufeinander abgestimmt. Gipskartonplatten lassen sich aber auch mit Ansetzbinder bzw. Ansetzgips auf Mauerwerk (Massivwände) kleben.

Erstellen von Wände in Trockenbauweise

Trockenbauwände (Montagewände) haben eine stabile Konstruktion und sind im Wesentlichen immer gleich aufgebaut:

- **UW-Profile** werden am Boden und an der Decke festgedübelt.
- **CW-Profile** werden senkrecht zwischen die UW-Profile gestellt.
- **Gipsplatten** oder Gipsfaserplatten werden beidseitig montiert.
- **Dämmmaterial** wird zwischen die Gipsplattenbeplankung eingebracht.

Materialien, Werkzeuge und Geräte im Trockenbau

Materialien	Beschreibung	Werkzeuge und Geräte	Beschreibung
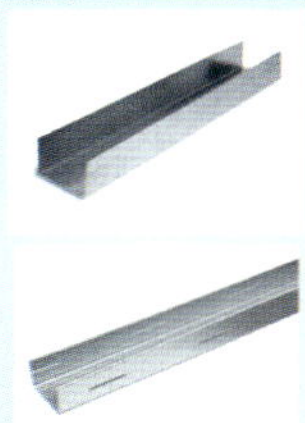	**UW-Profile** (Boden und Decke) **CW-Profile** (senkrechten Ständer) Abstand 62,5 cm ergeben Metallständerwände		**Akku-Blechschere** zum Zuschneiden der Metallprofile
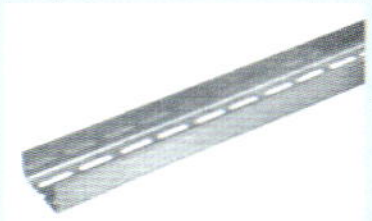	**UA-Aussteifungsprofile** für Türrahmen und Tragständerkonstruktionen, als Stütze für nichttragende Wände		**Profilverbundzange** (Gripzange) für die Schnellverbindung von Stahlprofilen (UW und CW Metallprofile)
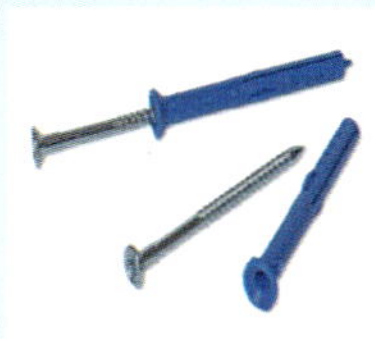	**Nageldübel** für einfache und schnelle Durchsteckmontage zur Befestigung von UW-Profile		**Gipsplattenschneidewerkzeug** mit Messband und Cuttermesser
	**Trennwandband** (selbstklebend und schalldämmend) zwischen Metallpofile und z. B. Estrichboden		**Akku-Gipskartonsäge** für gerade Schnitte in Gipskartonelementen an Decken und Wänden
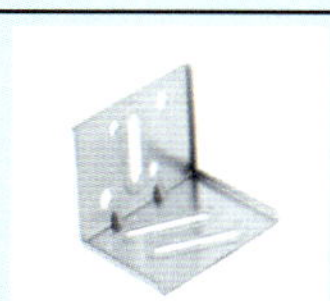	**Anschlagwinkel** zur Befestigung von UA-Aussteifprofilen	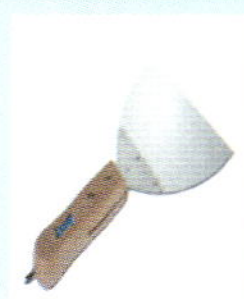	**Trockenbauspachtel** (mit Bit und Softgriff) Verwendung als Fugenspachtel und Schraubendreher für Spax-Schrauben

Klammern auf Holzunterkonstruktion

Plattenheber (Plattenhalter) als Montagehilfe bei der Deckenbeplankung

Inneneckspachtel

Materialien	Beschreibung	Werkzeuge und Geräte	Beschreibung
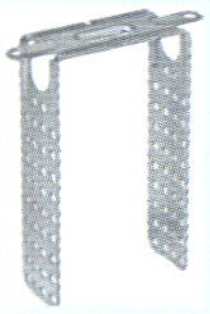	**Direktabhänger** zur Untergrundbefestigung für Unterkonstruktionen von Gipskartondecken	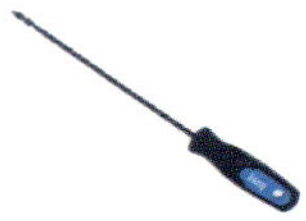	**Bohrsäge** (Stichling) für kleinere Aussparungen, z. B. für Durchlässe von Elektrokabeln in Trockenbauwänden
	**Schnellbauschrauben** für Holzständer haben ein Grobgewinde, für Metallständer haben die Schrauben ein Feingewinde (Blechschrauben).		**Akku-Trockenbauschrauber** (Schnellbauschrauber) für die Befestigung der Gipsplatten
	**Glaswolldämmplatten** zur Wärme- und Schalldämmung für Zwischenräume bei Trockenbauwänden	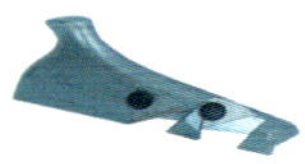	**Kantenhobel** zum Anschrägen (Anfasen) von Gipskarton-platten-Stirnkanten (ohne Kartonmantel)

Dämmstoffmesser

Verspachtelung

Nach der Plattenmontage werden die Fugen und die versenkten Schraubenlöcher verpachtelt. Je nach Bedarf werden Bewehrungsstreifen aus Glasfaser eingespachtelt. Für die Handvespachtelung eignen sich Gipsspachtelmassen und für die maschinelle Spachtelung werden kunststoffvergütete Spachtelmassen verwendet. Für Feuchraum- und Brandschutzplatten gibt es eigene Fugenfüller. Je nach der gewünschten Oberflächenbearbeitung sind mehrere Spachtelgänge nötig.

Bewehrungsgitterstreifen gibt es auch selbstklebend. Sie sind sehr dünn und extrem reißfest.

Verspachtelung nach Qualitätsstufen

Auch im Trockenbau wird nach DIN 18180/EN 520 die Q-Stufen-Verspachtelung für Gipsplattenoberflächen angewendet.

Verspachtelung	Qualitätsanforderungen	geeignet für:
Qualitätsstufe 1 	Q1 Grundverspachtelung – Füllen der Stoßfugen – Einlegen der Bewehrungsstreifen – Überziehen der versenkten Schraubköpfe – Abstoßen von überstehendem Material	Bekleidungen und Beläge aus Fliesen, bei Doppelbeplankung reicht das Füllen der Fugen auf der ersten Lage aus
Qualitätsstufe 2 	Q2 Standardverspachtelung – Grundspachtelung Q1 – Nachspachteln mit Feinspachtel für einen stufenloser Übergang zur Plattenoberfläche	mittel und grob strukturierte Oberflächen, z. B. **Raufasertapete** und Strukturvlies, matte und füllende **Strukturbeschichtungen**
Qualitätsstufe 3 	Q3 Sonderverspachtelung – Standardverspachtelung – breites Ausspachteln der Fugen – Abziehen der restlichen Kartonoberfläche zum Schließen der Poren	fein **strukturierte Wandbekleidungen**, **matte** Anstriche und **Beschichtungen**, dekorative **Oberputze** (Körnungen unter 1 mm)

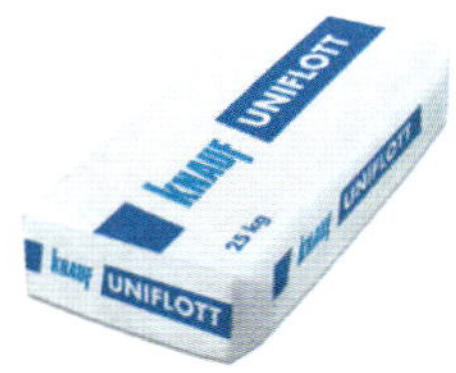

Gips-Spachtelmasse zur Handverspachtelung im Trockenbau

Verspachtelung	Qualitätsanforderungen	geeignet für:
Qualitätsstufe 4 	Q4 Vollverspachtelung – Sonderverspachtelung – breites Ausspachteln – Überziehen und Glätten der gesamten Oberfläche (Schichtdicke mind. 1 mm)	glatte und fein strukturierte Wandbeläge, z. B. **Metall- und Vinyltapeten**, Anstriche mit mittlerem Glanz und für Glättetechniken

Spachtelautomat

Als Spachtelwerkzeuge für Gipsplatten gibt es verschiedene Flächenspachtel, Glättkellen und Spachtelautomaten, die ein schnelles und sauberes Spachteln gewährleisten. Dadurch wird der Materialverbrauch reduziert und auch die anschließende Schleifarbeit. Die besten Schleifergebnisse werden mit einem Wand- oder Deckenschleifer (Langhalsschleifer) erreicht.

Vorbehandlung des Untergrundes und Zuschneiden der Gipskartonplatten			
	Glatter Untergrund und stark saugende Flächen (z. B. Gasbeton) sind mit Tiefgrund zu grundieren.	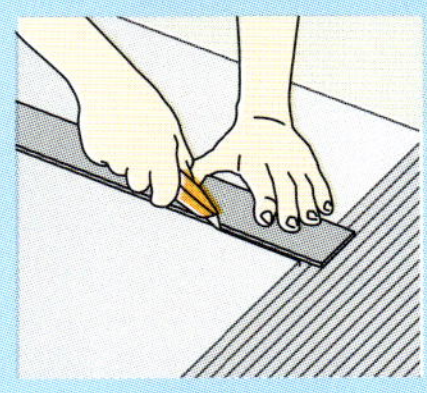	Gipskartonplatten mit einem Cuttermesser oder mit einer Säge zuschneiden. Öffnungen werden mit einem Stichling ausgeschnitten.
Ansetzen auf Rohmauerwerk und montieren auf Unterkonstruktionen			
	Auf rohem, sauberem Mauerwerk (Neubau) werden die Gipskartonplatten mit Ansetzbinder geklebt.		Bei unebenem Mauerwerk, Fachwerk oder schadhaftem Putz werden die Gipskartonplatten auf eine Holz- oder Metall-Konstruktion geschraubt.
Ausspachteln der Ansetzfugen und Schraubstellen mit Fugenspachtelmasse			
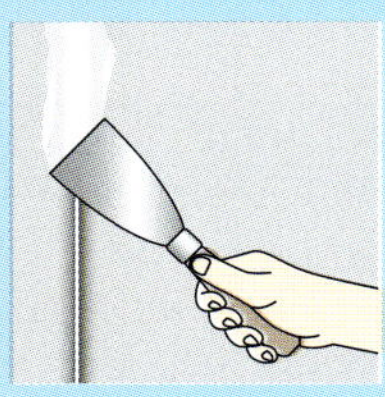	Fugenbett mit Fugenfüller voll ausfüllen, evtl. Bewehrungsstreifen von oben nach unten eindrücken und leicht überspachteln.	Vorbehandeln 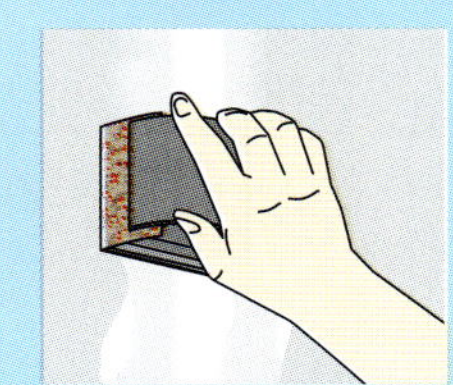	Nach dem Austrocknen nochmals überspachteln. Nach dem Trocknen der Spachtelung müssen die Übergänge glatt geschliffen werden.
Oberflächbehandlung der Gipskartonplatten durch Grundieren			
	Gipskartonplatten sind mit Tiefgrund vorzubehandeln. Dadurch wird die unterschiedliche Saugfähigkeit der Karton- und Spachtelflächen ausgeglichen.	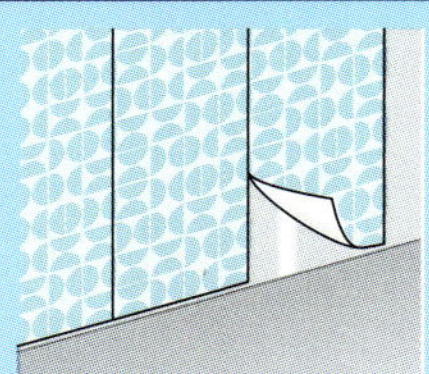 Tapeten	So wird ein sicherer und fester, gleichmäßig saugender Untergrund für Tapeten, Beschichtungen und Fliesen geschaffen.

Beschichtungen auf Gipsplatten

Mit wasch- und scheuerbeständigen Kunststoffdispersionsfarben, Dispersions acryllacken, Kunstharzputzen, Öllackfarben, Alkydharzlackfarben und anderen Kunstharzlacken, z. B. PUR- oder EP-Lacken, können Gipskartonplatten beschichtet werden.

Mineralische Anstrichstoffe wie Silikatfarben können nicht verwendet werden, weil sie die Kartonoberfläche angreifen.

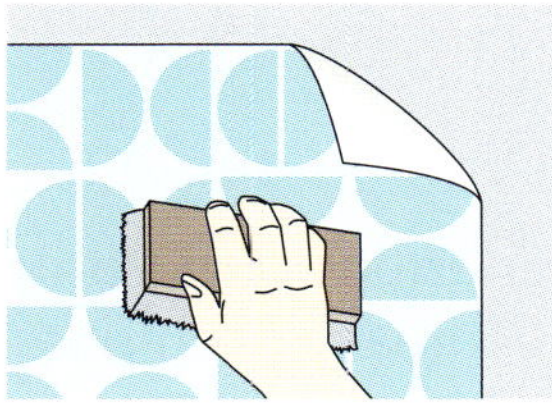

Bei der Neubeschichtung der Gipsplatten ist in der Regel eine Grund- und Schlussbeschichtung aufzubringen. Bei Überholungsanstrichen kann eventuell die Grundierung entfallen, wenn dies die Untergrundprüfung zulässt. Gespachtelte Oberflächen müssen immer grundiert werden.

Tapezieren auf Gipsplatten

Nach dem Grundieren können alle Wandbekleidungen tapeziert und jede Art von Wandbelägen geklebt werden. Beim Doppelnahtschnitt ist darauf zu achten, dass die Kartonfläche nicht beschädigt wird. Auch beim Entfernen von alten Tapeten darf die Kartonfläche nicht durch Stoßspachtel o. Ä. beschädigt werden.

Aufgaben

1. *Beschreiben Sie die Herkunft von Naturgips und REA-Gips.*
2. *Welche Vorteile hat der Naturgips?*
3. *Beschreiben Sie den Aufbau einer Gipskartonplatte.*
4. *Welche drei Hauptarten von Gipskartonplatten werden unterschieden?*
5. *Welche Trockenbauplatten gibt es im Handel?*
6. *Beschreiben Sie den Einsatz von Akustikplatten.*
7. *Welche Bezeichnungen haben Gipskartonplatten nach DIN EN 520 und DIN 18180?*
8. *Welche Materialien werden für eine Trockenbauwand benötigt?*
9. *Nennen Sie je drei Werkzeuge und Geräte für den Trockenbau.*
10. *Nennen Sie zwei Verarbeitungstechniken bei der Montage von Gipskartonplatten.*
11. *Mit welchen Werkzeugen oder Geräten lassen sich Gipskartonplatten zuschneiden?*
12. *Was ist bei der Verspachtelung von Trockenbauwänden zu beachten?*
13. *Beschreiben Sie die Verspachtelung nach vier Qualitätsstufen in Kurzform.*
14. *Was bewirkt gutes und fachmännisches Spachteln?*
15. *Warum müssen Gipsplatten vor einer weiteren Behandlung grundiert werden?*
16. *Nennen Sie geeignete Beschichtungsstoffe für Gipsplatten.*
17. *Welche Oberflächenbehandlung von Gipsplatten gibt es außer Anstrichen?*

Lernsituation 17

Energiesparverordnung, Dämmstoffe und Wärmedämmsysteme zum Thema: „Wärmedämmung"

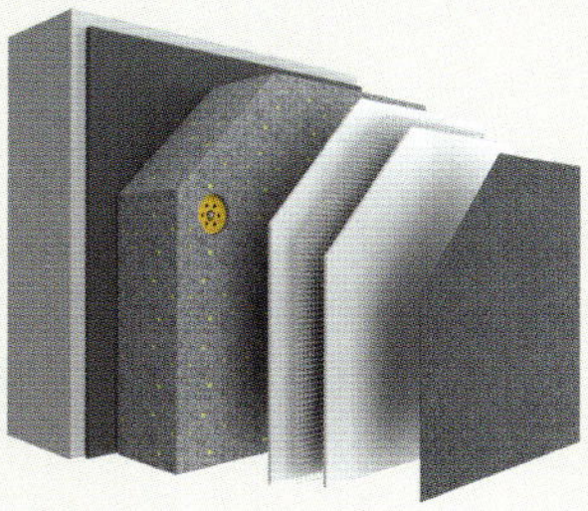

Situationsdarstellung:
Bei der Renovierung des Kindergartens und Jugendhauses soll die Fassade zur Wärmedämmung und Energieeinsparung einen Vollwärmeschutz erhalten. Der Meister verlangt vom Auszubildenden, sich über Wärmedämmung allgemein und insbesondere über WDV-Systeme zu informieren.

Sie sollen Informationen über Energieeinsparung durch Wärmedämmung und Wärmedämmsysteme einholen. Fachwissen und Kenntnisse zu diesem Thema können Sie durch die Bearbeitung folgender Arbeitsaufträge erwerben.

Arbeitsaufträge

1. *a) Was versteht man unter einer* ***energetischen Sanierung*** *von Gebäuden?*
   b) In welchen Bereichen gibt es wegen der Energiewende ***neue Tätigkeitsfelder****?*
2. *Was verlangt die* ***Energieeinsparverordnung*** *(EnEV)?*
3. *a) Nennen Sie zwei weitere* ***Gründe für eine Wärmedämmung****.*
   b) Beschreiben Sie die ***Wärmeleitzahl*** *und die* ***Wärmedurchgangszahl****.*
4. *Wo treten die größten* ***Wärme- und Energieverluste an Gebäuden*** *auf?*
5. *a) Erklären Sie den Begriff* ***„Vollwärmeschutz"****.*

   b) Erklären Sie den Begriff ***„Wärmedämmverbundsystem"****.*
6. *Beschreiben Sie Vor- und Nachteile von*
   a) ***Innendämmung*** *und*
   b) ***Außendämmung****.*
7. *Beschreiben Sie*
   a) ***Innendämmstoffe*** *und*
   b) ***Außendämmstoffe****.*
8. *Verfassen Sie einen* ***Merksatz*** *über poröse Stoffe und Wärmedämmer.*
9. *Benennen Sie die* ***Schichten eines WDV-Systems*** *(Aufbau).*
10. *Beschreiben Sie die beiden* ***Hauptsysteme*** *mit ihren Eigenschaften.*
11. *Benennen und beschreiben Sie die* ***Befestigungsarten*** *der Dämmplatten.*
12. *Auf welche* ***Untergrundbeschaffenheit*** *werden Fassaden überprüft?*
13. *Benennen und beschreiben Sie die beiden* ***Verklebungsmethoden****.*
14. *Benennen Sie die* ***Arbeitsschritte*** *beim Bau eines WDV-Systems.*
15. *Beschreiben Sie, was bei der* ***Schlussbeschichtung*** *zu beachten ist.*

17.1 Energetische Sanierung

Unter einer energetischen Sanierung eines Gebäudes ist eine **Modernisierung** (bauliche Veränderung) zur **Verringerung des Energieverbrauchs** durch Heizung, Warmwasser und Lüftung zu verstehen. Dazu gehören z. B. **Wärmedämmung der Außenwände, der Kellerdecke und des Daches,** der Austausch alter und undichter Fenster und der Einbau einer neuen Heizung. Aus diesem Grund und aufgrund der **Energiewende** gibt es im Malhandwerk **neue Anforderungen an Tätigkeiten** wie Putz-, Trockenbau- und Dämmarbeiten.

Die neue Fachrichtung „Energieeffizienz- und Gestaltungstechnik" vermittelt den Auszubildenden Maler/-innen und Lackierer/-innen mehr Kompetenzen (Fähigkeiten), um den Verbrauch an Energie zu senken und die CO2-Emissionen zu reduzieren.

Um die Klimaziele zu erreichen, wurde die **Energieeinsparverordnung** (**EnEV**) eingeführt und bereits mehrmals durch strengere Regelungen aktuallisiert. Die fachgerechte **Dämmung von Gebäuden** ist nach diesen Anforderungen Pflicht. **Die EnEV verlangt eine Verringerung der Wärmeverluste von Gebäuden**, Energieeinsparung und Schadstoffentlastung der Umwelt. **Dämmmaßnahmen** sparen Energiekosten und schützen das Klima.

Die Anforderungen der Energieeinsparverordnung (EnEV) werden von einer Außendämmung durch ein Wärmedämmverbundsystem optimal erreicht. Bei einer kompletten Wärmedämmung der Außenwände spricht man von Vollwärmeschutz.

Weitere Gründe für eine Wärmedämmung

- **Raumklima:** fachgerechter Wärmeschutz ergibt angenehmes Wohnklima
- **Lärm-, Schall- und Brandschutz:** nicht brennbares Dämmmaterial erhöht den Brandschutz

Wärmeverluste

Gebäude haben große Wärme- und Energieverluste durch das Außenmauerwerk. Der Wärmeverlust muss deshalb ständig mit Energiezufuhr ausgeglichen werden. Durch Wärmedämmung von außen und auch von innen kann der Energieverbrauch erheblich gesenkt werden. Weniger Heizenergie bedeutet geringere Luftverschmutzung und somit mehr Umweltschutz.

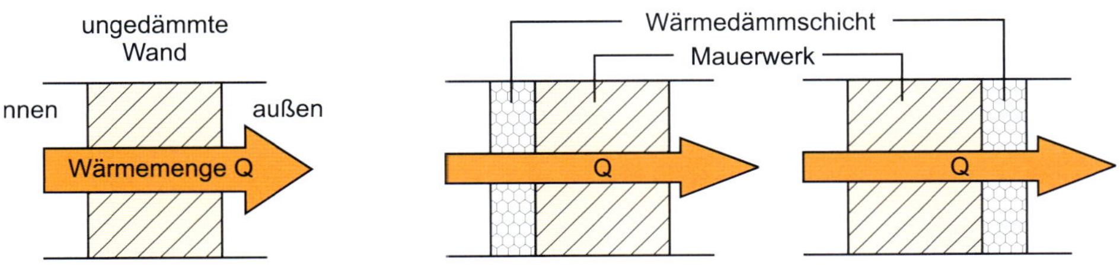

große Verluste

geringe Verluste

Physikalische Begriffe

Wärmeleitfähigkeit (λ = W / m · K)	Die Fähigkeit, Wärme auf kältere Körper zu übertragen ist die Wärmeleitung. Dichte Stoffe (mit hoher Dichte) sind gute und poröse Stoffe (mit niedriger Dichte) sind schlechte Wärmeleiter.	**Wärmeleitzahl** (λ) *Je niedriger die Wärmeleitzahl eines Stoffes, desto besser die Wärmedämmung.*

Energieeffizienzklassen

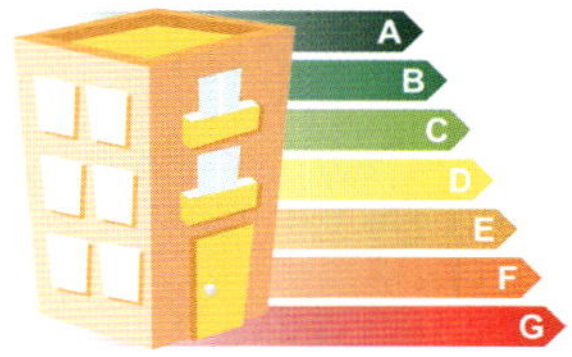

Qualität der Gebäudehülle
Sie wurde 2016 neu bewertet und die energetischen Anforderungen um 25 % gesteigert.

Gedämmte Fassade

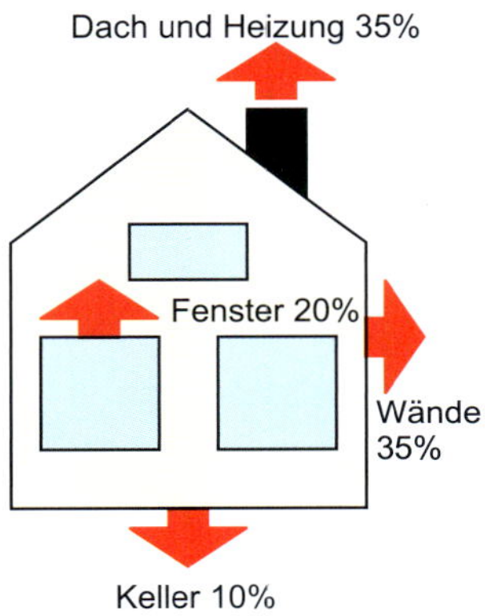

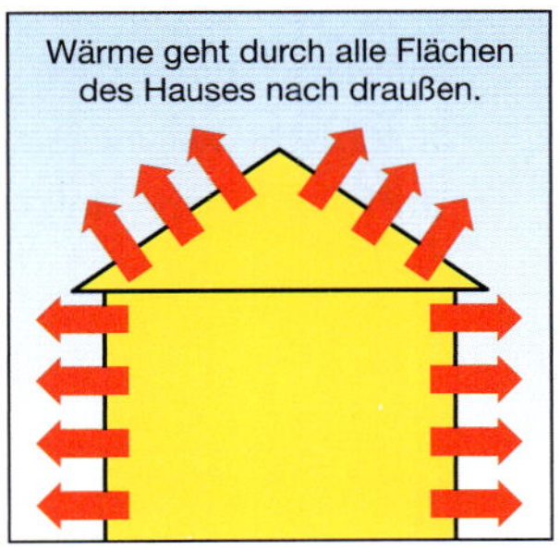

Wärmedurchgangsmenge (U-Wert = W / m · K)	Die Wärme wird von der Luft an die Innenwand abgegeben (Wärmeübergangszahl). Die Wärme wird durch die Wand nach außen abgegeben (Wärmedurchlasszahl). Wärme wird an die kalte Außenluft abgegeben (Wärmeübergangszahl)	**Wärmedurchgangszahl** (U-Wert) *Der U-Wert gibt die Wärmemenge an, die in einer Sekunde durch 1 m² eines Bauteils strömt.*

Innen- oder Außendämmung

Eine Wärmedämmung soll dafür sorgen, dass möglichst wenig Heizungswärme vom Innenbereich nach außen verloren geht. Deshalb ist es zunächst unwichtig, ob die Wände von innen oder von außen gedämmt werden. Dagegen ist das Dämmmaterial und seine Dicke (Stärke) für die Dämmwirkung von Bedeutung. **Je dicker das Material, desto besser ist grundsätzlich die Dämmwirkung.** Dicke Dämmstoffe sind im Innenraum schlecht geeignet, weil sie die Raumgröße verkleinern. Eine Innendämmung ist preiswerter und mit geringerem Aufwand auszuführen. Eine Innendämmung besteht meistens aus dünneren Materialien und hat somit auch eine geringere Wirkung.

Innendämmung 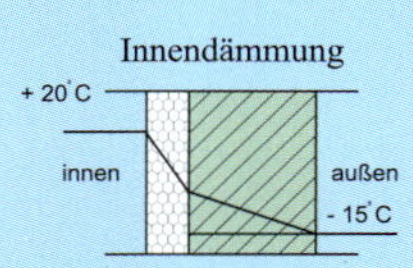	– ist auch für einzelne Räume anwendbar – die Außenwände werden nur gering erwärmt – der Taupunkt (0 °C) liegt in der Wand und das führt zu Schwitzwasser und Schimmelbildung – schnelles Aufwärmen und Abkühlen der Räume – durch feuchte Außenwände evtl. ungesundes Wohnklima
Außendämmung 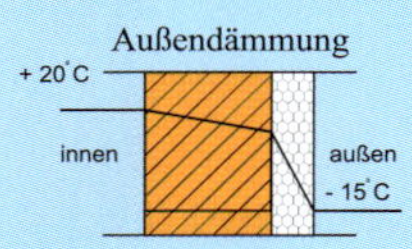	– dämmt das gesamte Gebäude – die Wände werden aufgeheizt und wirken als Wärmespeicher – bei ausreichender Lüftung kommt es nicht zu Kondenswasserbildung – langsames Aufheizen und Auskühlen – durch trockene Wände gesundes Wohnraumklima

Als **Wärmedämmstoffe** eignen sich nur poröse Stoffe wie **Polystyrolhartschaum platten** (Styropor), **Polyurethanschaum, Mineralfaserplatten** (Stein- und Glaswolle) **Korkplatten, Holz- und Schafswolle.**

Sie können Wärme schlecht speichern und weiterleiten. Leichte Dämmstoffe mit geringer Dichte haben Einschlüsse von ruhenden Luftpolstern, die für eine gute Dämmwirkung sorgen.

Stoffe mit vielen Hohlräumen (Poren) sind schlechte Wärmeleiter, aber gute Wärmedämmer. Je poröser ein Stoff, desto besser ist die Wärmedämmung.

17.2 Wärmedämmverbundsysteme (WDVS)

Sie werden für die Außendämmung von Gebäuden **als kombiniertes Klebe, Montage- und Beschichtungssystem** angeboten. Der Anwendungsbereich ist die Wärmedämmung, die Rissüberbrückung und die Gestaltung von Fassaden. Es sind **geschlossene Systeme eines Herstellers** mit genau aufeinander abgestimmten Materialien. Die Systeme werden sowohl im Neubau als auch im Altbaubereich eingesetzt.

Bedeutungen:
K = Kelvin
d = Dichte
W = Watt
m = Dicke in Meter

Der **Taupunkt (Kondensationspunkt)** ist ein **Maß für die Luftfeuchtigkeit.** Wenn die Luft voll mit Wasserdampf gesättigt ist, dann entsteht **Kondenswasser.**

Vollwärmeschutz:
Das gesamte Gebäude ist mit einer Dämmschicht (Mantel) umgeben!

Innendämmstoffe:
- Untertapeten, z. B. aus Styropor (Thermotapeten)
- Untertapeten aus Kork
- Wandbeläge aus PVC-Schaum
- Verbundplatten, z. B. Gipskartonplatten mit Dämmmaterial
- Klimaplatten, z. B. aus Calciumsilikat

Außendämmstoffe:
- Polystyrol Schaum (XPS) extrudiertes Polystyrol
- Polystyrol-Hartschaum (EPS) = Styropor
- Mineralwolle (MW) (Steinwolle/Glaswolle)
- Mineralschaumplatten
- biologische Wärmedämmstoffe, z. B. Kork, Holz- und Schafswolle

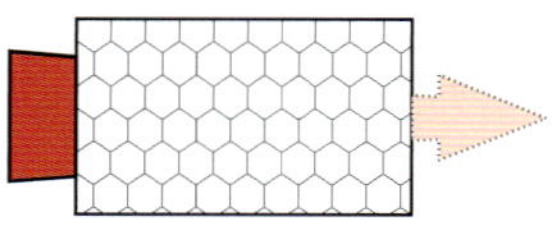

Das gesamte **WDVS-Material** muss immer **von einem Hersteller** bezogen werden.

Brandschutzriegel

Brandschutzriegel sind eine Brandbarriere, die nach dem Bauordnungsrecht zur Vorbeugung von Bränden an Gebäuden angebracht werden müssen, wenn EPS-Dämmplatten-Systemen mit einer Dämmschichtdicke von über 10 cm vorhanden sind. Dafür ist ein mindestens 20 cm hoher Streifen, aus für diese Anwendung zugelassenen Mineraldämmstoff einzusetzen.

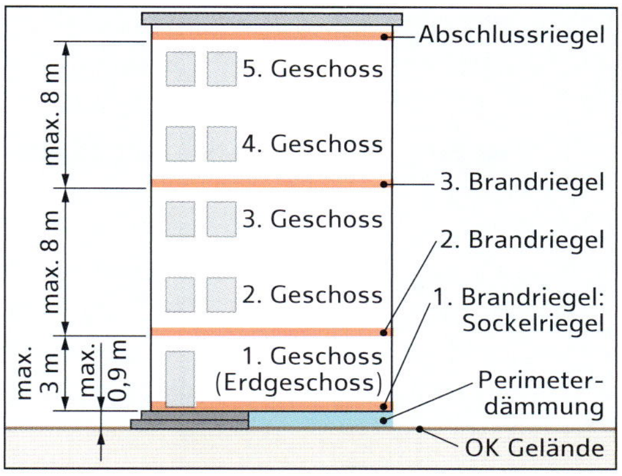

EPS-Dämmplatten sind im Gegensatz zu mineralischen Dämmplatten brennbare Stoffe und dürfen gemäß Musterbauordnung für Gebäude bis 22 m eingesetzt werden. Für Neubauten sind in einer Höhe von 7 bis 22 m Brandschutzmaßnahmen (Brandriegel) erforderlich.

Ein **Wärmedämmverbundsystem** ist wie folgt aufgebaut:

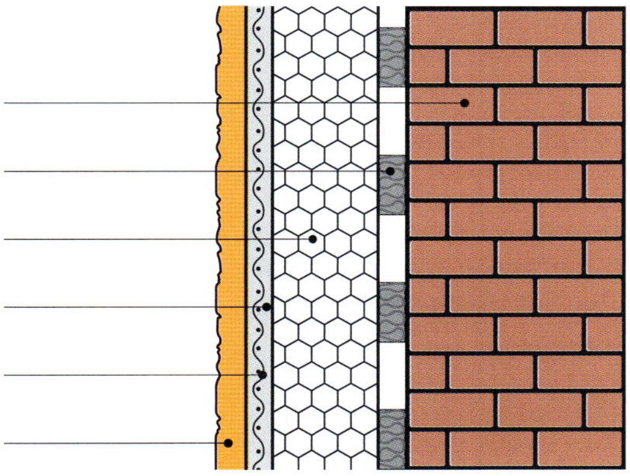

Es werden **zwei Wärmedämmsysteme** unterschieden. Auch gibt es noch innerhalb dieser Hauptsysteme verschiedene Dämmmaterialien. Die Beschichtungsstoffe sind jeweils auf die Dämmmaterialien abgestimmt, z. B. werden auf Polystyrol (Styropor)-Platten Dispersionswerkstoffe verwendet.

Systeme	Eigenschaften
organische Systeme mit Polystyrolhartschaum- und Holzfaserplatten und Dispersionswerkstoffen	– nicht lösemittelbeständig – brennbare Stoffe – hitzeempfindlich und verformbar – nicht atmungsaktiv (nicht diffusionsfähig)
anorganische Systeme mit Mineralfaserplatten und mineralischen Werkstoffen	– natürliche Baustoffe – vollmineralisch und nicht brennbar – nicht hitzeempfindlich – gut atmungsaktiv (diffusionsfähig)

Befestigung der Dämmplatten

Für die Montage der Wärmedämmplatten werden, je nach Untergrundbeschaffenheit, drei verschiedene **Befestigungsarten** unterschieden:

1. **Verkleben der Dämmplatten** auf tragfähigen Untergründen mit speziellen Klebemassen, evtl. zusätzliches Verdübeln
2. **Verdübeln der Dämmplatten** auf weniger tragfesten Untergründen mit Kunststoffspreizdübeln
3. **Befestigen durch Schienensystem:** Auf schwierigen Untergründen werden die Dämmplatten mit speziellen Schienen montiert.

Vollwärmeschutz an einem Wohnhaus

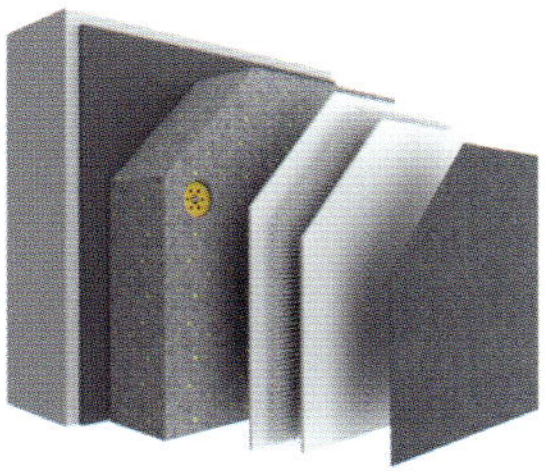

Neue Wärmdämmverbundsysteme (WDVS) aus: organ. Dämmstoffen, wie **Holzfaserplatten**, anorgan. Dämmstoffen, z. B. **Mineralschaumplatten**

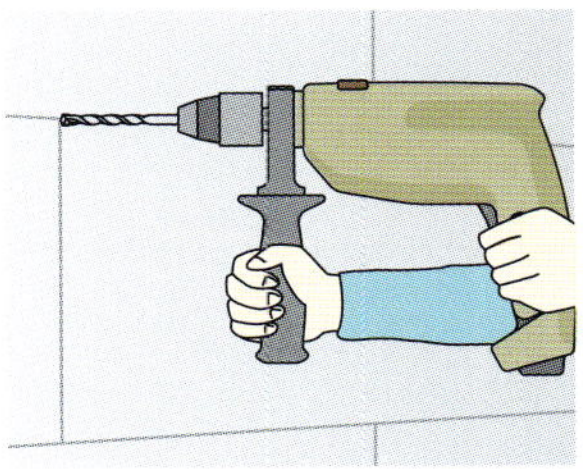

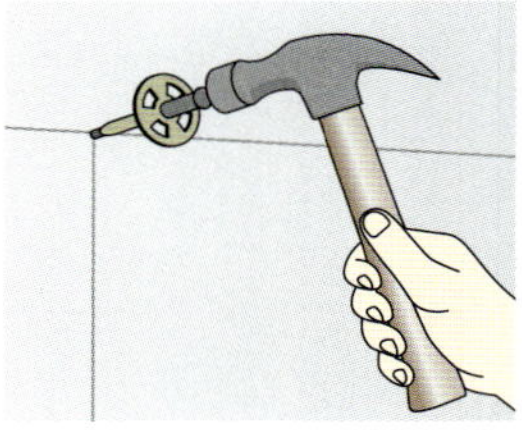

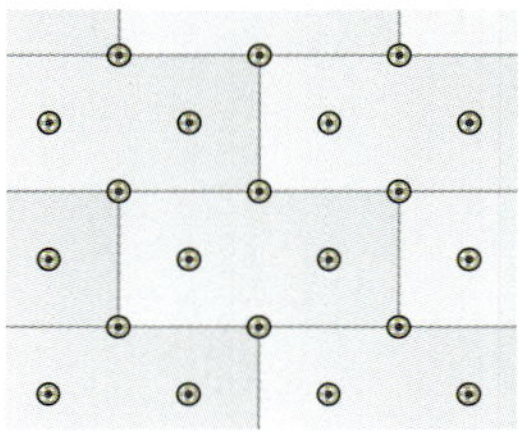

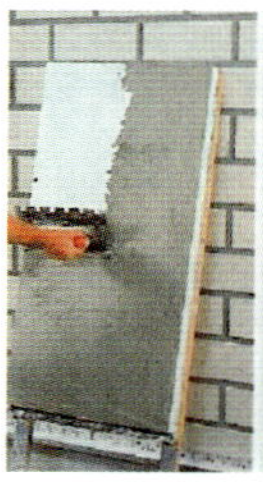

Die Fassadendämmplatten sind stets im Verbund von unten nach oben zu legen!

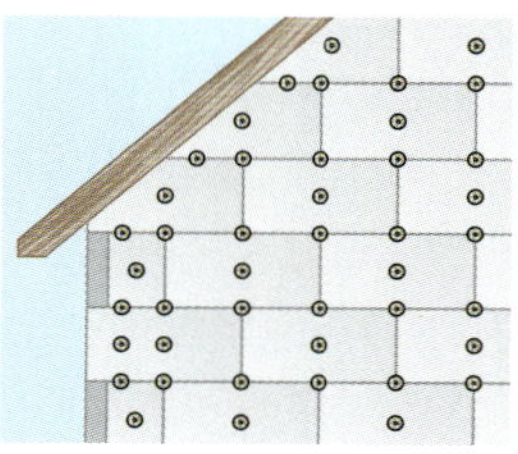

Prüfen und Vorbereiten des Untergrundes

- Der Untergrund muss auf **Bauschäden** geprüft werden, wie z. B. Risse, Abplatzungen oder Durchfeuchtungen. Vor Beginn der Dämmarbeiten müssen diese Bauschäden beseitigt werden.
- Der Untergrund muss auf **Tragfähigkeit** geprüft werden. Nicht fest haftende Putze und Anstriche müssen entfernt werden. Sandende Untergründe müssen evtl. mit lösemittelfreiem Tiefgrund gefestigt werden.
- Der Untergrund muss auch auf **Unebenheit** geprüft werden. Zu große Unebenheiten müssen durch Putzauftrag ausgeglichen werden. Mörtelreste und andere Anhaftungen müssen entfernt werden.
- Der Untergrund muss von **Schmutz und Pflanzenbewuchs** befreit werden.

Verkleben der Dämmplatten

Das Anbringen der Dämmplatten ist bei ebenen Untergründen, wie neuem Mauerwerk oder Betonflächen, durch ganzflächigen Kleberauftrag möglich.

Dagegen wird bei leicht unebenen Untergründen der Kleber punktartig auf die Dämmplatte aufgetragen. Hierbei ist immer vorher die Verträglichkeit vorhandener Altbeschichtungen mit dem Klebermörtel zu prüfen.

Vollflächige Verklebung Kleberauftrag mit Zahnkelle (auch maschinell) 10 mm in Längsrichtung	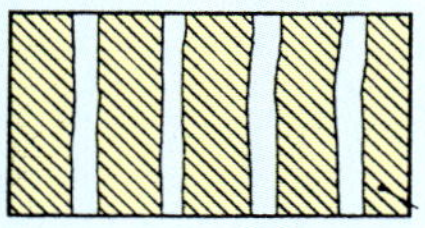	Wulst-Punkt-Verklebung Kleberwulst mit der Kelle, umlaufend und mittig mit Batzen.	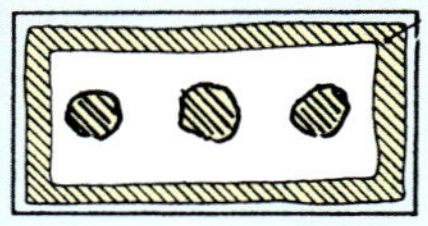

Für die Ausführung in Klebetechnik muss der Untergrund fest, eben, trocken, fett- und staubfrei sein. Die Unebenheiten des Untergrundes dürfen 1 cm/m nicht überschreiten. Mineralwolledämmplattensysteme müssen neben dem Kleben noch zusätzlich gedübelt werden.

Bau eines Wärmedämmverbundsystems

1. Mörtelreste entfernen, auf starke Unebenheiten und Feuchtigkeit prüfen 	2. Sockelleiste waagerecht setzen (dübeln) 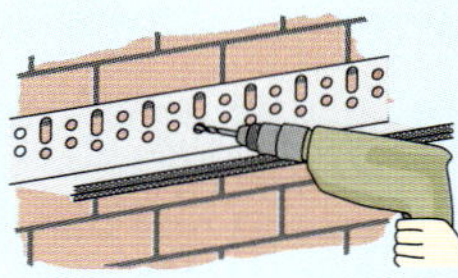	3. Anmachen des Klebemörtels (nach Herstellerangaben) 
4. Auftragen des Klebemörtels auf die Dämmplatte 	5. Anbringen der Dämmplatten im Verbund; Stoßfugen müssen frei von Klebemörtel sein 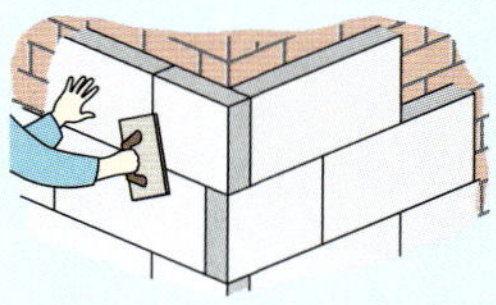	6. Spezialdübel setzen 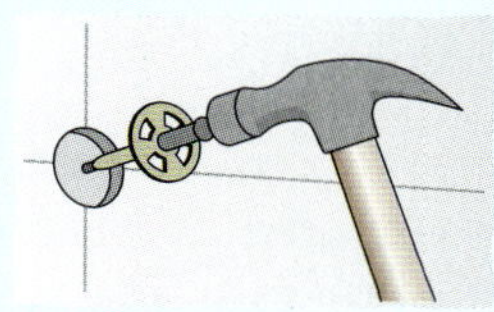
7. Ebenheit der Dämmschicht prüfen, abhobeln oder schleifen mit dem Schleifbrett 	8. Eckschienen setzen (z. B. Edelstahl) 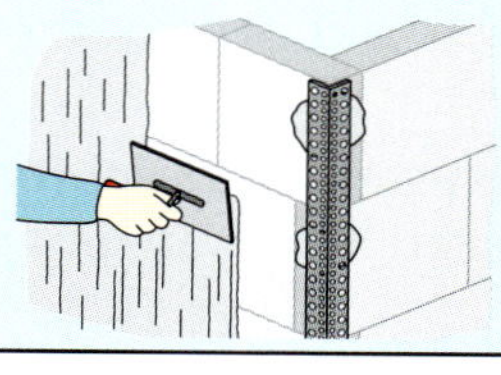	9. Aufziehen des Armierungsmörtels (ca. 2 mm dick) 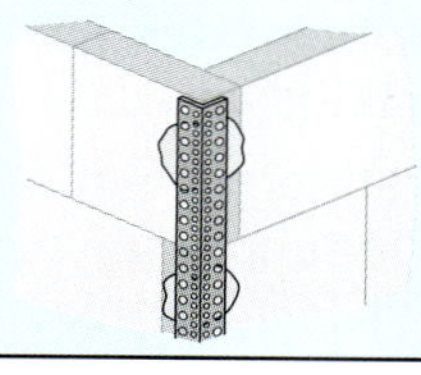

10. Gewebe in Armierungsmörtel einlegen (ca. 10 cm überlappt) und überspachteln	11. Voranstrich (Putzgrund) auftragen	12. Schlussbeschichtung (Putz) auftragen und strukturieren
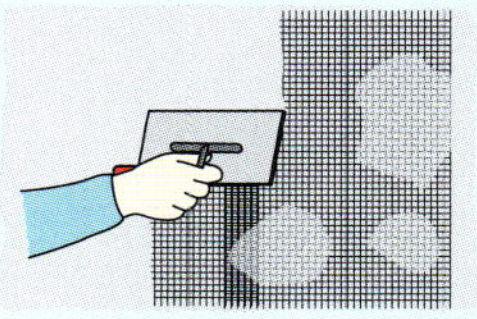	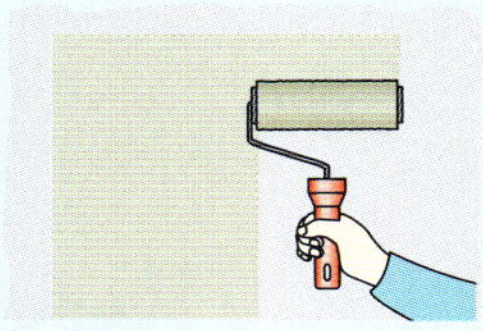	

zu Bild 8, 9 und 10: Arbeiten werden nass-in-nass ausgeführt

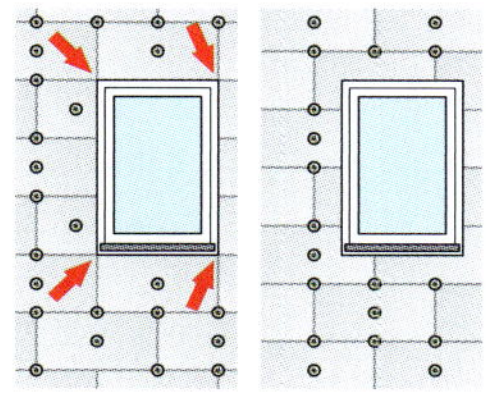

falsch richtig

Die Schlussbeschichtung

Die getrocknete Armierschicht wird im Farbton der Endbeschichtung grundiert. Dann kann die Endbeschichtung, je nach WDV-System, mit Kunstharz-, Silikat-, Silicon- oder Mineralputz ausgeführt und strukturiert werden. Bei Styropordämmplat- ten sollten keine dunklen Farbtöne eingesetzt werden, weil dadurch die Fassade stärker aufgeheizt wird. Das kann zu wärmebedingten Spannungen und Schäden im Wärmedämmsystem führen.

Aufgaben

1. *Was versteht man unter dem Begriff „energetische Sanierung“?*
2. *Beschreiben Sie die positiven Auswirkungen einer energetischen Sanierung.*
3. *Welchen Anforderungen wird durch ein Wärmedämmsystem entsprochen?*
4. *Beschreibe Sie, was ein gutes Raumklima bewirkt.*
5. *Erklären Sie den Begriff „Vollwärmeschutz“.*
6. *Was lässt sich über die Wärmeleitzahl schreiben?*
7. *Welche Vorteile hat die Außendämmung?*
8. *Beschreiben Sie die Nachteile einer Innendämmung.*
9. *Welche Bedeutung hat die Materialstärke eines Dämmmaterials für die Dämmwirkung?*
10. *Warum sind poröse Stoffe ideal für die Wärmedämmung?*
11. *Nennen Sie wichtige Wärmedämmstoffe.*
12. *Was ist ein Wärmedämmverbundsystem (WDVS)?*
13. *Wie ist ein Wärmeverbundsystem aufgebaut?*
14. *Aus welchem Material bestehen die zwei Hauptwärmedämmsysteme?*
15. *Erklären Sie, was Brandschutzriegel sind und wie sie eingesetzt werden.*
16. *Nenne Sie die drei Befestigungsarten von Dämmplatten.*
17. *Welche zwei Verklebungsmethoden von Dämmplatten werden unterschieden?*
18. *Wie werden Dämmplatten zusätzlich bei schwierigen Untergründen befestigt?*
19. *Beschreiben Sie die Armierung auf einem WDV-System.*
20. *Wie kann man ein übermäßiges Aufheizen von EPS-Dämmplatten verhindern?*

Lernsituation 18

Einteilung, Eigenschaften und Beschichtung von Metallen zum Thema: „Metalluntergründe“

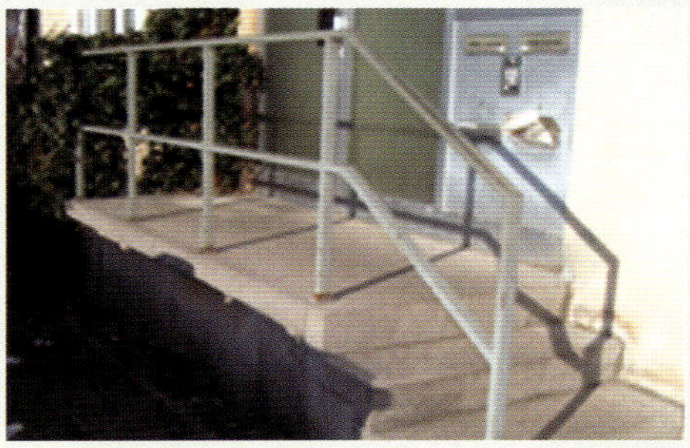

Situationsdarstellung:
Bei der Außenrenovierung soll auch das Treppengeländer aus Stahl neu lackiert werden. Dazu ist die Altlackierung auf Tragfähigkeit zu überprüfen und das Geländer zu entrosten. Die Meisterin beauftragt den Auszubildenden, sich mit dem Thema Metalluntergründe zu beschäftigen.

Sie sollten sich Informationen über Metalluntergründe allgemein und speziell über Korrosion und Korrosionsschutzanstriche einholen. Kenntnisse über dieses Thema können Sie durch die Bearbeitung der folgenden Arbeitsaufträge erwerben.

Arbeitsaufträge

1. *a) Nennen Sie **Metalluntergründe am Bau**.*
   *b) Welchen **Gefahren** sind Metalluntergründe ausgesetzt?*
2. *Nennen Sie **Metallarten** (mit Beispielen).*
3. *Beschreiben Sie folgende **Metallarten** und nennen Sie **Beispiele** dazu:*
   *a) **Eisenmetalle***
   *b) **Nichteisenmetalle***
4. *Benennen Sie typische **Metalleigenschaften**.*
5. *Beschreiben Sie die **Korrosion von Eisenmetallen**.*
6. *a) Benennen und beschreiben Sie die **Korrosionsarten**.*
   *b) Beschreiben Sie die **Rostgrade** nach EN ISO 4628-3.*
7. *a) Beschreiben Sie, was bei der **Entrostung** zu beachten ist.*
   *b) Nennen Sie **Entrostungsgrade** mit Merkmalen nach DIN 18364.*
   *c) Nennen und beschreiben Sie verschiedene **Entrostungsverfahren**.*
8. *Welche **Grundvoraussetzungen** benötigt ein dauerhafter Korrosionsschutz?*
9. *a) Welche **Korrosionsschutzsysteme** werden unterschieden?*
   *b) Benennen Sie die **Aufgaben von Korrosionsgrundanstrichen**.*
10. *Welche Pigmente werden verwendet?*
    *a) Für **Korrosionsgrundanstrichstoffe***
    *b) Für **Korrosionsdeckanstriche***
11. *Was ist allgemein über Korrosionsschutzbeschichtungen zu sagen?*
12. *a) Was ist bei der **Beschichtung von Nichteisenmetallen** zu beachten?*
    *b) Was ist bei der **Beschichtung von Zinkuntergründen** zu beachten?*
    *c) Beschreiben Sie wichtige **Vorarbeiten** bei Zinkuntergründen.*
13. *a) Beschreiben Sie **Vorarbeiten bei Aluminiumuntergründen**.*
    *b) Welche **Haftgrundierungen** sind auf Aluminium notwendig?*
    *c) Welche **Schlussbeschichtungsstoffe** sind auf Aluminium geeignet?*
14. *Wie lässt sich die rote **Original-Kupferfarbe** langfristig erhalten?*

18.1 Einteilung

Von den **Grundstoffen** (Elementen), die es auf der Erde gibt, sind mehr als die Hälfte Metalle. Sie haben typische und gemeinsame Eigenschaften. Metalle kommen am Bau als Anstrichuntergründe in vielerlei Form vor. Die Metalluntergründe unterliegen der Gefahr der äußerlichen Veränderung oder Zerstörung durch Korrosion. Durch Beschichtungen können Metalle wirksam geschützt oder auch farbig gestaltet werden.

Metalle lassen sich nach der Dichte in **Schwer- und Leichtmetalle**, nach der chemischen Beständigkeit in **Edelmetalle**, nach dem Farbton in **Buntmetalle** oder der Zusammensetzung in **Metallgemische** (Legierungen) einteilen.

Unlegierte Stähle sind Eisen-Kohlenstoff-Gemische und legierte Stähle enthalten zusätzliche Metalle. So ist **Edelstahl**, der nicht rostet, eine Legierung aus Eisen und Chrom oder Eisen und Nickel.

Metalle werden sehr oft in Form von Legierungen verwendet. Das sind Metallgemische von unterschiedlichen Metallen und anderer Zusätzen. Legierungen haben bessere Eigenschaften als die reinen Metalle. So wird z. B. Aluminium mit Kupfer, Mangan und Titan legiert (verbunden), um die Festigkeit zu erhöhen.

Man unterscheidet die folgenden Arten (Beispiele in Klammern):

- **Leichtmetalle** (Aluminium, Calcium, Kalium, Magnesium, Natrium, Titan)
- **Schwermetalle** (Blei, Chrom, Eisen, Stahl, Kupfer, Zink, Zinn)
- **Edelmetalle** (Gold, Platin, Silber)
- **Buntmetalle** (Bronze, Kupfer, Messing, Aluminium, Zink)
- **Metallgemische** (Messing = Kupfer + Zink, Bronze = Kupfer + Zinn)

Für den Maler/-innen und Lackierer/-innen ist eine Unterscheidung der Metalle nach Untergrundbehandlung und Beschichtung wichtig. Nach anstrichtechnischen Gesichtspunkten gibt es hier zwei Gruppen:

Arten	Beispiele	Beschreibung
Eisenmetalle (E-Metalle)	Eisen, Stahl, Gusseisen, Baustahl, Edelstahl	Eisenmetalle rosten, d. h., sie werden ohne Oberflächenschutz durch chemische Einwirkungen wie Luftsauerstoff und Wasser zerstört.
Nichteisenmetalle (NE-Metalle)	Aluminium, Blei (Legierungen), Kupfer, Zink, Zinn, Messing, Bronze	Nichteisenmetalle bilden oberflächliche Oxidschichten, die sie vor Zerstörung schützen.

Eisen und Stahl müssen durch Beschichtungen vor Zerstörung geschützt werden. Die NE-Metalle Aluminium und Zink werden vom Maler meistens aus gestalterischen Gründen beschichtet.

Spannungsreihe von Metallen	Elektrochemische Spannungsreihe		
Die Spannungsreihe ist die **Ordnung der Metalle** nach ihre Bereitschaft zu oxidieren. Eine **Oxidation** ist die Verbindung, z. B. der Metalle, mit Sauerstoff. Bei der **elektrochemischen Korrosion** gibt ein Metall seine Elektronen ab und oxidiert, z. B. bei Eisen zu Rost. Metalle, die leicht Elektronen abgeben, sind **unedel** und korrodieren (rosten) leicht. Metalle, die nur schwer ihre Elektronen abgeben, werden als **edel** bezeichnet und rosten weniger.	Elemente mit Kurznamen	Spannung in Volt	
	Aluminium (Al)	– 1,66	unedel
	Chrom (Cr)	– 0,91	
	Zink (Zn)	– 0,76	
	Eisen (Fe)	– 0,44	
	Cadmium (Cd)	– 0,40	
	Nickel (Ni)	– 0,23	
	Zinn (Sn)	– 0,14	
	Blei (Pb)	– 0,13	

Verschiedene Metalluntergründe:
- Brücken
- Geländer
- Garagentore
- Leitungsmasten
- Stahltreppen
- Rohre
- Heizkörper
- Fenster und Türen
- Dachrinnen
- Stahlträger u. a.

Balkonstahlkonstruktion (beschichtet)

Aluminiumfensterbank

Nichteisenmetalle sind alle Metalle außer Eisen und Stahl.

Durch eine **Legierung** können physikalische und optische Eigenschaften, z. B. Dichte, Härte, Zugfestigkeit und Farbe verändert werden.

Edelstahl-Handlauf mit Pulverbeschichtung auf Stahl

Spannungsreihe von Metallen	Elektrochemische Spannungsreihe		
Die **Reihung** geht **von unedlen Metallen** bis zu den **edlen Metallen**. So ist z. B. Kupfer edler als Eisen und dadurch nicht so anfällig für Korrosion. Bei verzinkten Stahl bekommt der Stahl einen Zinküberzug, der den Stahl schütz. **Wird die Zinkschicht beschädigt, so „opfert sich“ das Zink und der Stahl rostet nicht.**	Messing Kupfer (Cu) Bronze Silber (Ag) Brom (Br) Platin (Pt) Gold (Au)	+ 0,26 + 0,34 + 0,80 + 0,80 + 1,10 + 1,20 + 1,50	unedel

18.2 Eigenschaften

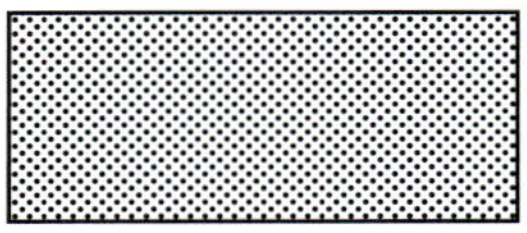

Metalle sind dichte, feste Stoffe.

Metalle sind **dichte Stoffe** mit folgenden Eigenschaften: große **Festigkeit**, metallischer **Glanz**, gute elektrische **Leitfähigkeit**, hohe Wärmeleitfähigkeit. Metalle besitzen unterschiedliche **Härtegrade**, z. B. ist Blei sehr weich und Stahl sehr hart. Durch Legierungen lässt sich die Härte erhöhen, z. B. ist Messing härter als die Ausgangsmetalle Kupfer und Zink. Viele Metalle sind bei entsprechender Behandlung gut dehnbar. Sie lassen sich durch Schmieden, Gießen, Walzen und Ziehen in die gewünschte Form bringen.

Metalle bilden durch Witterungseinflüsse unterschiedliche Oberflächen, dabei ist Zerstörung durch Korrosion (Eisen) oder Schutzwirkung durch Oxidschichten (Kupfer) möglich. Metalle dehnen sich bei steigender Temperatur aus.

18.3 Korrosion

Unter Korrosion versteht man von der Oberfläche ausgehende, chemische oder elektrochemische Einwirkungen, die Metalle verändern oder zerstören.

Korrosion kommt von lat. corrodere und bedeutet „zersetzen, zerfressen“ und ist die Reaktion eines Metalls auf äußere Einwirkungen. Bei Eisen und Stahl ist Korrosion die Bildung von Rost.

Chemisch verläuft die Rostbildung so, dass sich bei Berührung von Stahl, Luftsauerstoff und Wasser Eisenoxide und Eisenhydroxide bilden. Durch Säuren und andere Schadstoffe aus der Luft wird der Korrosionsvorgang noch beschleunigt.

Eisen + Sauerstoff + Wasser = Eisenhydroxid (Rost)
(Fe) (O) (H_2O) $Fe(OH)_2$

Rost ist eine gelbliche, braunrote oder dunkelbraune, poröse, schuppenförmige Oxidschicht, die mit der Zeit abbröckelt und den Stahl zerstört.

Die Korrosionsvorgänge lassen sich in **vier verschiedene Korrosionsarten** einteilen:

Korrosionsart	Beschreibung
Flächenkorrosion 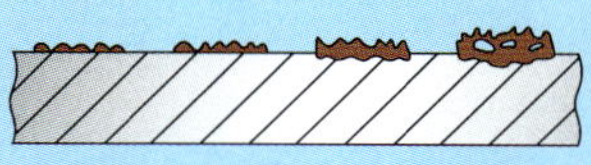	Am Anfang setzt sich sogenannter Flugrost fest. Das ist der Beginn einer fortschreitenden Rostbildung, die mit der Zeit zunimmt und sich über die gesamte Stahlfläche ausbreitet. Rostgrade dienen der Bestimmung des Rostzustandes einer Fläche.
Lochfraßkorrosion 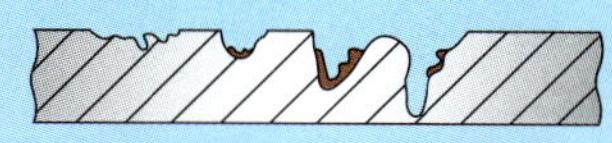	Die Lochfraßkorrosion beginnt an der Oberfläche und zerstört den Stahl auch in der Tiefe. Es entstehen Durchlöcherungen, z. B. im Blech von Fahrzeugen.

Korrosionsart	Beschreibung
Kontaktkorrosion 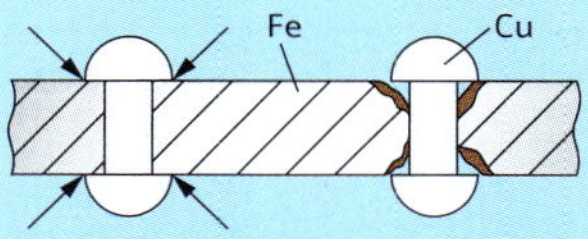	Die Kontaktkorrosion tritt überall dort auf, wo zwei verschiedene Metalle miteinander in Berührung kommen, z. B. bei Vernietungen und Verschraubungen.
Unterrostung 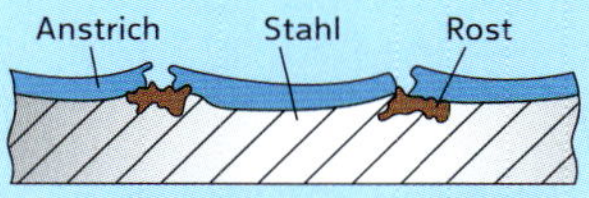	Wasser dringt in einen rissigen Anstrich ein und führt dort zur Rostbildung. Dadurch wird der Anstrich teilweise oder auch ganz abgesprengt.

Kontaktkorrosion

Unterrostung

Maschinelle Entrostung

Beschichtete Stahlflächen werden nach DIN EN ISO 4628-3 in fünf Grade unterteilt, **unbeschichtete Stahlflächen** nach DIN ISO 12944-2 in vier Grade.

Rostgrade beschichteter Stahlflächen DIN EN ISO 4628-3		Rostgrade unbeschichteter Stahlflächen DIN ISO 12944-2	
Rostgrad	**Flächenzustand**	**Rostgrad**	**Aussehen**
Ri 0	rostfrei	A	festhaftender Zunder, weitgehend frei von Rost
Ri 1	ca. 1 % rostbedeckt		
Ri 2	ca. 3 % rostbedeckt	B	beginnende Rostbildung, Zunderabblätterung
Ri 3	ca. 10 % rostbedeckt		
Ri 4	ca. 30 % rostbedeckt	C	abgerosteter Zunder, lässt sich abschaben
Ri 5	ca. 50 % rostbedeckt	D	abgerosteter Zunder, sichtbare Rostnarben

18.4 Entrostung

Um vorhandene Korrosionsschäden einzudämmen und zu beseitigen, müssen die vom Rost befallenen Stahlflächen zunächst entrostet werden. Das gewünschte Entrostungsergebnis (Entrostungsgrad) wird dann erreicht, wenn je nach Rostgrad das geeignete **Entrostungsverfahren** eingesetzt werden kann. Dabei bringt die **metallisch blanke Entrostung** (nur durch Strahlen möglich) das beste Ergebnis. Sie unterbindet das Weiterrosten und sorgt für eine gute Haftung. In vielen Fällen ist es ausreichend und wirtschaftlicher, wenn von Hand oder maschinell entrostet wird. Es sollte also immer überprüft werden, ob ein brauchbarer Anstrichuntergrund auch mit weniger aufwändigen Verfahren erreicht werden kann.

Der Oberflächenvorbereitungsgrad (Normreinheitsgrad) beschreibt, welche Qualität eine Stahloberfläche vor der Beschichtung haben soll. Bei der ganzflächigen Vorbereitung werden die Stahlbauteile im Strahlverfahren metallisch blank entrostet.

Die **DIN EN ISO 12944** sieht für die Reinigung von Stahl nach den verschiedenen Arbeitsverfahren Oberflächenreinheitsgrade (Sa, PSa, St usw.) vor. Dabei geht es um die Arbeits- bzw. Entrostungsverfahren und um die Merkmale (Qualität) der vorbereiteten Stahlflächen für eine Rostschutzbeschichtung.

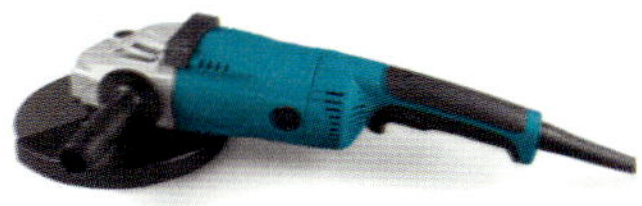

Winkelschleifer

Mobiles Strahlgerät

Oberflächenvorbereitungsgrade

Vorbereitungsgrade	Verfahren	Beschreibung
Sa 1		**Lose(r)** Walzhaut, Zunder, Rost, Altbeschichtungen und artfremde Verunreinigungen **sind entfernt**.
Sa 2		**Fast alle** W, Z, R, B, V **sind entfernt**.
Sa 2 1/2	Strahltechnik (Sandstrahlen)	W, Z, R, B, V **sind entfernt**. Verbleibende Spuren sind höchstens als leichte fleckige oder streifige Abstufungen zu erkennen.
Sa 3		W, Z, R, B, V **sind entfernt**. Die Oberfläche muss ein **einheitliches metallisches Aussehen** haben
St 2	Hand- und maschinelle Vorbereitung	**Lose(r)** Walzhaut, Zunder, Rost, Altbeschichtungen und artfremde Verunreinigungen **sind entfernt**.
St 3		**Fast alle** W, Z, R, B, V **sind entfernt**. Die **Oberfläche muss** viel **gründlicher bearbeitet sein** als St 2, bis sie metallischen Glanz aufzeigt.
Fl	Flammstrahlen	W, Z, R, B, V **sind entfernt**. Verbleibende Rückstände dürfen sich nur als Verfärbung der Oberfläche abzeichnen.
Be	Beizen mit Säure	W, Z, R, B, V **sind vollständig entfernt**. **Altbeschichtungen müssen** vor dem Beizen mit Säure mit geeigneten Entschichtungsverfahren **entfernt werden**.

Normreinheitsgrade nach DIN EN ISO 12944

Die Norm beschreibt Merkmale der Untergrundvorbereitung und verschiedene Reinigungsverfahren. Die festgelegten Reinheitsgrade informieren darüber, wie der Stahl nach der Entrostung aussehen soll.

Walzhaut (Zunder) lässt sich nur wirkungsvoll durch Strahlen entfernen!

Entrostungsgrade nach DIN 18364

Entrostungsgrad	Merkmale	Verfahren und Geräte
1 **gereinigt/entrostet**	Entfernen von Schmutz, Rost und losem Anstrich	durch Hand- und maschinelle Entrostung, z. B. mit Drahtbürste, Schleifmaschinen, Nadelpistole
2 **metallisch wolkig**	Entfernen auch von festhaftenden Altanstrichen, Rost und Walzhaut (Zunder)	maschinelle Entrostung reicht nicht immer, auch mit Flammstrahl- oder Strahlentrostung
3 **metallisch blank**	restloses, porentiefes Entfernen von Rost und Altanstrichen	nur durch Strahlverfahren möglich, mit geeigneten Strahlgeräten

Walzhaut (Zunder) und Schweißrückstände

Zunder wird eine Eisenoxidschicht genannt, die entsteht, wenn glühendes Eisen mit Luft (Eisen und Sauerstoff) in Verbindung kommt. Die Zunderschicht haftet fest, ist aber auch sehr spröde, sodass sie bei Belastungen leicht abplatzen kann. Stahl und Zunder bzw. Walzhaut dehnen sich durch Wettereinflüsse und bei Temperaturschwankungen unterschiedlich stark aus, was zu Abplatzungen führen kann.

Walzhaut ist eine Zunderschicht, die bei der Stahlherstellung, z. B. beim Warmwalzen von Profilstählen, entsteht. Eine unbeschädigte Zunder- oder Walzhautschicht kann den Stahl vor einer weiteren Korrosion schützen.

Vor einer Beschichtung auf Stahluntergründen sind Zunder und Walzhaut vollständig zu entfernen, weil Zunder und Walzhaut kein tragfähiger Untergrund für eine Beschichtung sind.

Entrostungsverfahren

Handentrostung

- **Handentrostung** (durch Klopfen, Abbürsten oder Abschleifen mit Hammer, Schaber, Drahtbürste und Schleifklotz)
- **maschinelle Entrostung** (mit Schwing-, Exzenter- und Winkelschleifer oder mit Nadelpistole)

- **Strahlentrostung** (mit Metallstrahlmittel und durch thermisches Strahlen (Flammstrahlen))
- **chemische Entrostung** (durch Salzlösungen, Säuren und Pasten sowie Rostumwandlung durch Phosphate)

Korrosionsschäden (Rost) bedrohen Stahlkonstruktionen und Stahlbauwerke, Maschinen und Fahrzeuge. Um die Rostbildung zu verhindern, müssen Stahlflächen von Umwelt- und Witterungseinflüssen abgeschirmt werden, man spricht von **Passivieren**. Die durch Rost bedingten Zerstörungen können durch fachgerecht ausgeführte **Rostschutzanstriche** verhindert werden. **Rostschutz** durch Beschichtungstechniken ist eine wichtige Aufgabe des Mal- und Lackierhandwerks.

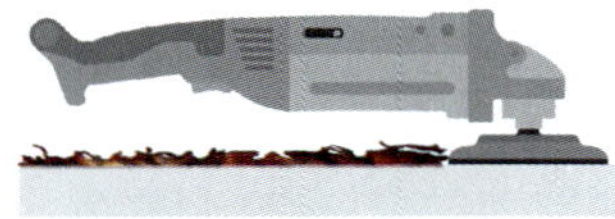
maschinelle Entrostung

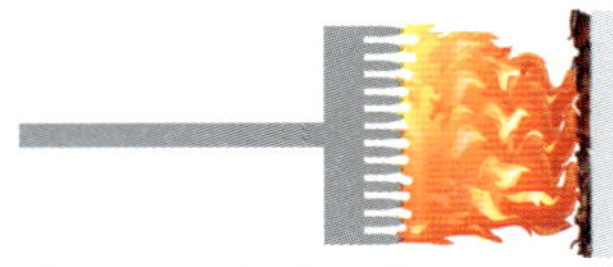
Flammenstrahlentrostung

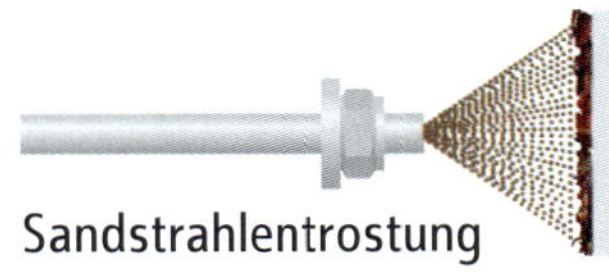
Sandstrahlentrostung

Werkzeuge und Geräte für Entrostungsarbeiten

Entrostung von Hand (manuelle Entrostung)	Werkzeuge 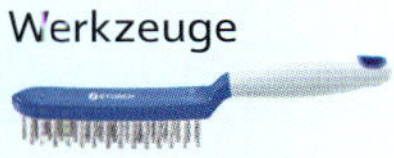		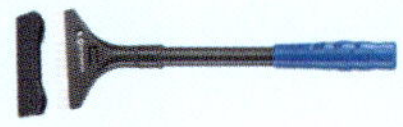
Entrostung mit Geräten (maschinelle Entrostung)	Maschinen  Foto: Bosch	 Foto: Bosch	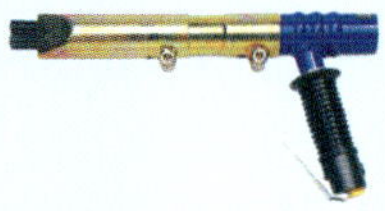
Entrostung durch Strahlverfahren (Strahlentrostung)	Geräte  Quelle: EP Power Minerals GmbH		

Grundvoraussetzungen für einen dauerhaften Korrosionsschutz durch Beschichtungen sind:

- **sorgfältige Untergrundprüfung** (auf Tragfähigkeit, Rost und Schmutz)
- **gute Untergrundvorbereitung** (durch Reinigen, Entfetten, Entrosten)
- **geeigneter Beschichtungsstoff** (z. B. Zinkstaub und Zinkphosphat)
- **fachgerechte Beschichtung** (mit ausreichender Schichtstärke von 160 µm)

Für einen guten Korrosionsschutzanstrich ist die sorgfältige Entrostung und eine gute Untergrundvorbereitung entscheidend. Je sorgfältiger die Vorarbeiten, desto besser und langlebiger ist der Korrosionsschutz.

18.5 Beschichtungssysteme auf Eisen und Stahl

E-Metalle benötigen einen Korrosionsschutz, sonst oxidieren sie sehr schnell und verlieren an Stabilität. **Eisen** und **Stahl** lassen sich durch Beschichtungen gut vor Korrosion schützen. Voraussetzung für eine lange Schutzdauer, ist die **richtige Wahl des Beschichtungssystems**. In der **DIN EN ISO 12944-5** werden Beschichtungsstoffe und -systeme für den Korrosionsschutz von Stahlbauteilen beschrieben. Hochwertiger Korrosionsschutz setzt eine sorgfältige Vorbereitung des Untergrundes voraus. Daneben ist für einen guten **Korrosionsschutzanstrich** die **gesamte Schichtdicke** von Bedeutung. Sie sollte mindestens 160 µm betragen. Dabei ist eine ausreichende Kantenabdeckung erforderlich.

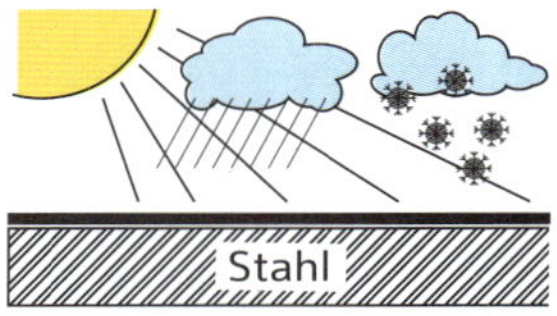

wird durch einen Rostschutzanstrich gegen Witterungseinflüsse geschützt

Korrosionsschutzsysteme bestehen aus **Grund- und Deckanstrichen**. Dabei unterscheiden wir den **vierschichtigen Rostschutzanstrich** und den **zweischichtigen Dickschichtanstrich**:

herkömmlicher Anstrich	Aufgaben	Dickschichtanstrich
2. Deckbeschichtung	Schutz vor Umwelteinwirkung	Deckbeschichtung
1. Deckbeschichtung		
2. Grundbeschichtung	Schutz des Untergrundes	Grundbeschichtung
1. Grundbeschichtung		
Stahl		Stahl

Die Grundanstriche haben die Aufgabe, die Rostbildung zu verhindern. Die Deckanstriche haben die Aufgabe, die Grundanstriche zu schützen. Die Mindestschichtstärke beträgt zusammen 160 µm.

Korrosionsschutzdickschichtanstrichstoffe sind thixotrop eingestellt

Für einen wirkungsvollen Korrosionsschutz werden von der Farben- und Lackindustrie geeignete Beschichtungsstoffe hergestellt. Hierbei kommt es auf die richtige Zusammensetzung und auf die verwendeten Pigmente und Bindemittel an. Meistens werden für die Grundbeschichtung und für die Deckbeschichtung die gleichen Bindemittel, aber verschiedene Pigmente eingesetzt.

Pigmente für Grundanstriche auf Eisen und Stahl

Für den eigentlichen Korrosionsschutz sind die sogenannten **Rostschutzpigmente** der Grundanstrichstoffe, z. B. **Zinkstaub und Zinkphosphat**, verantwortlich. Eisenoxid wird oft als Ersatzpigment für die giftigen Bleimennige im Innenraum verwendet.

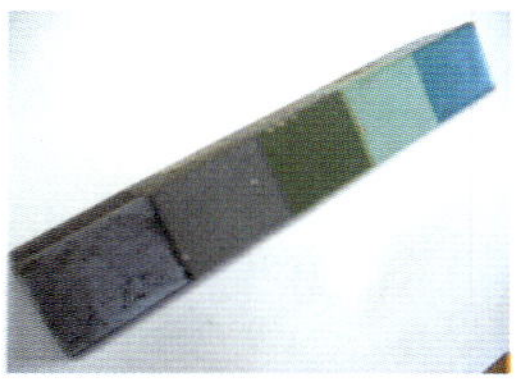

Pigmente für Deckanstriche auf Eisen und Stahl

Für Rostschutzdeckanstriche werden spezielle Pigmente wie **Eisenglimmer** und **Aluminiumpulver** eingesetzt. Für Deckanstriche können aber auch alle Lackfarben mit den üblichen Pigmenten verwendet werden.

GA = Grundanstrich

Bindemittel für den Korrosionschutz auf Eisen und Stahl

Als Bindemittel für Korrosionsschutzgrund- und Deckanstriche haben sich folgende Arten bewährt:

- **Alkydharze** (gute Haftung, für normale Rostschutzanstriche)
- **Epoxidharze** (gut chemikalienbeständig, für hochwertigen Rostschutz)
- **Polyurethanharze** (sehr gut witterungs- und chemikalienbeständig)
- **Acrylharze** (gute Haftung und besonders wetterbeständig)
- **Mischpolymerisatharz** (Korrosionsschutzgrund und als Dickschichtmaterial, sehr gute Haftung)
- **Chlorkautschuk** (besonders wasser- und chemikalienbeständig)
- **Bitumen** (besonders wasserbeständig)

Rostschutzpigmente:
- Zinkstaub
- Zinkphosphat
- Eisenglimmer

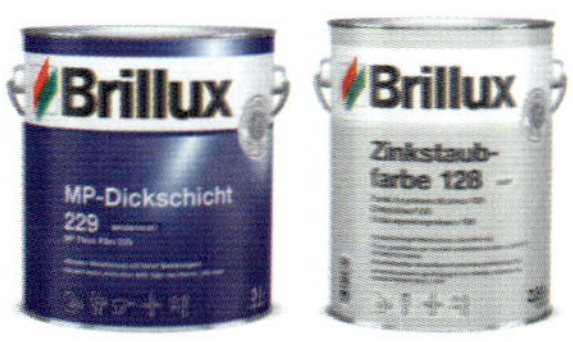

Für Korrosionsschutzbeschichtungen eignen sich alle fünf Auftragsverfahren. Die Beschichtung muss sofort nach dem Entrosten erfolgen, weil die Korrosion gleich wieder einsetzt und dadurch die Gefahr der Unterrostung entsteht.

Korrosionsschutzbeschichtung an einer Fußgängerbrücke

18.6 Nichteisenmetalle

NE-Metalle sind schwierige Untergründe. Sie erschweren oft wegen ihrer dichten, öligen oder fettigen Oberfläche die Haftung. Durch geeignete Vorarbeiten und spezielle Grundanstrichstoffe (Haftgründe) lassen sich dauerhafte Beschichtungen erzielen.

Für langlebige Beschichtungen von NE-Metallen sind wichtige Untergrundprüfungen, sorgfältige Vorarbeiten und fachgerechte Beschichtungen erforderlich.

Stahlbauteile können durch einen **Überzug aus Zink** bestens gegen Korrosion geschützt werden. Deshalb werden **Zinkbleche** oder **verzinkter Stahl** gerne als **Türen, Geländer, Verblendungen** und Schrauben eingesetzt. Es gibt unterschiedliche Verfahren der Verzinkung, z. B. die Feuerverzinkung, Spritz- oder galvanische Verzinkung. Bei der **Feuerverzinkung** wird der gereinigte Stahl in ein ca. 450 °C heißes Zinkbad (flüssiges Zink) getaucht. Diese Verzinkungsart ist an den silbrigen **Zinkblumen** erkennbar, die aber mit der Zeit matt und grau werden. Verzinkungen werden von aggressiven **Luftschadstoffen** angegriffen, deshalb benötigen sie eine fachgerechte Untergrundvorbereitung und Beschichtung.

Zink wird, wie andere Metalle auch, durch Korrosion belastet und bildet Weißrost. Da das Zink langsam abgetragen wird, bedarf es eines zusätzlichen Schutzanstriches. Aber auch aus optischen Gründen werden Verzinkungen (metallisches Grau) oft nachträglich beschichtet.

NE-Metalle	Vorarbeiten	Beschichtung
Zink und verzinkte Bauteile 	Die Reinigung der Zinkoberfläche erfolgt mit einer **Netzmittelwäsche**: 10 l Wasser und 0,5 l 25%ige Ammoniaklösung (Salmiakgeist) und zwei Verschlusskappen Netzmittel. Zinkoberfläche mit Salmiaklösung und Kunststoffvlies bis zur Schaumbildung nass schleifen. Nach kurzer Einwirkzeit nachschleifen und mit Wasser gründlich nachwaschen.	Die Beschichtung kann normal- oder dickschichtig erfolgen. Geeignete Beschichtungsstoffe: – **modifizierte Alkydharzlacke** (Allgründe oder Zinkhaftgründe) – **Acryldispersionslacke** – **Epoxid- und Polyurethanharz** (z. B. Grundierungen und Lacke) – **Polymerisatharzlacke** – **Dispersionsfarbe** Ungeeignete Beschichtungsstoffe: – **normale Alkydharzsysteme** – **Wash- oder Universalprimer**

Andere NE-Metalle, wie Aluminium, Blei oder Kupfer werden auch beschichtet. **Aluminium** kommt als Beschichtungsuntergrund häufig am Bau und noch öfter im Fahrzeugbau (für Lkw-Aufbauten) vor. Aluminium bildet eine natürliche, schützende Oxidschicht. Künstlich kann die Oxidschicht durch das **Eloxalverfahren** noch verstärkt werden. Dadurch wird die Aluminiumoberfläche widerstandsfähiger. **Eloxiertes Aluminium** gibt es in verschiedenen Eloxalfarbtönen, z.B. für Außenfensterbänke, Fassadenbekleidungen und Profile für Türen und Fenster.

NE-Metall	Vorarbeiten	Beschichtung
rohes und eloxiertes Aluminium	Aluminiumuntergründe müssen vor der Beschichtung gründlich gereinigt werden. Für metallisch blankes oder eloxiertes Aluminium gibt es folgende **Reinigungsarten**: – von Hand mit Nitroverdünnung und Schleifvlies – von Hand mit Kaltreiniger und Nachwaschen mit heißem Wasser – durch Dampfstrahlreinigung mit leicht saurem Phosphatreiniger	Auf Aluminium sind spezielle **Haftgrundierungen** erforderlich. Auf eloxiertem Aluminium sollte vor einer Epoxidharzgrundierung ein metallreaktiver Haftgrund, z.B. 1K- oder 2K-Wash-Primer, aufgebracht werden. Für die Zwischen- und Schlussbeschichtung sind Anstrichsysteme auf Alkydharz-, Polymerisatharz-, Acrylharz- oder Epoxidharzbasis zu empfehlen.

Streichen Rollen Spritzen

NE-Metalle:
Zink, Zinn, Kupfer, Aluminium, Blei u. a.

Lackabplatzungen auf verzinktem Untergrund

Wichtig!
Bei vorhandenen Altbeschichtungen ist die Tragfähigkeit durch einen Gitterschnitt zu überprüfen.

Anstrichaufbau auf verzinktem Stahl

Aluminiumuntergründe:
- Fensterbänke
- Verkleidungen
- Hinweisschilder
- Leuchtbuchstaben
- Profilstäbe u. a.

Verfärbungen bei NE-Metallen (Oxidschicht):
Kupfer wird schwarzbraun und später türkisgrün.
Aluminium wird hell- bis dunkelgrau.

Vergoldungen werden mit gelber Lackfarbe unterlegt.

Kupfer und Blei werden seltener beschichtet. Soll jedoch die schöne rote Kupferfarbe erhalten werden, muss Kupfer mit einer **farblosen Beschichtung** vor Oxidation geschützt werden. Dazu eignen sich Einkomponenten- und Zweikomponenten-acrylharzlacke. Für eine **deckende Beschichtung**, z.B. als Untergrund für Vergoldungen, wird ein Grundanstrich auf Epoxidharzbasis ausgeführt. Die Zwischen- und Schlussbeschichtung erfolgt dann mit Polyurethan- oder Acrylharzlackfarbe.

Eine dünne Beschichtung von NE-Metallen, z. B. bei Aluminium und Kupfer, verhindert, dass eine Oxidation der Oberfläche (chem. Reaktion von Metall mit Sauerstoff) stattfindet. Ohne die Beschichtung ergeben sich bei Feuchtigkeit und Witterungseinflüssen Verfärbungen.

Aufgaben

1. *Zählen Sie sechs Metalluntergründe auf.*
2. *Erklären Sie, was Legierungen sind und welche Vorteile sie haben.*
3. *Was ist eine Spannungsreihe und in welche zwei Gruppen werden Metalle aufgeteilt?*
4. *In welche zwei Gruppen unterteilt man die Metalle?*
5. *Nennen Sie fünf Nichteisenmetalle (NE-Metalle).*
6. *Welchen wichtigen Unterschied zwischen Eisen- und NE-Metallen gibt es?*
7. *Welche wichtigen Eigenschaften besitzen Metalle?*
8. *Erklären Sie die Bezeichnung „Korrosion“.*
9. *Wie lässt sich der Rostvorgang chemisch ausdrücken?*
10. *Nennen Sie die vier Korrosionsarten.*
11. *Was bedeutet der Begriff „Kontaktkorrosion“?*
12. *Welche Aussage haben die Rostgrade für Maler/-innen und Lackierer/-innen?*
13. *Was bedeutet der Entrostungsgrad „metallisch blank“?*
14. *Was sind Normreinheitsgrade bzw. Oberflächenvorbereitungsgrade?*
15. *Was versteht man unter Walzhaut und Zunder?*
16. *Zählen Sie die vier Entrostungsverfahren auf.*
17. *Nennen Sie je drei Werkzeuge und Geräte zur Entrostung.*
18. *Nennen Sie wichtige Voraussetzungen für einen dauerhaften Korrosionsschutz durch Beschichtungen.*
19. *Wie viele Schichten hat ein herkömmlicher Rostschutzanstrich?*
20. *Welche Schichtstärke muss ein Rostschutzanstrich mindestens haben?*
21. *Welche Aufgaben haben Rostschutzgrund- und Rostschutzdeckanstriche?*
22. *Warum muss eine Rostschutzbeschichtung gleich nach dem Entrosten ausgeführt werden?*
23. *Was sind Voraussetzungen für eine langlebige Beschichtung von NE-Metallen?*
24. *Welche Vorarbeiten sind bei Zinkuntergründen erforderlich?*
25. *Beschreiben Sie eine Beschichtung auf Aluminium.*
26. *Nennen Sie Gründe für eine Kupferbeschichtung.*

19 Holzuntergründe und ihre Beschichtungen

Lernsituation 19

Arten, Eigenschaften, Einteilung und Beschichtung von Holz zum Thema: „Holzuntergründe“

Situationsdarstellung:

Am Holzvordach des Eingangbereiches am Kindergartengebäude sollen die Holzbalken und die Untersicht aus Profi lbrettern einen Renovierungsanstrich bekommen. Der Auftraggeber wünscht, dass die Balken deckend farbig und die Profilbretter mit einer Holzschutzlasur behandelt werden. Der Meister verlangt von der Auszubildenden, sich über das Thema Holzuntergründe zu informieren. Als Informationsmaterial können Sie die Technischen Merkblätter 8 und 9, S. 227 und 228 verwenden.

Sie sollen sich Informationen über Holzuntergründe allgemein und speziell über Holzschutzanstriche und Holzbeschichtung beschaffen. Fachwissen zu diesem Thema können Sie durch die Bearbeitung der folgenden Arbeitsaufträge erwerben.

Arbeitsaufträge

1. *Nennen Sie **Holzuntergründe**, die von Maler/-innen beschichtet werden.*
2. *a) Beschreiben Sie den **Baustoff „Holz“**.*
   *b) Nennen Sie **Holzbestandteile** und ihre Aufgaben.*
   *c) Nennen Sie **Holzinhaltsstoffe**.*
3. *Nach welchen **Gesichtspunkten** kann Holz eingeteilt werden?*
4. *Nennen Sie **Eigenschaften** von Laub- und Nadelholz.*
5. *Beschreiben Sie den Zusammenhang zwischen **Feuchtigkeitsaufnahme** und **-abgabe**.*
6. *a) Nennen Sie Gründe für eine **Feuchtigkeitsmessung** von Holzuntergründen.*
   *b) Beschreiben Sie die **zulässige Holzfeuchtigkeit** vor Anstrichen.*
7. *Benennen Sie **Holzschädlinge** und die befallenen Hölzer*
   *a) bei **Insekten** und*
   *b) bei **Pilzen**.*
8. *a) Beschreiben Sie, welche Art von Baustoff **Holzwerkstoffe** sind.*
   *b) Nennen Sie **Vorteile** von Holzwerkstoffen.*
   *c) Benennen Sie **Holzwerkstoffe** und ihre Verwendung.*
9. *Beschreiben Sie **Untergrundmängel** und ihre Feststellung (Prüfmethode).*
10. *Beschreiben Sie die folgenden **Anstrichsysteme** auf Holz, mit Merkmalen, Vor- und Nachteilen:*
    *a) **deckende** Beschichtung*
    *b) **lasierende** Beschichtung*
    *c) **farblose** Beschichtung*
11. *Benennen Sie **Holzbeschichtungsstoffe** (Außenbereich) und ihre Bedeutung:*
    *a) für **nichtmaßhaltiges** Holz*
    *b) für **maßhaltiges** Holz*
12. *Beschreiben Sie den **Anstrichaufbau für Fensterbeschichtungen***
    *a) bei **deckenden** Beschichtungen und*
    *b) bei **Lasurbeschichtungen**.*

19.1 Holzbestandteile

Holz kommt am Bau in vielerlei Formen als Anstrichuntergrund vor. Es ist ein natürlicher, organischer Baustoff. Holz ist wie alle Pflanzen aus Zellen aufgebaut. Die Holzzellen sind kleine, längliche Hohlkörper, die dem Holz seine Festigkeit geben. Die Holzzellen wirken wie Kapillare (Haarröhrchen). Dadurch kann der Baum in den Wurzeln Feuchtigkeit und Nährstoffe aufnehmen und nach oben transportieren. Die folgenden Abbildungen zeigen die Struktur und den Aufbau des Holzes:

Holzuntergründe:
- Fachwerk
- Balken
- Fenster
- Fensterläden
- Treppen
- Geländer
- Decken- und Wandverkleidungen
- Fußböden
- Zäune
- Möbel

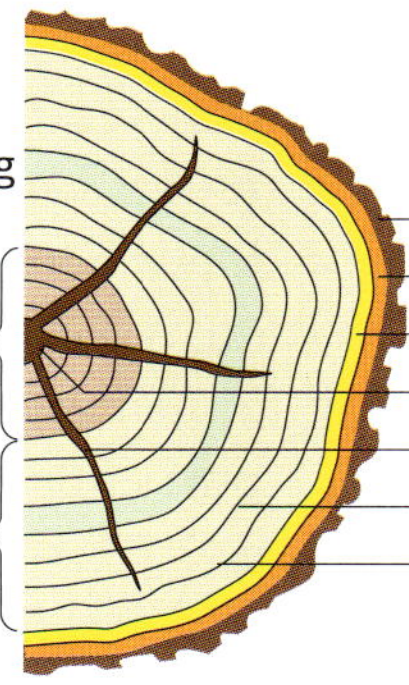

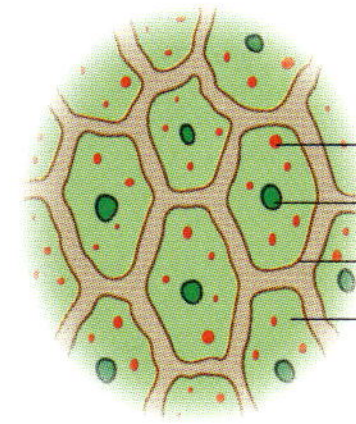

Aufbau des Holzes

Bestandteile im Holzquerschnitt	Beschreibung
Borke (äußere Baumrinde)	Die Borke ist die äußere Schicht der Rinde. Sie entsteht durch abgestorbenen Bast und Korkzellen, die den Baum vor äußeren Einflüssen schützen.
Bast (Schutzschicht)	Der Bast dient als Schutzschicht, in der die Transportleitungen für die Nährstoffe verlaufen.
Kambium (Wachstumsschicht)	Das Kambium ist eine dünne Gewebeschicht für das Dickenwachstum zwischen dem Splintholz und der Rinde.
Jahresring (zeigt das Baumalter)	Jahresringe entstehen durch das Frühholz, das im Frühjahr schneller wächst, und dem Spätholz, das im Sommer und Herbst langsamer wächst. Das helle Frühholz und das dunklere Spätholz bilden das Jahreswachstum.
Splintholz (aktive Holzschicht)	Es wird als der Teil des Holzes (Frühholzschicht) bezeichnet, der das Kernholz umgibt. Es reicht bis zum Bast und ist für den Wassertransport von den Wurzeln bis zur Baumkrone verantwortlich.
Kernholz (inaktive Holzschicht)	Das Kernholz ist das abgestorbene und nicht mehr aktive Splintholz. Es bildet die tragende (stabilisierende) und schützende Holzschicht, die durch die dunkle Farbe gut zu erkennen ist.

Borke (Rinde)

Splintholz = sehr **weich** und deshalb **anfällig für:**
- Pilz- und Insektenbefall
- Schwinden und Quellen

Kernholz = hart und deshalb **widerstandfähig** gegen:
- Pilz- und Insektenbefall
- Schwinden und Quellen

Holz ist ein gewachsener, natürlicher Baustoff aus unzähligen kleinen Zellen. Die Hauptbestandteile sind Zellulose und Lignin. Daneben besteht Holz aus Wasser und verschiedenen Holzinhaltsstoffen.

Inhaltsstoffe schützen vor Holzschäden und beeinflussen die Holzeigenschaften.

Die Zellwände bestehen aus **Zellulose** (Zellstoff), die das Gerüst des Holzes bilden. Der Zellkern befindet sich in der Zellenmitte und ist von der Zellflüssigkeit umgeben. Das **Lignin** hält die Zellulosefasern zusammen und gibt ihnen Stabilität. Durch Witterungseinflüsse, z. B. Sonnenlicht, vergraut ungeschütztes Holz, weil das Legnin durch **UV-Strahlen** zerstört wird. Eine helle Lasur oder ein Klarlack lassen das UV-Licht durch und eine **Vergrauung** kann trotz Beschichtung stattfinden. Vergrautes Holz ist kein tragfähiger Untergrund für einen Anstrich und lässt diesen abblättern. Die **Holzinhaltstoffe**, z. B. **Öle, Harze, Fette, Wachse, Gerb- und Farbstoffe**, sind je nach Baumart in unterschiedlichen Mengen im Holz. Sie schützen vor Holzschäden und beeinflussen die Holzeigenschaften.

Holzbestandteile und ihre Aufgaben:
Zellulose (80 – 90 %) bildet das Holzgefüge.
Lignin (20 – 40 %) versteift die Zellwände durch seine Kittwirkung.

Vor einer Beschichtung muss vergrautes Holz komplett durch Schleifen entfernt werden. Die Beschichtung von Hölzern mit einem hohen Anteil an Inhaltstoffen ist schwierig. Sie verlangt spezielle Vorarbeiten, z. B. müssen Aststellen lösemittelhaltig abgesperrt werden, damit Farbstoffe nicht durchschlagen.

19.2 Holzarten

Holz kann nach verschiedenen Gesichtspunkten eingeteilt werden:

- **nach der Herkunft** (einheimische Hölzer und Importhölzer)
- **nach der Härte** (Weich- und Harthölzer)
- **nach der Verwendung** (Bauholz und Furnierholz)
- **nach der Baumart** (Laub- oder Nadelholz)
- **nach dem Aussehen** (verschiedene Holzfarben)

Die Tabelle zeigt eine Übersicht über wichtige inländische und ausländische Nutzhölzer:

Holzname	Laub- und Nadelholz	Hart- und Weichholz	Herkunft	Verwendung
Ahorn	L	H	Deutschland	Tischplatten, Furnier
Birke	L	W	"	Schnittholz, Sperrholz,
Buche	L	H	"	Furnier
Eiche	L	H	"	Sperrholz, Furnier
Erle	L	W	"	Bauholz, Furnier
Esche	L	H	"	Sperrholz
Linde	L	W	"	Sperrholz
Nussbaum	L	H	"	Sperrholz, Furnier
Pappel	L	W	"	Innenausbau, Furnier
Ulme	L	H	"	Sperrholz
			"	Furnier, Täfelungen, Decken
Fichte	N	W	Deutschland	Bauholz, Sperrholz
Kiefer	N	W	"	Bauholz, Furnier
Lärche	N	W	"	Innenausbau
Tanne	N	W	"	Bauholz
Ebenholz	L	H	Ceylon, Afrika	Schnitzereien, Schalen
Nussbaum	L	H	Amerika	Innenausbau, Furnier
Teak	L	H	Indien, China	Furnier, Innenausbau
Gabun	N	W	Afrika	Sperrholz, Deckfurnier
Limba	N	W	Afrika	Sperrholz, Deckfurnier
Oregon-Pine	N	W	Amerika (USA)	Fenster, Türen, Decken
Redwood	N	W	Amerika (USA)	Bauholz

Laubhölzer können sowohl Weich- als auch Harthölzer sein. Nadelhölzer sind dagegen immer Weichhölzer.

Nadelhölzer sind harzhaltige Hölzer mit unterschiedlichem Harzgehalt. Harzstellen lösen auch nach längerer Zeit noch ölige Bindemittel des Anstrichs an und schlagen als Flecken durch. Als **tropische Hölzer** bezeichnet man Importhölzer, die aus tropischen Ländern kommen, z. B. aus afrikanischen oder südamerikanischen Regenwäldern. Sie haben viele **Holzinhaltsstoffe**, die bei der Beschichtung zu Farbtonänderungen, **Haftungs- und Trocknungsschwierigkeiten** führen.

Buche

Eiche

Tanne

Buche

Eiche

Fichte

Kiefer

Tanne

Harzstellen können Anstriche anlösen oder sogar abdrücken.

Holz arbeitet

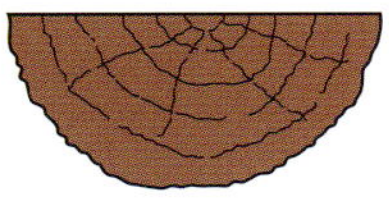

Holz

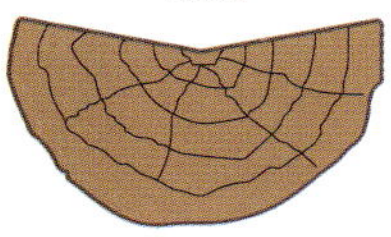

Quellen

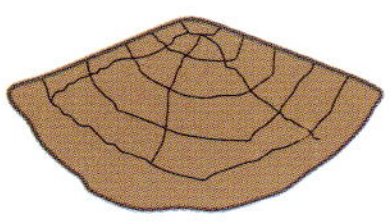

Schwinden

Die unterschiedlichen Holzarten haben auch verschiedene Eigenschaften. So sind **Harthölzer** härter, fester und schwerer als Weichhölzer. Innerhalb eines Baumes ist das Kernholz immer härter als das Splintholz. Die **Weichhölzer** sind aber meistens elastischer und besitzen größere Poren. Sie können deshalb auch mehr Feuchtigkeit aufnehmen.

19.3 Holzfeuchtigkeit

Holz hat die Eigenschaft, sich dem Feuchtigkeitsgehalt der umgebenden Luft anzupassen. Das heißt, es nimmt Feuchtigkeit auf, wenn die Luft feucht und nass ist. Dagegen gibt das Holz Feuchtigkeit ab, wenn die Luft trocken ist. Wenn das Holz Feuchtigkeit aufnimmt, dehnt es sich aus, es **quillt**. Wenn das Holz trocknet, zieht es sich zusammen, es **schwindet**. Beim Schwinden können in der Holzoberfläche Risse entstehen.

Feuchtigkeitsaufnahme → Quellen → Volumenvergrößerung
Feuchtigkeitsentzug → Schwinden → Volumenverkleinerung
Weil Holz sein Volumen verändert, sagt man, es „arbeitet".

Die verschiedenen Holzarten arbeiten unterschiedlich, Weichhölzer mehr als Harthölzer. Tropische Hölzer trocknen nur sehr langsam aus.

Holz enthält in seinen Fasern und Poren (Zellhohlräumen) Feuchtigkeit:

- **Frisch geschlagenes Holz enthält über 50 % Wasser.**
- **Trockenes Holz enthält unter 20 % Wasser.**

Vollständig trockenes Holz gibt es kaum, weil sich das Holz der umgebenden Luftfeuchtigkeit anpasst. Die zulässige Feuchtigkeit hängt von der Holzart und der Umgebung (innen oder außen) ab.

Holzuntergründe müssen vor der Beschichtung auf Feuchtigkeit überprüft werden.

Feuchtigkeitsmesser (Hydrometer)

Feuchtigkeitsmessung

Vor einer Beschichtung, besonders im Außenbereich, sollten Maler/-innen und Lackierer/-innen die Holzfeuchtigkeit messen. Mit einem **Feuchtigkeitsmesser**, einem sogenannten **Hydrometer**, lässt sich die Holzfeuchte in 5 mm Tiefe genau bestimmen. Dazu werden die Nagelmesselektroden des Messgerätes in das Holz eingeschlagen. Mit dem elektrischen Feuchtigkeitsmesser lassen sich Messwerte zwischen 6 % und 28 % ablesen. Die zulässige Holzfeuchtigkeit beträgt bei:

Beschichtungen im Außenbereich	– Nadelholz bis max. 15 % – Laubholz bis max. 12 % – Tropenholz bis max. 12 %	– maßhaltiges Holz 13 % (+/– 2 %) – nicht/begrenzt maßhaltig 18 %
Beschichtungen im Innenbereich	– Alle Holzarten zwischen 8 – 10 %	

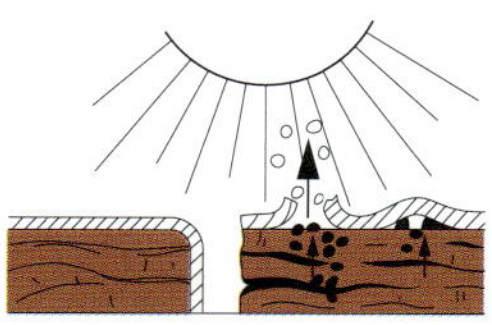

Feuchtigkeit im Holz

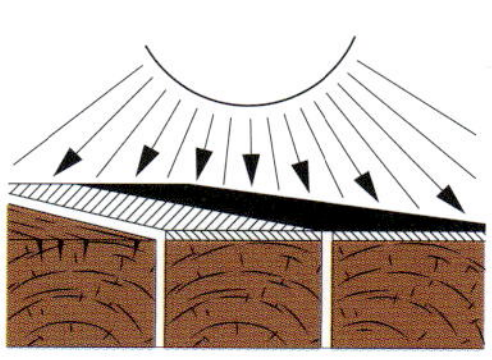

UV-Strahlen

Hohe Holzfeuchtigkeit führt mit der Zeit zu **Fäulnis** und bei dichten Anstrichen zu Blasen und Abplatzungen. Deshalb muss bei überhöhter Holzfeuchtigkeit abgewartet werden, bis die zulässigen Messwerte erreicht sind. Außerdem können feuchtigkeitsregulierende, sogenannte Ventilationsanstrichstoffe, zum Einsatz kommen.

Wenn feuchtes Holz beschichtet wird, so verdunstet das Wasser bei Erwärmung und es entsteht dabei Dampfdruck, der einen dichten Anstrich abdrücken kann. Deshalb muss Holz immer im getrockneten Zustand beschichtet werden.

Ultraviolette (UV-)**Strahlen** des Sonnenlichtes vergrauen die ungeschützten Holzoberflächen und zerstören sie. Durch deckende Anstriche werden die schädlichen UV-Strahlen vollständig und durch Lasuranstriche teilweise abgeschirmt.

19.4 Holzschädlinge

Nicht ausreichend geschütztes Holz kann nach der Verarbeitung von **Pilzen und Insekten** zerstört werden.

Insekten	**befallen hauptsächlich trockenes Holz**
Hausbock (großer Holzwurm) Splintholzkäfer Klopfkäfer Holzwespe	Sie zerstören verbautes Holz bzw. Möbel und Holzwerkstücke. Hierbei ist die Larve der eigentliche Holzzerstörer. Sie lebt im und vom Holz.
Borkenkäfer Kiefernspinner Eichenbock Holzwespe	Sie zerstören das Holz bereits im Wald, indem sie die Bäume befallen.
Pilze	**gedeihen hauptsächlich in feuchtem Holz**
Bläuepilz	Er entwickelt sich nur in sehr nassem Nadelholz und vermehrt sich schnell. Die Pilze verfärben das Holz, ohne es zu zerstören.
Hausschwamm und Kellerschwamm	Er ist der gefährlichste Holzpilz. Der Hausschwamm befällt vorwiegend Nadelholz und wächst bei einer Holzfeuchte von 20 % bis 30 %. Der Kellerschwamm benötigt 30 % bis 60 % Holzfeuchtigkeit.

Durch Schädlingsbefall gefährdetes **Holz im Außenbereich** muss vorbeugend oder bekämpfend mit **fungiziden oder insektiziden Anstrichstoffen** behandelt werden (siehe Holzschutzmittel auf Seite 205).

- Risse, Poren und Holzinhaltstoffe können beim Holz zu Beschichtungsproblemen führen.
- Feuchtigkeit, UV-Strahlen und Holzschädlinge können ungeschütztes Holz zerstören.
- Fachgerecht ausgeführte Holzschutzanstriche können Holz dauerhaft schützen und verschönern.

19.5 Holzwerkstoffe

Holz wird je nach seiner Beschaffenheit als Bauholz, als Massivholz für Möbel oder als Furnierholz verwendet. Dazu werden die Baumstämme im Sägewerk aufgeschnitten und zu Balken, Kanthölzern, Brettern, Latten, Leisten und Furnieren weiterverarbeitet. **Minderwertiges Holz** und Holzabfälle werden zu Fasern, Spänen, Holzwolle und Holzmehl zerkleinert. Unter Zusatz von Bindemitteln und unter Druck und Hitze werden daraus verschiedene Holzwerkstoffe hergestellt.

Holzwerkstoffe sind Platten, die aus Holzspänen, Holzfasern oder aus zusammengeleimten Furnieren hergestellt werden. Man unterscheidet Sperrholzplatten, Spanplatten und Holzfaserplatten.

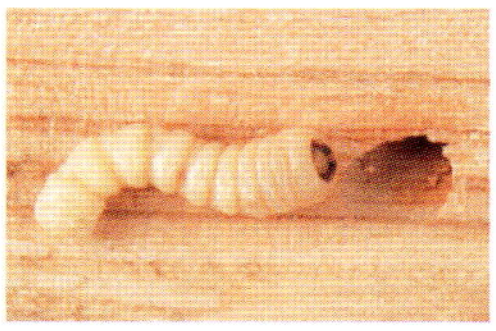

Holzwurm – Larve vom gewöhnlichen Nagekäfer

Holz von Bläue befallen

Hausschwamm

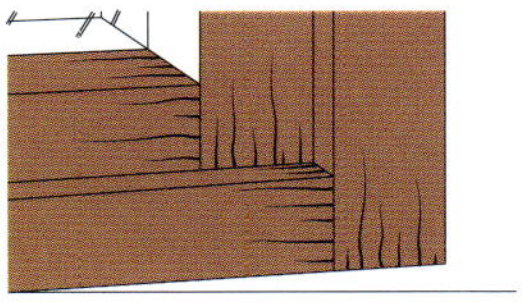

Risse im Holz

Harz (Inhaltsstoffe)

Holzwerkstoffe und ihre Vorteile:
- billige und vielfältige Werkstoffarten
- geringe Feuchtigkeitsaufnahme
- sie arbeiten weniger stark als Vollholz
- große Flächen sind möglich
- fertige Oberflächenbeschichtung

Sperrholzplatten werden in **Furnier- und Tischlerplatten** unterteilt.

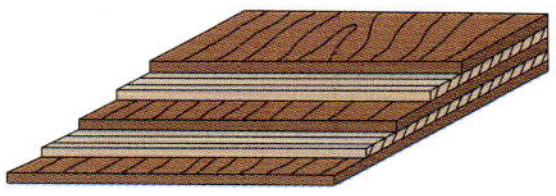

Aufbau einer Furniersperrholzplatte

Lackierte Multiplexplatte

Die **Siebdruckplatte** ist eine wetterfeste, stabile Multiplexplatte, die mit Phenolharz verleimt ist.

Beschichtete Spanplatte

MDF-Feuerschutzplatte

Holzfaserdämmplatte

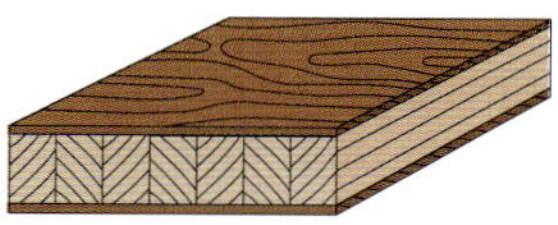

Aufbau einer Tischlerplatte

Spanplatten gibt es mit Kunststoff oder Schichtpressstoff fertig beschichtet.

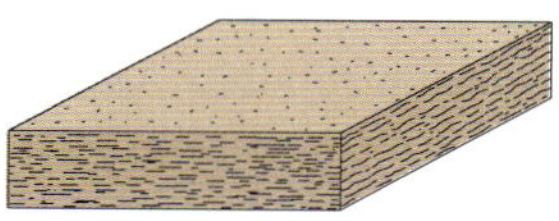

Aufbau einer Holzspanplatte

Holzfaserplatten (Hartfaserplatten) gibt es auch als **Weichfaserplatten**, die schwach gepresst als **Dämmplatten** verwendet werden.

Folgende Arten von Holzwerkstoffen werden unterschieden:

Holzwerkstoffarten		Beschreibung	Verwendung
Sperrhölzer	**Furnierplatte** (Furnierschichtholz) 	**Sperrholz** wird durch kreuzweises Verleimen von mindestens drei dünnen Holzschichten (Furnieren) auch wasserfest hergestellt. Das Holz ist gegen Quellen und Schwinden gesperrt.	Im Möbelbau für Schrankrückwände, Schubkastenböden und Tische, für Türfüllungen und im Bootsbau.
	Tischlerplatte (Baustabsperrholz) 	Diese **Verbundplatten** besitzen eine Innenlage aus Vollholzstreifen (Stabfüllung) mit beidseitiger dünner Holzfurnierschicht. Tischlerplatten sind sehr belastbar.	Im Möbelbau für Türen, Tisch- und Schrankplatten.
Spanplatten	**Holzspanplatte** (Mehrschicht) 	**Spanplatten** werden aus Holzspänen hergestellt und mit Kunstharzleim in einer Form zusammengepresst (Pressplatten). Auch als wasserfeste Ausführung und mit Holz- oder Kunststoffbeschichtung.	Im Möbelbau (auch mit Furnieren oder mit Kunststoff beschichtet) und für Platten und Türen.
	OSB-Platte (Oriented Strand Board) 	**Grobspanplatten** bestehen aus großflächigen Furnierstreifen oder Holzspänen. Es sind mindestens drei Lagen, die in der gleichen Richtung ausgerichtet und verleimt sind.	Für den Innenausbau im Trockenbereich und im Möbelbau, auch für tragende Zwecke im Feuchtbereich
Holzfaserplatten	**MDF-Platte** (mitteldichte Faserplatte) 	MDF-Platten sind **mitteldichte Holzfaserplatten**, die aus feinen Holzteilchen unter Druck gepresst sind. Mit Verleimung entstehen sehr feste, wetterbeständige Platten mit glatter Oberfläche.	In der Möbel- und Fußbodenindustrie, als Spanplattenersatz, für besonders fein und deckend lackierte Oberflächen.
	Hartfaserplatte 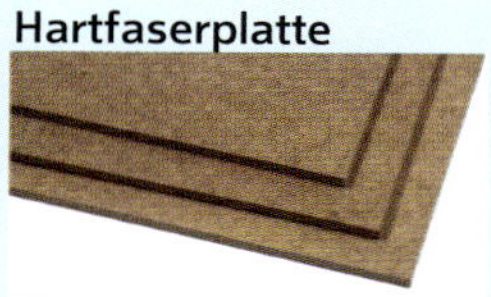	Bestehen aus Holzfasern und werden mit oder ohne Leim, dicht oder weniger dicht gepresst. Es gibt harte, mittelharte, poröse und kunststoffbeschichtete Holzfaserplatten.	Im Möbelbau, z. B. für Rückwände und Schubkastenböden Beschichtet werden sie für dekorative Wandbekleidungen verwendet.
	Weichfaserplatte (Naturbaustoffe) 	Es sind poröse Faserplatten, da sie aus Fasern von Nadelhölzern hergestellt werden. Die feuchten Holzfasern verkleben ohne Leim miteinander und bilden bei Trocknung eine verfilzte Struktur.	Sie sind gut zur Schall- und Wärmedämmung, z. B. als Dämmmaterial für Dächer, Wände und als Trittschalldämmung. (auch für WDVS)
	Holzwolleplatte (Leichtbauplatten) 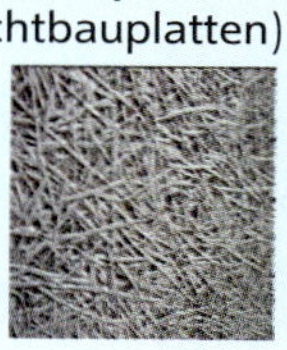	**Holzwolleplatten** sind nichtbrennbare Bauplatten. Die Holzwolle wird mit mineralischen Bindemitteln, z. B. Zement, gebunden und zu Platten gepresst.	Als Putzträger im Rohbau und an Fassaden, für Schall- und Wärmedämmung, z. B. an Betonstürzen und decken, und für den Brandschutz

MDF-Platten sind mitteldichte (Holz) Faserplatten, die aus feinzerfasertem, rindenfreiem Nadelholz bestehen. Durch eine schonende Verpressung mit Harnstoffharz entsteht ein homogener Werkstoff mit glatten und festen Kanten.

19.6 Holzschutz durch Anstriche

Ein **Holzanstrich** schützt gegen Witterungseinflüsse, sorgt für gleichbleibende Feuchtigkeit und beugt dem Pilz- und Insektenbefall vor. Bevor die eigentliche Beschichtung ausgeführt wird, ist eine Vorbehandlung des Holzes erforderlich. Dazu gehören das Entfernen von Harzen und Inhaltsstoffen und chemischer Holzschutz, vorbeugend bei gesundem Holz und bekämpfend bei befallenem Holz. Die **Art der Vorbehandlung** richtet sich nach dem Zustand des Anstrichuntergrundes.

Holzvorbehandlung:
- Entfernen von Harzen und Inhaltsstoffen
- chemischer Holzschutz (vorbeugend und bekämpfend)

Je nach Zustand des Holzes müssen vor einer Beschichtung Untergrundmängel beseitigt werden. Holzschutzanstriche schützen von Witterungseinflüssen, Feuchtigkeit, Pilz- und Insektenbefall.

Untergrundprüfung und -vorbehandlung

Die Untergrundprüfung beschränkt sich für Maler/-innen auf die Oberfläche des Holzes oder Holzwerkstoffes und die dort erkennbaren Mängel. Konstruktionsmängel der Holzbauteile, z. B. keine Ablaufneigung am unteren Fensterflügel (Wetterschenkel), muss der Malbetrieb schriftlich anzeigen. Bei diesen Bedingungen kann keine Gewährleistung für die Malarbeit übernommen werden.

Untergrundmängel	Prüfmethode/ Feststellung	Untergrundvorbehandlung
Unebenheit, Poren, Risse, abstehende **Holzfasern** 	durch Anschauen und Befühlen **unebene Oberfläche**	**Schleifen** nur in Faserrichtung, **Verkitten** von Nagel- oder Schraubenlöchern und ausgestochenen Harzstellen, **Spachteln** (nur für innen) mit Polyesterspachtel oder nach der Grundierung mit Lackspachtel. **Porenfüllen** mit Kitt aus Zellulosebindemittel oder Holzmehl.
Harzausfluss aus Harzgallen 	durch Anschauen und Befühlen **aufgeplatzter Altanstrich, klebriges Harz**	**Abwaschen** mit Lösemitteln (z. B.Nitroverdünnung), **Ausbrennen** der Harzstellen (Harzgallen), **Absperren** durch Auftragen von Sperrgründen (z. B. Polyurethan-Sperrgrund).
Holzinhaltsstoffe bei tropischen Hölzern 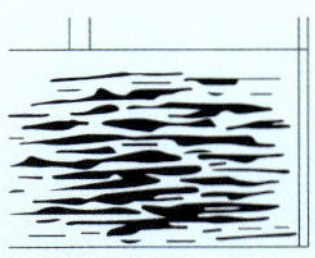	durch Anschauen und Befühlen **helle, z. T. staubende oder wachsartige Rückstände**	**Mit Aceton abwaschen**, dünnen **Sperrgrund** auf Polyurethanbasis auftragen.
scharfe Kanten und waagerechte Fensterprofile 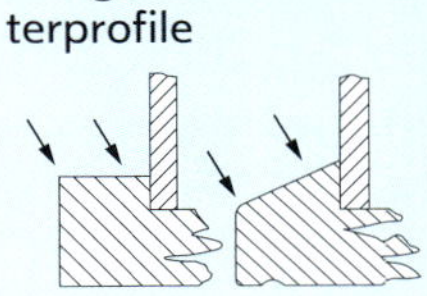	durch Anschauen **Feuchtigkeit bleibt stehen, Quellen und Fäulnis**	Die Ablaufneiguung muss durch den Schreiner geändert werden. Die **Kanten** sind durch Schleifen vom Maler zu **runden**. Der Radius sollte größer als 2 mm sein.

Zu hohe **Feuchtigkeit** ist ein wesentlicher Untergrundmangel.

Harzausfluss (Harzgalle)

offene Holzverbindungen

Holzdachgesims mit abblätterndem Altanstrich

deckende und lasierende Holzbeschichtung

Das **lasierende Anstrichsystem** lässt sich in offenporig und filmbildend unterteilen.

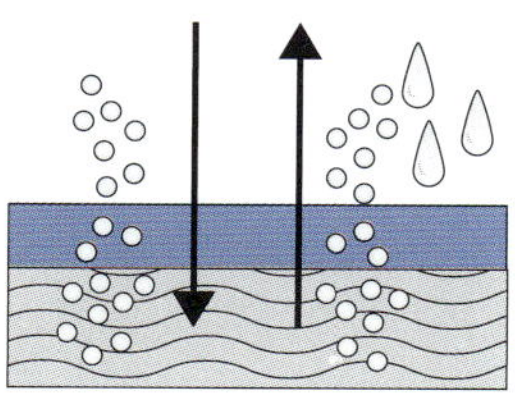

offenporiger Anstrich

Untergrundmängel	Prüfmethode/ Feststellung	Untergrundvorbehandlung
lose Eckverbindungen, Risse im Stirnholz, lose Glashalteleisten 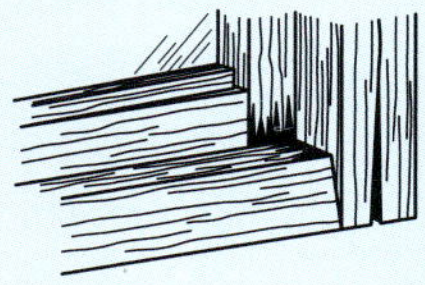	durch Anschauen **starke Risse, loser Altanstrich, feuchtes Stirnholz, Dunkelfärbung des offenliegenden Holzes, Fäulnis**	Glashalteleisten dürfen nur innen liegen. Losen Altanstrich entfernen, trocknen. Mit Holzschutzmittel grundieren, Eckverbindungen direkt oder durch Bohrlöcher imprägnieren. Kleine Stellen verkitten oder verspachteln. Große Fehlstellen mit Holzfüllmasse (2K-Material) verspachteln.
lose Äste oder Dübelstellen  	durch Anschauen **Äste sitzen nicht fest und haben eine Dunkelfärbung durch Feuchtigkeitsaufnahme** **Holzdübel haben andere Maserung**	Lose Äste müssen von einem Schreiner herausgenommen und durch Holzdübel ersetzt werden. Um die Ast- oder Dübelstellen zu verdecken, ist ein deckender Anstrichaufbau zu empfehlen.
aufgequollene Sperrholz- und Holzspanplatten 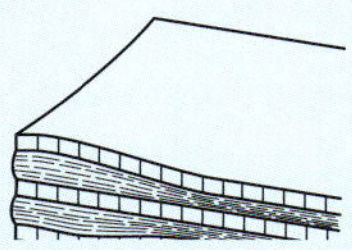	durch Anschauen **erhabene weiche Holzstellen durch aufgenommene Feuchtigkeit**	Schadensbehebung durch den Schreiner. Holzwerkstoffe sind nicht für Außenverwendung und Feuchträume geeignet. Neue Holzwerkstoffe müssen deshalb allseitig grundiert werden.
Tragfähigkeit alter Anstriche 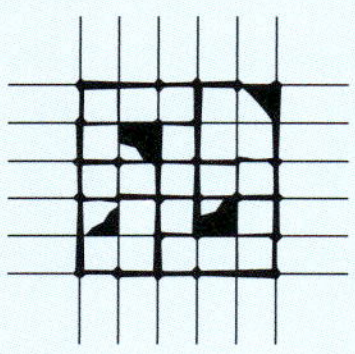	Kratzprobe, Gitterschnittprüfung oder Klebebandtest **Kratzspur platzt zackenartig auf, Abplatzungen am geschnittenen Gitter, Rückstände am Klebeband**	**Nicht tragfähige Altanstriche** sind restlos durch Schleifen, Abbrennen oder Abbeizen zu **entfernen**. Tragfähige Altanstriche sind mit Wasser +10 % Salmiakgeist oder Anlauger zu reinigen und mit klarem Wasser nachzupülen.

Beschichtungssysteme für Holz

Die verschiedenen Beschichtungssysteme auf Holz werden nach folgenden Gesichtspunkten ausgewählt:

- **nach der Anstrichbelastung** (Innen- oder Außenanstrich)
- **nach dem Anstrichobjekt** (maßhaltig oder nicht maßhaltig)

Die Tabelle zeigt eine Übersicht über die Anstrichsysteme:

Beschichtungssystem	deckend 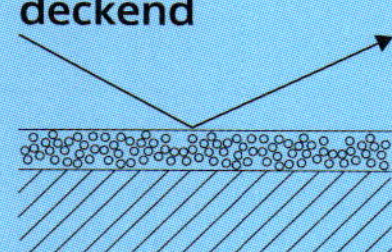	lasierend 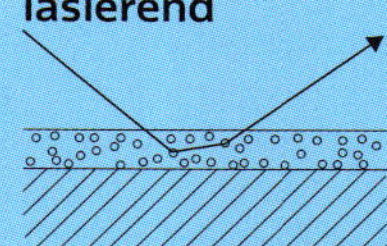	farblos 
Merkmale	– **viele Pigmente** – Untergrund wird verdeckt	– wenig Pigmente – Untergrund scheint durch	– keine Pigmente – Untergrund hat natürliches Aussehen
Vorteile	– farbiges Aussehen – haltbarer Untergrund – UV-geschützt	Holzstruktur bleibt sichtbar	– natürliche Holzfarbe – deutliche Holzstruktur

Beschichtungssystem	deckend 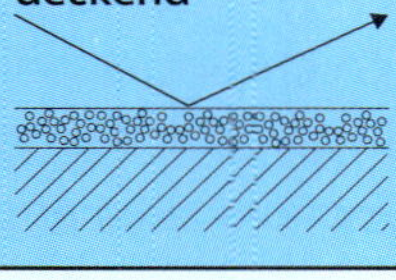	lasierend 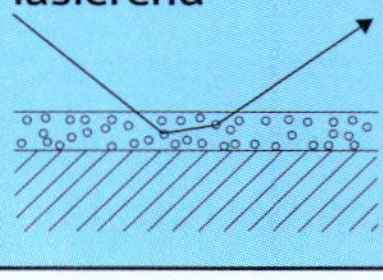	farblos 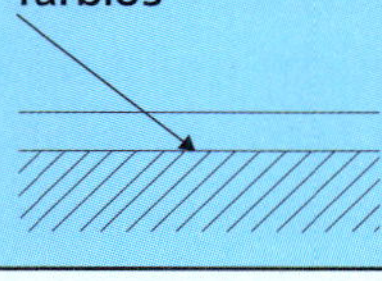
Nachteile	– Holzstruktur nicht sichtbar – aufwändige Renovierung	nur teilweise UV-geschützt	nicht UV-geschützt
bevorzugte **Anwendung**	– farbige Gestaltung – bei minderwertiger Holzqualität	– farbige Gestaltung – Holzmaserung soll sichtbar bleiben	bei fehlerfreiem, gut aussehendem, wertvollem Holz

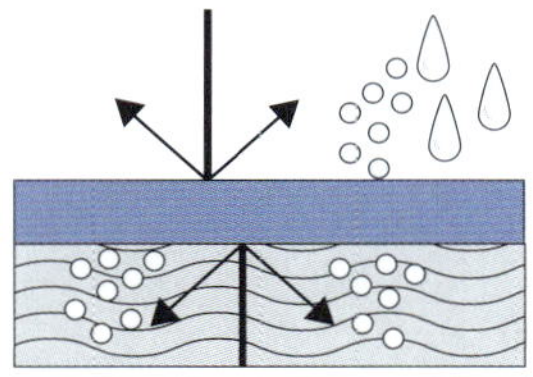

filmbildender Anstrich

- **Für deckende Holzanstriche** eignen sich Alkydharz- oder Acrylharzlackfarben.
- **Für lasierende Holzanstriche** gibt es Dünn- und Dickschichtlasuren auf Lösemittel- oder Wasserbasis.
- **Für farblose Holzanstriche** eignen sich Klarlacke auf Alkyd-, Acryl-, Polyurethan- oder Epoxidharzbasis.

Anstrich deckend und lasierend

Maßhaltigkeit nach DIN EN 927

Beschichtungsstoffe und Beschichtungssysteme für **Holz im Außenbereich** werden gemäß DIN EN 927-1 nach **Anwendungsstufen** eingeteilt, die sich auf die Maßhaltigkeit des Untergrundes beziehen. Dadurch lassen sich die Beschichtungssysteme entsprechend auswählen.

Anwendungsstufe	Beschreibung
maßhaltige Bauteile 	– Maßänderung durch Feuchteaufnahme und -abgabe nur in sehr geringem Umfang zulässig – z. B. fest verbundene Holzverbindungen wie Fenster und Türen – Feuchtigkeit darf 15 % nicht überschreiten
begrenzt maßhaltige Bauteile 	– Maßänderung durch Feuchteaufnahme und -abgabe nur in begrenztem Umfang zulässig – z. B. Nut- und Federverbretterungen, Fensterläden und Dachuntersichten – Feuchtigkeit darf 18 % nicht überschreiten
nicht maßhaltige Bauteile 	– Maßänderung durch Feuchteaufnahme und -abgabe in unbegrenztem Umfang zulässig – z. B. Zäune und Verbretterungen – Feuchtigkeit darf 18 % nicht überschreiten

Maßhaltiges Holz: Fenster und Türen
Begrenzt maßhaltiges Holz: Fensterläden
Nicht maßhaltiges Holz: Verbretterungen

Merke:
Holzimprägnierungen und Holzschutzlasuren enthalten Wirkstoffe, wie z. B. **Fungizide** und **Insektizide**, die das Holz vor Pilz-, und Insektenbefall schützen.

deckender Anstrich auf Außenholz

Lasuranstriche:
Es werden **Dünnschicht-** (offenporig) und **Dickschichtlasuren** (filmbildend) unterschieden.

Außenbeschichtungen

Für nicht maßhaltiges Holz eignen sich Beschichtungen, die eine höchstmögliche Diffusionsfähigkeit zulassen, z. B. wässrige oder lösemittelhaltige **Imprägnier-** und offenporige **Holzschutzlasuren** und als deckende Beschichtungen, wässrige **Wetterschutzfarben** auf Acrylbasis. Jedoch müssen in kurzen Zeitabständen von zwei bis vier Jahren bei Lasuren und vier bis sechs Jahren bei deckenden Systemen **Überholungsanstriche** durchgeführt werden.

Für begrenzt maßhaltiges Holz eignen sich ebenfalls wässrige oder lösemittelhaltige **Imprägnier-** und offenporige **Holzschutzlasuren** und als deckende Beschichtungen wässrige Wetterschutzfarben oder Dispersionslacke auf Acrylbasis. Die **Überholungsanstriche** sind in gleichen Zeitabständen wie bei nicht maßhaltigen Holzuntergründen nötig.

Für maßhaltiges Holz eignen sich für Lasurbeschichtungen Kombinationen aus **Dünn-** und **Dickschichtlasuren** und für deckende Anstriche lösemittelhaltige **Alkydharz-** oder wässrige **Acryllacke**. **Überholungsanstriche** sind bei wässrigen Systemen nach drei bis vier Jahren und bei lösemittelhaltigen Systemen nach vier bis sechs Jahren nötig. Bei Fensterlacken gibt es spezielle **Ventilationslacke**, die diffusionsoffen sind und Feuchtigkeit (Wasserdampf) entweichen lassen.

Alte Holzbeschichtungen entfernen

Wenn eine **alte Holzbeschichtung** nicht mehr tragfähig ist, muss sie vollständig entschichtet werden. Dazu gibt es verschiedene **Entschichtungsverfahren**, die je nach Untergrundsituation angewendet werden können. Je nach Größe der Holzfläche, kann ein Altanstrich von Hand, mit Maschinen oder Geräten entfernt werden.

Beim **Entschichten von bleihaltigen Altbeschichtungen** unbedingt Atemschutz und Schutzkleidung tragen.

Entschichtungs-verfahren	Beschreibung	Arbeitsschutz
Abschleifen (von Hand oder mit Maschine)	mit Schleifklotz, Schleifschwamm oder Schleifpads Schleifmittel: Schleifpaier, -gitter oder -vlies. mit Maschinen: Exzenter-, Schwing-, Dreieck- oder Parkettschleifer	– Staubabsaugung – Staubmaske (P2) – Staubmaske (P3) (bei Eichenholzstaub)
Abschaben/ Abbürsten (mit Handschaber oder Drahtbürste)	mit Farb- oder Zugschaber, Ziehklinge oder Messingdrahtbürste bei begrenzt oder nichtmaßhaltigen Holzkonstruktionen	– Schutzhandschuhe – Schutzbrille
Abbrennen (durch Hitze oder Flamme)	Mit Heißluftföhn und Abbrennspachtel oder Propangasabbrenngerät nur für Öl- und Alkydharz-Lackschichten geeignet, nicht bei offenporigen Lasuren (dünne Schicht) und nicht bei Dispersionslacken (zieht Fäden)	– Schutzhandschuhe – Schutzkleidung – evtl. Atemschutz
Abbeizen/ Ablaugen (Abbeizer und Natronlauge)	Lösemittelhaltige Abbeizer quellen den Altananstrich (Dispersions-, Öl- und Alkyharzlacke) Laugen verseifen ölige Bindemittel und lösen damit ölhaltige Lacke (Öl- und Alkydharzlacke).	– im Innenbereich Atemschutz – Schutzhandschuhe und Schutzkleidung – Schutzbrille

Heißluftföhn mit Abbrennspachtel

Übliche Fensterbeschichtungen

Anstrichart	deckende Anstriche	Lasuranstriche
vor dem Einbau Neuanstriche	**1. Grundanstrich** bei Nadelholz: mit Holzimprägnierung bei Laubholz: mit Holzgrund **2. Zwischenanstrich** mit geeigneter Fensterfarbe, z. B. Alkydharz- und Dispersionslackfarben	**1. Grundanstrich** bei Nadelholz: mit Holzimprägnierung bei Laubholz: mit Holzschutzlasur **2. Zwischenanstrich** mit Holzschutzlasur Nach dem Einbau nicht mehr zugängliche Flächen mit Alkydharzlack streichen.
nach dem Einbau	**3. Zwischenanstrich** mit geeigneter Fensterfarbe **4. Schlussanstrich** mit geeigneter Festerlackfarbe	**3. Zwischenanstrich** mit Holzschutzlasur **4. Schlussanstrich** mit Dickschichtlasur
Überholungsanstriche	**1. Grundanstrich** bei Nadelholz: rohe Holzstellen mit Holzimprägnierung bei Laubholz: rohe Holzstellen mit Holzgrund **2. Zwischenanstrich** nur die vorgestrichenen Stellen mit geeigneter Fensterfarbe **3. Kittarbeiten** **4. Zwischenanstrich** ganze Fläche mit geeigneter Fensterfarbe **5. Schlussanstrich** ganze Fläche mit geeigneter Fensterlackfarbe	**1. Grundierung** bei Nadelholz: rohe Holzstellen mit Holzimprägnierung bei Laubholz: rohe Holzstellen mit Holzschutzlasur **2. Zwischenanstrich** nur die vorgestrichenen Stellen mit Holzschutzlasur **3. Kittarbeiten** **4. Zwischenanstrich** ganze Fläche mit Holzschutzlasur oder Dickschichtlasur **5. Schlussanstrich** ganze Fläche mit Dickschichtlasur

Innenbeschichtungen

Es gibt verschiedene Möglichkeiten für die Beschichtungen auf Innenholz:

- **farblose Anstriche** (überwiegend Zwei- und Einschichtsysteme)
- **lasierende Anstriche** (offenporig oder filmbildend)
- **deckende Anstriche** (verschiedene Anstrichsysteme)

Neben dem herkömmlichen Anstrichsystem mit **Grundierung, Spachtelung, Zwischen- und Schlussanstrich** gibt es für deckende Anstriche noch andere Systeme:

Klarlackierung

Beschichtungssysteme für deckende Anstriche	
1. Verschließen der Poren mit Porenfüller 2. Verkitten bzw. Spachteln der Löcher 3. Beschichten mit Streich- oder Spritzfüller 4. Beschichten mit Alkydharzlackfarbe	1. Verkitten der Löcher mit Polyesterspachtel 2. Füllen mit Polyurethanfüller 3. Schlussbeschichtung mit Alkydharz- oder Polyurethanharzlackfarbe

Die Anstrichsysteme sind ohne die nötigen Schleifarbeiten dargestellt.

Aufgaben

1. *Nennen Sie sechs verschiedene Holzuntergründe.*
2. *Beschreiben Sie den Aufbau von Holz.*
3. *Benennen Sie die Holzbestandteile und ihre Aufgaben in Kurzform.*
4. *Nennen Sie je vier einheimische Laub- und Nadelhölzer.*
5. *Welche Holzinhaltstoffe können Anstrichschäden hervorrufen?*
6. *Welches sind die Ursachen und Auswirkungen von Quellen und Schwinden?*
7. *Wie ist die zulässige Holzfeuchtigkeit bei Außen- und Innenbeschichtungen?*
8. *Warum muss Holz im trockenen Zustand beschichtet werden?*
9. *Welche Auswirkungen haben UV-Strahlen auf ungeschütztes Holz?*
10. *Welche Arten von Holzschädlingen gibt es?*
11. *Erklären Sie den Begriff „Holzwerkstoffe“.*
12. *Welche drei Arten von Holzwerkstoffen werden unterschieden?*
13. *Nennen Sie zwei Arten von Sperrhölzern und was sie unterscheidet.*
14. *Beschreiben Sie eine Spanplatte in Kurzform.*
15. *Was sind Weichfaserplatten und welche Einsatzbebiete haben sie?*
16. *Beschreiben Sie Holzwolleplatten und ihren Einsatz.*
17. *Vor welchen Einwirkungen schützen Holzschutzanstriche?*
18. *Welche Mängel finden Maler/-innen und Lackierer/-innen bei Holzuntergründen?*
19. *Beschreiben Sie die Vorbehandlung bei unebenen und rissigen Holzuntergründen.*
20. *Wie ist Holz bei Harzausfluss vorzubehandeln?*
21. *Wie kann die Tragfähigkeit alter, deckender Holzanstriche überprüft werden?*
22. *Welche drei Beschichtungssysteme für Holz werden unterschieden?*
23. *Welche Entschichtungsverfahren kennen wir bei Holzaltanstrichen?*
24. *Welche Anstrichstoffe sind für lasierende Holzanstriche geeignet?*
25. *Beschreiben Sie den Aufbau einer deckenden Fensterbeschichtung.*
26. *Welche Schichten hat ein deckender Innenanstrich auf Holz?*

20 Kunststoffe

Lernsituation 20

Arten, Eigenschaften, Einteilung und Beschichtung zum Thema: „Kunststoffuntergründe“

Situationsdarstellung:
Die ausgebleichten Kunststoffrollläden sollen gemäß Angebot ebenfalls einen neuen Anstrich bekommen. Der Auftraggeber möchte die noch funktionsfähigen Rollläden erhalten und durch eine Beschichtung schützen und verschönern. Die Meisterin verlangt vom Auszubildenden, sich auch über das Thema Kunststoffuntergründe zu informieren.

Sie sollen sich Informationen über Kunststoffuntergründe, Kunststoffarten und ihre Beschichtung beschaffen. Kenntnisse zu diesem Thema können Sie durch die Bearbeitung folgenden Arbeitsaufträge erwerben.

Arbeitsaufträge

1. *Nennen Sie* ***Kunststoffuntergründe****, die von Maler/-innen beschichtet werden.*
2. *Nennen Sie Gründe für eine* ***Innen- und Außenbeschichtung****.*
3. *a) Aus welchen* ***Rohstoffen*** *werden Kunststoffe hergestellt?*
   b) Nennen Sie die verschiedenen ***Molekülarten*** *der Kunststoffe.*
4. *Erklären Sie den* ***Begriff „Kunststoffe“****.*
5. *Beschreiben Sie die verschiedenen* ***Eigenschaften von Kunststoffen*** *nach ihrem Verwendungszweck.*
6. *Benennen und beschreiben Sie die* ***Kunststoffarten*** *nach ihrem Molekülaufbau.*
7. *Nennen Sie Kunststoffart, Kurzzeichen und Einsatzgebiete*
   a) von ***Plastomeren****,*
   b) von ***Duromeren*** *und*
   c) von ***Elastomeren****.*
8. *a) Nennen Sie* ***Plastomere****, die nicht überstreichbar sind.*
   b) Nennen Sie ***Elastomere****, die nicht überstreichbar sind.*
9. *Beschreiben Sie Untergrundmängel bei Kunststoffuntergründen.*
10. *Beschreiben Sie die umweltschonende* ***Untergrundvorbehandlung*** *vor einer Kunststoffbeschichtung.*
11. *Beschreiben Sie mögliche* ***Grundanstriche*** *auf Kunststoffen:*
    a) auf ***Plastomeren***
    b) auf ***Duromeren***
12. *Was sollte bei der* ***Beschichtung von Kunststofffenstern*** *und* ***-türen*** *beachtet werden?*

Kunststoffuntergründe im Innenbereich:
- Fensterbänke
- Türen, Türrahmen
- Fußleisten und Fußprofile
- Möbel
- Wandbekleidungen
- Deckenplatten
- Stuckimitationen

Kunststoffuntergründe im Außenbereich:
- Fenster
- Türen
- Rollläden
- Dachrinnen
- Fallrohre
- Fassadenverkleidungen
- Balkonverkleidungen

Die **fettgedruckten** Begriffe, sind die Kunststoffuntergründe, die von Maler/-innen und Lackierer/-innen bearbeitet werden.

20.1 Kunststoffuntergründe

Kunststoffe als Anstrichuntergründe am Bau haben in den letzten Jahren enorm zugenommen. Sie sind sowohl im Innen- als auch im Außenbereich zu finden:

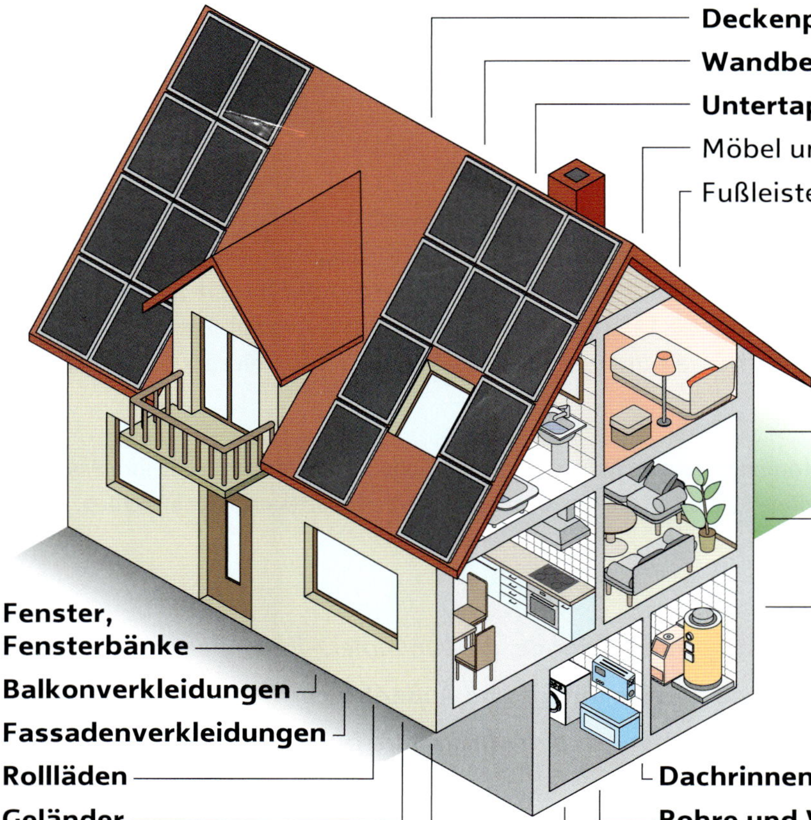

Fassaden- und Balkonverkleidungen, Fenster- und Türrahmen, Rollläden und Sockelleisten bestehen meist aus Hart-PVC oder anderen Kunststoffen. Diese Untergründe erhalten sowohl aus optischen Gründen, als auch wegen der Schutzwirkung einen Anstrich.

Kunststoffe altern durch Witterungseinflüsse mit der Zeit an der Oberfläche oder werden durch mechanische Beschädigungen und Oxidation unansehnlich. Daneben sprechen, der Oberflächenschutz, eine Verschönerung und die besseren Reinigungsmöglichkeiten von Kunststoffbauteilen für eine Beschichtung.

Im Innenbereich	Im Außenbereich
Kunststoffe brauchen Schutz durch Farbe, weil der tägliche Gebrauch zu Abnutzungen führt. Das kann Vermattung, Verkratzung und Verschmutzung zur Folge haben. Die Flächen werden unansehnlich und lassen sich nicht mehr gut pflegen.	Kunststoffe brauchen Schutz durch Farbe, weil Witterungs- und Alterungseinflüsse und insbesondere die UV-Strahlen der Sonne die Kunststoffe angreifen. Das kann zu Vermattung, Vergilbung, Versprödung, Ausbleichen und Rissbildung führen. Der Kunststoff wird unansehnlich und mit der Zeit zerstört.
Gründe für eine Innenbeschichtung: – Widerstandsfähigkeit gegen Abnutzung – passende Farbgestaltung – Staubanziehung aufheben – Kunststoffteile gegen Reinigungsmittel widerstandsfähiger und pflegeleichter machen	Gründe für eine Außenbeschichtung: – Neubeschichtung nach Verwitterung – Verbesserung der Pflegeleichtigkeit – spezieller Farbtonwunsch – farbliche Neugestaltung bei der Gebäude-renovierung

20.2 Herstellung und Aufbau

Kunststoffe sind künstlich (synthetisch) hergestellte Stoffe. Sie bestehen aus organischen, chemischen Verbindungen. Das **Grundelement** ist der **Kohlenstoff**, der hauptsächlich aus **Erdöl oder Kohle** gewonnen wird. Die kleinsten Bauteilchen der Kunststoffe sind sogenannte **Makromoleküle**, die sich aus vielen gleichen oder ähnlichen Molekülen zusammensetzen. Die Makromoleküle werden durch **Polymerisation, Polykondensation** und **Polyaddition** aufgebaut.

Kunststoffe (auf Englisch: plastics) sind künstlich hergestellte, organische Stoffe. Sie bestehen aus Makromolekülen (Großmolekülen), die hauptsächlich aus Kohlenstoff- und Wasserstoffatomen bestehen.

Kunststoffrohstoffe

Stuhl aus Kunststoff

Die pulverförmigen oder auch flüssigen Rohstoffe für die Kunststoffherstellung dienen **auch als Bindemittel für Klebe- und Anstrichstoffe**, so z. B. für Dispersionskleber und -farben oder Acryl- und Polyurethanharzlacke. **Meistens** werden jedoch aus den Rohstoffen **feste Kunststofferzeugnisse** geformt, die Maler/-innen und Lackierer/-innen als Anstrichuntergründe beschichten müssen.

Kunststoffe werden durch Zugabe von
- Weichmachern (elastisch)
- Pigmenten und Füllstoffen (farbig)
- UV-Absorbern, (UV-strahlengeschützt)

hergestellt.

Eigenschaften

Es gibt eine große Anzahl von Kunststoffen, die je nach Verwendungszweck verschiedene Eigenschaften haben:

- **Chemische Beständigkeit** (Kunststoffe sind sehr beständig gegen Säuren, Laugen und Witterungseinflüsse, deshalb werden sie z. B. als Schutzschichten für Holz verwendet.)
- **Elektrisches Isoliervermögen** (Kunststoffe leiten den elektrischen Strom nicht und werden deshalb z. B. für Kabelisolierungen verwendet.)
- **Mechanisches Verhalten** (Kunststoffe können bei normalen Temperaturen elastisch, plastisch, weich, hart oder spröde sein.)
- **Unterschiedliches Temperaturverhalten** (Nach dem Temperaturverhalten unterscheidet man bei Kunststoffen nach Plastomeren und Duromeren.)
- **Unterschiedliche Löslichkeit** (Kunststoffe werden durch bestimmte Lösemittel angegriffen und teilweise aufgelöst, z. B. Polystyrol durch Nitroverdünnung.)

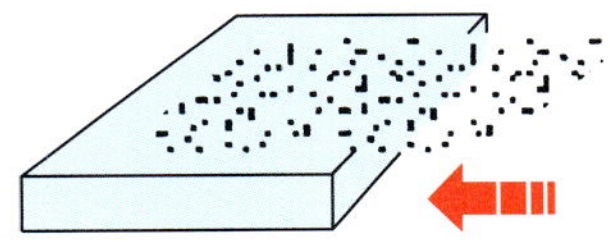
Staubanziehung durch elektrostatische Aufladung

20.3 Einteilung und Arten

Die Art des Kunststoffes ist wichtig für die Beurteilung der anstrichtechnischen Eignung von Kunststoffuntergründen. Nach ihrer inneren Struktur (Molekülaufbau) werden die Kunststoffe in drei Gruppen eingeteilt:

Struktur:	 Fadenstruktur	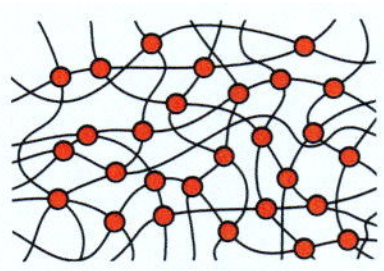 engmaschige Netzstruktur	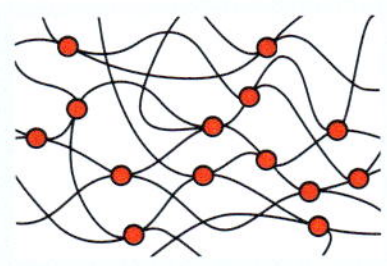 weitmaschige Netzstruktur
Moleküle:	nicht vernetzte Riesenmoleküle	stark vernetzte Riesenmoleküle	gering vernetzte Riesenmoleküle
Bezeichnung:	**Plastomere** (Thermoplaste)	**Duromere** (Duroplaste)	**Elastomere** (Elastoplaste)
Verformbarkeit:	warm verformbar	nicht verformbar	dauerelastisch
Beschichtung:	möglich	möglich	nicht möglich
Eigenschaften:	bei Erwärmung plastisch verformbar, bei Abkühlung wieder fest werdend, schmelzund schweißbar	hart und spröde, nicht umformbar, nicht schmelz- und schweißbar, unlöslich und temperaturbeständig	gummielatsisch, nicht schmelz- und schweißbar, Elastizität weitgehend temperaturabhängig quellbar

Die **Kunststoffe** unterteilt man in:

Plastomere

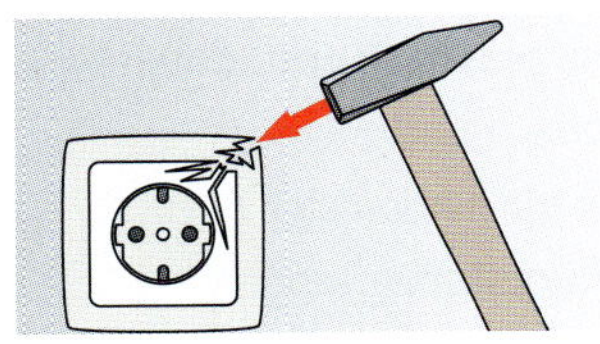
Duromere

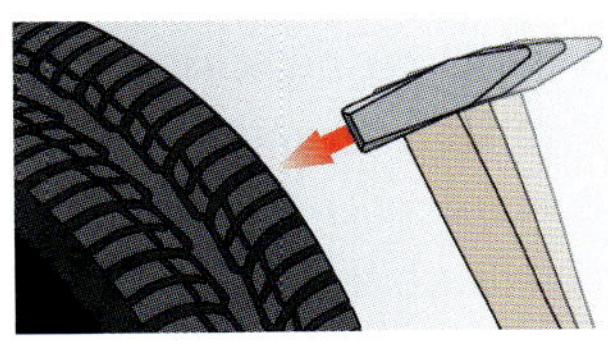
Elastomere

Plastomere sind
- durch Hitze verformbar: verschweißbar, nicht dunkel beschichten, mit Schleifgitter oder Schleifvlies schleifen
- **nicht lösemittelbeständig:** EPS-Platten nicht lösemittelhaltig grundieren

Folgende Kunststoffe (Plastomere) sind nicht überstreichbar, d. h. sie können nicht beschichtet werden, weil kein Anstrichstoff haftet:
- Polypropylen (PP)
- Polycarbonat (PC)
- Weich-PVC
- Polyethylen (PE)

Kunststoffgegenstände

Duromere
sind hart und nicht bei Erwärmung verformbar:
- auch mit Nassschleifpaier und härterem Schleifkorn aufraubar.
- **immer mit Haftgrund grundieren**
- **sind lösemittelbeständig**
- Einsatz lösemittelhaltiger Lacke

Elastomere
sind plastisch oder dauerelastisch und unterscheiden sich nach:
- **Rückstellvermögen** gehen wieder in die Ausgangslage zurück
- **Anstrichverträglichkeit** Dichtstoff verträgt sich mit angrenzenden Bauteilen und Beschichtungen.
- **Überstreichbarkeit** Dichtstoff kann überstrichen werden.

Übersicht über wichtige Kunststoffe

In der folgenden Tabelle sind die für das Berufsfeld „Farbe" wichtigsten Kunststoffe mit ihren genormten Kurzzeichen (nach DIN 7728) und Einsatzgebieten aufgeführt:

Kunststoffart (Handelsnamen)	**Kurzzeichen**	**Einsatzgebiete**
	Plastomere (Thermoplaste)	
Acrylnitril-Butadien-Styrol	**ABS**	Bauplatten, Fahrzeugteile, Sturzhelme, Spielzeug
Hartpolyvinylchlorid (Hostalit, Vestolit u. a.)	**PVC h** (Hart-PVC)	Dachrinnen, Regenfallrohre, Abflussrohre, Türen, Rollladen, Fenster, Fassadenplatten, Hartschaum, Balkonbrüstungen, Handlaufe
Polyamide	**PA**	Chemiefaser (Nylon), Maschinenteile, Heizöltanks
Polycarbonate	**PC**	Profile, Rohre, Behälter, Bauplatten, Öltanks
Polyethylen	**PE**	Planen, Folien, Behälter, Rohre, Geländer, Ausstattungsstoffe
Polyetheretherketon	**PEEK**	Dichtungen, Ventile
Polyethylenterephthalat	**PET**	Abdeckungen, Gehäuse, Zahnräder
Polymethylmetharcrylat (Acrylglas oder Plexiglas)	**PMMA**	Kunstglas, Werbeschilder in verschiedenen Farben
Polypropylen	**PP**	Gerate, Verpackungen, Gehäuse, Rohre, Zaune, Bauplatten
Polystyrol (Styropor)	**PS**	Platten, Möbelbau, Küchengeräte, Formteile, geschäumt als Wärmedämmstoff (Styropor) und als Untertapeten (Thermopete)
Weichpolyvinylchlorid (Pegulan u. a.)	**PVC w** (Weich-PVC)	Wand- und Bodenbeläge, Dichtungsprofile, Folien, Gerüstfolien, Schläuche, beschichtete Planen, Fuß- und Sockelleisten
	Duromere (Duroplaste)	
Epoxide	**EP**	Formteile, Klebstoffe, fugenlose Bodenbeläge, Beschichtungen
Phenol- und Melaminharze (Bakelit und Resopal)	**MF/PF**	Gehäuse, Sanitärartikel, dekorative Platten für Möbel und Innenausstattungen (kunststoffbeschichtete Spanplatten
Polyurethan (Desmodur)	**PUR**	Isolier- und Dekorationsschaum, Hartschaumplatten (Dämmplatten), Beschichtungen
Ungesättigte Polyester (Vestopal)	**UP**	Gießharz, glasfaserverstärkte Wellplatten oder Boote, Sitzmöbel, Karosserien, Wohnwagen, Fensterbänke, Gewächshäuser, Polyesterspachtel, Beschichtungen
	Elastomere (Elastoplaste)	
Ethylen-Propylen-Dien-Kautschuk	**EPDM**	Dichtungen, Dachfolien, Dachabdichtungen
Siliconkautschuk (Silopren)	**SI**	Dichtstoffe für Anschluss- und Bauteilfugen
Polyacrylat	**PAR**	Acryl-Dichtstoffe für Dehnungsfugen
Polysulfid-Kautschuk	**TPC-ET**	Dichtstoffe für Anschluss- und Bauteilfugen

GFK – Glasfaserverstärkter Kunststoff (Glasfaserkunststoff)
GFK ist ein Faser-Kunststoff-Verbund aus Kunststoff und Glasfasern. Als Grundlage werden sowohl Duroplaste als auch z. B. ungesättigtes Polysterharz (UP) oder Epoxidharz (EP) verwendet.

20.4 Beschichtung von Kunststoffen

Kunststoffe sind **schwierige Anstrichuntergründe**, weil sie oft Eigenschaften (Mängel) aufweisen, die zu Beschichtungsschäden führen können. Daher sollte der Maler/-innen und Lackierer/-innen Kunststoffe vor ihrer Beschichtung genau auf sichtbare und erkennbare Mängel überprüfen. So kann er feststellen, welche Vorbehandlung erforderlich ist.

Es ist insbesondere auf folgende **Mängel** zu achten:

- **Formtrennmittel wie Silicone und Wachse** (auf neuen Kunststoffen)
- **Verwitterungsprodukte, Fett und Schmutz** (auf älteren Kunststoffen). Diese Mängel führen bei Beschichtungen zu Haft- und Verlaufsstörungen. Sie müssen deshalb durch gründliche Reinigung restlos entfernt werden.
- **Weichmacher**, z. B. in weich-PVC-Kunststoffen (Die Weichmacher können in die aufgetragene Beschichtung auswandern und diese anlösen. PVC wird deshalb mit einem Grundanstrichstoff abgesperrt.)
- **Glatte, porenlose Kunststoffoberflächen** (Hart-PVC, GFK oder PF/MF). Sie werden mit einem Schleifvlies geschliffen, um die Oberfläche rau und griffig zu machen, damit der Anstrichstoff gut haften kann.
- **Beschädigungen wie Löcher und Risse** (in älteren Kunststoffoberflächen). Sie lassen sich mit Polyesterspachtel oder Reparaturmasse ausfüllen und bearbeiten.

Prüfung auf	Prüfmethode	Beobachtung	Mängelbeseitigung
Verschmutzungen	Inaugenscheinnahme des Kunststoffuntergrundes	– Regenwasserabläufer – Mörtelspritzer	**Netzmittelwäsche** mit Kunststoffreiniger und Schleifvlies (Ammoniak/Wasser/Netzmittel)
Verwitterungsprodukte	Inaugenscheinnahme oder Abreiben mit der Hand	– raue Oberfläche – ausgeblichene Farbgebung – Kreidung	**Schleifen mit Schleifvlies** und Schleifreste entfernen
Fette, Öle und Trennmittel	Benetzungsprobe und Abputzen mit saugfähigem Tuch	– Wasser perlt ab – Ölreste am Tuch oder Papier	**Netzmittelwäsche** mit Kunststoff-Reiniger und Schleifvlies (Ammoniak/Wasser/Netzmittel)
Tragfähigkeit von Altbeschichtungen	Kratzprobe und **Klebebandtest**	Altanstrich löst sich leicht oder bleibt am Klebeband hängen.	**Altanstrich abschleifen** mit Schleifvlies oder Schleifgitter

Vorbehandlung

Vor Überholungsanstrichen auf Kunststoffen muss die Tragfähigkeit des alten An- striches mit einer Schabe- bzw. **Gitterschnittprüfung** getestet werden. Nicht fest haftende, lose Beschichtungen von alten Kunststoffteilen müssen dann durch Ab- kratzen oder Abschleifen entfernt werden. Abbeizen oder Abbrennen ist nicht mög- lich, weil der Kunststoffuntergrund dadurch beschädigt oder zerstört wird. Vor dem Anstrich ist in jedem Fall eine **gründliche Reinigung** erforderlich. Bei Duromeren kann dazu auch Lösemittel verwendet werden. Plastomere

Trennmittelrückstände

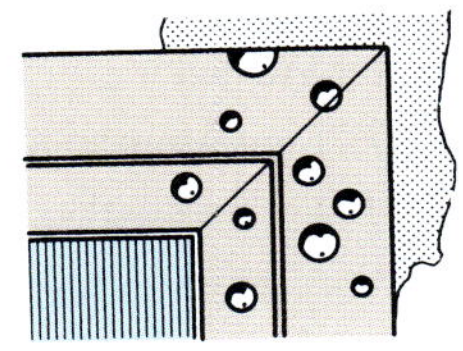

Versprödete Oberfläche

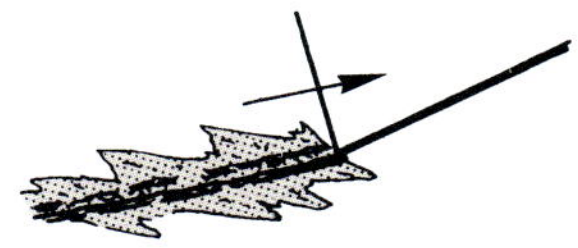

Weichmacherwanderung

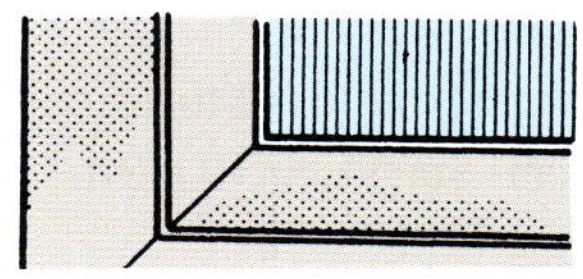

Glatte, porentiefe Oberfläche

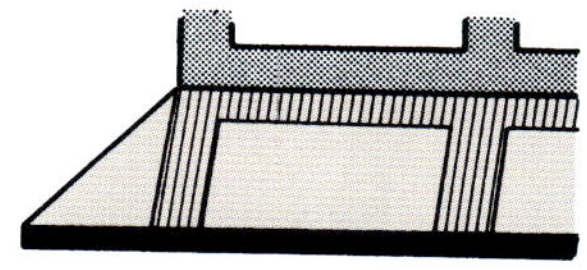

Vertiefungen, Lunkerstellen

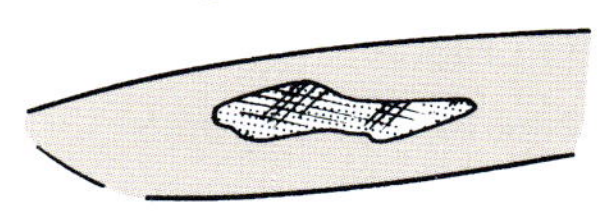

Tragfähigkeit von alten Beschichtungen

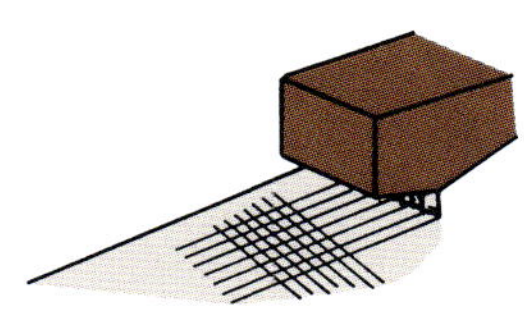

Netzmittelwäsche:
- 10 Liter Wasser +
- 0,5 l 25%ige Ammoniaklösung (Salmiakgeist) +
- zwei Verschlusskappen Netzmittel

Die **Kunststoffart** kann durch die Herstellerangaben ermittelt werden.

Für eine **Kunststoffbeschichtung** sollten aufeinander abgestimmte **Anstrichsysteme** von einem Hersteller verwendet werden.

Kunststofffallrohr

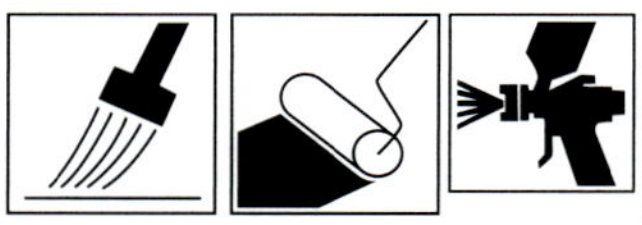

Streichen Rollen Spritzen

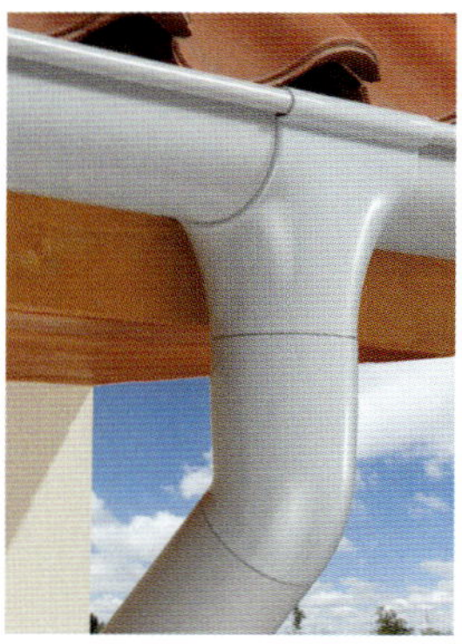

Dachrinne und Fallrohr aus PVC-Kunststoff

Für Grundanstriche sollten **keine Uni versalgrundanstrichstoffe** verwendet werden.

Der **Anstrichaufbau** ist (außer der Grundbeschichtung) für alle Einsatzmöglichkeiten fast gleich.

werden dagegen mehr oder weniger von Lösemitteln angelöst oder zerstört. Aus Umwelt- und Gesundheitsgründen sollte jedoch ganz auf eine Reinigung mit organischen Lösemitteln verzichtet werden. Dagegen empfiehlt sich eine Reinigung mit netzmittelhaltigem Wasser.

Bei der Netzmittelwäsche wird die Kunststoffoberfläche mit einem Schleifvlies gereinigt und danach gründlich mit sauberem Wasser nachgewaschen. Geschliffen werden Plastomere mit Kunststoffvlies und die härteren Duromere mit Schleifpapier und feiner Körnung. Beim Tempern werden Kunststoffe durch eine 30-minütige Lagerung, zum Abbau von Spannungen in einer warmen Umgebung, klimatisiert.

Zur fachgerechten Beschichtung von Kunststoffen muss die **Kunststoffart** genau bestimmt werden. Dazu sollte man die Herstellerangaben zu Hilfe nehmen. Bei einer Beschichtung auf Kunststoff hängen Qualität und Haftfähigkeit davon ab, ob Kunststoff und Anstrichmaterial aufeinander abgestimmt sind.

Haftgrundierung für Kunststoffe

Vor der Beschichtung ist festzustellen, ob der Lackhersteller eine Haftgrundierung vorschreibt. Bei einigen Lacktypen ist eine Haftgrundierung nicht erforderlich, weil sie sich selbst mit dem Kunststoffuntergrund gut verbinden. Lösemittelhaltige Lacke können bestimmte Kunststoffe anlösen und dadurch eine gute **Haftung** erreichen. Bei vielen Untergründen, z. B. Duromeren, wird jedoch ein Haftprimer empfohlen, der eine sichere Haftbrücke zwischen Kunststoff und Lack bildet. Besonders wichtig ist ein Haftgrundvoranstrich bei der Anwendung von Dispersionslackfarben. Für farbige Kunstharzlacke gibt es spezielle Zusatzmittel (Additive), mit denen ihre Eigenschaften auf den Kunststoffuntergrund eingestellt werden. Dabei kommen Grund- und Schlussanstrich aus demselben Topf.

Bei der Beschichtung von Kunststofffenstern und -türen (maßhaltige Bauteile) sind dunkle Farbtöne ungeeignet, da sie eine zu hohe Aufheizung bewirken. Dadurch kann es zu Verformungen dieser Kunststoffbauteile kommen.

Bei der Beschichtung von Kunststoffen ist zwischen einer **Erstlackierung** und einem **Anstrich auf alten Kunststoffuntergründen** zu unterscheiden. Auch im **Innenbereich** muss der Maler Kunststofflackierungen ausführen. Dies sind kunststoffverkleidete Möbel (z. B. in Küchen), kunststoffbeschichtete Türen und Kunststoffraumteiler.

Übersicht über die Beschichtung von Kunststoffflächen

Erstlackierung	Überholungsanstrich	Innenlackierung
Vorbehandlung		
Reinigung: durch Netzmittelwäsche und durch Abwaschen mit Anlauger. Nachwaschen mit klarem Wasser und Anschleifen mit Nylon- oder Perlonschleifvlies.		
Grundanstrich		
2K-DD-Grund oder 1K-Spezialhaftgrund für Kunststoffe	1K-Spezialhaftgrund für Kunststoff	Spezialhaftgrund für Kunststoff
Zwischenanstrich		
Spezialhaftgrund bzw. Vorlackfarbe für Kunststoffe	Spezialhaftgrund bzw. Vorlackfarbe für Kunststoffe	nur wenn nötig, Spezialhaftgrund bzw. Vorlackfarbe für Kunststoffe

Schlussanstrich		
Kunstharzlack oder Acryldispersionslack	Kunstharzlack oder Acryl-Dispersionslack	Kunstharzlack hoch- bzw. seidenglänzend oder Acryldispersionslack

Beschichtungssysteme

Bei der Beschichtung von Kunststoffen muss der Maler/-innen und Lackierer/-innen nach der Art und Beanspruchung des Untergrundes die geeigneten Anstrichstoffe auswählen.

Die folgende Tabelle zeigt für die verschiedenen Kunststoffarten mögliche Beschichtungsstoffe:

Übersicht über die Beschichtung von Kunststoffflächen

Kunststoffart	Beschichtungsstoffe/Bindemittelbasis						
	Dispersionsfarbe	Dispersionslack	Alkydharzlack	PU-Lack	2K-Epoxidharz	2K-Polyacrylat	Polymerisatharz
Hart-PVC	+	+	+	+	+	+	+
Polystyrol (PS)	+	+	0	0	0	0	0
PS-Hartschaum	+	0	0	0	0	0	0
Polyamid (PA)	+	0	0	0	0	0	0
Poylmethylmethacrylat/ Acrylglas (PMMA)	+	+	+	+	+	+	+
Epoxidharz (EP)	+	+	+	+	+	+	0
Phenol/ Melamin (PF/MF)	+	+	+	+	+	+	0
Phenol/ Melamin (PF/MF)	+	+	+	+	+	+	0
Ungesättigter Polyester (PU)	+	+	+	+	+	+	+
Polyurethanharz (PUR)	+	+	+	+	+	+	+

In kritischen Fällen, oder wenn die Kunststoffart nicht zu ermitteln ist, sollten Maler/-innen einige Anstrichproben ansetzen und sich danach für das geeignete Beschichtungsmaterial entscheiden.

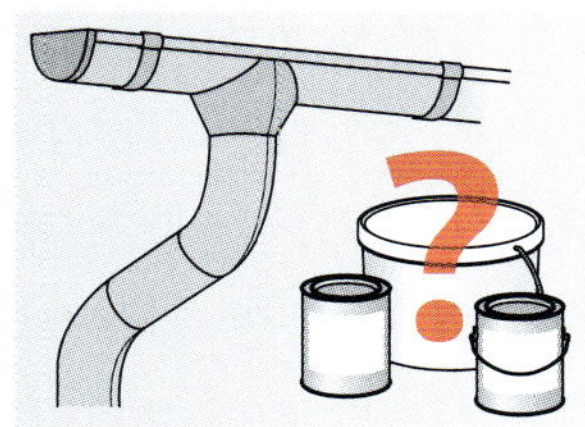

Bedeutung:
+ = geeignet
0 = nicht geeignet

Dispersionsfarben eignen sich zur Beschichtung von allen dieser Kunststoff arten.

Aufgaben

1. *Nennen Sie je vier Kunststoffuntergründe für den Innen- und Außenbereich.*
2. *Welche Gründe gibt es für eine Innenbeschichtung auf Kunststoffen?*
3. *Aus welchen Gründen werden Kunststoffe beschichtet?*
4. *Erklären Sie den Begriff „Kunststoff".*
5. *Aus welchen Roh- und Grundstoffen bestehen Kunststoffe?*
6. *Welche wichtigen Eigenschaften besitzen Kunststoffe?*
7. *Welche drei Kunststoffarten werden unterschieden?*
8. *Nennen Sie acht wichtige Kunststoffe und ihre Kurzzeichen.*
9. *Welche Kunststoffe können nicht beschichtet werden?*
10. *Beschreiben Sie glasfaserverstärkte Kunststoffe (GFK).*
11. *Nennen Sie Mängel auf Kunststoffen, die eine Beschichtung beeinflussen können.*
12. *Beschreiben Sie eine wichtige Vorbehandlung von Kunststoffuntergründen.*
13. *Benennen Sie Prüfmethoden bei Verschmutzungen und Verwitterung von Kunststoffen.*
14. *Benennen Sie die Prüfmethode für die Tagfähigkeit von Kunststoff-Altanstrichen.*
15. *Bei welchen Kunststoffuntergründen ist eine spezielle Haftgrundierung wichtig?*
16. *Warum sollten maßhaltige Kunststoffuntergründe nicht dunkel gestrichen werden?*
17. *Beschreiben Sie eine Erstlackierung auf Kunststoff.*
18. *Wodurch unterscheiden sich Innen- und Außenlackierungen auf Kunststoffuntergründen?*
19. *Welche Anstrichstoffe eignen sich für die Beschichtung auf Hart-PVC?*
20. *Wann sind bei Kunststoffuntergründen Anstrichproben anzufertigen?*

Anhang – Technische Merkblätter

1 Innendispersionsfarbe

<table>
<tr><th colspan="4">Produktbeschreibung</th></tr>
<tr><td>Marktbezeichnung</td><td colspan="3">Innendispersionsfarbe – Raum-Sensitiv</td></tr>
<tr><td>Werkstoffart</td><td colspan="3">Innenfarbe auf Dispersionsbasis, auch für sensible Bereiche</td></tr>
<tr><td>Verwendungszweck</td><td colspan="3">Neu- und Renovierungsanstriche auf allen Innenflächen im Wohn- und Arbeitsbereich. Gesundheitsbewusste Beschichtungsmöglichkeit, auch für Allergiker geeignet.</td></tr>
<tr><td>Bindemittelbasis</td><td colspan="3">Kunststoffdispersion nach DIN 55945</td></tr>
<tr><td>Eigenschaften</td><td colspan="3">Konservierungsmittelfrei, lösemittelfrei, weichmacherfrei, frei von foggingaktiven Substanzen, raumlufthygienisch, für Allergiker geeignet, wasserverdünnbar, hoch diffusionsfähig, leicht füllend, sehr leichte Verarbeitung</td></tr>
<tr><td>Farbtöne</td><td colspan="3">Weiß, mit Vollton- und Abtönfarben abtönbar
Abtönung kann Allergikertauglichkeit beeinflussen</td></tr>
<tr><td>Verdünnungsmittel</td><td colspan="3">Wasser</td></tr>
<tr><td rowspan="2">Technische Daten</td><td>Dichte</td><td colspan="2">1,3 g/cm³</td></tr>
<tr><td>DIN
EN 13 300</td><td>Nassabrieb

Kontrastverhältnis

Glanz
Korngröße</td><td>Klasse 3, waschbeständig nach DIN 53778
Deckvermögen Klasse 2
stumpfmatt
fein < 100 µm</td></tr>
<tr><td>Lagerung</td><td colspan="3">ungeöffnet, kühl, frostfrei, Zugabe von Wasser kann Lagerstabilität herabsetzen</td></tr>
<tr><td>Entsorgung</td><td colspan="3">restentleerte Gebinde zum Recycling geben eingetrocknete Farbreste zum Hausmüll geben flüssige Farbreste sind Sondermüll</td></tr>
<tr><td>Gebindegrößen</td><td colspan="3">5 l oder 12,5 l</td></tr>
<tr><td>Zusammensetzung</td><td colspan="3">Acryl-Dispersion, Titanoxid, silikatische und calcitische Füllstoffe, Wasser, Additive</td></tr>
<tr><th colspan="4">Verarbeitungshinweise</th></tr>
<tr><td>Applikationsverfahren</td><td colspan="3">Streichen, Rollen, Airless-Spritzen
Für den Spritzauftrag auf Spritzkonsistenz einstellen</td></tr>
<tr><td>Untergrundanforderungen</td><td colspan="3">alle üblichen, tragfähigen Innenflächen, die ohne Grundierung beschichtet werden können, z. B. mineralische Putze, neue Raufaser, Struktur- und Glasgewebetapeten sowie matte Alt- beschichtungen</td></tr>
<tr><td>Untergrundvorbereitung</td><td colspan="3">Untergründe müssen frei von Verschmutzungen, trennenden Substanzen und trocken sein.</td></tr>
<tr><td>Beschichtungsaufbau</td><td colspan="3">Grundierung Auf kontrastreichen Untergründen Raum-Sensitiv, 5 % wasserverdünnt
Anstrich Raum-Sensitiv, satter, gleichmäßiger Auftrag (unverdünnt) bzw. mit max. 5 % wasserverdünnt</td></tr>
<tr><td>Trockenzeiten</td><td colspan="3">nach 4-6 Stunden oberflächentrocken und überstreichbar</td></tr>
<tr><td>Verarbeitungstemperatur</td><td colspan="3">min. +5 °C</td></tr>
<tr><td>Werkzeugreinigung</td><td colspan="3">nach Gebrauch mit Wasser reinigen</td></tr>
<tr><td>Verbrauch</td><td colspan="3">ca. 140 ml/m²</td></tr>
<tr><td>Sicherheit</td><td colspan="3">siehe EG-Sicherheitsdatenblatt</td></tr>
</table>

2. Naturstoffdispersionsfarbe

Produktbeschreibung			
Marktbezeichnung	**Naturstoffdispersionsfarbe** für den Innenbereich		
Werkstoffart	**Dispersionsfarbe auf Basis pflanzlicher Rohstoffe**		
Verwendungszweck	Für Neu- und Renovierungsbeschichtungen in privaten oder gewerblich genutzten Innenräumen, für besondere Ansprüche an umweltbewusstes Sanieren und Bauen, zur Schonung von wertvollen fossilen Rohstoffen		
Bindemittelbasis	**Dispersion** mit natürlichen Acrylate aus Kartoffelstärke		
Eigenschaften	**wasserverdünnbar**, geruchsarm, frei von foggingaktiven Substanzen (schwarzgrauer, öliger Belag), emissionsreduziert und lösemittelfrei, gutes Deckvermögen, gute Verarbeitung, vielfältig einsetzbar		
Farbtöne	Weiß, mit Vollton- und Abtönfarben von Hand und maschinell mit Farbenmischsystem abtönbar		
Verdünnungsmittel	Wasser		
Technische Daten	Dichte Verbrauch VOC-Gehalt	1,45 g/cm³ Ergiebigkeit 6 m²/l, bzw. 160 ml/m² < **1 g/l** (EU-Grenzwert 30 g/l)	
	DIN 13 300	Nassabrieb Kontrastverhältnis Glanz Korngröße	Klasse 3, waschbeständig nach DIN 53778 Deckvermögen Klasse 1 stumpfmatt fein (< 100 µm)
Lagerung	Kühl, aber frostfrei		
Gefahrenhinweise **Sicherheitsratschläge**	Darf nicht in die Hände von Kinder gelangen. Bei Spritzverarbeitung Atemschutz mit Partikelfilter P2 gegen Sprühnebel benutzen. Siehe auch Sicherheitsdatenblatt		
Entsorgung	Nur restentleerte Gebinde zum Recycling geben. Flüssige Materialreste zur Sondermüll-Sammelstelle bringen. Eingetrocknete Materialreste können in den Hausmüll bzw. Restmüll.		
Gebinde Größen	Standardware: 12,5 Liter		
Zusammensetzung (Inhaltstoffe)	Modifizierte Kartoffelstärke, Polyacrylatharz, Silikate, Titandioxid, Calciumcarbonat, Wasser, Additive, Konservierungsmittel		
Verarbeitungshinweise			
Applikationsverfahren (Auftragsverfahren)	Streichen, Rollen und Airless-Spritzen		
Untergründe	Mineralische Untergründe: Putze der MG PII bis PIV, Gipsbauplatten, Beton, Porenbeton, Kalksandstein- und Ziegelmauerwerk, Raufaser- und Vlieswandbeläge, Holz- und Holzwerkstoffe und einige andere		
Untergrundanforderungen	Untergründe müssen frei von Verschmutzungen, Trennmittelrückständen, fest und trocken sein.		
Untervorbereitung	Löcher und kleine Fehlstellen verspachteln, schleifen und grundieren		
Beschichtungsaufbau	Ein satter, gleichmäßiger Anstrich, mit max. 5 % Wasser verdünnen. Auf kontrastreichen Flächen kann ein vorheriger Grundanstrich mit max. 5 % Wasser verdünnt, erforderlich sein. Auf unterschiedlich saugenden Untergründen mit Haftgrund grundieren.		
Trockenzeiten	Bei 20 °C und 65 % Luftfeuchtigkeit nach 4 bis 6 Stunden überstreichbar, Durchtrocknung nach ca. 3 Tagen		
Verarbeitungstemperatur	nicht unter +5 °C		
Werkzeugreinigung	Arbeitsgeräte sofort nach Gebrauch mit Wasser		
Bemerkung	BFS-Merkblatt Nr. 25 beachten		

3. Universallasur auf Wasserbasis

Produktbeschreibung		
Marktbezeichnung	Universal-Lasur Aqua	
Werkstoffart	Universallasur auf Wasserbasis	
Verwendungszweck	Für den Feuchteschutz und die farbige Gestaltung von – maßhaltigen Holzbauteilen (Fenster und Türen) – begrenzt maßhaltigen Holzbauteilen (Verbretterung, Fensterläden) – nichtmaßhaltigen Holzbauteilen (Zäune, Carport) Nur im Außenbereich anwenden, da ein Schutz gegen Pilzbefall enthalten	
Materialbasis	Leindotteröl/Alkyd-Emulsion – und Acrylat-Hybridbindemittel	
Eigenschaften	– Für alle Holzbauteile – Hoher UV-Schutz – Wasserabweisend – Geruchsarm – Hoch diffusionsfähig – Temporär gegen Pilzbefall geschützt	
Farbtöne	Farblos, Kiefer, Eiche, Nussbaum, Palisander, Ebenholz	
Glanzgrad	Seidenmatt bis seidenglänzend	
Verdünnungsmittel	Wasser	
Technische Daten	Dichte	1,0 g/cm^3
	Verbrauch	Auf glatten Untergründen ca. 80 ml/m^2 je Auftrag Auf Rauen Untergründen ca. 150-200 ml/m^2 je Auftrag
	VOC-Gehalt	< **20 g/l** (EU-Grenzwert 30 g/l)
Lagerung	Kühl, dicht verschlossen	
Gefahrenhinweise	Darf nicht in die Hände von Kinder gelangen.	
Entsorgung	Nur restentleerte Gebinde zum Recycling geben. Flüssige Materialreste zur Sondermüll-Sammelstelle bringen. Eingetrocknete Materialreste können in den Hausmüll bzw. Restmüll.	
Gebinde Größen	7,5 Liter, 10 Liter	
Zusammensetzung (Inhaltstoffe)	Alkydharz, Polyacrylatharz, Calciumcarbonat, anorganische Buntpigmente, Wasser, Glykolether, Additive, Filmschutzmittel, Konservierungsmittel	
Verarbeitungshinweise		
Applikationsverfahren (Auftragsverfahren)	Streichen, Rollen – auf großen Flächen aufrollen und sofort mit dem Pinsel nachstreichen	
Untergründe	– Neue Holzoberflächen – schleifen, reinigen, Harzgallen entfernen – Alte Holzoberflächen – vergrautes Holz abschleifen, gründlich reinigen – Beschichtete Holzoberflächen – nicht tragfähigen Altbeschichtung vollständig entfernen – Pilz- und Algenbefallene Holzoberflächen im Außenbereich – gründlich abwaschen und Pilzentferner verwenden	
Beschichtungsaufbau	Untergrund – anschleifen, reinigen Imprägnierung – Holzschutzgrund Grundierung – Universallasur Aqua Zwischenbeschichtung - Universallasur Aqua Schlussbeschichtung - Universallasur Aqua	
Trockenzeiten	Bei 20 °C und 65 % Luftfeuchtigkeit nach 0,5 Stunden staubtrocken, nach 8 Stunden überstreichbar, regenfest nach 24 Stunden	
Verarbeitungsbedingungen	nicht unter +8 °C	
Werkzeugreinigung	Arbeitsgeräte sofort nach Gebrauch mit Wasser	

4 Latexfarbe

Produktbeschreibung	
Marktbezeichnung	Latexfarbe
Werkstoffart	scheuerbeständige Dispersionsfarbe für innen
Verwendungszweck	für hochwertige, strukturerhaltende Innenanstriche auf allen für Dispersionsfarben geeigneten, tragfähigen Untergründen
Bindemittelbasis	Kunststoff-Latex (Kunststoff-Dispersion)
Eigenschaften	lösemittelfrei, weichmacherfrei, wasserverdünnbar, umweltschonend und geruchsarm, diffusionsfähig, hohes Deckvermögen
Farbtöne	Weiß und Altweiß, mit Vollton-Abtönfarben selbst abtönbar
Verdünnungsmittel	Wasser
Technische Daten	Dichte: ca. 1,5 g/cm^3 **DIN EN 13 300** Nassabrieb: Klasse 2, scheuerbeständig nach DIN 53778 Kontrastverhältnis: Deckvermögen Klasse 1 Glanz: matt Korngröße fein: < 100 µm
Lagerung	kühl, aber frostfrei
Gefahrenhinweis und Sicherheitsratschläge	für Kinder unzugänglich aufbewahren bei Berührung mit Augen sofort mit Wasser ausspülen beim Spritzen Spritznebel nicht einatmen nicht in Kanalisation, Gewässer oder Erdreich gelangen lassen nähere Angaben: siehe Sicherheitsdatenblatt
Entsorgung	nur restentleerte Gebinde zum Recycling geben eingetrocknete Farbreste können als Hausmüll entsorgt werden
Gebindegrößen	12,5 l-Eimer, 25 l-Hobbocks, 120 l-Malerfass, 220 l-Qickbox, 480 l-Edelstahl-Container
Zusammensetzung	Polyvinylacetatharzdispersion, Titandioxid, Calciumcarbonat, Silikate, Kaolin, Kreide, Wasser, Konservierungsmittel, Netzmittel, Emulgatoren, PU-Verdicker
Verarbeitungshinweise	
Applikationsverfahren	Streichen, Rollen, Spritzen (für airless geeignet) Material roll- und spritzfertig (für Airlessgeräte) eingestellt
Untergrundvorbereitung	Der Untergrund muss trocken, sauber und tragfähig sein. Neuputzstellen fluatieren und nachwaschen. Stark saugende und sandende Untergründe (auch Gipsputze) mit Tiefgrund grundieren. Falls Spachtelung notwendig, Dispersionsspachtel einsetzen. Intakte Kalk- und Zementputze grundieren.
Beschichtungsaufbau	2-mal Mattlatex Superweiß Der erste Anstrich kann als Grund- oder Zwischenanstrich mit max. 10 % Wasser verdünnt werden.
Trockenzeiten	bei +20 °C und 65 % rel. Luftfeuchtigkeit nach 4 bis 6 Stunden oberflächentrocken und überstreichbar. Durchgetrocknet und belastbar nach ca. 3 Tagen.
Verarbeitungstemperatur	nicht unter +5 °C
Werkzeugreinigung	sofort nach Gebrauch mit Wasser und Seife
Bemerkung	besonders zu beachten: VOB Teil C, DIN 18363

5 Silikat-Fassadenfarbe

Produktbeschreibung		
Marktbezeichnung	**Silikat-Fassadenfarbe**	
Werkstoffart	Dispersions-Silikatfarbe nach DIN 18 363	
Verwendungszweck	Fassadenfarbe mit sehr guten Haftungseigenschaften auf mineralischen Untergründen und auf matten Dispersions- und Siliconharz-Altanstrichen.	
Bindemittelbasis	Kombination aus hochwertigem Alkaliwasserglas und Hybrid- Bindemittel	
Eigenschaften	hoch alkalisch (ätzend), reduzierte Verschmutzungsneigung, langlebig und kreidungsstabil, Dreifach-Verkieselung zur optimalen Beständigkeit, filmkonserviert, frühe Regenfestigkeit, hoch wetter- und lichtbeständig, mineralisch matte Oberfläche, nicht filmbildend, hoch CO_2-durchlässig	
Farbtöne	Weiß, mit Silikat Vollton- und Abtönfarben abtönbar, maschinenmischbar	
Verdünnungsmittel	Wasser	
Technische Daten	Dichte	1,44 g/cm³
	DIN EN 1062	Wasserdurchlässigkeit: niedrig Diffusionsäquivalente Luftschichtdicke: <0,01 (hoch) Klasse V1 Glanz: matt, G3 Trockenschichtdicke: 100–200 µm, E3 Korngröße: < 100 µm, S1
Lagerung	kühl, frostfrei, nur in Kunststoffgebinden lagern	
Entsorgung	nur restentleerte Gebinde zum Recycling geben ausgehärtete Farben als eingetrocknete Farbreste oder zum Hausmüll flüssige Farbreste sind Sondermüll oder als Abfälle für Farben auf Wasserbasis	
Gebindegrößen	12,5 l	
Zusammensetzung	Hybrid-Bindemittel, Orango-Silikat/Acrylat, Alkaliwasserglas, Silikate, anorganische Weißpigmente und alkalibeständige Buntpigmente, Calciumcarbonat, Wasser, Additive, Konservierungsmittel, Filmbindehilfsmittel und Filmschutzmittel	
Verarbeitungshinweise		
Applikationsverfahren	Streichen, auf glatten Flächen mit der Bürste Rollen, auf rauen Flächen mit der Farbwalze	
Untergrundanforderungen	fest, trocken, sauber und tragfähig frei von trennenden Substanzen (Trennmittel), z. B. Öle	
Untergrundvorbereitung	Vorhandene Beschichtungen auf Tragfähigkeit prüfen, nicht tragfähige Beschichtungen entfernen. Verschmutzte Oberflächen manuell oder maschinell unter Beachtung der gesetzlichen Vorschriften reinigen, z. B. durch Druckwasserstrahlen. Sandender Untergrund ist durch eine Grundierung zu festigen. Unterschiedlich saugender Untergrund ist gleichmäßig saugend einzustellen um farbtoneinheitliche Anstriche zu erhalten.	
Beschichtungsaufbau	**Grundierung** **Zwischenanstrich** **Schlussanstrich**	bedarfsweise mit verdünntem Silikatgrund mit Silikat-Fassadenfarbe, evtl. 5 % verdünnt Silikat-Fassadenfarbe, unverdünnt
Trockenzeiten	überarbeitbar nach 12, regenfest nach 24 Stunden	
Verarbeitungstemperatur	nicht unter +8 °C	

Verarbeitungshinweise (Fortsetzung)	
Werkzeugreinigung	sofort nach Gebrauch mit Wasser reinigen, evtl. unter Zusatz von Spülmittel (Werkzeuge in Arbeitspausen in der Farbe oder unter Wasser aufbewahren)
Verbrauch	ca. 150 ml/m^2 bei glattem Grund, auf rauem entsprechend mehr
Sicherheit	Augen und Haut vor Farbspritzern schützen. Bei Berührung mit den Augen sofort gründlich mit Wasser abspülen und Arzt konsultieren. Bei Berührung mit der Haut sofort mit viel Wasser und Seife abwaschen. Farbreste nicht in die Kanalisation gelangen lassen. Umgebung der Anstrichflächen sorgfältig abdecken und Spritzer auf Glas, Lack, Keramik, Metall und Natursteinen sofort abwaschen. (siehe auch EG-Sicherheitsdatenblatt)

6 Silicon harz-Fassadenfarbe

Produktbeschreibung			
Marktbezeichnung	**Siliconharz-Fassadenfarbe**		
Werkstoffart	matte Fassadenfarbe auf Siliconharzbasis		
Verwendungszweck	für hochwertige Fassadenbeschichtung geeignet auf mineralischen und organischen Untergründen		
Bindemittelbasis	Siliconharzemulsion		
Eigenschaften	sehr gut deckend, strukturerhaltend, wasserverdünnbar, sehr hoch wasserabweisend, sehr geringe Verschmutzungsneigung, vorbeugende Wirkung gegen Algen und Pilzbefall, sehr hoch CO_2- und wasserdampfdurchlässig		
Farbtöne	Weiß, mit Silicon Vollton- und Abtönfarben abtönbar, maschinenmischbar		
Verdünnungsmittel	Wasser		
Technische Daten	Dichte	1,4-1,6 g/cm³	
	DIN EN 1062	Wasserdurchlässigkeit Wasserdampfdurchlässigkeit Glanz Trockenschichtdicke Korngröße	niedrig mittel matt 120 µm < 100 µm
Lagerung	Rest verschlossen, frostfrei, vor direkter Sonneneinstrahlung schützen		
Entsorgung	restentleerte Gebinde zum Recycling geben eingetrocknete Farbreste zum Hausmüll flüssige Farbreste sind Sondermüll		
Gebindegrößen	12,5 l		
Zusammensetzung	Siliconharzemulsion, Polymerdispersion, Titandioxid, Calciumcarbonat, silikatische und mineralische Füllstoffe, Wasser, Glykolether, Additive, Konservierungsstoffe		
Verarbeitungshinweise			
Applikationsverfahren	Streichen, Bürsten, Rollen, Airless-Spritzen Für den Spritzauftrag auf Spritzkonsistenz einstellen		
Untergrundanforderungen	fest, trocken, sauber und tragfähig frei von Sinterschichten und Trennmittel		
Untergrundvorbereitung	vorhandene Beschichtungen auf Tragfähigkeit prüfen, nicht tragfähige Beschichtungen entfernen neue Putze der Mörtelgruppen PIc, PII und PIII nach 2- bis 3-wöchiger Austrocknung (Nachputzstellen fluatieren) mit Silicon- Grund LF grundieren.		
Beschichtungsaufbau	**Grundierung** **Zwischenanstrich** **Schlussanstrich**	je nach Art und Zustand des Untergrundes Silicon-Fassadenfarbe (evtl. 10 % verdünnt) Silicon-Fassadenfarbe (unverdünnt)	
Trockenzeiten	überarbeitbar nach 8 Stunden		
Verarbeitungstemperatur	zwischen +5 °C und +30 °C		
Werkzeugreinigung	sofort nach Gebrauch mit Wasser reinigen		
Verbrauch	ca. 0,2 l/m²		
Sicherheit	siehe EG-Sicherheitsdatenblatt		

7 Hochglanzlack

Produktbeschreibung	
Marktbezeichnung	**Hochglanzlack**
Werkstoffart	aromatenfreier Alkydharzlack
Verwendungszweck	Zwischen- und Schlussbeschichtung auf grundierten Holz- und Metalluntergründen für innen und außen
Bindemittelbasis	Alkydharz
Eigenschaften	lösemittelverdünnbar (aromatenfrei), strapazierfähig, vergilbungsarm, hohe Deckkraft
Farbtöne	Weiß, Perlweiß, Altweiß, Lichtgrau RAL 7035, Rapsgelb RAL 1021, Feuerrot RAL 3000, Enzianblau RAL 5010, Moosgrün RAL 6005, Schokoladenbraun RAL 8017, Tiefschwarz RAL 9005; mischbar
Verdünnungsmittel	Kunstharzverdünnung oder Terpentinersatz
Technische Daten	Dichte: 1,2 g/cm^3 **VOC-EU-Grenzwert (300 g/l)**: enthält max. 295 g/l VOC Glanzgrad: hochglänzend
Lagerung	ca. 2 Jahre in ungeöffnetem Originalgebinde trocken, kühl und frostfrei
Entsorgung	restentleerte Gebinde zum Recycling geben eingetrocknete Farbreste zum Hausmüll flüssige Farbreste sind Sondermüll
Gebindegrößen	0,75 l; 2,5 l
Zusammensetzung	Alkydharz, Titandioxid, Aliphaten, Additive
Verarbeitungshinweise	
Applikationsverfahren	Streichen, Rollen, Airless-Spritzen (160 bar) Viskosität unverdünnt
Untergrundanforderungen	fest, trocken, sauber und tragfähig frei von haftbeeinträchtigenden Substanzen, wie z. B. Fett, Wachs oder Poliermittel
Untergrundvorbereitung	Reinigen des Untergrundes, insbesondere von Verschmutzungen, Korrosionsprodukten und kreidenden Bestandteilen. Altbeschichtungen auf Eignung und Tragfähigkeit für nachfolgende Anstriche prüfen. Tragfähige Anstriche mit Anlauger reinigen und matt schleifen. Nicht tragfähige Altbeschichtungen und Trennmittel (Walzhaut, Zunder) sind zu entfernen. Nach erfolgter Grundbeschichtung sind ggf. vorhandene Schadstellen objektbezogen mit geeigneten Spachtelmassen auszubessern.
Beschichtungsaufbau	**Grundierung**: je nach Art des Untergrundes (im Außenbereich 2-mal) **Zwischenanstrich**: Vorlack oder Alkydharz-Hochglanzlack **Schlussanstrich**: Alkydharz-Hochglanzlack
Trockenzeiten	staubtrocken nach ca. 2 Std grifffest nach ca. 6 Std überarbeitbar nach ca. 18 Std durchgetrocknet nach ca. 1-2 Tagen
Verarbeitungstemperatur	mindestens +5 °C
Werkzeugreinigung	sofort nach Gebrauch mit Terpentinersatz oder Testbenzin reinigen
Verbrauch	ca. 90 ml/m^2
Sicherheit	entzündlich (R10), darf nicht in die Hände von Kindern gelangen (S2), Berührung mit Augen und Haut vermeiden (S24/25). Auch nach der Verarbeitung für gründliche Belüftung sorgen. Bei unzureichender Belüftung Atemschutz tragen. Weitere Hinweise siehe EG-Sicherheitsdatenblatt

8 Lackverdünnung

Produktbeschreibung	
Marktbezeichnung	Lackverdünnung
Werkstoffart	aromatenfreies Lösemittelgemisch
Verwendungszweck	zum Verdünnen für alle aromatenfreien Alkydharzlacke und -farben. zur Reinigung und Aufbewahrung benutzter Streich- und Rollwerkzeuge
Eigenschaften	aromatenfrei, farblos
Verdünnungsmittel	Kunstharzverdünnung oder Terpentinersatz
Dichte	0,76 g/cm^3
Lagerung	bei Zimmertemperatur im Gefahrstoffschrank
Transportvorschriften	nach UN 1263 PAINT Kl. 3, III
Entsorgung	restentleerte Gebinde zum Recycling geben flüssige Lösemittelreste sind Sondermüll (Materialreste können nach EU-Abfallschlüssel Nr. 070704 von Chemikalien und organische Lösemittel entsorgt werden)
Gebindegrößen	1 Liter, 5 Liter
Zusammensetzung	aromatenfreies Benzin, Alkohol
Gefahrenkennzeichnung	gesundheitsschädlich, entzündlich (R10), kann beim Verschlucken Lungenschäden verursachen (R65), wiederholter Kontakt kann zu spröder oder rissiger Haut führen (R66), darf nicht in die Hände von Kindern gelangen (S2), von Zündquellen fernhalten – nicht Rauchen (S16), Dämpfe, Aerosole und Spritznebel nicht einatmen (S23), Berührung mit Augen und Haut vermeiden (S24/25), nicht in die Kanalisation gelangen lassen (S29), nur in gut gelüfteten Bereichen verwenden (S51), bei Verschlucken kein Erbrechen herbeiführen und sofort ärztlichen Rat einholen oder dieses Etikett vorzeigen (S62).
Wichtige Hinweise	Auch nach der Verarbeitung für gründliche Belüftung sorgen. Bei unzureichender Belüftung Atemschutz tragen.

9 Heizkörper-Spritzlack

Produktbeschreibung		
Marktbezeichnung	**Heizkörper-Spritzlack**	
Werkstoffart	wasserverdünnbarer Heizkörperlack auf Acrylharzbasis für innen	
Verwendungszweck	für die Grund-, Zwischen- und Schlussbeschichtung von Heizkörpern	
Bindemittelbasis	Acrylatharze	
Eigenschaften	wasserverdünnbar, strapazierfähig, glänzend, hohe Deckkraft, gute Kantenabdeckung, schnell trocknend sowie hitze- und vergilbungsbeständig bis 120 °C	
Farbtöne	Weiß, abtönen mit max. 5 % Acrylbuntlack oder Abtönkonzentrat	
Verdünnungsmittel	Wasser	
Technische Daten	Dichte **VOC-EU-Grenzwert (140 g/l)** Glanzgrad	1,25 g/cm³ enthält max. 120 g/l VOC glänzend
Lagerung	ca. 2 Jahre in ungeöffnetem Originalgebinde trocken, kühl und frostfrei	
Entsorgung	restentleerte Gebinde zum Recycling geben eingetrocknete Farbreste zum Hausmüll flüssige Farbreste sind Sondermüll	
Gebindegrößen	2,5 l; 10 l	
Zusammensetzung	Acrylatharze, Titandioxid, Calcit, Wasser, Glykolether, Glykol und Additive	
Verarbeitungshinweise		
Applikationsverfahren	Streichen, Rollen, Spritzen	
	Niederdruck **Hochdruck** **Airless-Spritzen**	FF Düse, Druck 0,7 bar, unverdünnt 1,5 mm Düse, Druck 2,5–3 bar, ca. 20 % verdünnt 0,012 Zoll Düse, Druck ca. 120–160 bar, unverdünnt
Untergrundanforderungen	fest, trocken, sauber und tragfähig frei von haftbeeinträchtigenden Substanzen, wie z. B. Fett, Wachs oder Poliermittel	
Untergrundvorbereitung	Reinigen des Untergrundes, insbesondere von Verschmutzungen, Korrosionsprodukten (Rost) und kreidenden Bestandteilen. Altbeschichtungen auf Eignung und Tragfähigkeit für nachfolgende Anstriche prüfen. Tragfähige Anstriche mit Anlauger reinigen und matt schleifen. Nicht tragfähige Altbeschichtungen und Trennmittel (Walzhaut, Zunder) sind zu entfernen. Schadstellen wie entsprechend unbehandelte Untergründe bearbeiten.	
Beschichtungsaufbau	**Grundierung** **Zwischenanstrich** **Schlussanstrich**	auf metallisch blanken Stellen eine Grundbeschichtung mit 2K-Epoxi-Primer Heizkörperspritzlack Heizkörperspritzlack
Trockenzeiten	staubtrocken nach ca. 1/2 Std. grifffest nach ca. 2–3 Std. überarbeitbar nach ca. 16 Std. durchgetrocknet nach ca. 1-2 Tagen	
Verarbeitungstemperatur	mindestens +10° C	
Werkzeugreinigung	sofort nach Gebrauch mit Wasser	
Verbrauch	ca. 70–90 ml/m²	
Sicherheit	darf nicht in die Hände von Kindern gelangen (S2), bei Verschlucken sofort ärztlichen Rat einholen und Verpackung oder Etikett vorzeigen (S46) Während und nach der Verarbeitung für gründliche Belüftung sorgen. Bei unzureichender Belüftung Atemschutz tragen. Weitere Hinweise siehe EG-Sicherheitsdatenblatt	

10 Ein-Topf-Holzschutzlasur

Produktbeschreibung	
Marktbezeichnung	**Ein-Topf-Holzschutzlasur**
Werkstoffart	aromatenfreie Holzlasur auf Alkydharzbasis
Verwendungszweck	als sicherer Wetterschutz für Holzarten im Außen- und Innenbereich, als Erst- und Renovierungsbeschichtung für maßhaltige und nichtmaßhaltige Holzbauteile, für Grund-, Zwischen- und Schlussbeschichtung aus einem Topf
Bindemittelbasis	Alkydharz
Eigenschaften	lösemittelverdünnbar, universell einsetzbar, wasserdampfdurchlässig, elastisch, leichte Verarbeitung
Farbtöne	Fertigfarbtöne (Holztöne) wie z. B. Eiche, Buche, Birke, Mahagoni u. v. a., auch in vielen Bunttönen mischbar
Verdünnungsmittel	Spezialverdünnung, Terpentinersatz, Testbenzin
Technische Daten	Dichte 0,93 g/cm³ **VOC-EU-Grenzwert (400 g/l)** enthält max. 390 g/l VOC Glanzgrad seidenglänzend
Lagerung	ca. 2 Jahre in ungeöffnetem Originalgebinde trocken, kühl und frostfrei
Entsorgung	restentleerte Gebinde zum Recycling geben eingetrocknete Farbreste zum Hausmüll flüssige Farbreste sind Sondermüll
Gebindegrößen	0,375 l; 0,750 l; 2,5 l; 5 l; 10 l
Zusammensetzung	Alkydharz, Wachse, organische und anorganische Buntpigmente, Silikate, Aliphaten, Additive (z. B. Trockenstoffe)
Verarbeitungshinweise	
Applikationsverfahren	Streichen
Untergrundanforderungen	fest, trocken, sauber und tragfähig Frei von haftbeeinträchtigenden Substanzen, wie z. B. Fett, Wachs oder Poliermittel. Vergraute und abgewitterte Holzoberflächen bis zum tragfähigen Holzuntergrund abschleifen. Die Holzfeuchtigkeit darf (gemessen an mehreren Stellen in mind. 5 mm Tiefe) 18 % nicht übersteigen.
Untergrundvorbereitung	Reinigen des Untergrundes, insbesondere von Verschmutzungen, Korrosionsprodukten und kreidenden Bestandteilen. Zu beschichtende Oberflächen sind auf Eignung und Tragfähigkeit für nachfolgende Anstriche prüfen. Nicht tragfähige Altbeschichtungen reinigen und matt schleifen. Schadstellen wie entsprechend unbehandelte Untergründe bearbeiten. Zwischen den einzelnen Beschichtungen hat ein leichter Zwischenschliff zu erfolgen.
Beschichtungsaufbau	**Grundierung** Bei Nadelhölzern im Außenbereich ist eine Imprägnierung mit Bläueschutz erforderlich **Zwischenanstrich** Ein-Topf-Holzschutzlasur **Schlussanstrich** Ein-Topf-Holzschutzlasur
Trockenzeiten	staubtrocken nach ca. 3 Std. grifffest nach ca. 5 Std. überarbeitbar nach ca. 18 Std. durchgetrocknet nach ca. 1–2 Tagen
Verarbeitungstemperatur	mindestens + 5 °C
Werkzeugreinigung	sofort nach Gebrauch mit Spezialverdünner oder Testbenzin
Verbrauch	ca. 75 ml/m²
Sicherheit	darf nicht in die Hände von Kindern gelangen (S2), Berührung mit den Augen und der Haut vermeiden (S24/25), bei Verschlucken sofort ärztlichen Rat einholen und Verpackung oder Etikett vorzeigen (S46), nur in gut belüfteten Bereichen verwenden (S51). Weitere Hinweise siehe Sicherheitsdatenblatt.

11 Wetterschutzfarbe

Produktbeschreibung	
Marktbezeichnung	**Wetterschutzfarbe**
Werkstoffart	Holz-Deckfarbe mit Filmschutz für außen
Verwendungszweck	für den sicheren Schutz von Holzbauteilen (nicht- und begrenzt maßhaltig) im Außenbereich, mit vorbeugendem Filmschutz gegen Algen- und Pilzbefall ausgerüstet
Bindemittelbasis	Styrolacrylatdispersion
Eigenschaften	wasserverdünnbar, elastisch, wasserdampfdurchlässig, hohe Deckkraft, schnell trocknend, guter Verlauf, leichte Verarbeitung
Farbtöne	Weiß und in sehr vielen Farbtönen mischbar
Verdünnungsmittel	Wasser
Technische Daten	Dichte: 1,16 g/cm³ **VOC-EU-Grenzwert (130 g/l)**: enthält max. 100 g/l VOC Glanzgrad: seidenmatt
Lagerung	ca. 2 Jahre in ungeöffnetem Originalgebinde, trocken, kühl und frostfrei
Entsorgung	restentleerte Gebinde zum Recycling geben eingetrocknete Farbreste zum Hausmüll flüssige Farbreste sind Sondermüll
Gebindegrößen	0,750 l; 2,5 l; 10 l
Zusammensetzung	Styrolacrylatdispersion, Titandioxid, Talkum, organische und anorganische Buntpigmente, Calcit, Wasser, Glykolether, aliphatische Kohlenwasserstoffe, Additive, Konservierungsmittel
Verarbeitungshinweise	
Applikationsverfahren	Streichen, Material nicht spritzen
Untergrundanforderungen	fest, trocken, sauber und tragfähig Frei von haftbeeinträchtigenden Substanzen, wie z. B. Fett, Wachs oder Poliermittel. Vergraute und abgewitterte Holzoberflächen bis zum tragfähigen Holzuntergrund abschleifen. Die Holzfeuchtigkeit darf (gemessen an mehreren Stellen in mind. 5 mm Tiefe) 18 % nicht übersteigen.
Untergrundvorbereitung	Reinigen des Untergrundes, insbesondere von Verschmutzungen, Korrosionsprodukten und kreidenden Bestandteilen. Altbeschichtungen auf Eignung und Tragfähigkeit für nachfolgende Anstriche prüfen. Tragfähige, intakte Altanstriche reinigen und matt schleifen. Nicht tragfähige Altbeschichtungen sind zu entfernen. Schadstellen wie entsprechend unbehandelte Untergründe bearbeiten. Zwischen den einzelnen Beschichtungen leichten Zwischenschliff ausführen.
Beschichtungsaufbau	**Grundierung**: Bei Nadelhölzern im Außenbereich ist eine Imprägnierung mit Bläueschutz erforderlich **Zwischenanstrich**: Wetterschutzfarbe **Schlussanstrich**: Wetterschutzfarbe
Trockenzeiten	staubtrocken nach ca. 1 Std. grifffest nach ca. 2–3 Std. überarbeitbar nach ca. 6 Std. durchgetrocknet nach ca. 1–2 Tagen
Verarbeitungstemperatur	mindestens + 5 °C
Werkzeugreinigung	sofort nach Gebrauch mit Wasser
Verbrauch	ca. 100 ml/m²
Sicherheit	darf nicht in die Hände von Kindern gelangen (S2), Berührung mit den Augen und der Haut vermeiden (S24/25), bei Verschlucken sofort ärztlichen Rat einholen und Verpackung oder Etikett vorzeigen (S46). Während und nach der Verarbeitung für gründliche Belüftung sorgen. Bei unzureichender Belüftung Atemschutz verwenden. Weitere Hinweise siehe Sicherheitsdatenblatt.

12 Strukturvlies

Produktbeschreibung	
Marktbezeichnung	**Strukturvlies**
Rohstoffe/Herstellung	Wandbelag aus Zellstoff- und Textilfasern mit polymeren Bindemitteln, im Spezialprägeverfahren hergestellt.
Verwendungszweck	Für strukturierte Wandbeläge zur nachträglichen Beschichtung, auf allen tapezierfähigen Untergründen im Innenbereich. Für strapazier- und widerstandsfähige Wände, z. B. in Kindergärten, Schulen, Krankenhäusern, Treppenhäusern und Kantinen.
Eigenschaften	sehr strapazierfähig, wasserdampfdurchlässig, schwer entflammbar, frei von PVC, Weichmachern und Lösemittel, frei von Glasfaser, formstabil und rissüberbrückend, mehrfach überstreichbar
Produktdaten	Rollenabmessung: 25 m Länge x 0,75 m Breite Kartoninhalt: 2 Rollen Gewicht: ca. 130 g/m^2 kantenbeschnitten und folienverpackt
Anwendung/Verarbeitung	
Wandklebetechnik	Zur Verklebung wird Vlieskleber (z. B. Neuputzkleister im Ansatz 1:10 = 1000 g in 10 l Wasser) oder vergleichbar verwendet. Der Kleber/Kleister wird gleichmäßig auf den Untergrund aufgetragen und die zugeschnittenen Bahnen trocken in das Kleber-/Kleisterbett eingelegt. Die Verarbeitungshinweise der Hersteller sind zu beachten.
Kleistergerät	Strukturvlies wird durch das Kleistergerät gezogen, zusammengelegt und ohne Weichzeit verklebt. Zur Verklebung wird Vlieskleber (z. B. Neuputzkleister im Ansatz 1:10 = 1000 g in 10 l Wasser) oder vergleichbar verwendet. Die Verarbeitungshinweise der Hersteller sind zu beachten.
Verklebung	Strukturvlies ist lotrecht und auf Stoß zu verkleben. Die Bahnen mit Gummirolle oder dem Tapezierspachtel blasenfrei andrücken. Überstände an Decken, Fußleisten, Fenster usw. mit einem Kunststoffspachtel in die Ecke drücken und mit einem Cuttermesser beschneiden. Nicht überlappend kleben.
Anstrich	Nach Trocknung muss Strukturvlies überstrichen werden. Dafür eignen sich am besten seiden- bzw. hochglänzende Dispersionsfarben mit mindest Nassabriebklasse 3 nach DIN EN 13300. Sie bringen gegenüber matter Farben die Strukturen besser zur Geltung und sind auch strapazierfähiger.
Entfernung	Strukturvlies ist bei späteren Renovierungen nach der Benetzung mit Wasser leicht entfernbar.
Inhaltsstoffe/ Prüfergebnisse	Strukturvlies wird regelmäßig gemäß Lebensmittel- und Bedarfsgegenständegesetz untersucht. Auch die Wasserdampfdurchlässigkeit wird mit Prüfzeugnis belegt.

Stichwortverzeichnis

Bildquellenverzeichnis

ADLER, Schwaz: 80.1, 80.4, 84.1, 88.2.
Akzo Nobel Deco GmbH/Molto, Köln: 109.1.
Akzo Nobel GmbH, Köln: 22.1, 86.1, 88.1, 136.5, 137.1, 154.2, 154.3, 155.8.
Alamy Stock Photo, Abingdon/Oxfordshire: Praethip Docekalova 120.4.
AlpenKalk GmbH, Freilassing: 51.2.
Alpina Farben, Hamburg: 39.3, 59.3.
BC GmbH Verlags- und Medien-, Forschungs- und Beratungsgesellschaft, Ingelheim: 21.1, 25.2, 30.2, 30.3, 30.4, 30.5, 30.6, 30.7, 31.8, 33.1, 33.2, 33.3, 33.4, 33.6, 33.6, 34.1, 34.2, 34.3, 34.4, 34.5, 34.6, 34.7, 34.8, 34.9, 34.10, 41.6, 41.7, 45.3, 45.4, 45.5, 45.6, 45.7, 49.1, 51.1, 51.5, 51.6, 52.2, 54.1, 54.2, 54.3, 69.2, 77.5, 77.6, 78.1, 79.2, 79.3, 79.4, 82.2, 82.3, 82.6, 82.7, 82.10, 82.11, 89.2, 95.1, 97.1, 97.2, 97.3, 97.4, 97.5, 97.6, 110.10, 111.5, 111.6, 111.7, 111.9, 111.11, 112.4, 112.5, 112.6, 115.10, 124.3, 149.6, 149.7, 159.6, 162.1.
BERG TECTOOL GmbH, Köln: 149.9.
Beuth Verlag GmbH, Berlin: 133.13, 133.14, 133.15, 134.1, 134.2, 134.3, 134.4, 134.5, 134.6, 134.7, 134.8, 134.9, 134.10, 134.11, 134.12, 134.13, 134.14, 134.15, 134.16, 134.17, 134.18, 134.19, 135.1, 135.2, 135.3, 135.4, 135.5, 135.6, 135.7, 135.8, 135.9, 135.10, 135.11, 135.12, 135.13, 146.1, 148.3, 148.4, 148.5, 148.6, 148.7.
Brillux GmbH & Co. KG, Münster: 28.1, 29.3, 57.1, 59.5, 61.4, 65.5, 66.3, 71.1, 75.2, 76.1, 76.3, 77.1, 77.2, 78.2, 82.1, 84.3, 90.6, 93.5, 94.2, 94.5, 96.3, 98.5, 102.2, 102.4, 105.1, 105.3, 106.1, 106.2, 110.8, 111.10, 114.2, 166.3, 176.2, 196.2, 196.5, 196.6, 208.3.
Broszeit GmbH, Baindt-Schachen: 204.5.
CAPAROL Farben Lacke Bautenschutz GmbH, Ober-Ramstadt: 12.1, 14.1, 14.2, 14.3, 14.4, 15.1, 16.2, 17.1, 23.1, 50.1, 53.4, 56.1, 58.1, 58.2, 60.1, 61.1, 62.1, 62.2, 62.4, 63.1, 63.4, 65.4, 65.6, 67.3, 69.4, 69.5, 74.1, 75.1, 76.2, 81.4, 83.1, 83.2, 88.4, 92.1, 93.4, 93.6, 175.7.
Deffner & Johann GmbH, Röthlein: 106.4.
Deutsche Amphibolin-Werke, Oder-Ramstadt: 174.3, 174.4, 174.7.
Diessner GmbH & Co. KG, Berlin: 68.1.
EP Power Minerals GmbH, Dinslaken: 195.8.
Erfurt & Sohn KG, Wuppertal: 139.2.
Festool GmbH, Wendlingen, Wendlingen: 112.7, 124.2.
Forest Stewardship Council® A.C., Freiburg im Breisgau: 130.2.
fotolia.com, New York: BG 124.4; Heiko Küverling 154.4.
Friess-Techno-Profi GmbH, Essen: 105.6. Galas, Elisabeth, Essen: 23.2, 44.2, 44.4, 66.2, 66.4, 66.5, 66.7, 66.8, 66.9, 66.10, 67.1, 122.2, 200.1, 200.2.
Geiger Chemie GmbH, Engen: 93.1, 110.1, 110.2, 110.6, 110.7, 111.1.
Getty Images (RF), München: mikimad 1.1.
Giusto Manetti Battiloro S.p.A., Campi Bisenzio (FLORENCE): mit freundlicher Genehmigung von Giusto Manetti Battiloro 106.3, 107.1.
GUT Gemeinschaft umweltfreundlicher Teppichboden e.V., Aachen: 148.2.
Hansa Holz Wilhelm Krüger GmbH, Bremen: 204.4, 204.8.
Henkel AG & Co. KGaA, Düsseldorf: 113.1, 114.3, 114.4, 114.5, 114.6.
Hild, Claudia, Angelburg: 13.1, 41.5, 43.2, 43.4, 44.1, 45.1, 73.3, 83.3, 97.7, 97.8, 97.9, 99.1, 99.2, 102.1, 112.3, 123.2, 123.4, 135.15, 141.1, 141.3, 141.4, 141.6, 148.9, 148.10, 148.11, 153.4, 153.5, 153.6, 155.2, 155.3, 155.5, 155.6, 159.1, 166.2, 172.1, 172.4, 177.1, 179.5, 180.1, 182.4, 182.5, 182.7, 182.8, 182.11, 182.12, 182.13, 182.14, 182.15, 183.1, 187.1, 187.6, 188.1, 188.2, 188.3, 188.6, 188.8, 188.9, 188.10, 188.12, 188.13, 188.14, 188.15, 188.16, 188.17, 188.18, 189.1, 189.2, 189.3, 189.4, 194.4, 195.1, 201.4, 201.5, 201.6, 201.7, 201.8, 206.2, 206.4, 206.5, 206.7, 208.1, 209.1, 212.2, 212.4, 213.2, 213.4, 213.5, 213.6, 213.7, 213.8, 213.9, 217.1.
iStockphoto.com, Calgary: Jacobson, Jodi 116.4; kumdinpitak 197.1, 197.2, 197.3.
JKA Maskiner, Karlslunde: 149.8.
Johannes Mittag GmbH, Delmenhorst: 149.11.
Jouve Germany GmbH & Co. KG, München: 16.1, 16.3, 19.1, 19.2, 19.3, 20.1, 20.2, 20.3, 20.4, 20.5, 20.6, 25.3, 29.1, 29.2, 30.1, 31.2, 31.3, 31.4, 31.5, 31.6, 31.7, 32.1, 33.5, 33.7, 33.8, 37.2, 37.3, 37.4, 37.5, 38.1, 38.4, 39.1, 39.2, 39.4, 39.5, 40.1, 40.2, 40.3, 41.1, 41.2, 41.3, 41.4, 42.1, 42.2, 42.3, 42.4, 43.3, 43.5, 44.3, 44.5, 45.2, 51.3, 53.2, 54.4, 59.1, 59.2, 59.4, 65.2, 65.3, 66.6, 72.3, 72.4, 72.5, 77.3, 77.4, 80.5, 81.1, 81.2, 81.3, 81.3, 82.4, 82.5, 82.5, 82.9, 83.4, 84.2, 87.1, 87.3, 87.4, 87.5, 88.3, 89.3, 89.4, 89.5, 89.6, 89.7, 90.1, 90.2, 90.3, 98.1, 98.2, 99.3, 113.6, 113.7, 115.2, 115.3, 115.6, 115.7, 115.8, 115.9, 118.7, 137.3, 138.1, 138.2, 138.3, 138.4, 138.5, 140.3, 140.5, 140.6, 140.7, 152.1, 152.2, 152.3, 152.4, 152.7, 152.8, 153.1, 153.3, 155.4, 158.4, 158.5, 158.7, 159.2, 159.3, 159.5, 160.2, 162.4, 162.5, 162.7, 162.8, 164.3, 164.5, 164.7, 171.5, 171.6, 179.1, 179.2, 179.3, 179.4, 192.2, 192.4, 192.7, 192.8, 193.2, 193.3, 196.1, 196.4, 197.6, 202.2, 202.3, 202.4, 202.5, 202.6, 202.7, 202.8, 203.4, 203.5, 203.6, 204.13, 204.14, 205.1, 205.3, 205.5, 205.7, 206.9, 206.10, 206.11, 206.12, 207.1, 216.3, 216.4, 216.5.
KEIMFARBEN GmbH, Diedorf: 38.2, 53.1, 53.3, 90.5.
Kip® GmbH, Bocholt: 118.2, 118.5.
Knauf Gips KG, Iphofen: 60.2, 103.7, 103.8, 103.9, 103.10, 162.2, 178.4, 180.5, 180.7, 180.8, 180.9, 180.10, 180.12, 180.14, 180.15, 180.16, 181.2, 181.3, 181.6, 181.7, 181.9, 181.11, 181.12, 181.13, 182.1, 182.2.
Knauf Insulation GmbH, Simbach am Inn: 181.1, 181.8.
Kober, Gerold, Unterpleichfeld: 9.9, 18.1, 25.1, 36.1, 43.8, 43.10, 51.4, 61.3, 62.3, 63.3, 64.1, 64.2, 64.3, 64.4, 65.7, 66.1, 94.3, 94.4, 100.3, 103.5, 105.5, 107.3, 107.4, 118.6, 121.1, 124.5, 128.1, 130.4, 130.5, 131.1, 131.2, 131.3, 132.1, 132.2, 132.3, 132.4, 133.1, 133.6, 133.9, 133.12, 136.2, 136.4, 137.2, 137.4, 142.2, 143.3, 143.4, 143.5, 148.8, 153.2, 154.1, 154.5, 155.1, 155.7, 157.1, 158.1, 161.6, 170.1, 171.1, 171.2, 171.4, 172.2, 172.3, 172.5, 173.1, 173.4, 173.7, 174.1, 174.2, 174.5, 174.6, 174.8, 175.3, 175.4, 175.5, 175.6, 176.1, 176.3, 180.2, 182.9, 182.10, 187.2, 188.7, 188.11, 190.1, 191.1, 191.2, 192.1, 193.1, 196.3, 197.4, 197.5, 199.1, 201.1, 205.6, 207.4, 207.5, 207.6, 211.1, 212.1, 214.1, 216.1, 216.2.
Kreidezeit Naturfarben, Lamspringe: 47.1.
Kremer Pigmente GmbH & Co. KG, Aichstetten: 101.2.
Kurt Obermeier GmbH, Bad Berleburg: 95.2.
Makita Werkzeug GmbH, Ratingen: 208.2; http://www.makita.de 180.6, 180.13, 181.5.
MIPA SE, Essenbach: 48.2.
Mirka GmbH, Sulzbach: 124.1.
MIXOL-PRODUKTE Diebold GmbH, Kirchheim/Teck: 38.3.
NETZSCH-Feinmahltechnik GmbH , Selb/Germany: 73.1, 73.2.
OKS Group, Delhi: 119.5, 119.5, 120.3, 129.1, 129.2, 129.3, 129.4, 133.2, 133.3, 133.4, 133.5, 133.7, 133.8, 133.10, 133.11, 143.1, 143.2.
Osmo Holz und Color GmbH & Co. KG, Warendorf: 93.3.
P.A. Jansen GmbH u. Co., KG, Ahrweiler: 80.3, 87.2.
PantherMedia GmbH (panthermedia.net), München: khorzhevska 163.1; shawn_hempel 149.10.

Paul Jaeger GmbH & Co. KG, Möglingen: 167.2, 167.3.
Picture-Alliance GmbH, Frankfurt a.M.: Gabbert, Klaus-Dietmar 203.2; Klose, Christin/ dpa-tmn 123.1.
PPG Coatings Deutschland GmbH, Bochum: 24.3.
PUFAS Werk KG, Hann. Münden: 22.4, 67.2, 67.4, 69.1, 69.3, 89.1, 104.2, 105.2, 110.3, 110.4, 110.5, 110.9, 110.11, 111.2, 111.3, 111.4, 111.8, 112.1, 113.3, 113.4, 113.5, 114.1, 114.7, 114.8, 115.1, 115.4, 115.5, 138.6, 138.7, 141.7, 141.8, 141.9, 142.1, 142.3, 142.4, 142.5, 151.1.
RAL Deutsches Institut für Gütesicherung und Kennzeichnung e. V., Bonn: 96.1.
RAL gGmbH, Bonn: 13.2, 24.1, 31.1, 65.1, 82.12, 90.7, 96.2, 130.1, 130.3.
Rayher Hobby GmbH, Laupheim: 107.2.
RELIUS Farbenwerke GmbH, Memmingen: 98.4.
Remmers, Löningen: 82.8, 175.1.
Robert Bosch Power Tools GmbH, Leinfelden-Echterdingen: 195.5, 195.6.
Röfix AG, Röthis: 63.2.
Rudolf Hensel GmbH, Börnsen: 101.1, 101.3.
Ruhrstadtmedien, Castrop-Rauxel: 90.4, 93.2, 94.1, 100.1, 100.2, 102.3, 171.3, 173.2, 173.3, 173.5, 173.6, 178.5, 185.3, 185.4, 185.5, 186.1, 186.2, 186.3, 187.3, 188.4, 188.5, 213.3, 215.1, 215.2, 215.3, 215.4, 215.5, 215.6.
Sachsenmaier-Wahl, Susanne, Leinfelden-Echterdingen: 72.2.
Saint-Gobain Rigips GmbH, Düsseldorf: 178.2, 178.3.
SATA GmbH & Co. KG, Kornwestheim: 195.9, 195.10.
Scheidel GmbH & Co. KG, Hirschaid: 32.2.
Scheppach GmbH, Ichenhausen: 180.4.
Schug, Paul, Wiesentheid: 8.1, 8.2, 8.3, 8.4, 8.5, 8.6, 8.7, 8.8, 8.9, 8.10, 9.1, 9.2, 9.3, 9.4, 9.5, 9.6, 9.7, 9.8, 131.4, 131.5, 204.15.
Science Photo Library, München: Science Source/Turtle Rock Scientific 42.7; Wiersma, Dirk 43.1.
Shutterstock.com, New York: 3DPhoto 148.1; Agapov, Valentin 205.4; Alexey V Smirnov 147.5; AlexZaitsev 159.7; anuwat namkorn 164.2; bane.m 156.1; BestPhotoPlus 136.1; Bingemer, Horst 205.2; bogdanhoda 158.3; BOKEH STOCK 136.6; chengyu 119.1; Diederich, Diane 72.1; Dmitr1ch 164.1; Enlightened Media 119.2; evgengerasimovich 207.3; graphixmania 160.1; Guki 147.1; istanbulphotos 209.2; joppo 116.2; jorgeflorez 161.2; kaipil1s 206.1; Kazlou, Yauheni 161.5; Kurguzov, Aleksey 103.3; Kwangmoozaa 164.4; Lukassek 118.4; Mehaniq 161.3; NatchaS 207.2; Oleksandr, Kovalchuk 203.1; Omeris 147.2; Papin Lab 196.7; Penprapai 206.8; Photoongraphy 193.5; Pluemruetai, Suwatchai 158.2; Ptica, Kate 119.3; RANGSIYANONT, PASAKORN 165.3; ShutterDesigner 147.3; SKatzenberger 118.3; Somase, Baiba 163.2; sondem 161.1; StepPro 103.2; Swapan Photography 43.9; TAKAZAWA 128.2; The Art Biz 147.4; ThreeDiCube 147.6; touch1976 165.2; valeryvoronessa 158.6, 161.4; Vitalis83 103.6; vulcano 159.4; yingko 206.6.
Sika Deutschland GmbH, Stuttgart: 175.2.
Sopro Bauchemie GmbH, Wiesbaden: 52.1.
Stanley Black & Decker Deutschland GmbH, Idstein: 180.3.
STEICO SE, Feldkirchen: 204.9, 204.12.
Sto SE & Co. KGaA, Stühlingen: 61.2; Foto: Step-ani-Motion 184.1, 187.4.
stock.adobe.com, Dublin: andrey gonchar 136.3; Anselm 103.1, 149.2; Bartussek, Ingo 164.6; BillionPhotos.com 194.1; ccke 105.4; Dan Race 181.10; detry26 212.3; djama 37.1; Dragan 204.10, 204.11; ekipaj 149.4; Fabio 193.4; focus finder 26.1; freepeoplea 187.5; Friedberg 185.2; galaxy67 118.1; GIBLEHO 43.6; gunterkremer 103.4; hjschneider 206.3; idea 185.1; imaginando 26.2; Jackonda 204.3; Jovanovic, Branko 22.2; Kadarjan, Roman 182.6; kariphoto 42.5; karyakinvitaliy 204.1, 204.7; Lyudmila Tetera 165.1; Max_Lockwood 192.6; memorystockphoto 194.3; Michael 203.3; michal812 43.11; Miriam Doerr & Martin Frommherz 117.4; mirzamlk 22.3; mitev 168.1; monamakela.com 42.6, 43.7; Mushy 213.1; Nadezhda 24.2; New Africa 201.3; nikodash 204.2; Novikov, Alexei 152.5; nsdpower 1.2; Olga 149.5; Patryssia 156.2; Petersen, Nils 135.14; Photographee.eu 162.6; PhotographyByMK 120.2; refresh(PIX) Titel; Rodrigues, Mauro 119.4; ronstik 181.4; SashaMagic 112.2; satori 201.2; SAYAN 192.5; schulzfoto 162.3; Schumann, Erik 149.1, 149.3; Shiyan, Iriana 166.1; Takmatcha, Direk 204.6; tatomm 200.3; tawanlubfah 192.3; Thürig, Fredy 178.1; U. J. Alexander 152.6; Vitalii 202.1; VRD 139.1; Wylezich, Björn 104.1.
STORCH Malerwerkzeuge & Profigeräte GmbH, Wuppertal: 64.5, 112.8, 120.1, 121.2, 121.3, 121.4, 122.1, 122.3, 122.4, 123.3, 127.1, 140.1, 140.2, 140.4, 141.2, 141.5, 195.2, 195.3, 195.4, 195.7.
Storch-Ciret Holding GmbH, Wuppertal: 117.1.
Suedwest Lacke + Farben GmbH & Co. KG, Böhl-Iggelheim: 48.1, 79.1, 80.2, 96.4, 98.3.
TapeTech Tools, Suwanee: 182.3.
tesa SE, Norderstedt: 116.1, 116.3, 116.5, 116.6, 117.2, 117.3, 117.5, 117.6.
UHU GmbH & Co. KG, Buehl/Baden: 113.2.
VDE Prüf- und Zertifizierungsinstitut GmbH, Offenbach: 124.6.
Wilckens Farben GmbH, Glückstadt: 167.1.
wolfcraft GmbH, Kempenich: 180.11.
www.datona.de: 194.2.